高等教育艺术设计专业“十四五”校企合作融媒体系列教材

产品设计Rhino 3D建模与渲染教程

主　编　李　翠　杨熊炎　李　杨　李嵇扬
副主编　章　宇　郭丽丽　胡　君

华中科技大学出版社
http://press.hust.edu.cn
中国·武汉

图书在版编目（CIP）数据

产品设计 Rhino 3D 建模与渲染教程 / 李翠等主编 . —武汉：华中科技大学出版社，2022.12
ISBN 978-7-5680-9019-3

Ⅰ . ①产…　Ⅱ . ①李…　Ⅲ . ①产品设计－计算机辅助设计－应用软件－教材　Ⅳ . ① TB472-39

中国版本图书馆 CIP 数据核字（2022）第 251236 号

产品设计 Rhino 3D 建模与渲染教程
Chanpin Sheji Rhino 3D Jianmo yu Xuanran Jiaocheng　　李翠　杨熊炎　李杨　李嵇扬　主编

策划编辑：江　畅
责任编辑：刘姝甜
封面设计：孢　子
责任监印：朱　玢
出版发行：华中科技大学出版社（中国・武汉）　电话：（027）81321913
　　　　　武汉市东湖新技术开发区华工科技园　邮编：430223
录　　排：武汉创易图文工作室
印　　刷：湖北新华印务有限公司
开　　本：880 mm × 1230 mm　1/16
印　　张：10.5
字　　数：314 千字
版　　次：2022 年 12 月第 1 版第 1 次印刷
定　　价：59.00 元

前言

Preface

本书以现行《工业设计专业教学标准》为依据，从解决项目问题出发，着力培养学生的技术能力、创新能力和实践能力，汇集了众多编者的实践经验。

本书针对零基础学生，全面系统地讲解了 Rhino 常用建模工具、建模技巧和实际产品三维形态表现方法，包括常用建模工具归类与深度解析、常用建模技巧提炼与归总、曲面产品建模思路与分面技巧等，精选典型产品案例深度解析产品级设计建模技能教学的核心价值，强化学生对实际产品进行三维建模的表达与细节的处理技巧。

本书注重系统性、全面性和实用性，紧密联系产品设计课程教学需求，选择产品设计典型案例进行建模讲解，一方面注重建模思路和理念引导，培养学生系统、整体建模的习惯，另一方面强化产品细节建模处理和分析，解决学生在专业学习中对产品设计细节把握不足的问题。同时，本书还设置了拓展环节，总结建模技巧，针对学生学习过程中的常见问题进行原因分析并给出切实有效的建议，帮助学生快速将软件应用于实际设计项目。

本书采用彩色印刷，辅以大量信息化教学资源，将教学视频以二维码形式列于书中相关知识点处，学生通过手机扫码即可观看、学习；还设有精美电子课件和大量图片素材，真正实现“便于教，易于学”的目的。

本书由武昌首义学院李翠，桂林电子科技大学杨熊炎，常州大学李杨，以及江苏高校“青蓝工程”优秀青年骨干教师、苏州工艺美术职业技术学院李嵇扬担任主编。

本书受苏州工艺美术职业技术学院新形态一体化教材建设项目资助。众多专家和学生提出了宝贵意见，在此表示衷心感谢！

由于编者水平有限，书中错漏和不当之处在所难免，恳请读者批评指正。

第二章拓展资源

第三章拓展资源

第五章拓展资源

目录
Contents

Chanpin Sheji Rhino 3D Jianmo yu Xuanran Jiaocheng

第一章

Rhino 3D 实用建模选项设置

1.1 模型单位设置

产品设计中一般以毫米为单位，以 Rhino 7.0 版本为例，系统单位默认即为毫米，绝对公差默认为“0.01”。大多数情况下，无须调整单位设置。

Tips: 有时曲面建模步骤正确，曲线绘制没有什么问题，建出来的曲面看起来也没什么问题，但是执行布尔运算或者其他操作时出现错误，对于这种情况，可以尝试设置绝对公差值为“0.001”~“0.003”，如图 1.1 所示。

绝对公差(T): 0.003 单位

图 1.1 绝对公差设置

1.2 模型显示设置

初次选择 Rhino 建模时，会发现在透视图 / 着色模式下，物体边缘呈锯齿状，模型显示效果也不大理想。这就需要在 Rhino 选项中进行曲面显示质量参数设置以及显卡设置。

点击“选项”按钮打开“Rhino 选项”设置界面，点击“视图”/“OpenGL”（见图 1.2），将反锯齿设置为“4x”（见图 1.3），如果是专业显卡可以勾选“GPU 细分”。

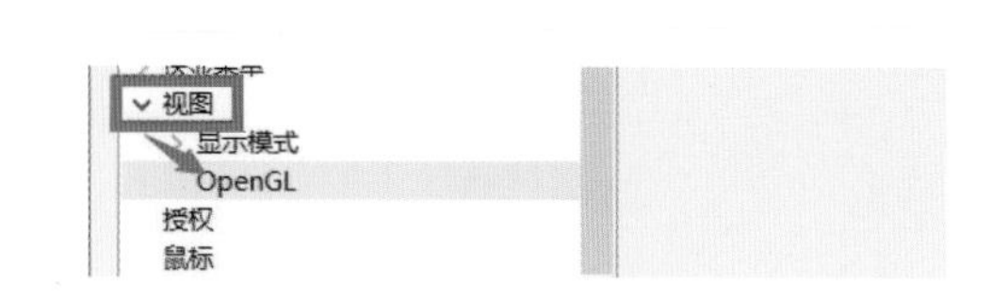

图 1.2 视图选择

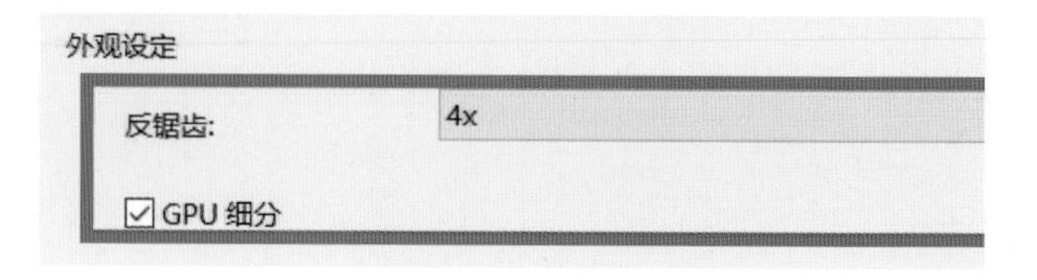

图 1.3 反锯齿设置

点击“选项”按钮打开“Rhino 选项”设置界面，点击“网格”/“自定义”（见图 1.4）。

如图 1.5 所示，点击“详细设置”按钮，进行推荐参数设置（见图 1.6）。密度设置为“0.95”至“1”之间，最大角度设置为“10”，最大长宽比设置为“0”，最小边缘长度设置为“0.01”，最大边缘长度设置为“0”，边缘至曲面的最大距离设置为“0.01”，起始四角网格面的最小数目设置为“0”。同时将下面的“平面最简化”

选项勾选上。

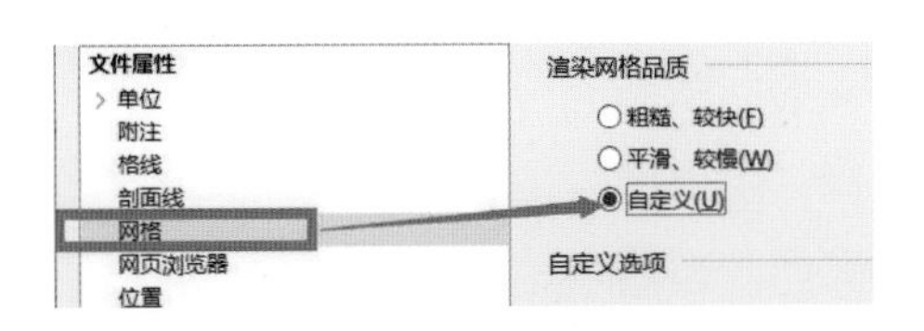

图 1.4 网格设置

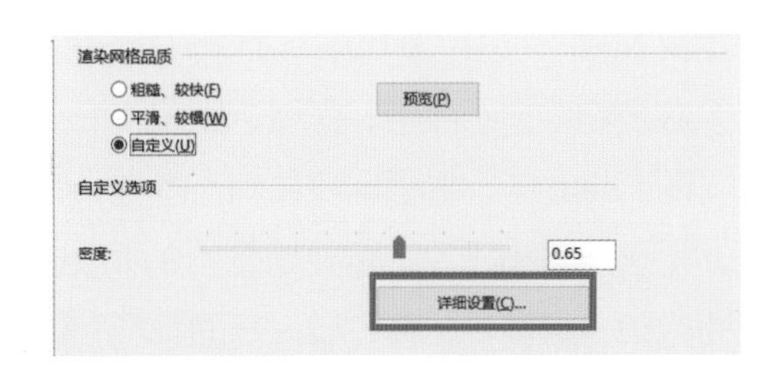

图 1.5 点击“详细设置”按钮

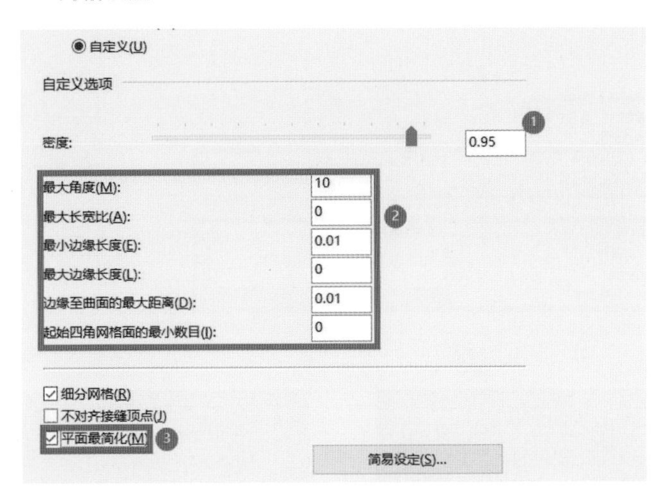

图 1.6 推荐参数设置

在默认参数条件下，显示网格少，曲面显示会略显粗糙，如图 1.7 所示；而在自定义参数模式下，网格明显细分增多，曲面显示更为光滑，如图 1.8 所示。网格参数设置可以让 Rhino 用户建模时更直观感受三维模型的精细度。

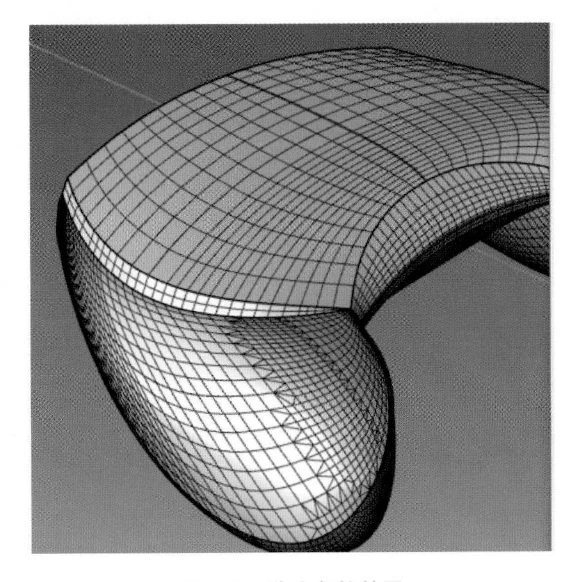

图 1.7 默认参数效果

图 1.8 自定义参数模式效果

在 Rhino 默认着色模式下，光影效果显示不是很好，我们也可以进行一些参数设置，让三维模型显示效果更好、更精确。

点击“选项”按钮打开“Rhino 选项”设置界面，点击“视图”前的箭头，再点击“着色模式”，点击右侧选项中“颜色 & 材质显示”，在下拉选项中选择“全部物件使用自定义材质”（见图 1.9），点击“自定义”按钮，按图 1.10 简单设置参数及物件显示颜色，即可达到图 1.11 所示的显示效果。

在 Rhino 中，曲面自身具有方向性，有正反面之分，默认显示状态下，无法观察出正反，需要如图 1.9 所示进行背面设置，选择“全部背面使用单一颜色”，在“单一背面颜色”处可以自定义一种颜色。设置后即可直接观察曲面正反，背面效果如图 1.12 所示。

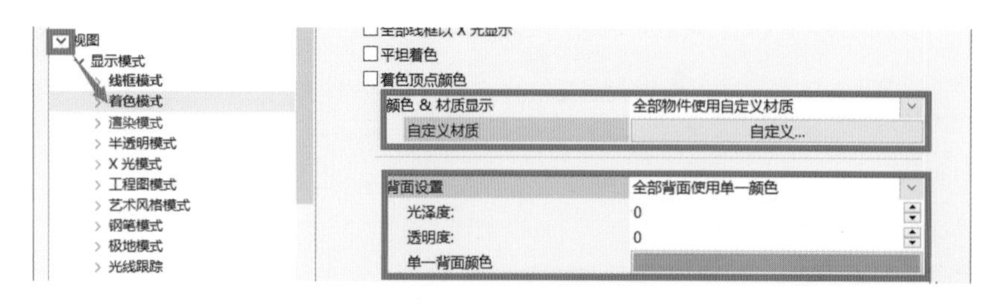

图 1.9　着色模式设置

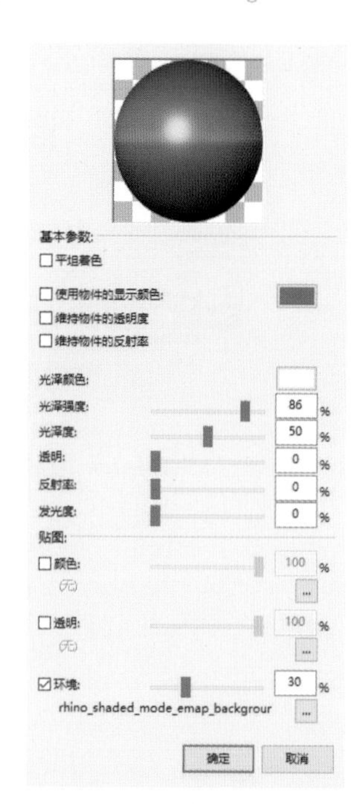

图 1.10　自定义材质参数设置

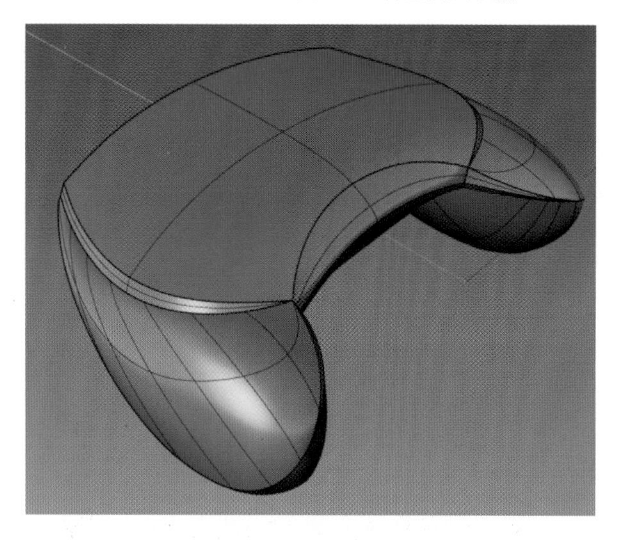

图 1.11　显示效果

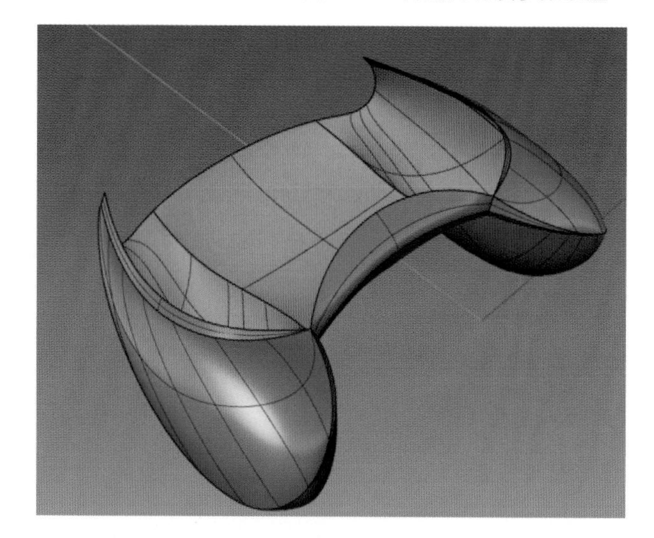

图 1.12　背面效果

1.3　软件命令自定义

Rhino 软件有上百种建模命令，它的四个操作视窗通常会给初次接触 Rhino 的用户造成一定的困扰。Rhino 初学者通常存在三个问题：第一是命令找不到；第二是不知如何下手进行建模，也就是不知如何对设计草图进行拆面；第三是缺少对建模流程的正确认识。下文以入门命令介绍为主，解决初学者的第一个问题。

Rhino 允许用户自定义命令列，用户可以将常用命令归纳为一个命令列（工具列），然后将鼠标中键命令设置为该自定义命令列，建模时利用鼠标中键快速调出命令，提升建模速度。

Tips：Rhino 从原始版本到现在的 7.0 版本都存在一个小问题：有时候命令列会消失不见。命令列消失（初学者常见误操作问题）解决方法如下。

一般可以通过“选项”/“工具列”/“还原默认值”解决，如图 1.13 所示。

图 1.13　还原命令列默认值

这里要注意的是，需要在图 1.14 所示的命令列选项中点击“文件”/“打开文件”，找到默认命令列配置文件“default.rui”，打开文件，鼠标滚轮滚动命令列到最后，找到“主要 1”和“主要 2”两个选项（见图 1.15），勾选这两个选项。依次将两个打开的命令移动到软件界面最左，命令列会自动吸附在界面左侧。

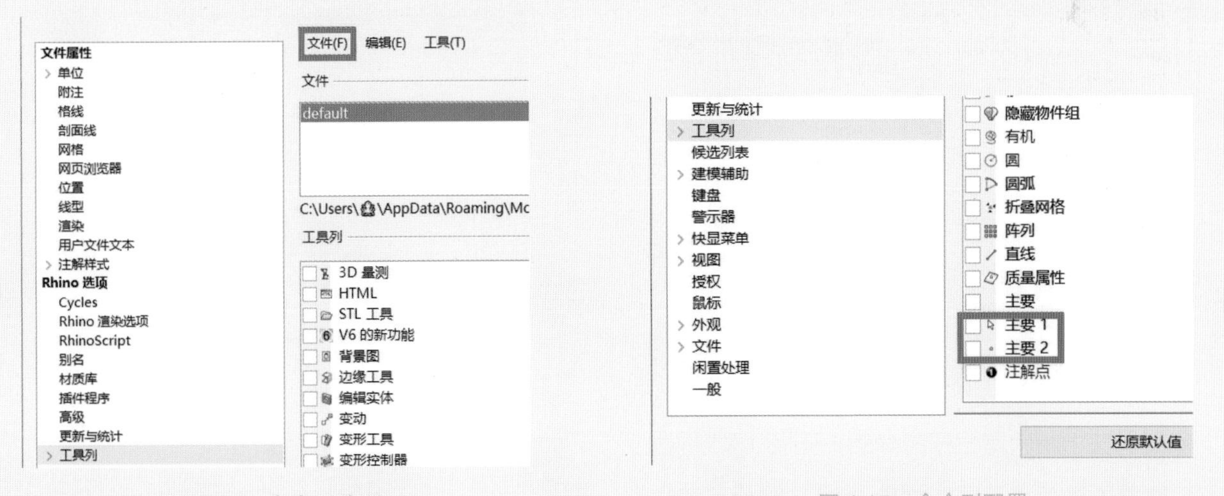

图 1.14　命令列选项　　　　图 1.15　命令列配置

有时候命令列消失是因为“default.rui”这个文件丢失，需要从别的安装有 Rhino 的电脑中找到并拷贝“default.rui”文件，然后粘贴回自己电脑上的文件夹中。Rhino 7.0 版本文件夹一般默认地址为“C:\Users***\AppData\Roaming\McNeel\Rhinoceros\7.0\UI\default.rui”，其中“***”表示电脑管理员名称。

1.3.1 自定义命令列步骤

点击“选项”按钮打开“Rhino 选项”设置界面，点击左侧“工具列”选项（见图 1.16），再点击右侧“编辑”按钮（见图 1.17）。

图 1.16 “工具列”选项　　　　图 1.17 “编辑”按钮

在弹出的下拉菜单中选择“新增工具列”（见图 1.18），弹出对话框后可在“标签”/“文字”一栏中自定义命令列的名称（此处命名为“工具列 00”，如图 1.19 所示），点击“确定”按钮。

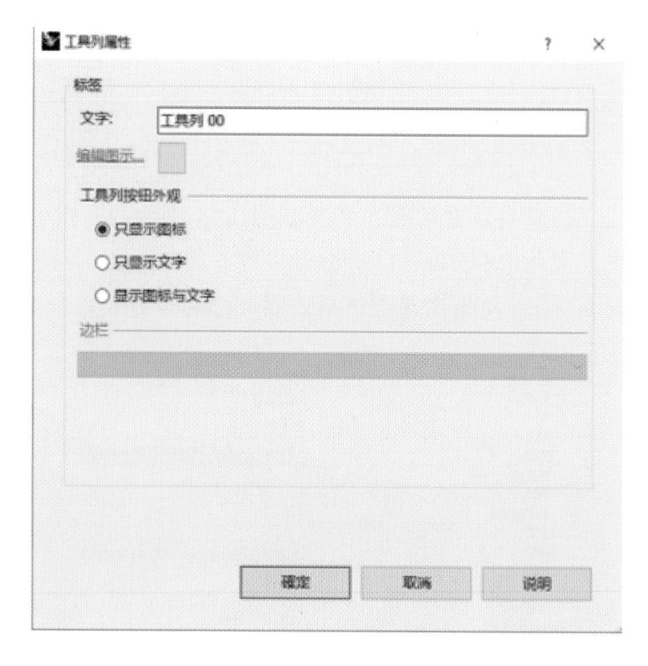

图 1.18 选择“新增工具列”　　　　图 1.19 命令列命名

在图 1.13 所示的工具列选项框中找到上一步新增的“工具列 00”（见图 1.20），勾选“工具列 00”，点击“确定”按钮，显示出新增空白命令列，如图 1.21 所示。

在需要添加至“工具列 00”的命令图标上按键盘上的“Ctrl”+鼠标左键，出现复制连结提示之后，用鼠标左键将其拖至“工具列 00”上，释放鼠标左键完成命令添加，如图 1.22 所示。如果需要从自定义命令列移除命令，在命令图标上按键盘上的“Shift”+鼠标左键，拖至命令列外部，即可移除命令。

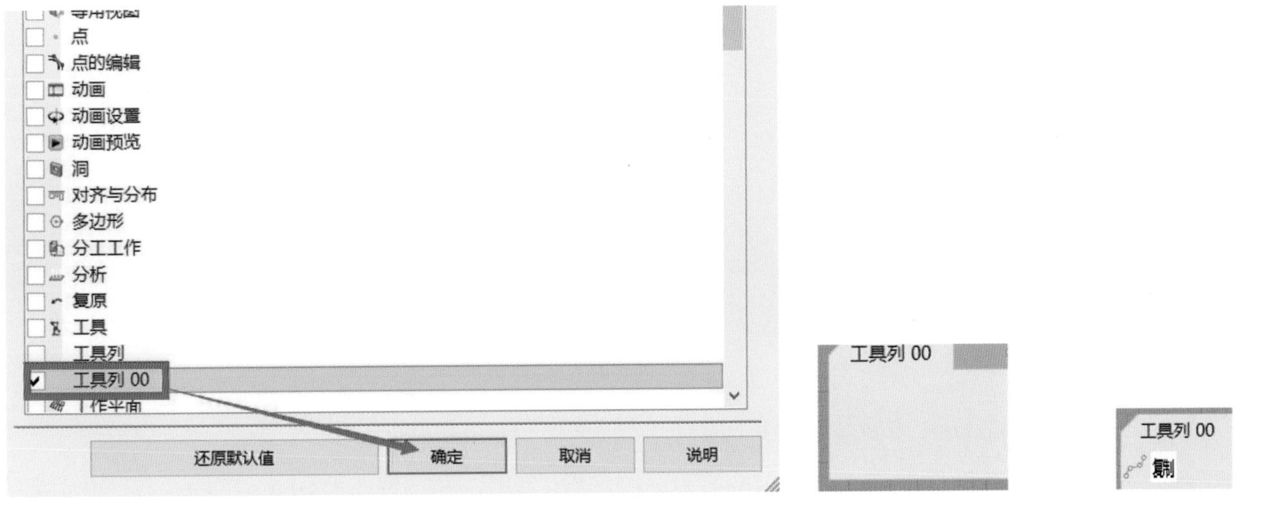

图 1.20　勾选“工具列 00”　　图 1.21　空白命令列　　图 1.22　完成命令添加

图 1.23 为初学者自定义命令列常用命令推荐。

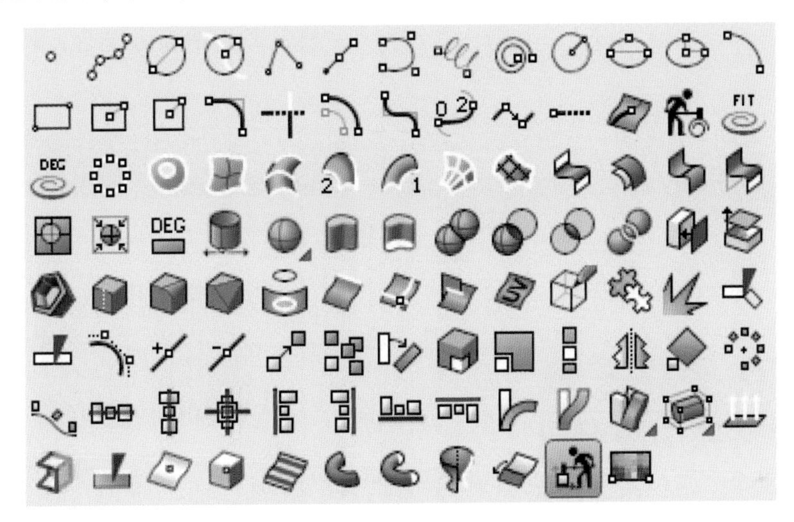

图 1.23　自定义命令列常用命令推荐

1.3.2　鼠标中键命令调用

完成自定义命令列后，我们可以将此命令列设置为鼠标中键命令。点击“选项”按钮，如图 1.24 点击“鼠标”，在右侧选项栏中选择“鼠标中键”下的“弹出此工具列”，选择之前命名好的“工具列 00”，如图 1.25 所示。

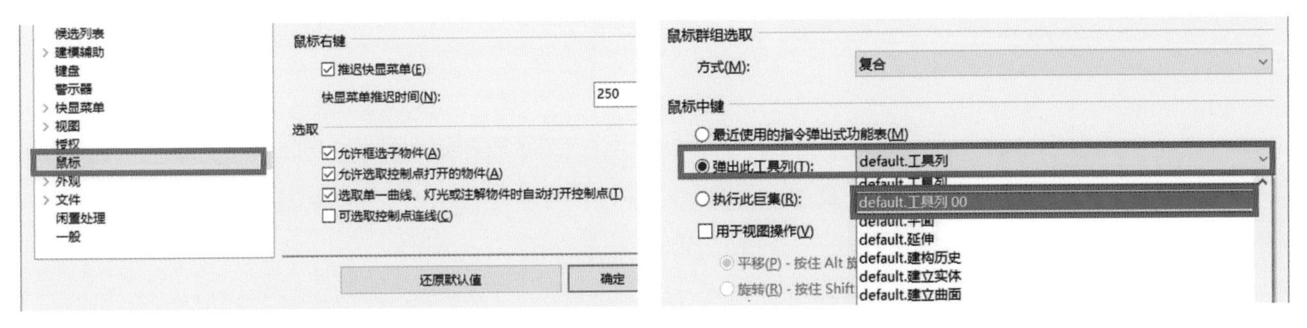

图 1.24　鼠标选项　　图 1.25　鼠标中键设置

1.4　Grasshopper 模块介绍

1.4.1　Grasshopper 模块调用

Grasshopper（下文简称 GH）作为基于 Rhino 平台的参数化编程软件，是作为 Rhino 的插件被开发出来的，所以 GH 的很多操作需要建立在对 Rhino 建模逻辑和建模命令熟悉的基础之上。比如同样是通过曲线建立曲面，在 Rhino 中，放样和扫掠（见图 1.26）是两种不同的逻辑，对应到 GH 运算器（见图 1.27）中也会是两种不同的逻辑，这就意味着两种运算器的输入端和输出端都会不一样。熟悉 Rhino 命令，对于 GH 输入输出端的数据理解也有很大的帮助。

点击 GH 图标，启动 GH（GH 启动界面如图 1.28 所示），打开 GH 操作视窗（见图 1.29），可以搭配 Weaverbird、Kangaroo、Mesh+ 等网格类型插件，Mesh to Surface、XNurbs 等各种插件也可兼容 Rhino 7.0 的运行。

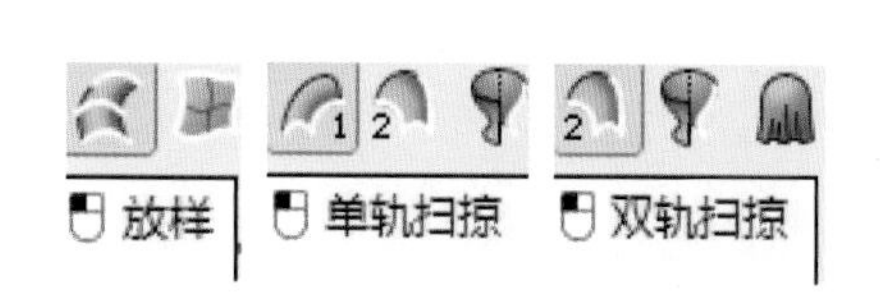

图 1.26　Rhino 放样和扫掠命令

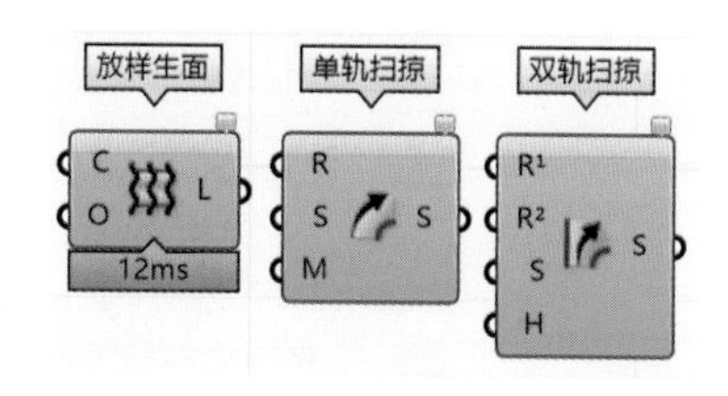

图 1.27　GH 的放样和扫掠运算器

图 1.28　GH 启动界面

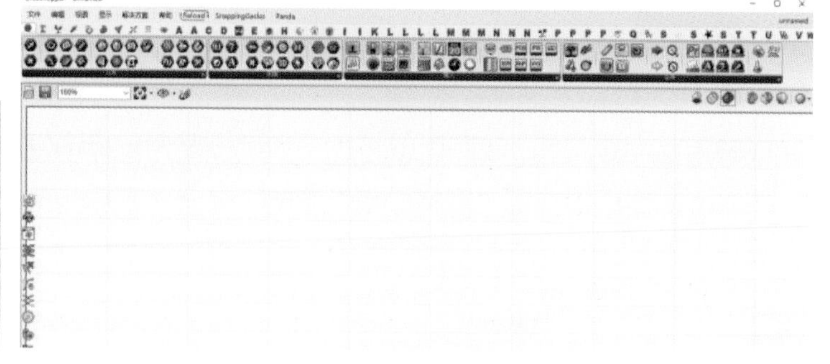

图 1.29　GH 操作视窗

GH 的本质是程序，适合固定的大量重复任务，要求用户有很强的逻辑思维能力。GH 的输出有很明确的输入和输出目标以及逻辑。强烈建议在掌握一定 Rhino 基础后再学习 GH，入门会更加容易，因为好的输入才能带来理想的输出，这一部分基础知识恰恰是要靠 Rhino 来准备的。

1.4.2　GH 插件下载简介

“food4Rhino”作为全球最为著名的 Rhino 和 Grasshopper 社区之一，提供了大量的免费插件下载服务。

输入网址“https://www.food4Rhino.com”即可进入网站主页。通过主页，用户可以看到网站提供的插件，包括 RHINO APPS、GRASSHOPPER APPS、MATERIALS 等，可以根据自身的需要进行选择、下载。

插件下载说明：首先在“food4Rhino”完成注册，点击右上部的“Register”，进入注册页面，完成个人信息的填写。注册完成后点击登录，进入账号。在上部的搜索栏输入自己要下载的插件名称，比如“bifocals”（命令显示插件），点击“Search”按钮（见图 1.30），我们可以看到 food4Rhino 非常贴心地列出了各个版本的插件类型，并且提供了相关描述。点击右侧“Download”下载按钮（见图 1.31），选择保存位置，即可完成插件的下载（部分浏览器会有阻止弹窗，点击允许即可），之后只要完成相关插件的安装就可以使用了。

大多数 GH 插件安装比较简单，只需点击菜单栏“文件”选项，将插件程序复制并粘贴至“组件文件夹”或者“用户对象文件夹”（见图 1.32）中然后重启 Rhino 就可以使用了。

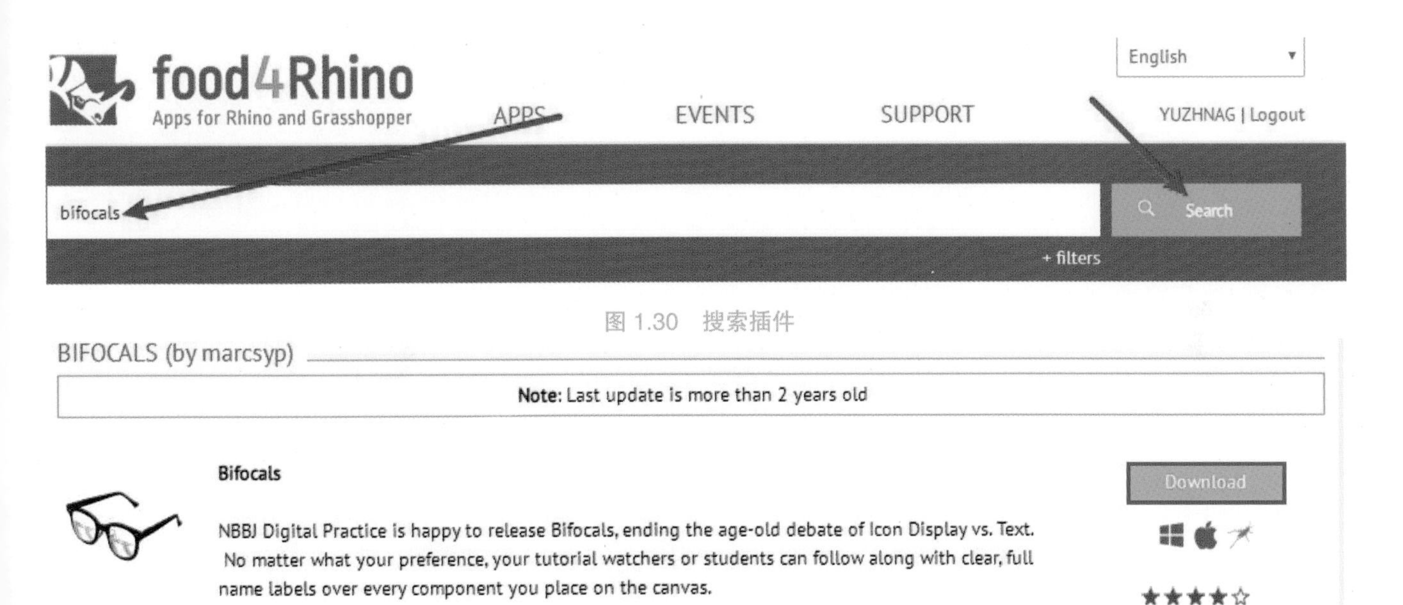

图 1.30　搜索插件

图 1.31　下载按钮

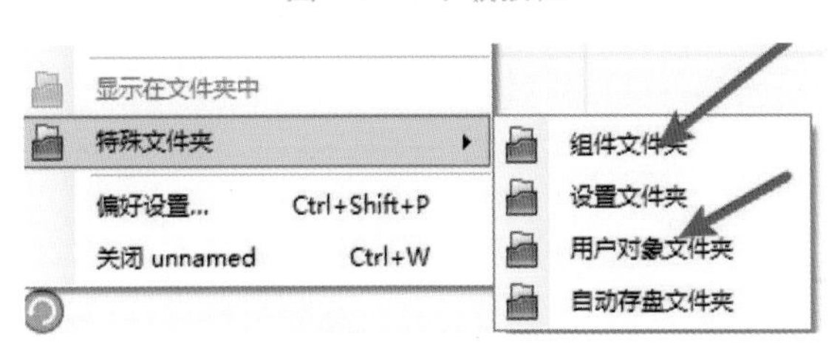

图 1.32　“组件文件夹”和“用户对象文件夹”

Chanpin Sheji Rhino 3D Jianmo yu Xuanran Jiaocheng

第二章

基本命令与产品建模

第二章拓展资源

2.1 鼠标建模

点击视窗按钮，在扩展命令列中选择“添加一个图像平面”命令，置入鼠标的“Top”“Perspective”“Front”“Left”四视图，如图 2.1 所示。

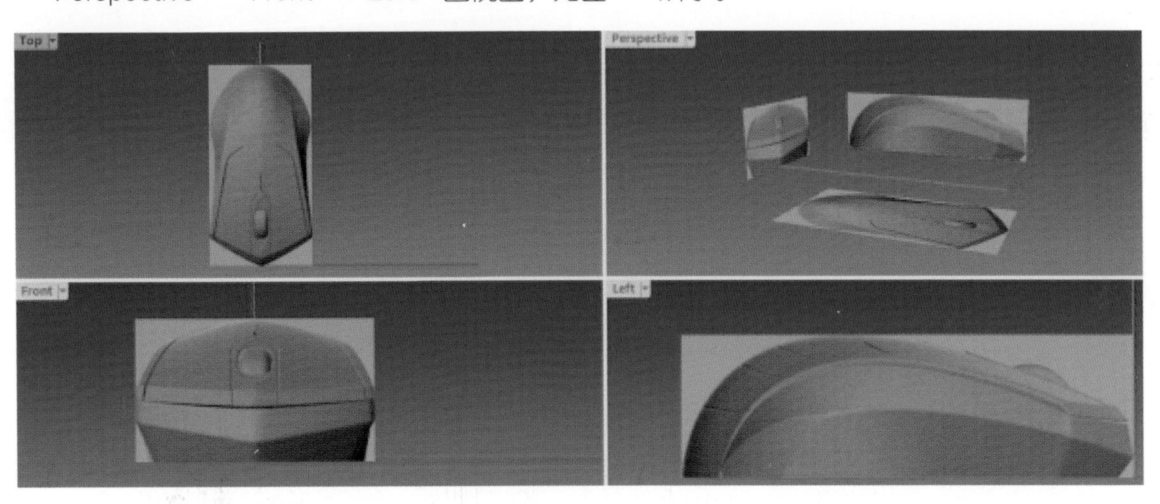

图 2.1 置入四视图

以“Top”视图中的底视图为参考图绘制底部轮廓线。点击“控制点曲线”命令按钮，在命令行中设置阶数为“5”，先绘制图 2.2 所示的五阶曲线，再绘制另外两条五阶曲线（见图 2.3），绘制完成后选择“镜像”命令按钮镜像复制曲线（见图 2.4），镜像时激活 Rhino 视窗最下面“正交”选项。

在侧视图中绘制鼠标侧面轮廓线，如图 2.5 所示。

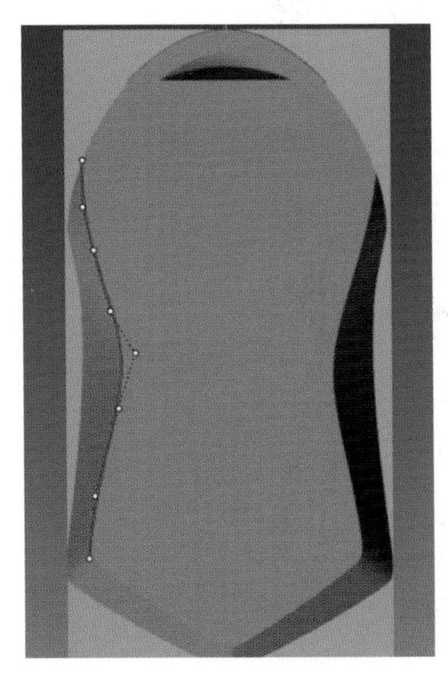

图 2.2 绘制第一条五阶曲线

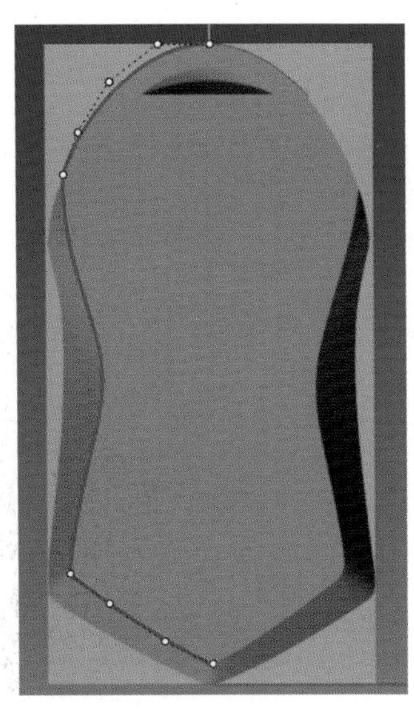

图 2.3 绘制另外两条五阶曲线

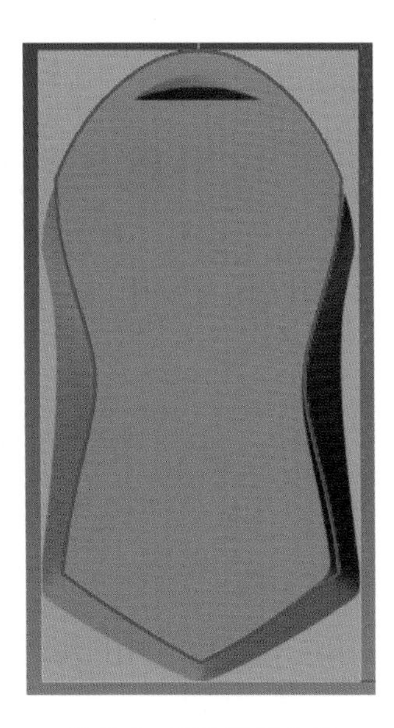

图 2.4 镜像复制曲线

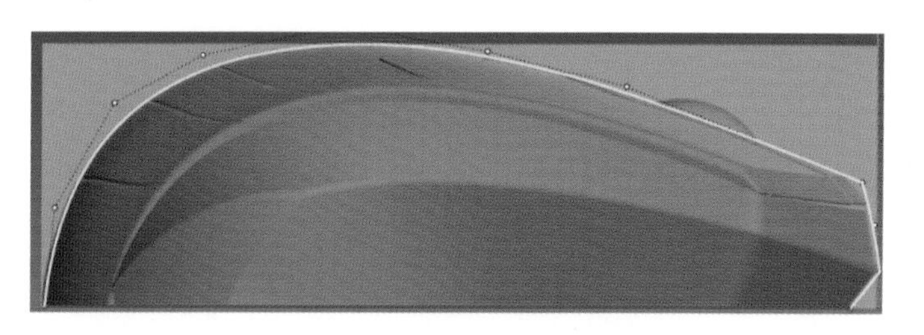

图 2.5　绘制侧面轮廓线

在前视图中绘制两条直线，如图 2.6 所示，下方端点处需与底部轮廓线相连。在前视图和侧视图中调整直线和曲线的空间位置，如图 2.7、图 2.8 所示。

图 2.6　绘制两条直线

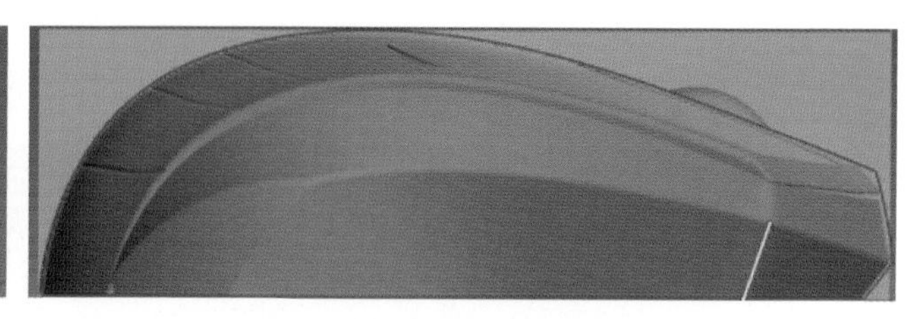

图 2.7　调整直线位置

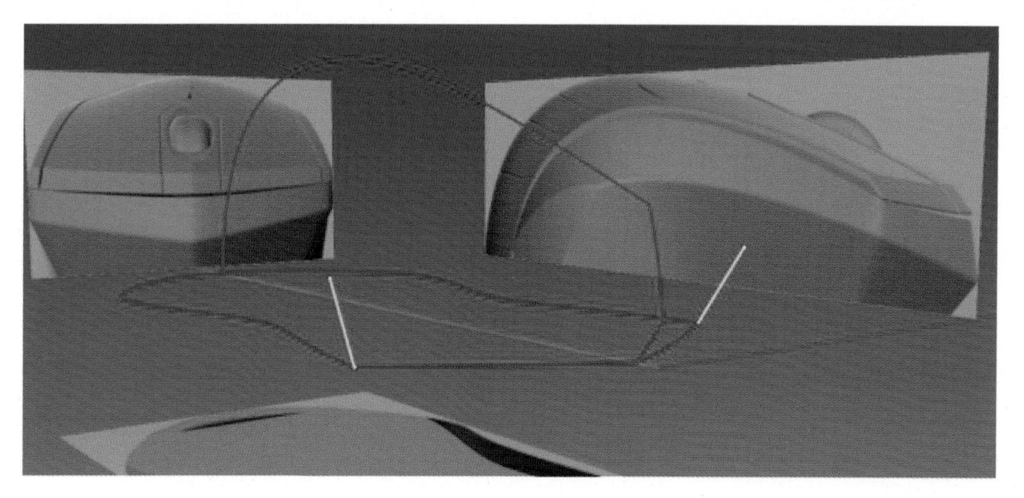

图 2.8　调整曲线位置

选择“控制点曲线”命令，在命令行中设置阶数为“5”，绘制一条五阶曲线并镜像复制，如图 2.9 所示；选择“控制点曲线”命令，在命令行中设置阶数为“3”，绘制一条三阶曲线并镜像复制，如图 2.10 所示。

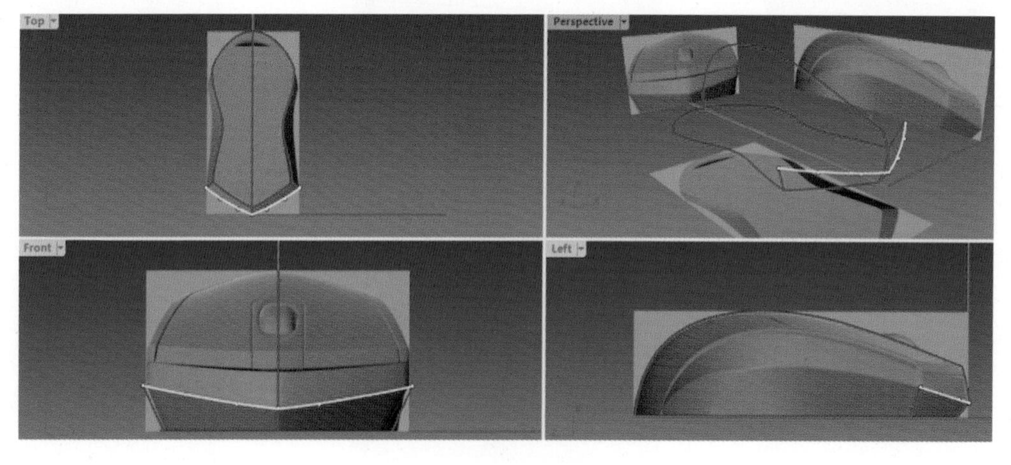

图 2.9　绘制五阶曲线

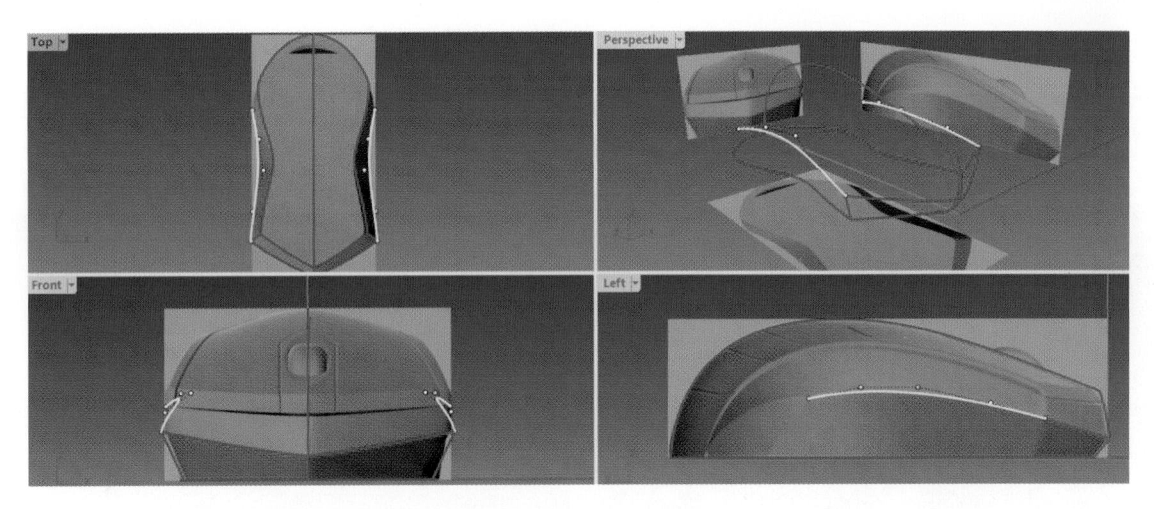

图 2.10 绘制三阶曲线

绘制一条三阶曲线，调整曲线形状并镜像复制，如图 2.11 至图 2.13 所示。

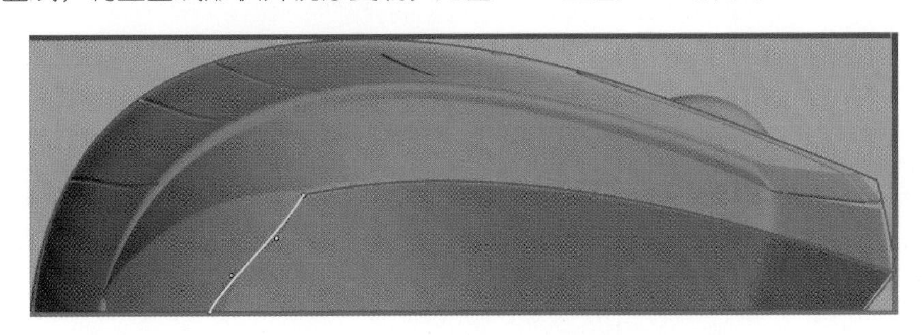

图 2.11 绘制曲线并调整曲线形状

图 2.12 镜像复制曲线（底视图）

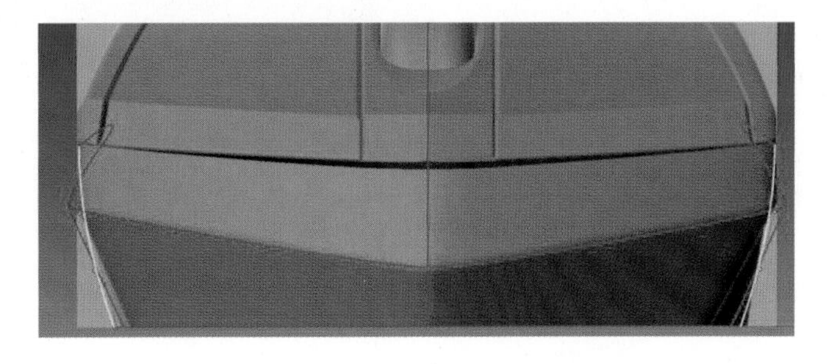

图 2.13 镜像复制曲线（前视图）

完成剩余空间曲线的绘制，选择两条曲线（选择两条曲线时一定要点击相邻的位置）（见图 2.14），选择“放样”命令生成曲面，如图 2.15 所示。

图 2.14 完成剩余曲线绘制并选择两条曲线

图 2.15 生成放样曲面

选择“衔接曲面”命令，将放样曲面的两端分别与选择的放样曲线（两侧）匹配，“连续性”选择“位置”，将放样曲面与两端曲线衔接，保证曲面造型，如图 2.16 所示。有的用户会用双轨扫掠来做这一步，双轨扫掠出来的曲面结构线会比较多，如图 2.17 所示。执行相同的步骤完成其他曲面的建模与衔接，如图 2.18 所示。

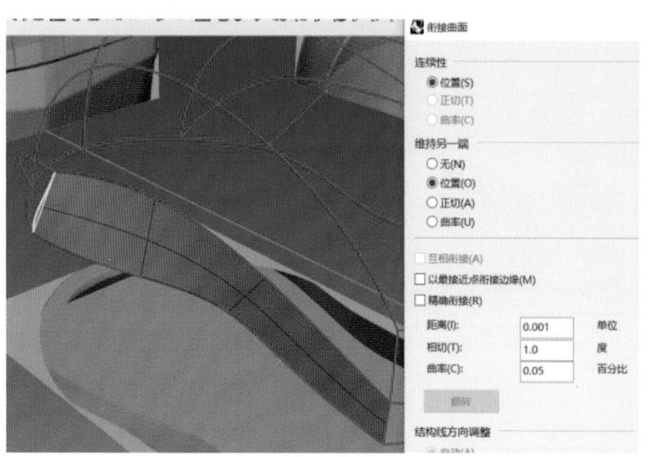

图 2.16　曲面衔接

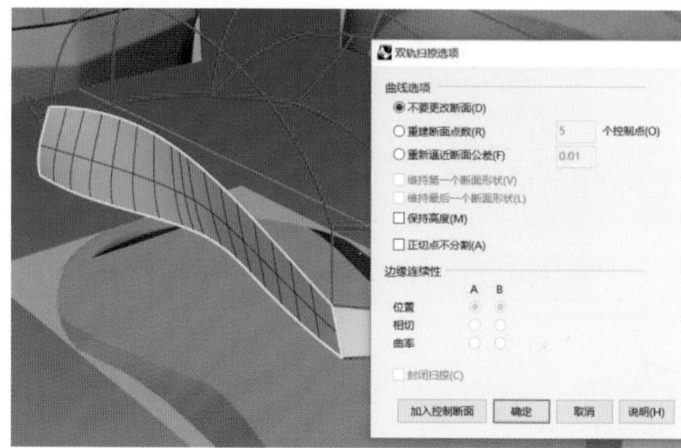

图 2.17　双轨扫掠生成的曲面

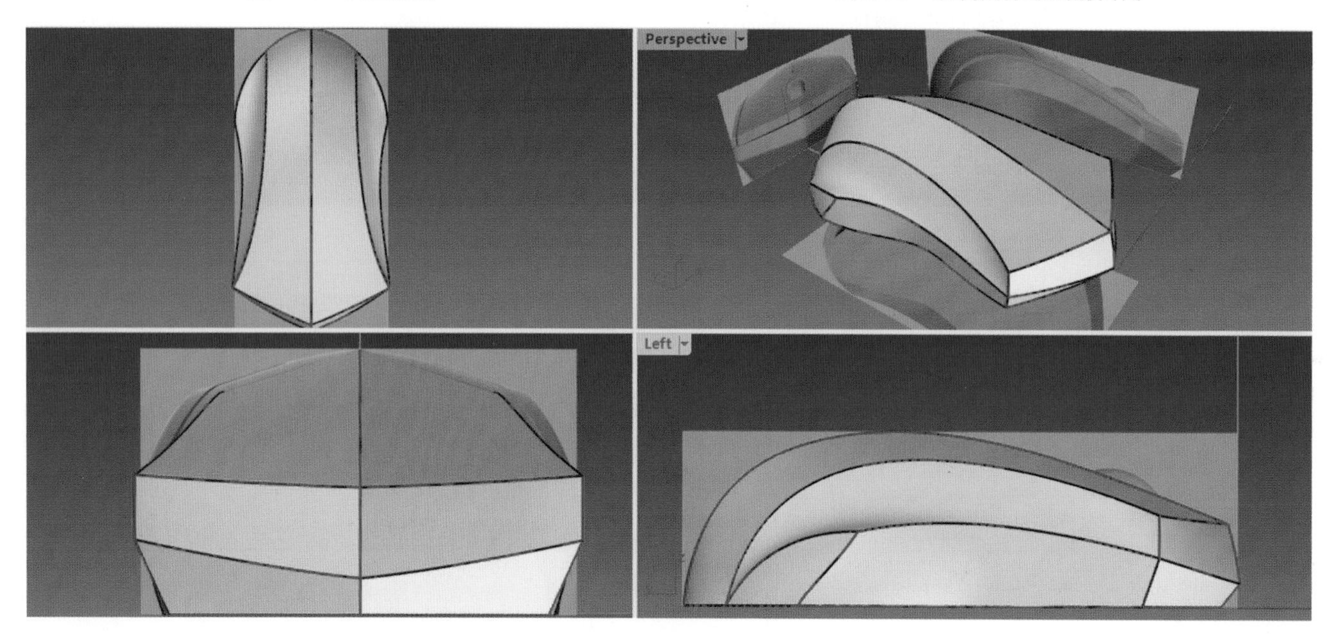

图 2.18　完成基础曲面建模

在前视图中绘制直线（见图 2.19），选择“投影”命令，得到投影曲线并镜像复制，如图 2.20 所示。

Tips：初学者选择“投影”命令，有时会出现投影曲线不是想要的效果的情况，为避免出现这种情况，初学者可在进行投影时避免在透视图中绘制曲线和投影，在哪个视图中绘制曲线，就在哪个视图中进行投影。例如在前视图中绘制曲线，就在前视图中进行投影。

先选择曲面（见图 2.21），然后选择“分割”命令，再选择刚才的投影曲线进行曲面分割，删除中间的小曲面，如图 2.22 所示。

打开“端点”捕捉，在“Top”视图中绘制一个辅助圆（见图 2.23）并投影（见图 2.24），然后将曲面分割，删除小曲面（见图 2.25），执行相同的步骤完成其他曲面的分割，如图 2.26 所示。

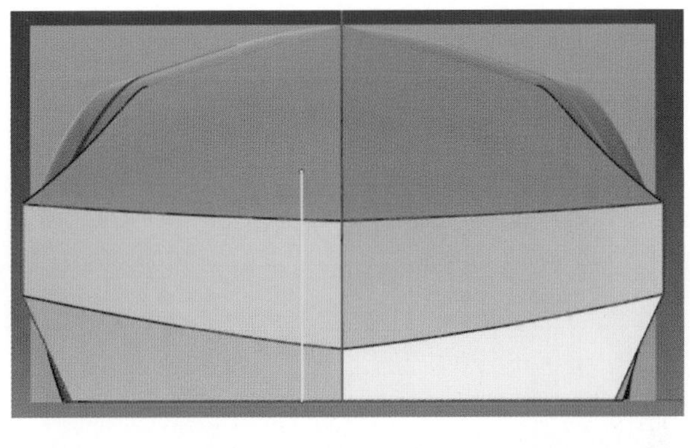

图 2.19 绘制直线

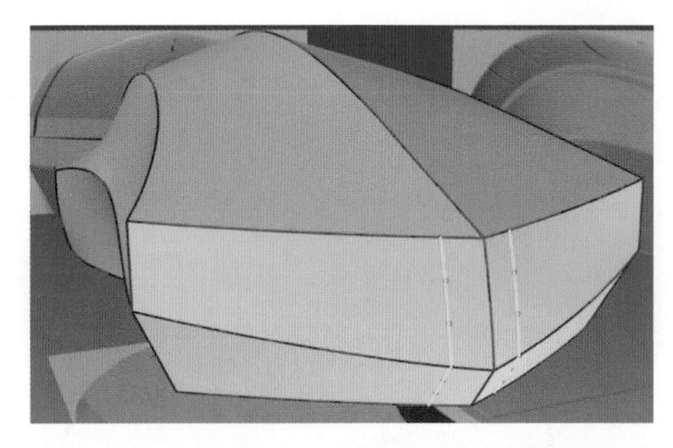

图 2.20 投影曲线

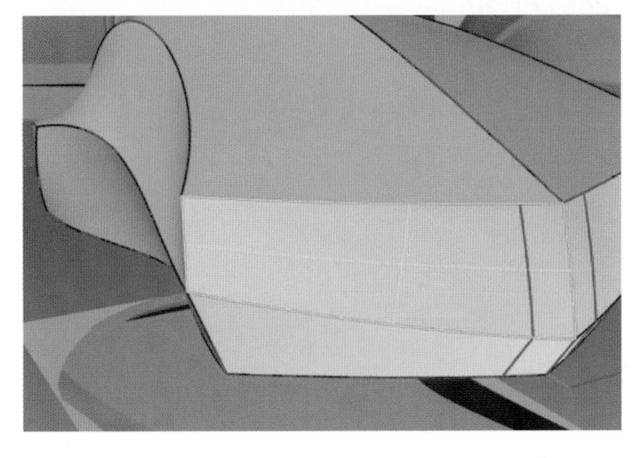

图 2.21 选择曲面

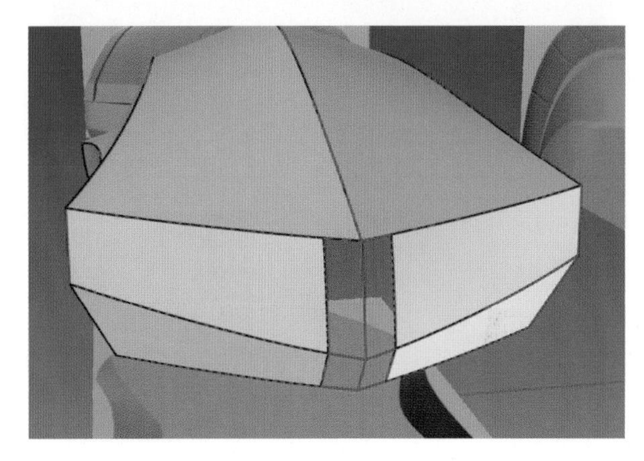

图 2.22 分割曲面并删除中间小曲面

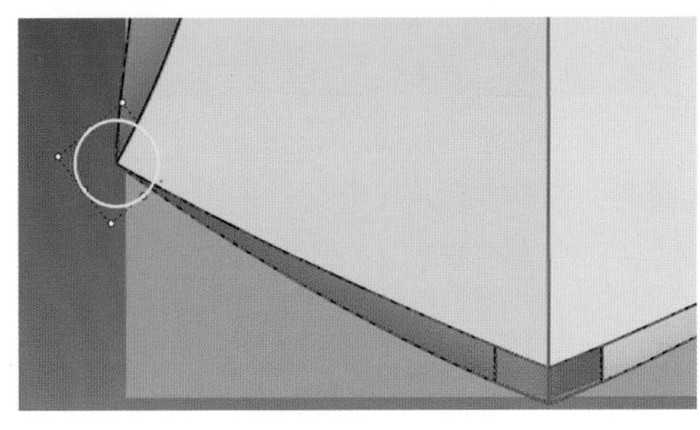

图 2.23 绘制圆

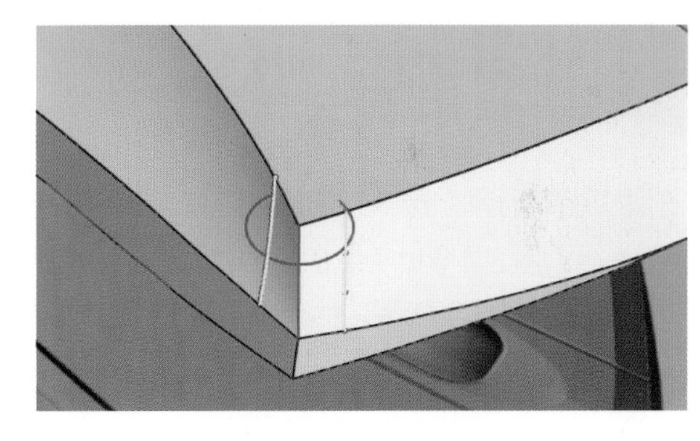

图 2.24 投影

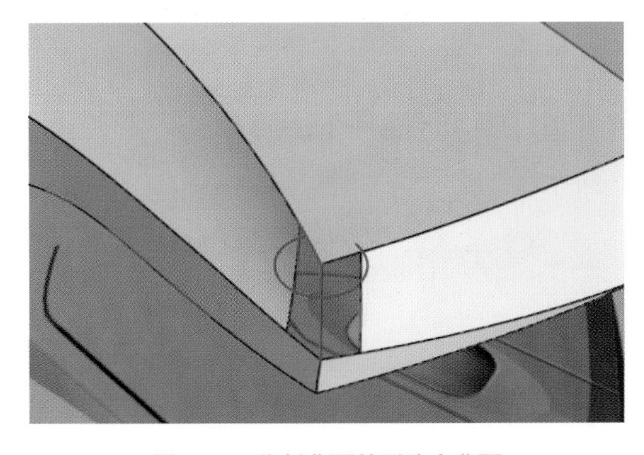

图 2.25 分割曲面并删除小曲面

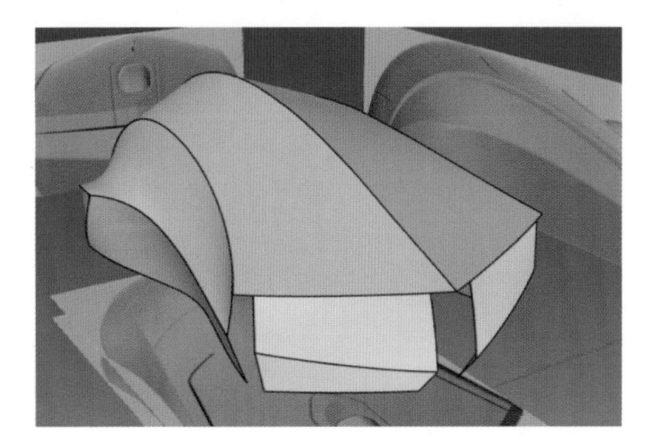

图 2.26 分割曲面

选择“可调式混接曲线”命令，混接曲线，如图 2.27 和图 2.28 所示，为下一步双轨扫掠生成顺接曲面做准备。

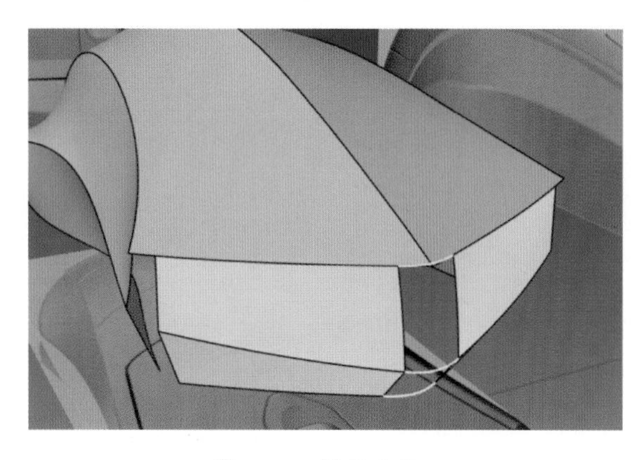

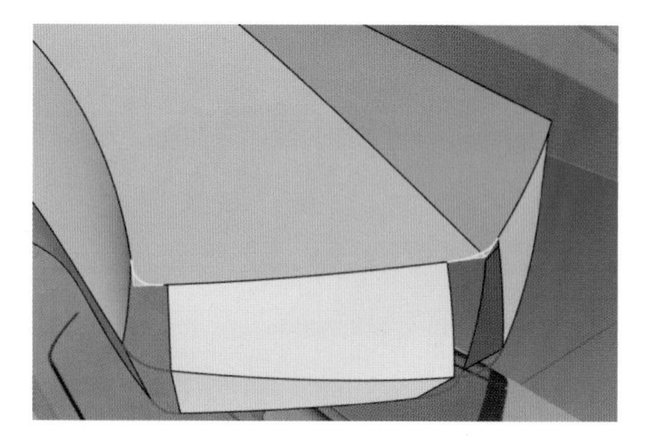

图 2.27　混接曲线 1

图 2.28　混接曲线 2

选择“分割”命令，选择两条曲线，将鼠标前端切出圆角（见图 2.29）；选择“双轨扫掠”命令生成顺接曲面，如图 2.30 所示。

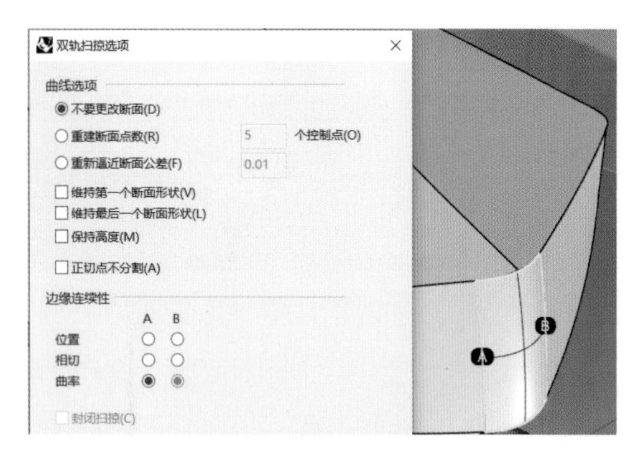

图 2.29　切出圆角

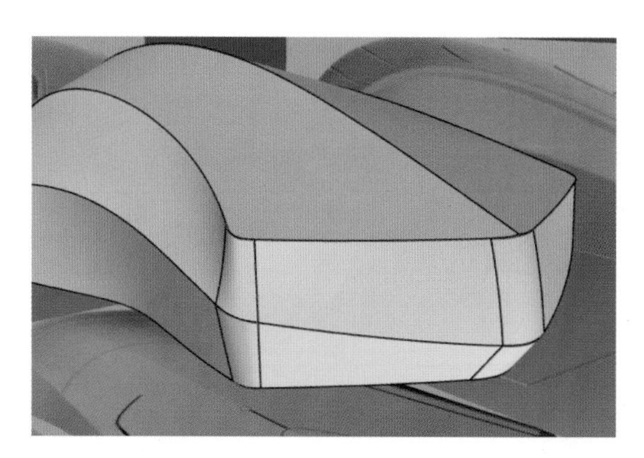

图 2.30　双轨扫掠生成顺接曲面

右键点击“分割”命令按钮，选择“以结构线分割曲面”，效果如图 2.31 所示，将鼠标上盖曲面分割成两部分，可以在命令行中点击“切换”调整分割方向。分割完后镜像复制曲面（见图 2.32），此时斑马纹处于交错状态，镜像处理后的曲面连续性为“G0”。

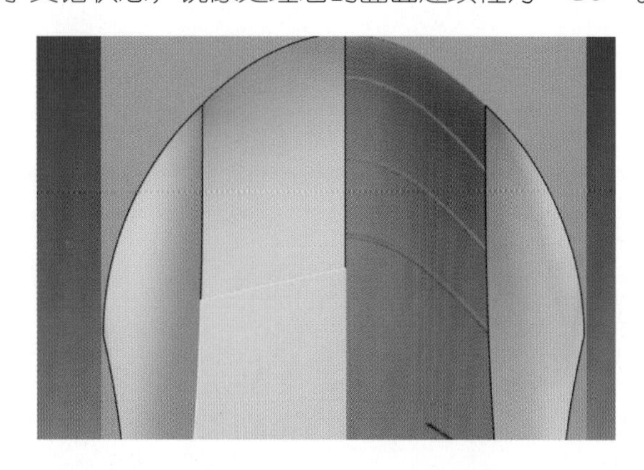

图 2.31　以结构线分割曲面

图 2.32　镜像复制曲面

选择“衔接曲面”命令匹配曲面（见图 2.33），先将曲面 1 和曲面 2 互相衔接（见图 2.34），再用曲面 3 衔接曲面 1，曲面 4 衔接曲面 2，如图 2.35 所示。通过斑马纹检测（见图 2.36）可以看到，“1”处曲面斑马纹连接顺畅，“2”处斑马纹为交错状态，形成渐消面。这是利用曲面衔接制作渐消面的一种方法，在实际建模中比较常用。

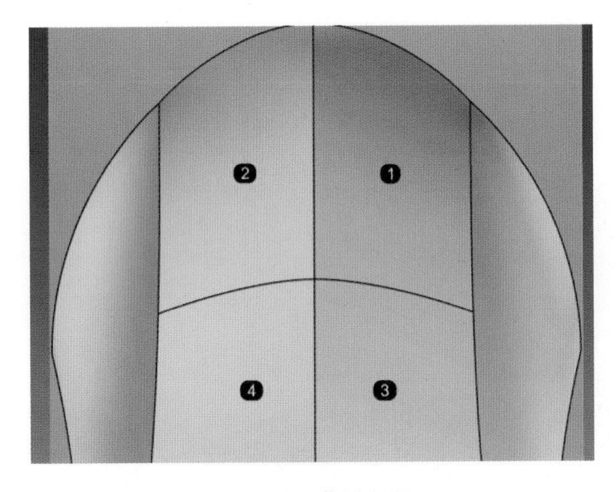

图 2.33　曲面匹配

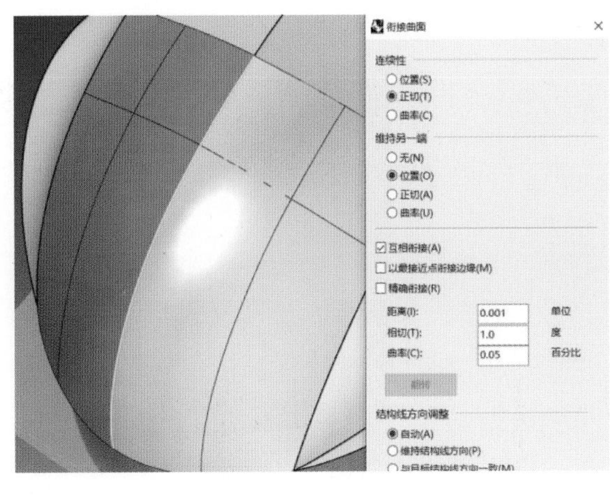

图 2.34　曲面 1 和曲面 2 衔接

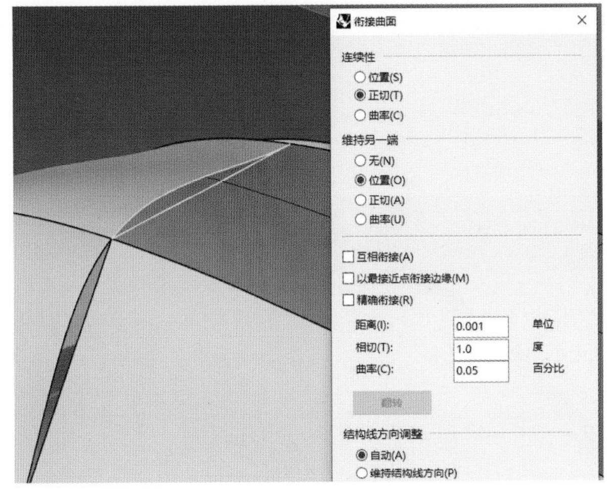

图 2.35　曲面 3 与曲面 1、曲面 4 与曲面 2 衔接

图 2.36　斑马纹检测

绘制曲线（见图 2.37），选择“分割”命令，分割曲面，如图 2.38 所示。绘制三条曲线，如图 2.39 和图 2.40 所示。

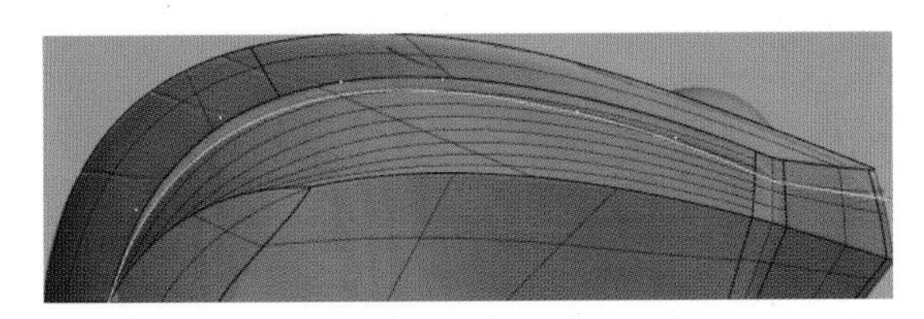

图 2.37　绘制曲线

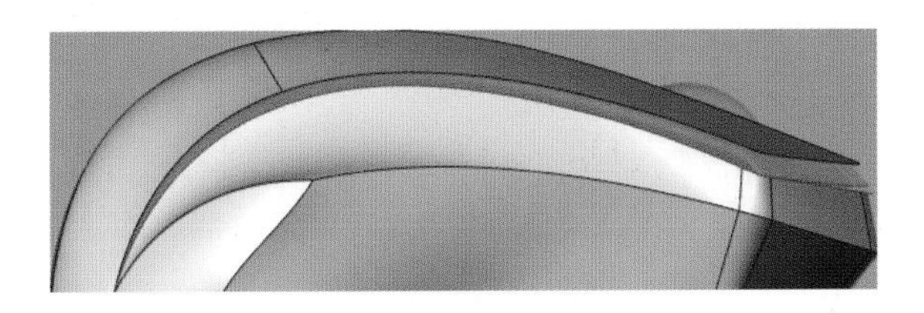

图 2.38　分割曲面

图 2.39　绘制曲线（侧视图）

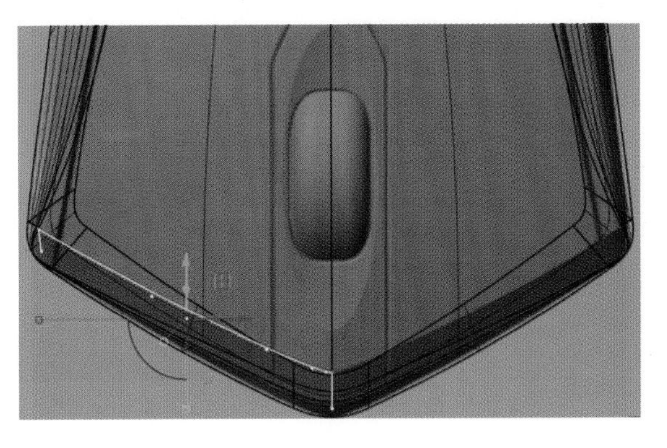

图 2.40　绘制曲线（顶视图）

修剪曲面，如图 2.41 所示。

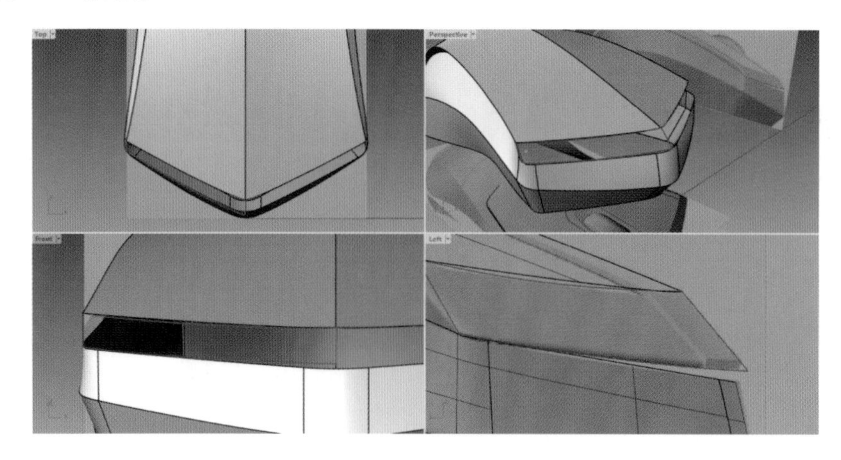

图 2.41　修剪曲面

单轨扫掠生成曲面（见图 2.42）。打开“最近点”捕捉，绘制曲线（见图 2.43），选择“延长曲线”命令将曲面边缘适当延伸并生成圆管，求画出圆管与鼠标侧面的相交曲线，选择相交曲线分割曲面（见图 2.44），删除部分曲面，如图 2.45 所示。

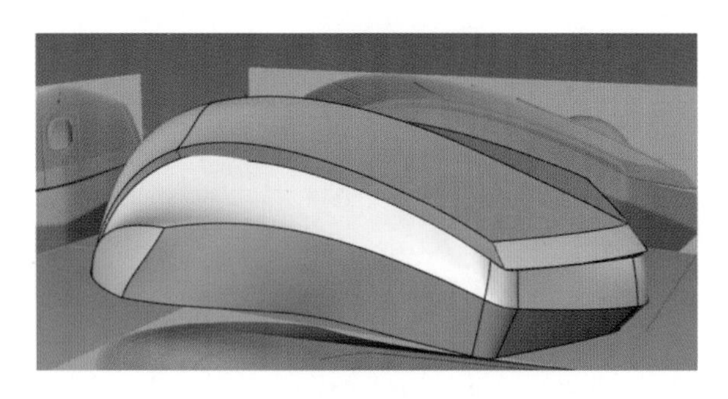

图 2.42　单轨扫掠生成曲面

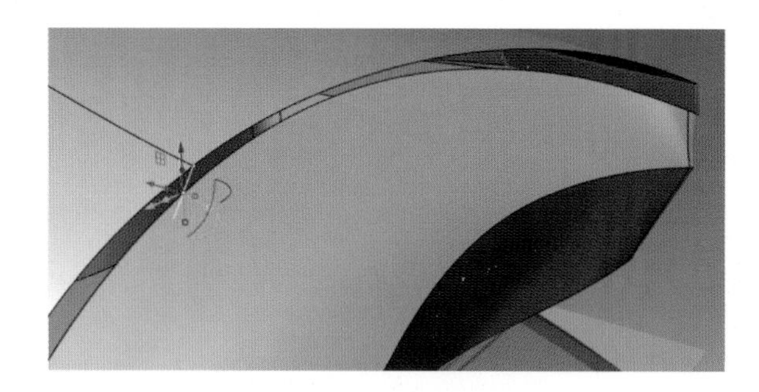

图 2.43　绘制曲线

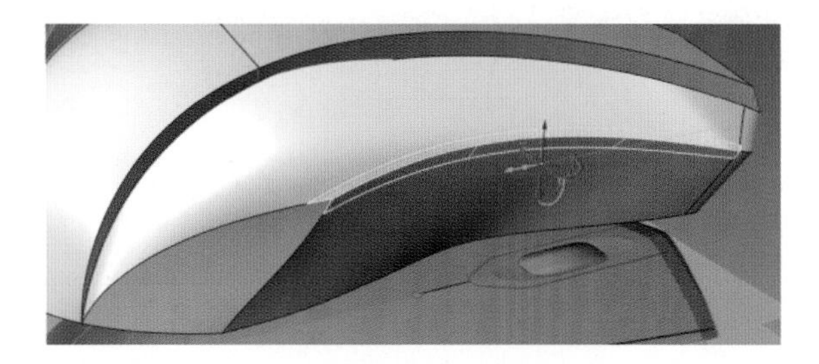

图 2.44　分割曲面

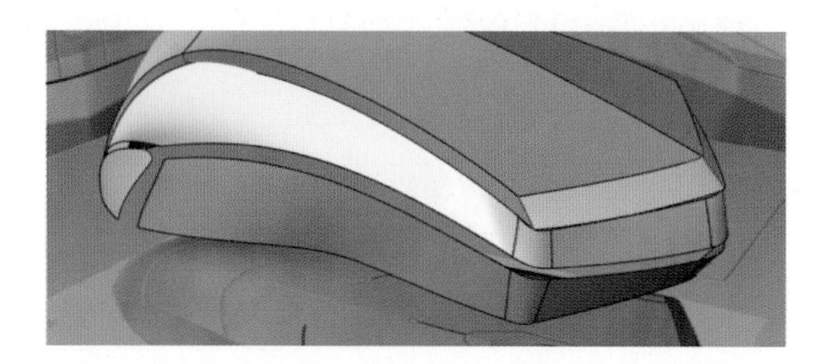

图 2.45　删除部分曲面

选择“可调式混接曲线”命令绘制截面曲线（见图 2.46），选择“双轨扫掠”命令生成顺接曲面（见图 2.47）。

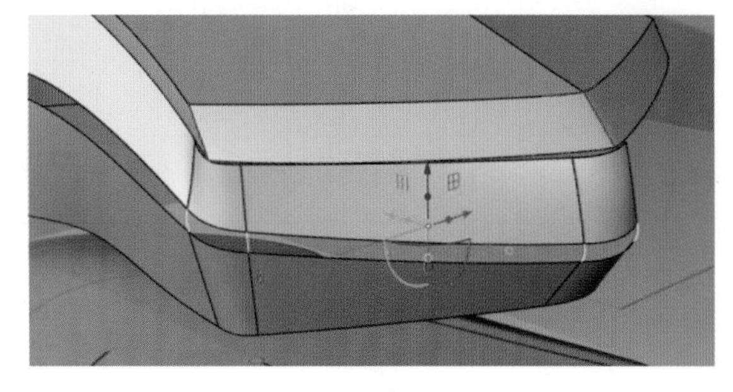

图 2.46　绘制混接曲线

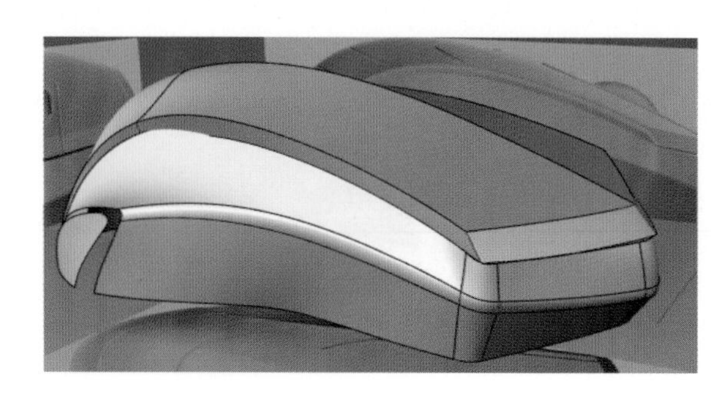

图 2.47　双轨扫掠生成顺接曲面

选择“显示边缘”命令，然后选择曲面，边缘呈粉色显示，选择“分割边缘”命令，打开端点捕捉，将曲面边缘一一分割（见图 2.48）。选择“直线：从中点”命令，绘制两条直线并投影在曲面上，如图 2.49 所示。

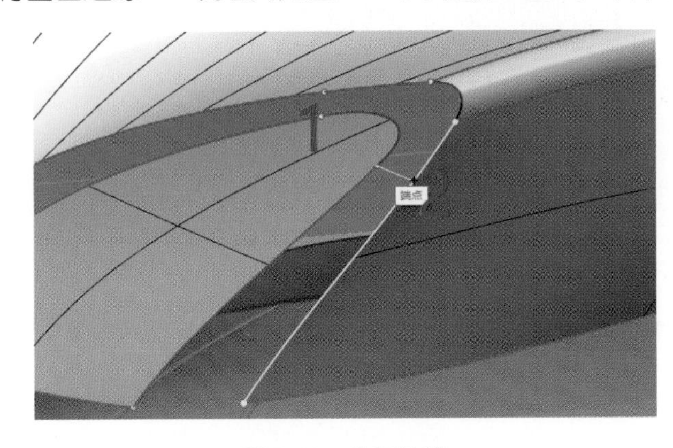

图 2.48 分割边缘

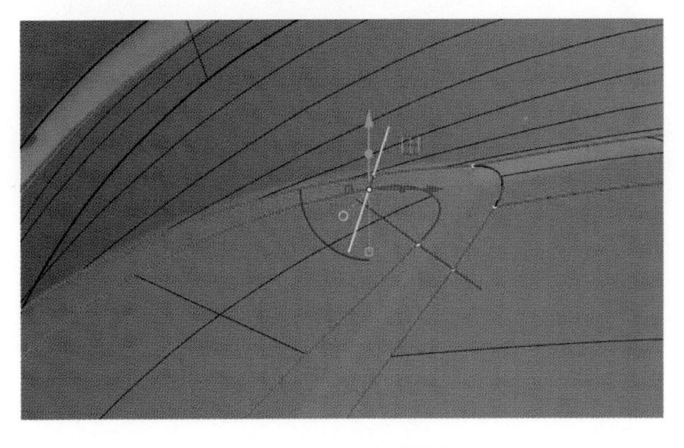

图 2.49 直线投影

选择“可调式混接曲线”命令绘制截面曲线（见图 2.50），选择“双轨扫掠”命令生成顺接曲面，如图 2.51 所示。

图 2.50 绘制截面混接曲线

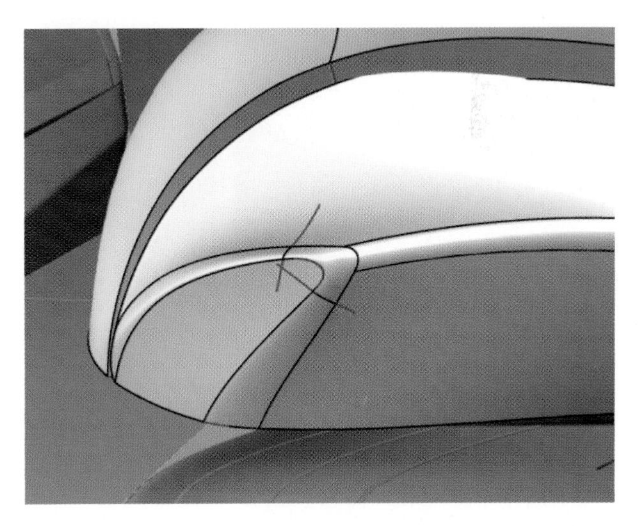

图 2.51 双轨扫掠生成顺接曲面

右键点击“分割”命令按钮，选择“以结构线分割曲面”命令，分割曲面（见图 2.52），可以在命令行中点击“切换”调整分割方向。选择“可调式混接曲线”命令，混接曲线，如图 2.53 所示。

图 2.52 以结构线分割曲面

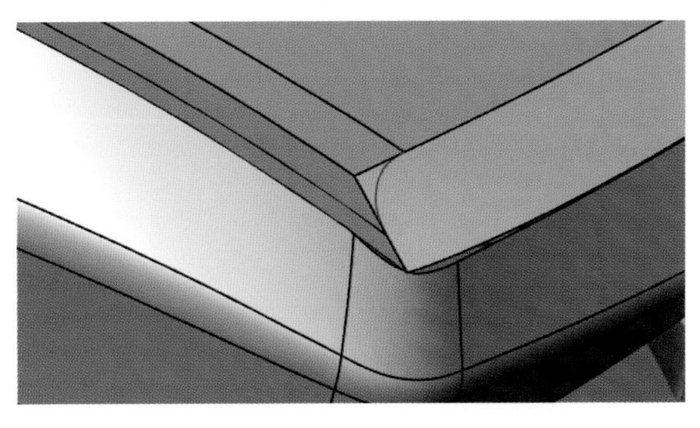

图 2.53 混接曲线

修剪曲面，选择“单轨扫掠”命令并组合构成上盖的所有曲面，完成鼠标上盖曲面建模，效果如图 2.54 所示。绘制曲线（见图 2.55）。

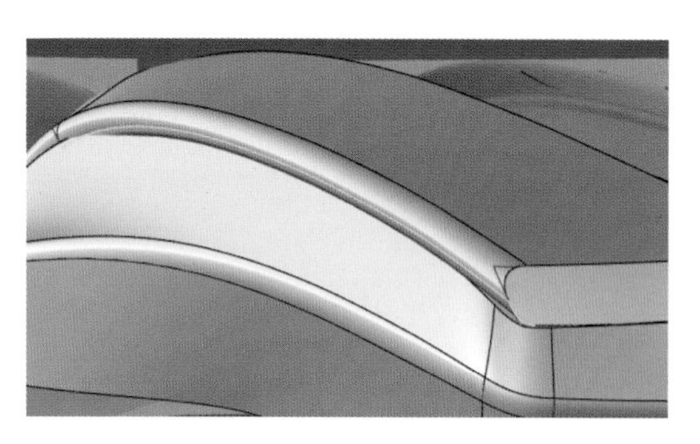
图 2.54　鼠标上盖建模效果

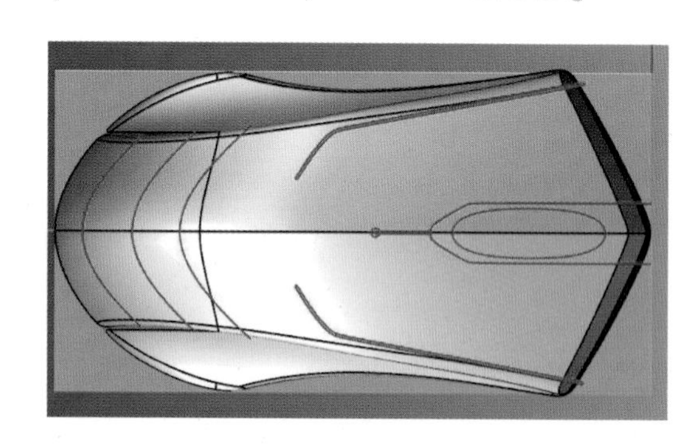
图 2.55　绘制曲线

将左侧三条曲线投影至曲面上，选择“生成圆管”命令，将“工具行”中“加盖”选项设置为“圆头”，将投影的三条曲线转换成圆管，如图 2.56 所示。选择鼠标上盖，选择“布尔运算差集”命令，再选择三条圆管，右键确定完成布尔运算（见图 2.57）。直线挤出，分割出鼠标中键所需曲面（见图 2.58），将曲面备份然后互相修剪出中键曲面（效果如图 2.59 所示），选择“边缘圆角”命令做出接缝线效果（见图 2.60），修剪曲面（见图 2.61）。

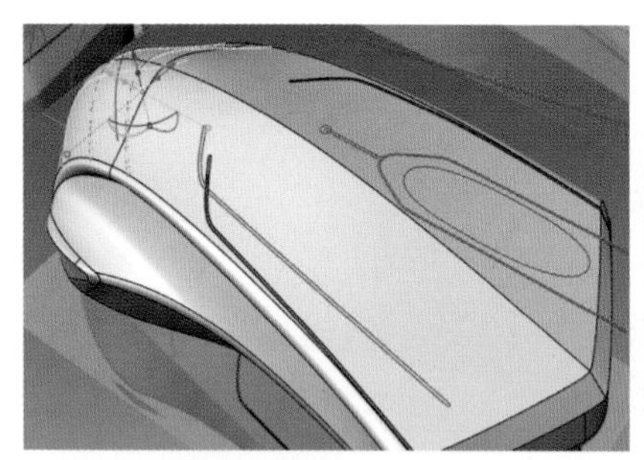
图 2.56　生成圆管

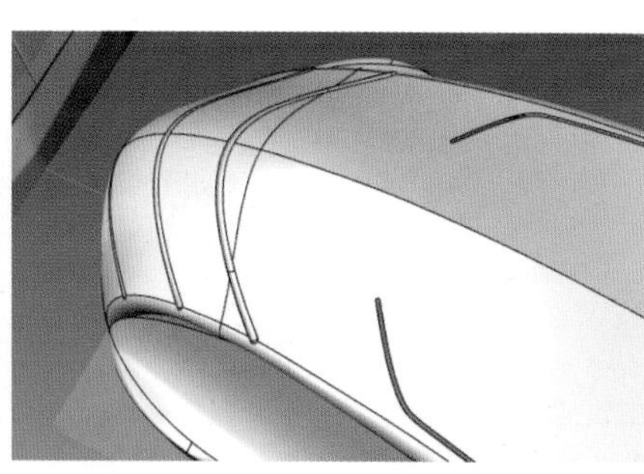
图 2.57　布尔运算差集

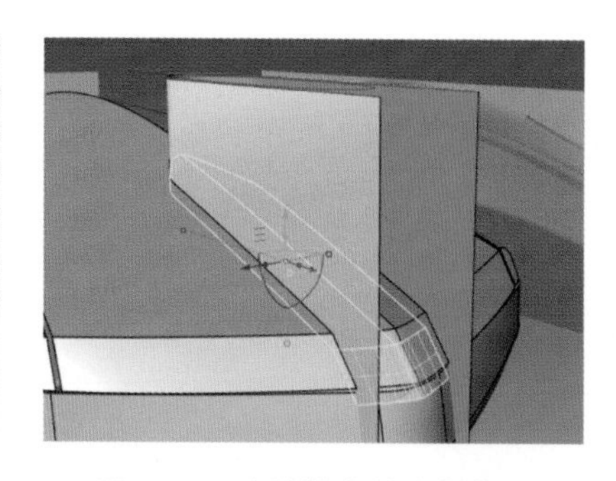
图 2.58　直线挤出并分割曲面

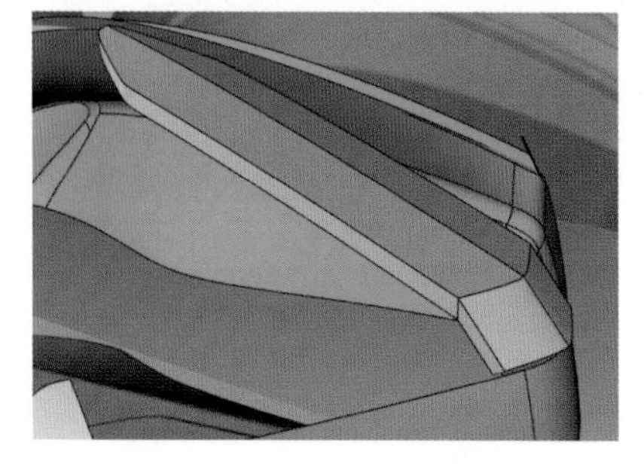
图 2.59　鼠标中键建模效果

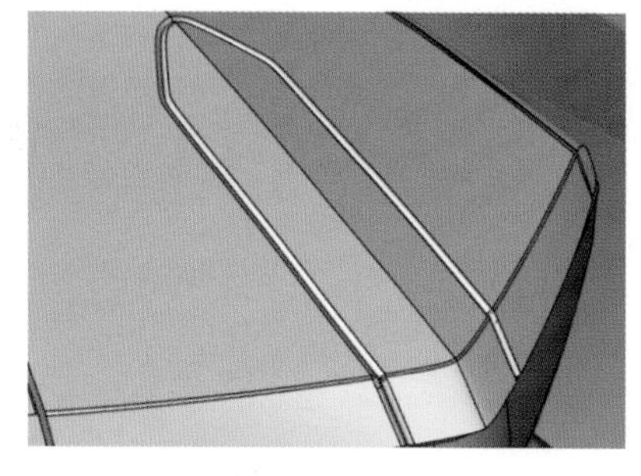
图 2.60　接缝线建模效果

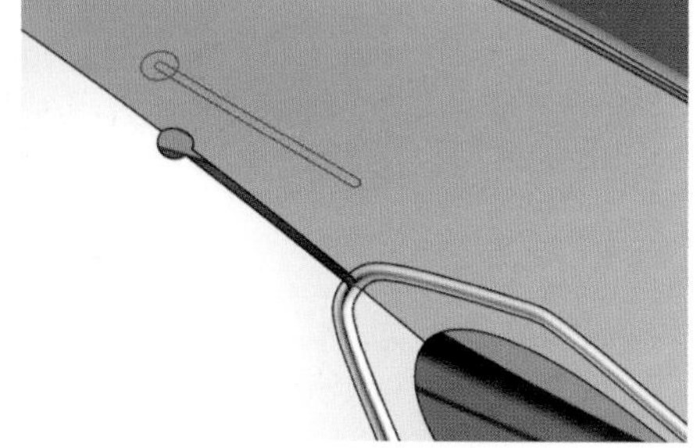
图 2.61　修剪曲面

选择“直线挤出”命令，通过曲面修剪，表现出边缘厚度效果（见图 2.62）；选择“直线挤出”命令挤出圆柱体并倒角（见图 2.63）。

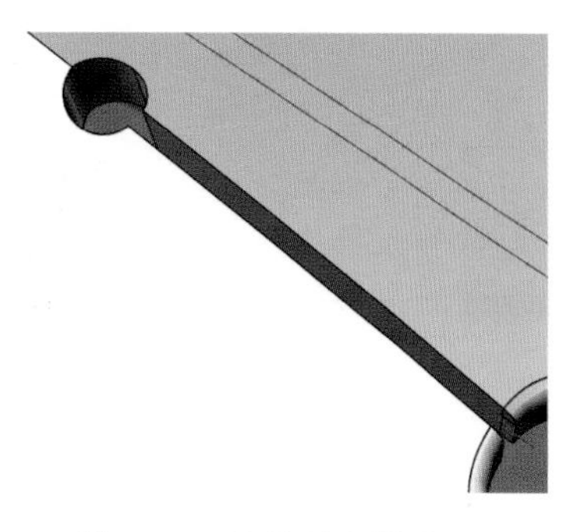
图 2.62　边缘厚度效果

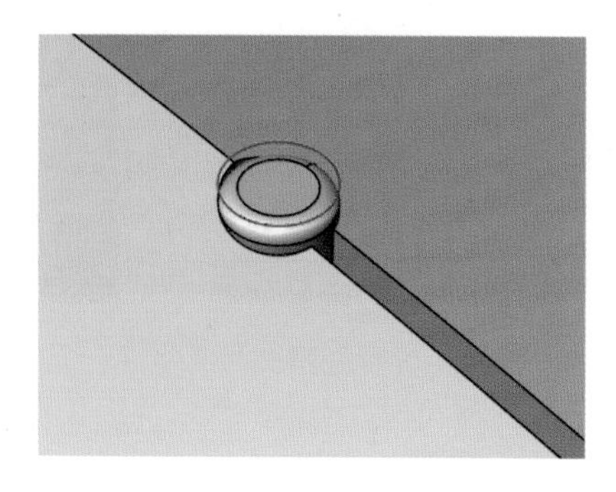
图 2.63　挤出圆柱体并倒角

选择曲面（见图 2.64），右键点击“共平面”命令按钮，将合并的曲面简化，如图 2.65 所示。

图 2.64　选择曲面

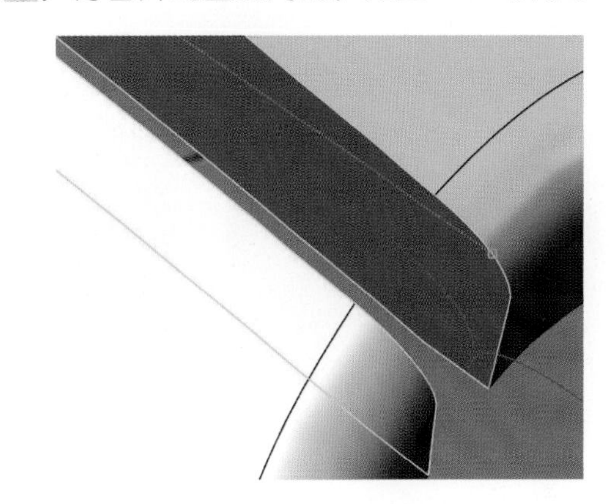

图 2.65　共平面简化

绘制曲线，如图 2.66 和图 2.67 所示。

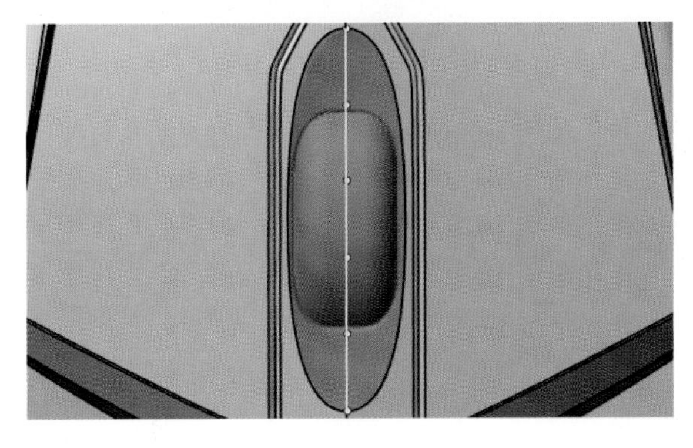

图 2.66　绘制曲线（顶视图）

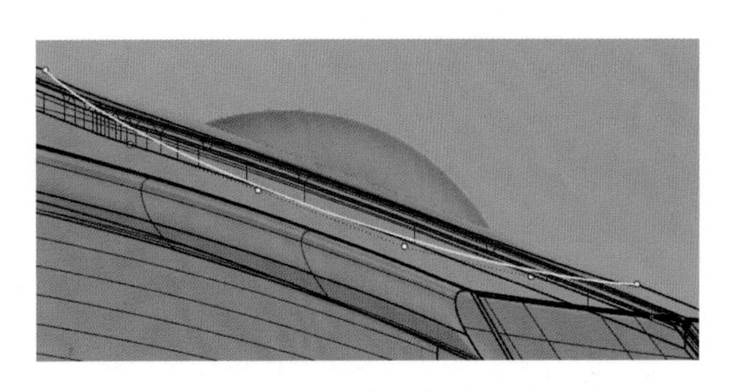

图 2.67　绘制曲线（侧视图）

选择“内插点曲线”命令绘制曲线（见图 2.68），选择“从网线建立曲面”命令，生成曲面，如图 2.69 所示。

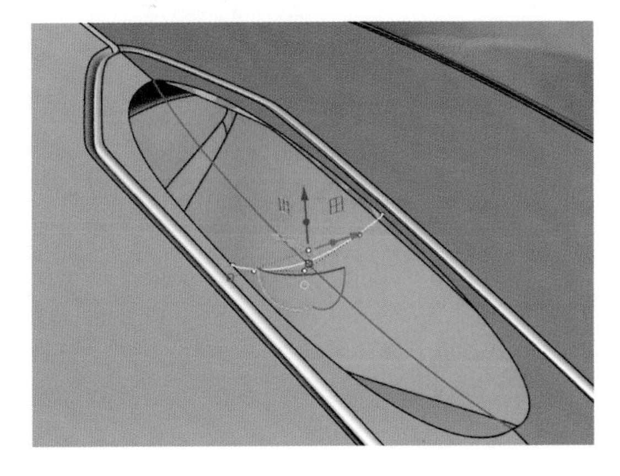

图 2.68　绘制内插点曲线

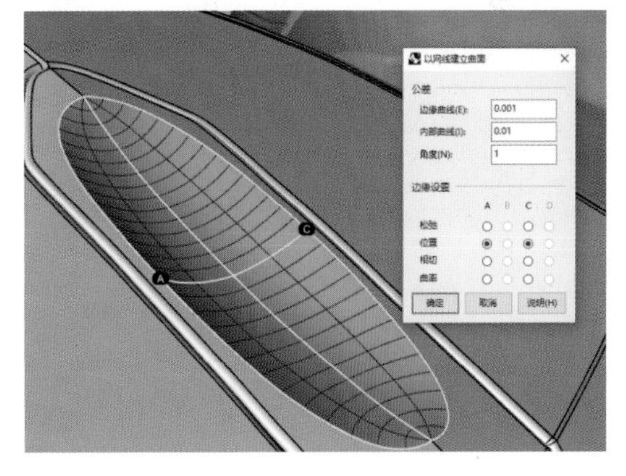

图 2.69　从网线建立曲面

选择“以直径画圆”命令，绘制一个圆，如图 2.70 所示。选择“更改阶数”命令，在命令行中设置阶数为“5”，“可塑形的 = 是”，效果如图 2.71 所示。

选择“放样”命令，生成曲面（见图 2.72），选择“重建曲面的 U 或 V 方向”命令，增加曲面 V 方向结构线数量，如图 2.73 所示。

调整曲面控制点时，先选择左右两侧各一个控制点，然后选择“选取 V 方向点”命令，即可将两侧（一圈）控制点全部选中，选择“二轴缩放”命令，捕捉圆心，将控制点向内缩放（见图 2.74），选择“将平面洞加盖”

命令将滚轮实体化（见图 2.75）。

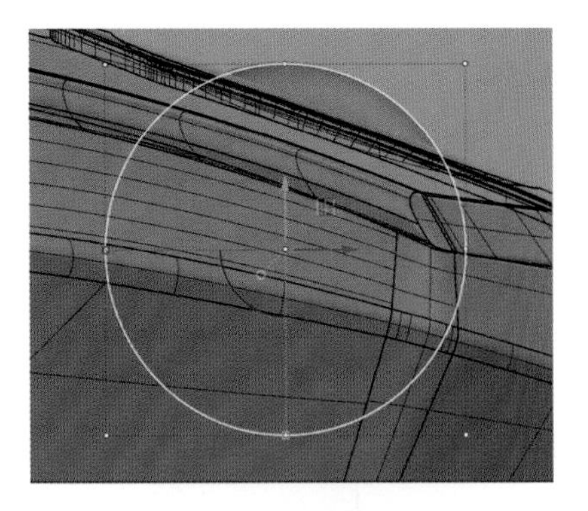

图 2.70　绘制圆

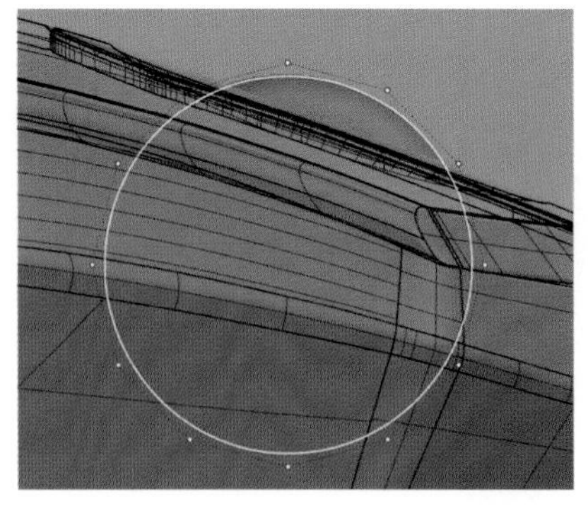

图 2.71　更改设置

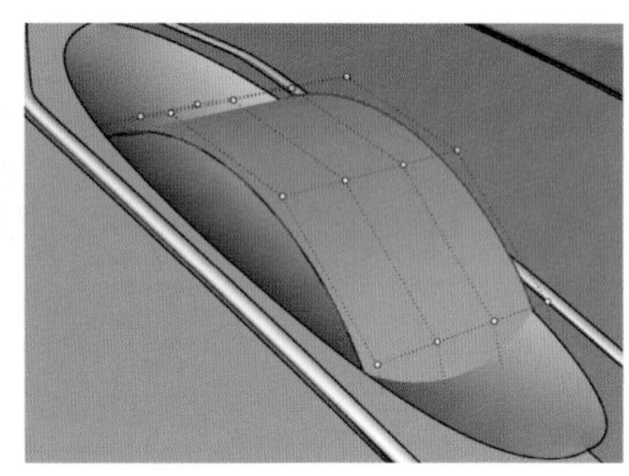

图 2.72　放样生成曲面

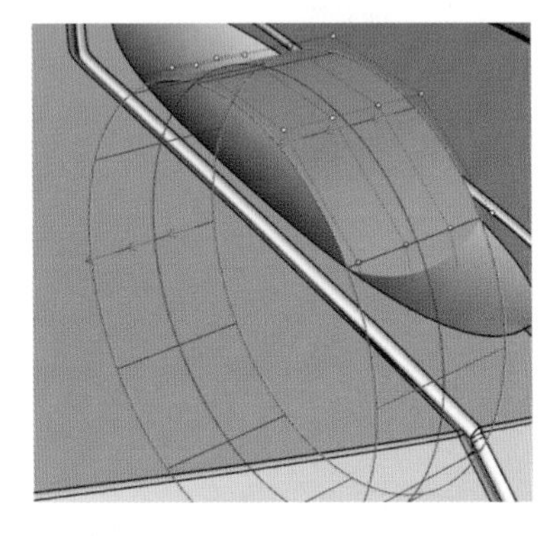

图 2.73　重建曲面 UV

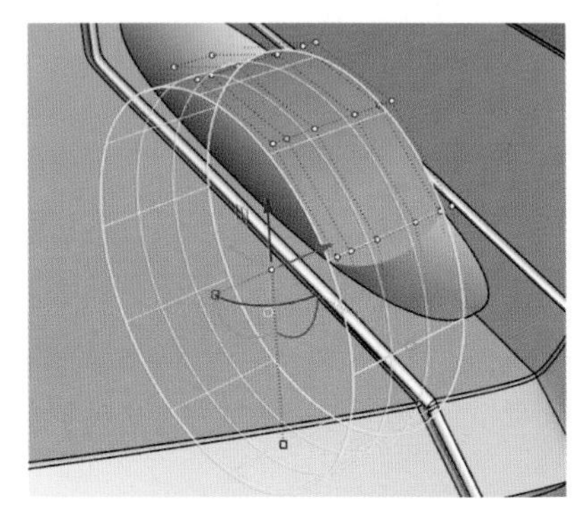

图 2.74　二轴缩放

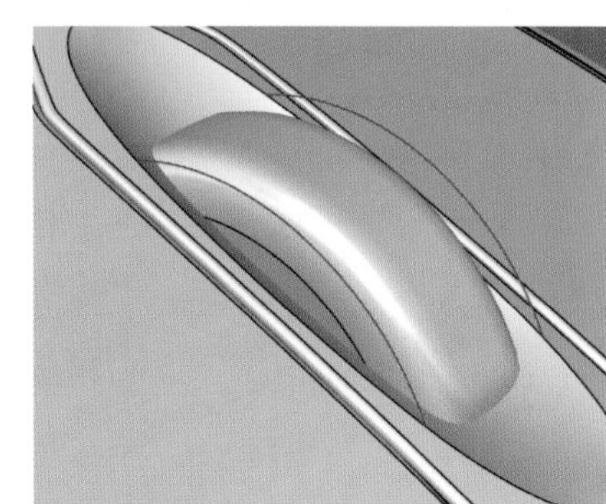

图 2.75　鼠标滚轮实体化

选择“以平面曲线建立曲面”命令生成底部曲面，如图 2.76 所示。

鼠标建模完成示意图如图 2.77 所示。

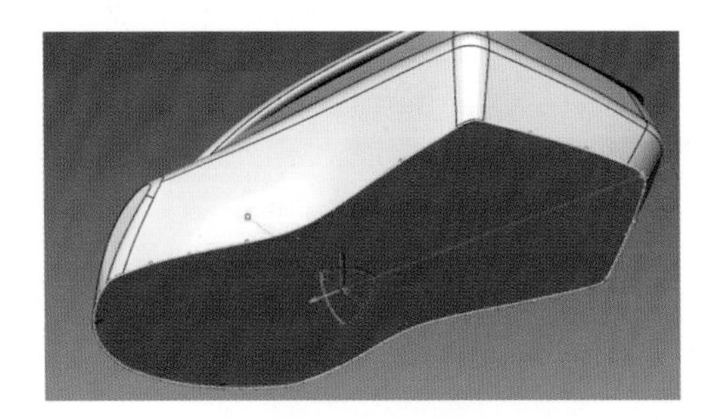

图 2.76　生成底部曲面

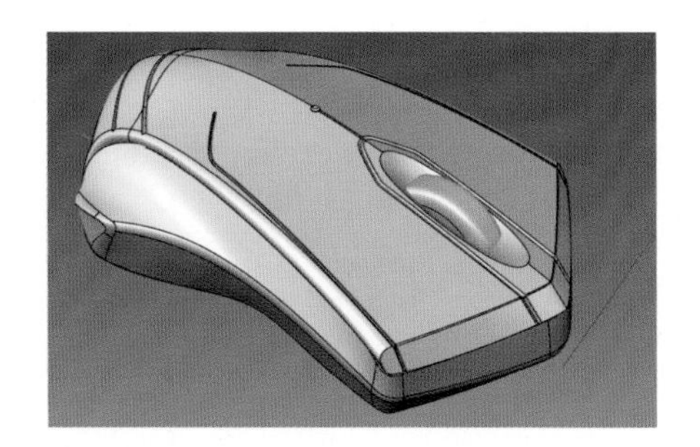

图 2.77　鼠标建模完成示意图

2.2　扫地机器人建模

绘制圆，在命令行中设置为“可塑形”，阶数为“5”，点数为“12”，效果如图 2.78 所示；选择“锥形挤出”命令，命令行中设置拔模角度为“5”，设置为挤出实体，挤出一个锥形圆台，如图 2.79 所示。

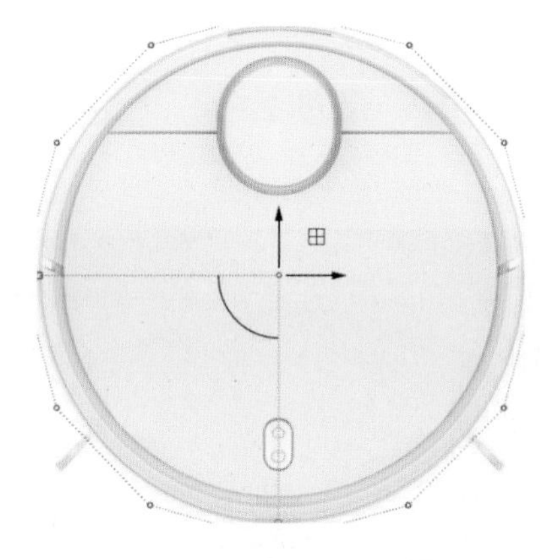

图 2.78　绘制可塑形圆

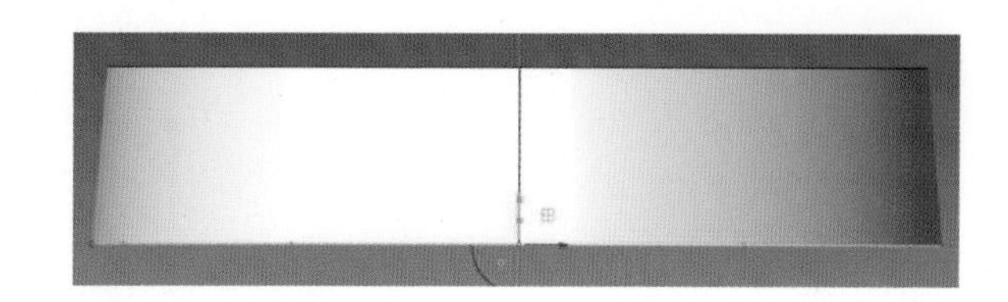

图 2.79　锥形挤出圆台

选择“抽壳”命令，选择顶部和底部曲面抽壳，如图 2.80 和图 2.81 所示。

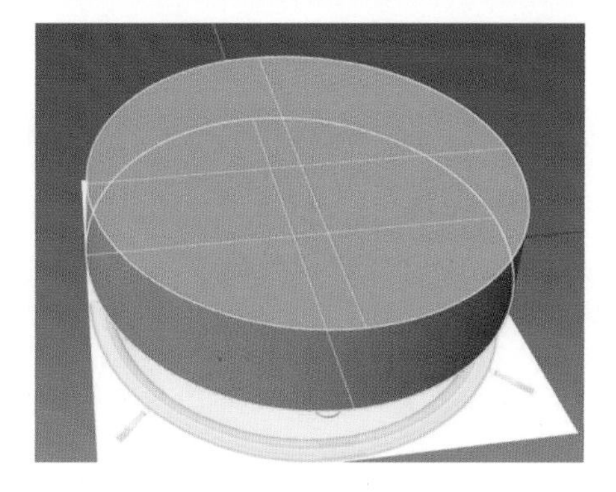

图 2.80　选择顶部和底部曲面

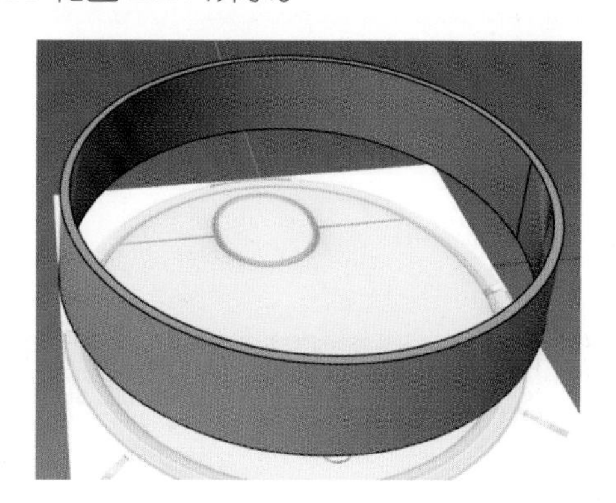

图 2.81　抽壳

绘制四条直线修剪曲面（见图 2.82），选择“将平面洞加盖”命令将修剪后的曲面实体化，如图 2.83 所示。

绘制两个圆（见图 2.84），直线挤出，效果如图 2.85 所示。用上一步绘制的四条直线修剪曲面并加盖（见图 2.86），绘制圆，直线挤出为一个实体，如图 2.87 所示。

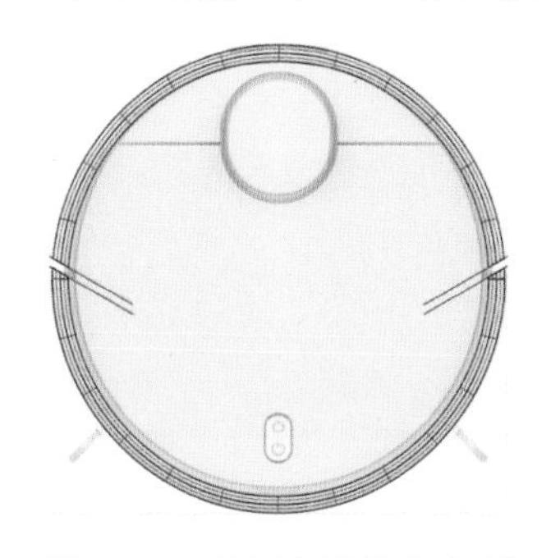

图 2.82　绘制直线修剪曲面

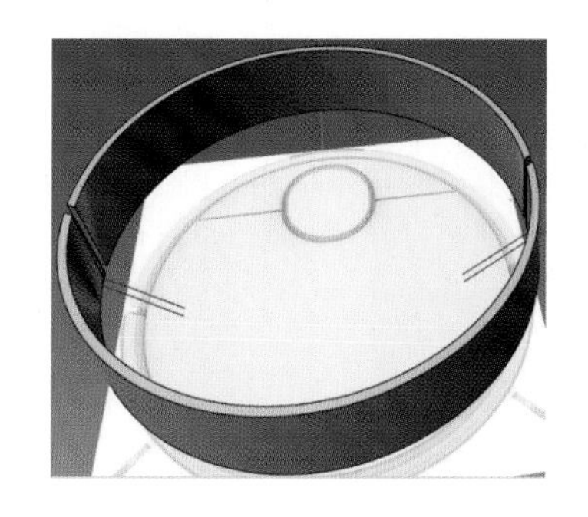

图 2.83　曲面实体化

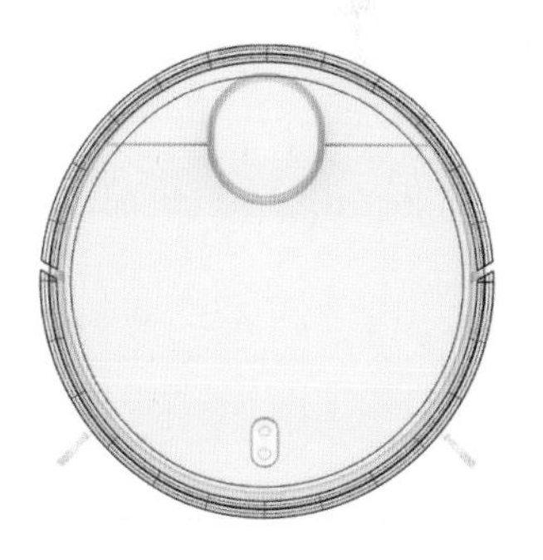

图 2.84　绘制圆

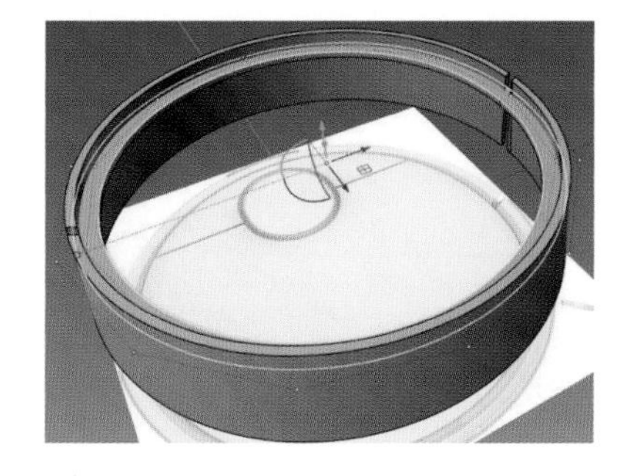

图 2.85　直线挤出

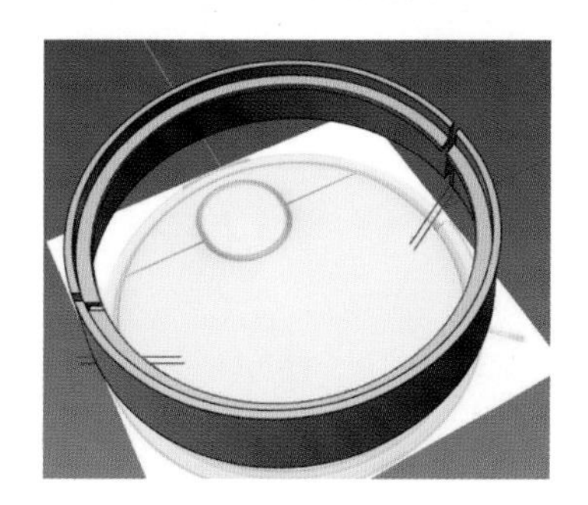

图 2.86　修剪曲面并加盖

图 2.87　直线挤出实体

选择“锥形挤出”命令，命令行中设置拔模角度为“5”，设置为挤出实体，挤出一个锥形圆台，绘制直线修剪（见图 2.88），将修剪后的圆台实体化（见图 2.89）。绘制直线（见图 2.90），分割曲面并加盖使之实体化（见图 2.91）。

图 2.88　绘制直线修剪圆台

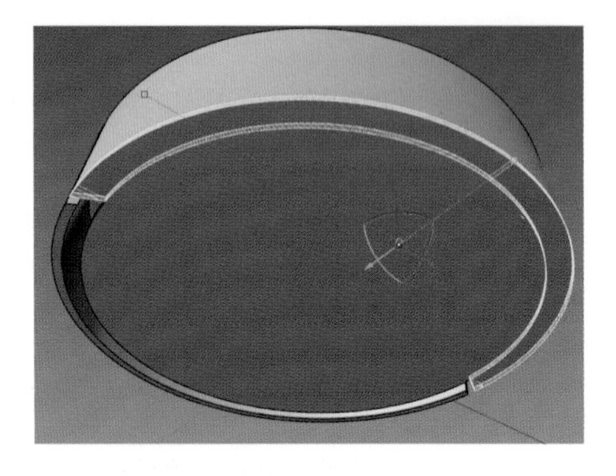

图 2.89　圆台实体化

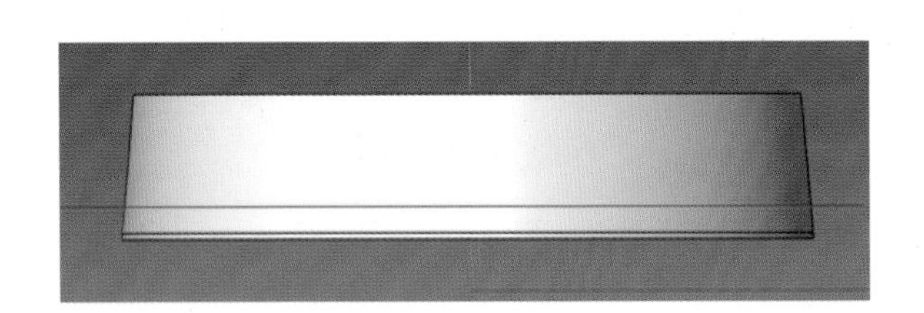

图 2.90　绘制直线

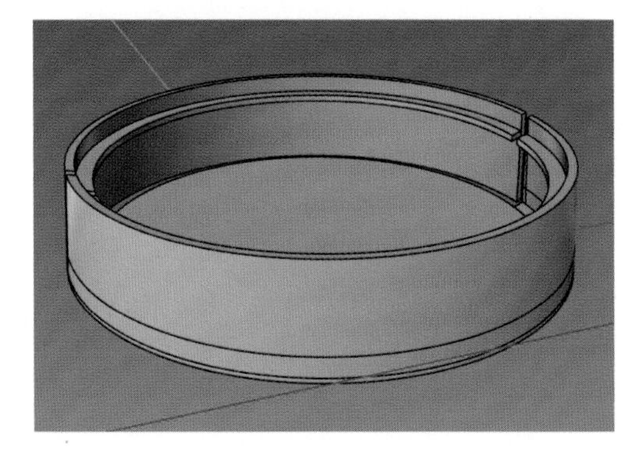

图 2.91　分割曲面并加盖使之实体化

绘制一个圆角矩形（见图 2.92），直线挤出，然后对实体执行“布尔运算差集”命令（见图 2.93）。锥形挤出一个实体圆台（见图 2.94）。

绘制一组开关曲线（见图 2.95），直线挤出实体（见图 2.96）。

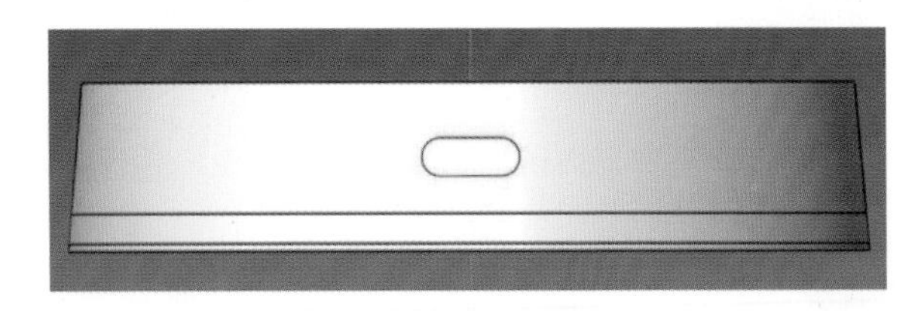

图 2.92　绘制圆角矩形

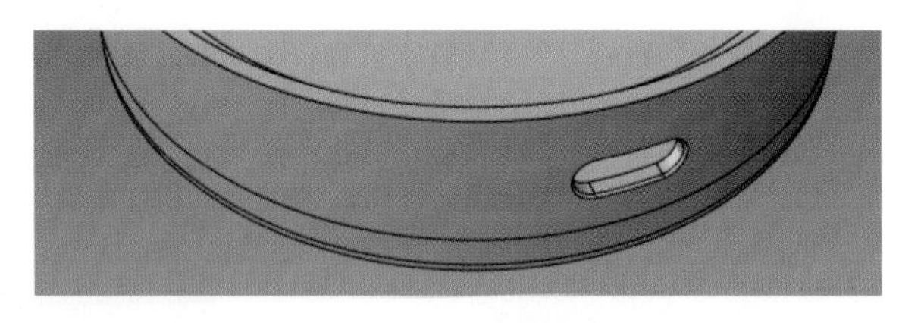

图 2.93　布尔运算差集

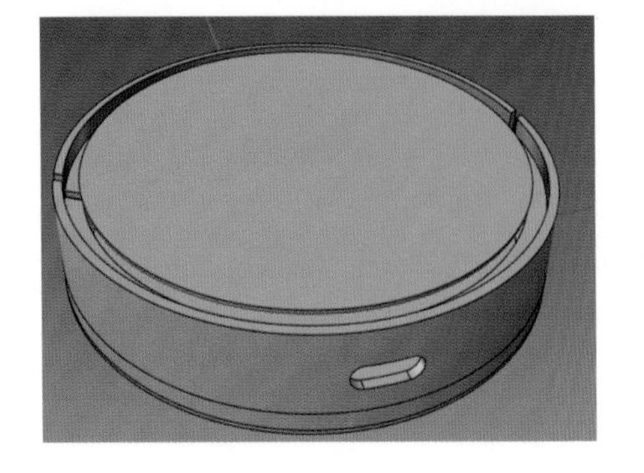

图 2.94　挤出实体圆台

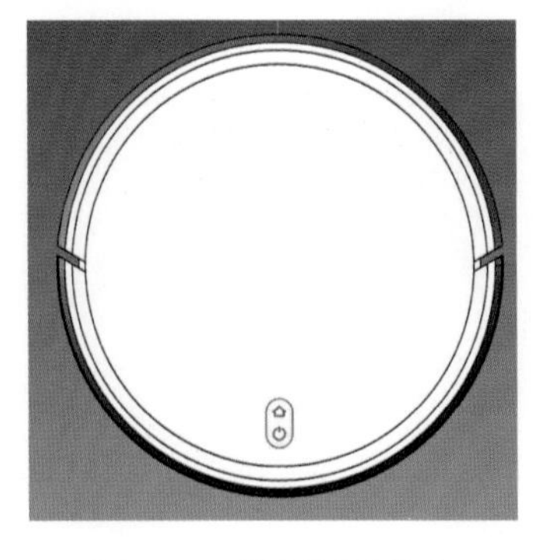

图 2.95　绘制开关曲线

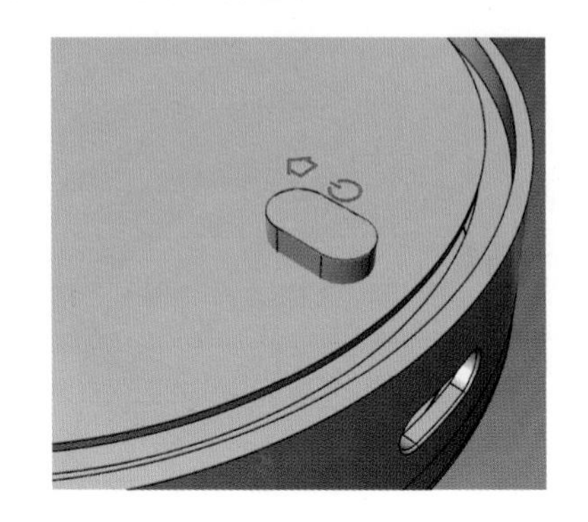

图 2.96　直线挤出开关实体

选择“布尔运算分割”命令，实体分割出开关（见图2.97），选择“边缘圆角”命令表现接缝线（见图2.98）。

选择“抽离曲面”命令，将开关顶面抽离（见图2.99）；选择“缩回曲面”命令将抽离的曲面进行缩回；选择“更改曲面阶数”命令（阶数增加，曲面控制点相应增加），添加点数后通过在Z轴方向上拖动点调整曲面形状（见图2.100）。将曲面控制点往下移动后，曲面边缘会出现缝隙，删除之前做实体圆角形成的过渡面，选择“混接曲面”命令重新构建过渡面，如图2.101和图2.102所示。

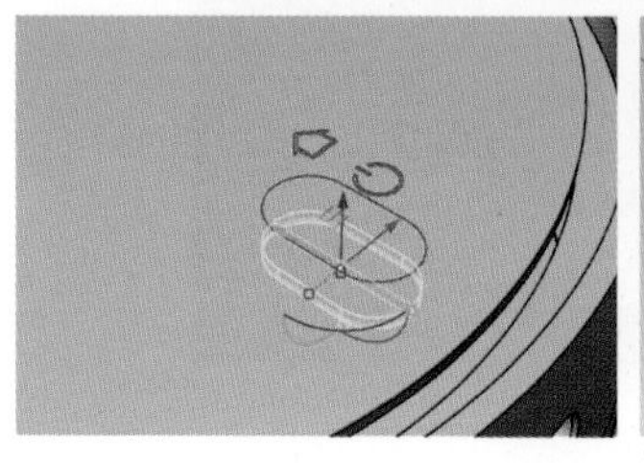

图2.97　布尔运算分割出开关

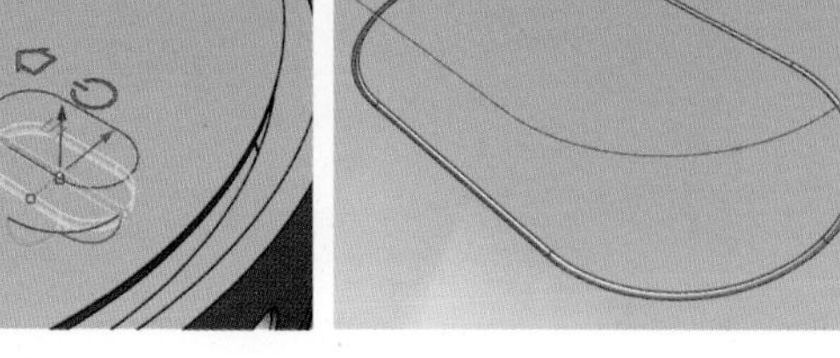

图2.98　接缝线建模

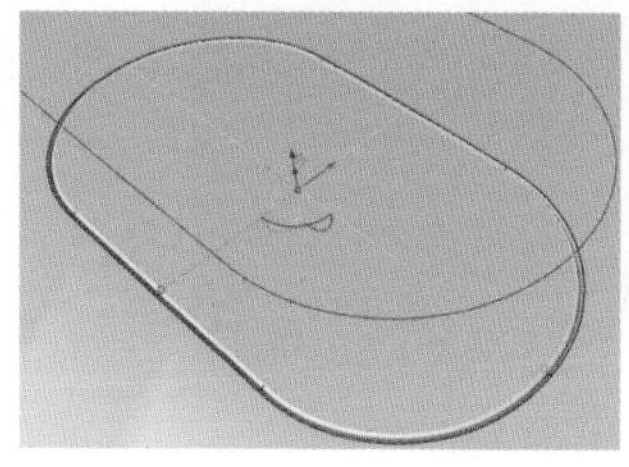

图2.99　抽离曲面

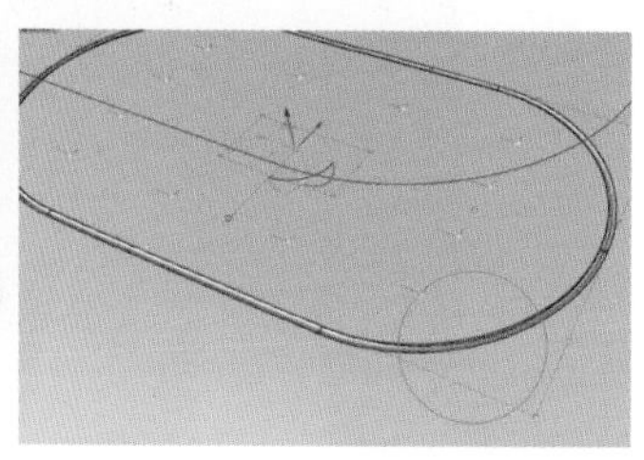

图2.100　调整曲面形状

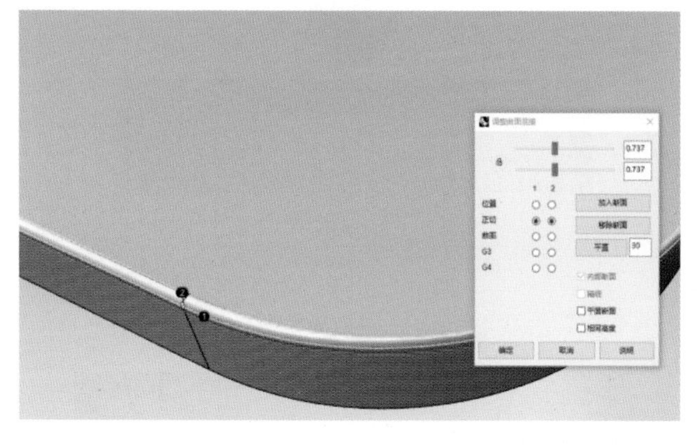

图2.101　曲面混接设置

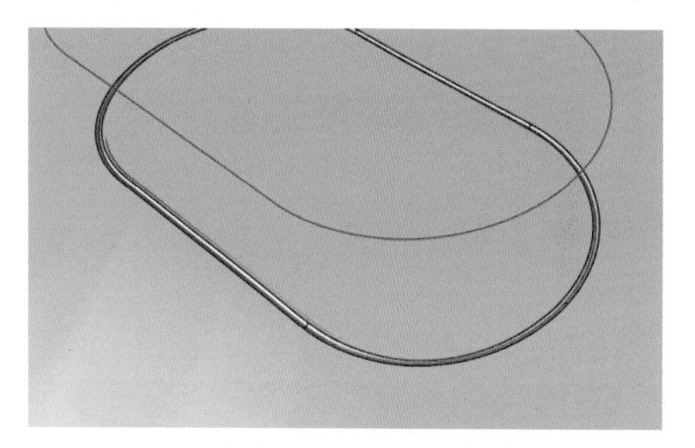

图2.102　混接曲面效果

直线挤出实体（见图2.103），选择“布尔运算分割”命令，表现出开关上的按键符号（见图2.104）。绘制两个圆角矩形（见图2.105），直线挤出实体并执行布尔运算差集操作，效果如图2.106所示。锥形挤出实体，如图2.107所示。

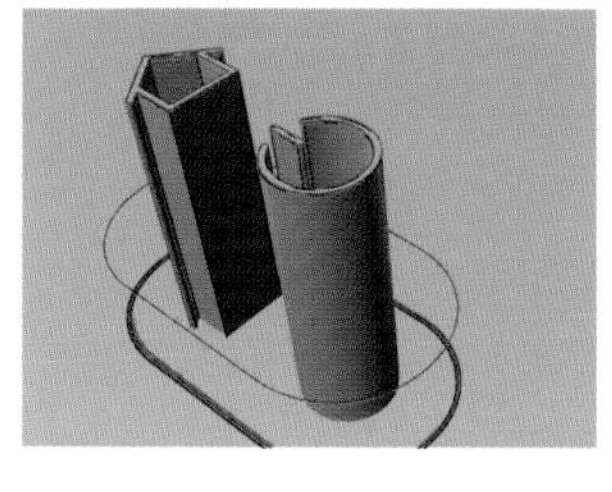

图2.103　挤出实体

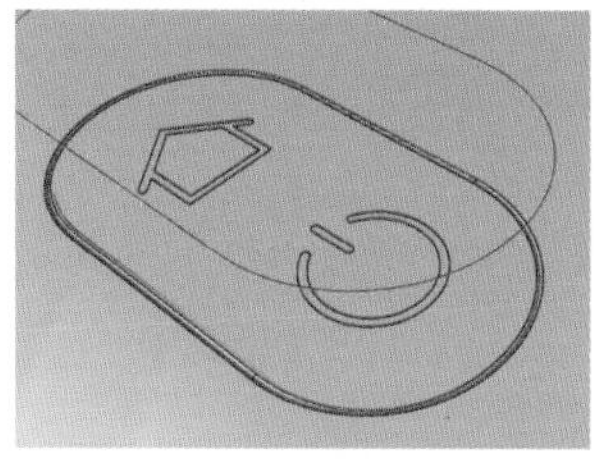

图2.104　布尔运算分割出按键符号

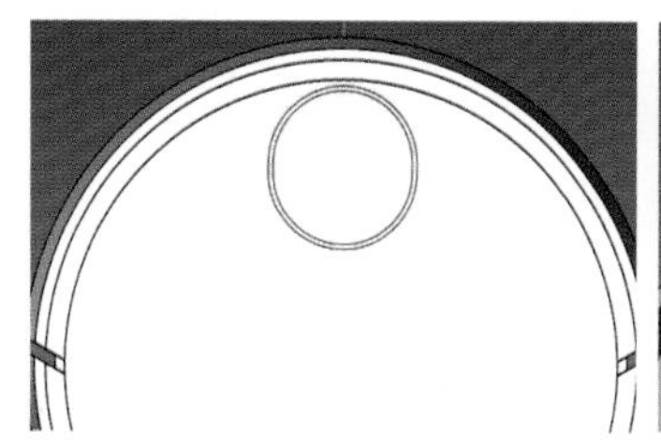

图2.105　绘制两个圆角矩形

图2.106　挤出实体并执行布尔运算差集操作

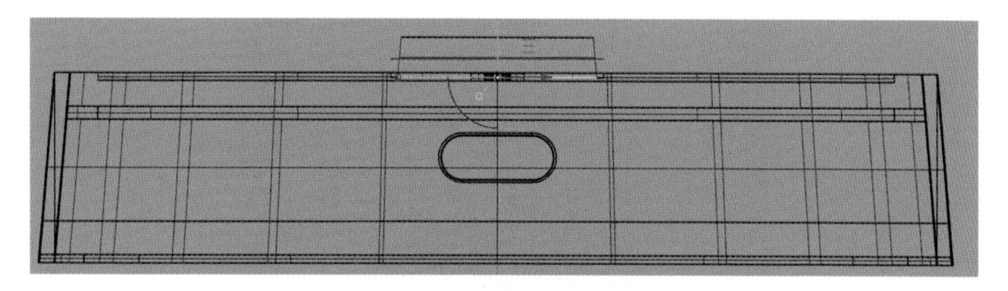

图2.107　锥形挤出实体

选择曲面（见图 2.108），选择“抽壳”命令抽壳（见图 2.109）。

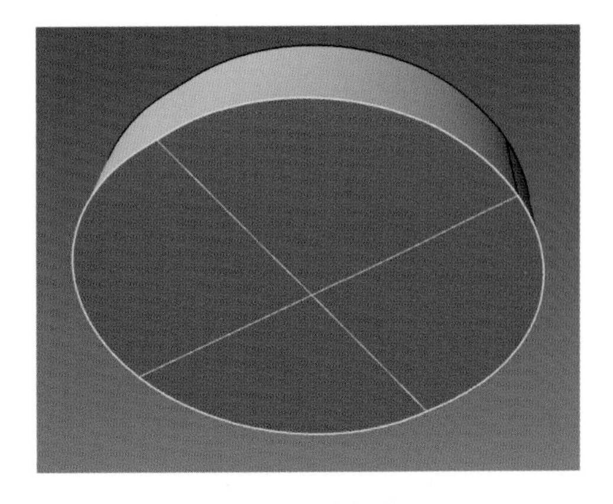

图 2.108　选择曲面

图 2.109　抽壳

绘制曲线（见图 2.110），选择“全部圆角”命令，将曲线圆角化（见图 2.111），直线挤出，并执行布尔运算差集操作，效果如图 2.112 和图 2.113 所示。

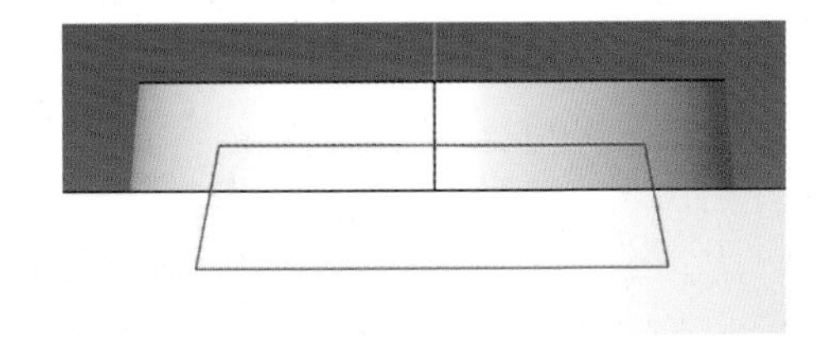

图 2.110　绘制曲线

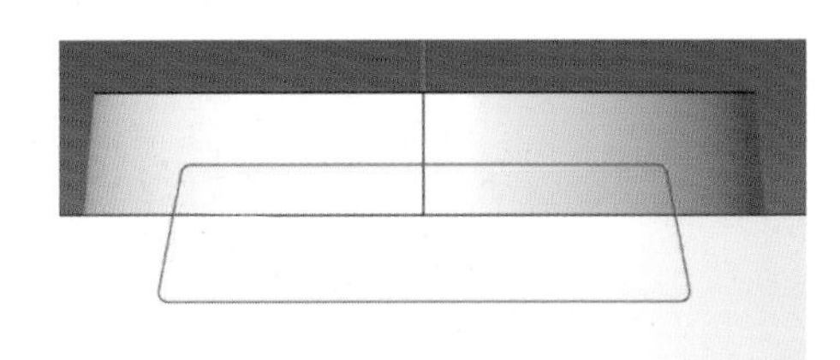

图 2.111　曲线圆角化

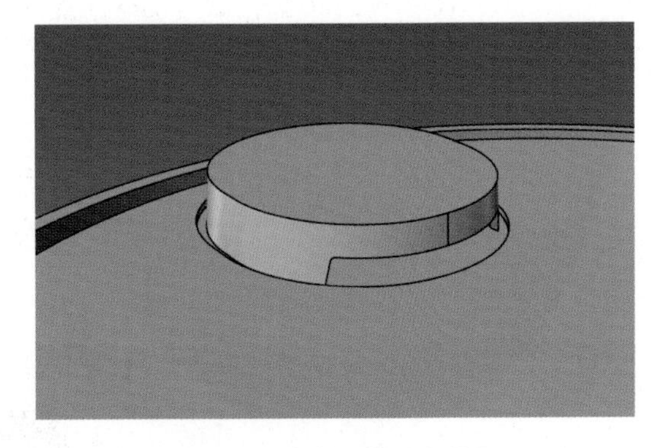

图 2.112　布尔运算差集效果 1

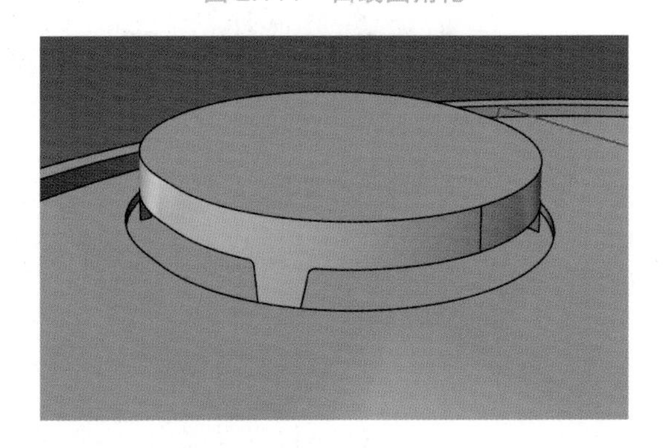

图 2.113　布尔运算差集效果 2

扫地机器人建模完成效果如图 2.114 所示。

图 2.114　扫地机器人建模完成效果

2.3　实体命令综合应用——多媒体触控音箱建模

2.3.1　基础曲面建模

在曲线命令列中，选择“直线：从中点”命令，命令行中输入“0”，以坐标轴原点为中点绘制两条建模辅助直线（见图 2.115），两条辅助线形成的范围为宽 68 mm、高 81 mm。

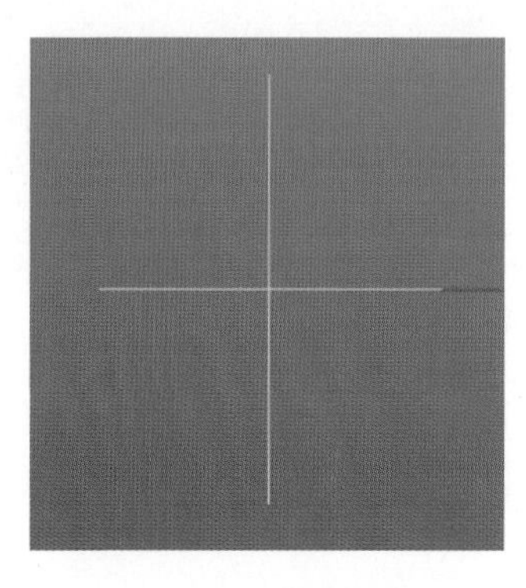

图 2.115　辅助线绘制

选择“矩形”命令，在命令行选中“中心点”“圆角”。在命令行中输入“0”作为中心点位置，在软件界面最下面点击“智慧轨迹”，显示为黑体则表示已经激活。以坐标轴原点为中心点，利用“智慧轨迹”捕捉上一步绘制的两条辅助线的端点，绘制一个宽、高分别为 68 mm 和 81 mm 的圆角矩形（见图 2.116）。选择圆角矩形，在曲线命令列中选择“更改阶数”命令，在命令行中看到绘制的这个圆角矩形原始阶数为“2”，设置“可塑形的 = 否”，输入“3”为新阶数，如图 2.117 所示，更改阶数后一共有 24 个曲线控制点。

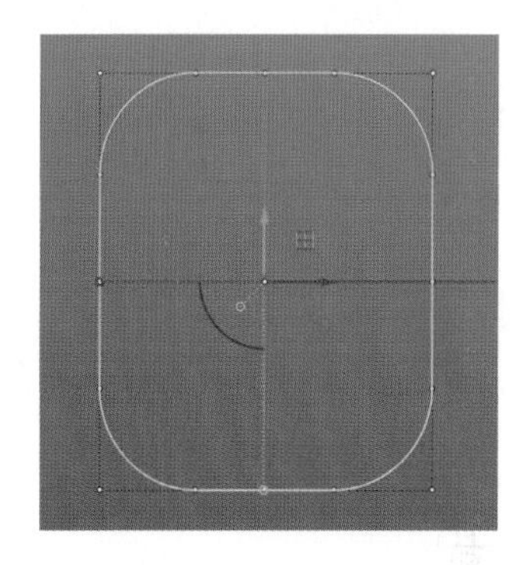

图 2.116　绘制圆角矩形

新阶数 <2> (可塑形的(D)=否): 3

图 2.117　更改阶数

选择更改阶数后的圆角矩形，在曲线命令列中选择“参数均匀化”命令，将圆角矩形进一步优化（见图 2.118），均匀化后曲线控制点数量不变，依旧为 24 个。选择均匀化后的圆角矩形，按“F10”键打开圆角矩形曲线控制点，选择最右侧的 6 个控制点，在变动命令列中选择“向左（右）对齐”命令，打开端点捕捉，捕捉最开始绘制的水平方向辅助线右端端点，将刚才选中的 6 个控制点沿垂直方向对齐（见图 2.119）。同样将左侧 6 个控制点选择“向左（右）对齐”命令，打开端点捕捉，捕捉水平方向辅助线左端端点沿垂直方向对齐（见图 2.120）。

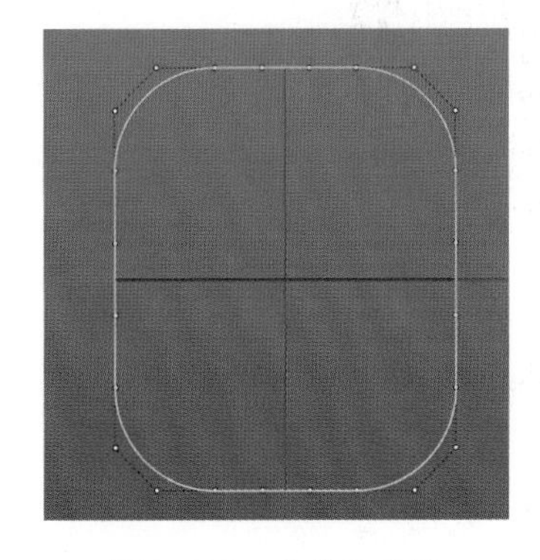

图 2.118　曲线均匀化

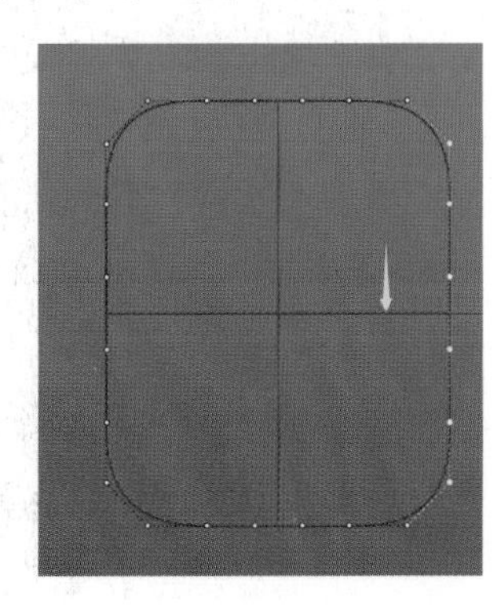

图 2.119　设置对齐右侧控制点

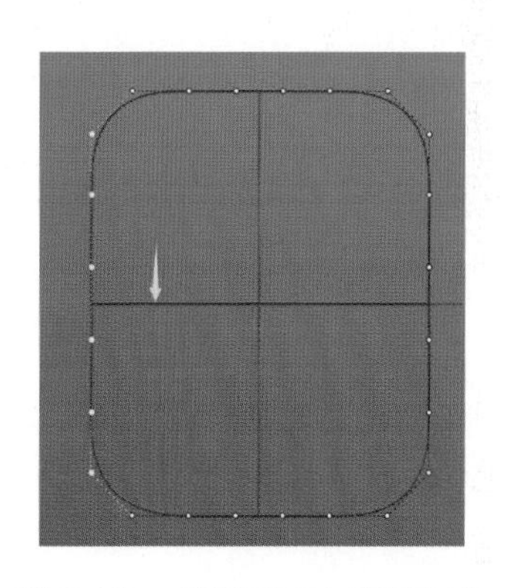

图 2.120　设置对齐左侧控制点

选择最上面的 6 个控制点，在变动命令列中选择“向上（下）对齐”命令，打开端点捕捉，捕捉垂直方向辅助线上端端点并将这 6 个控制点沿水平方向对齐（见图 2.121）；同样将底部 6 个控制点也选择“向上（下）对齐”命令，捕捉垂直方向辅助线下端端点并沿水平方向将这 6 个控制点沿水平方向对齐（见图 2.122）。

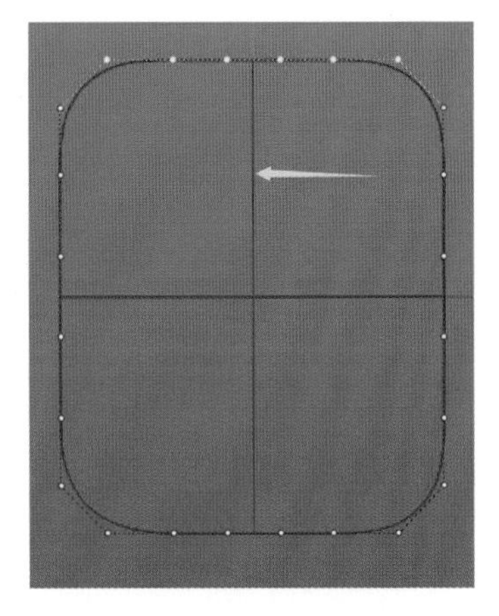

图 2.121　设置对齐顶部控制点

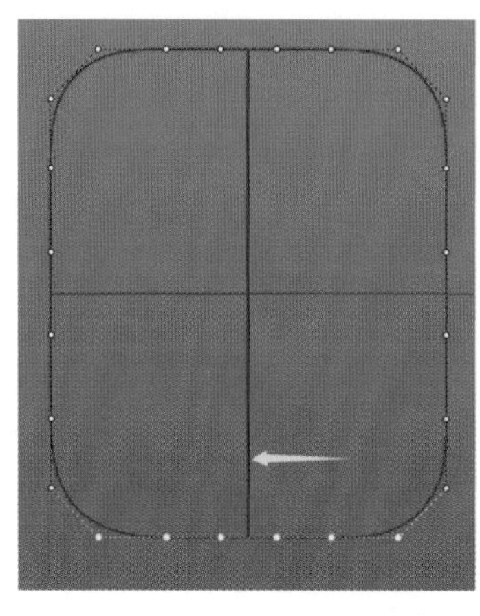

图 2.122　设置对齐底部控制点

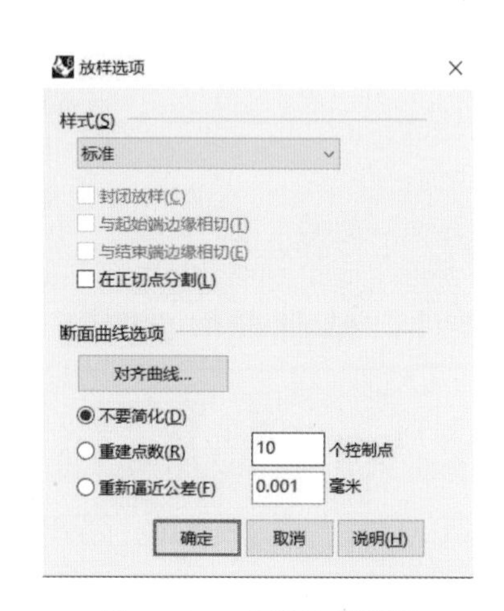

图 2.123　放样选项设置

选择“复制”命令，鼠标左键在视窗任意位置点击以确定复制起点，在命令行中输入“113”，向右水平复制出一个圆角矩形。点击“放样”命令按钮，依次选择两个圆角矩形，设置放样样式为“标准”，点选“不要简化”（见图 2.123），完成放样，如图 2.124 所示。

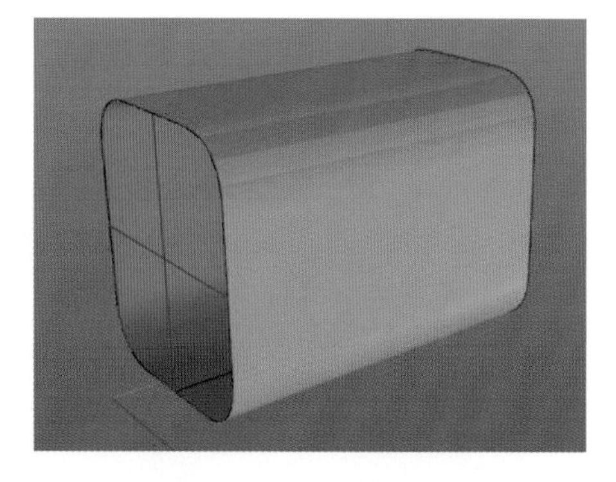

图 2.124　完成曲面放样

2.3.2　曲面调点建模

选择放样后的曲面，选择“垂直置中”命令，在命令行提示设置对齐点后输入“0”（见图 2.125），点击右键确定，将曲面中心对齐在坐标轴上，如图 2.126 所示。选择“打开物件控制点”命令，打开曲面控制点，这时候曲面垂直方向上有四排控制点，如图 2.127 所示。

对齐点，按 Enter 自动对齐: 0

图 2.125　设置对齐中心点

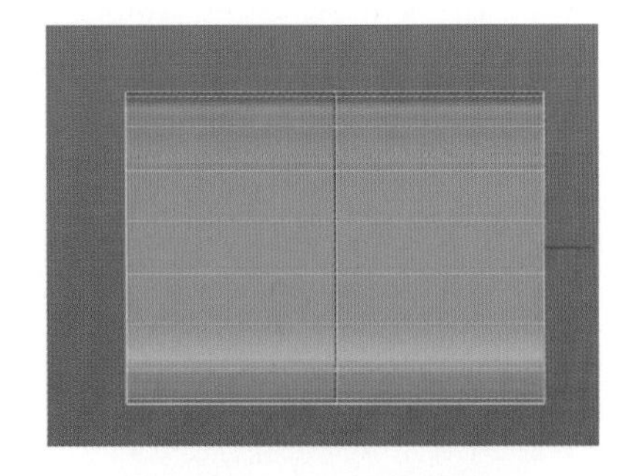

图 2.126　中心对齐曲面

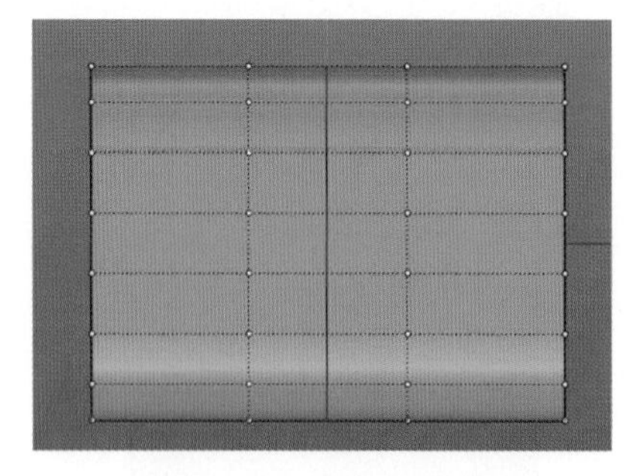

图 2.127　打开控制点

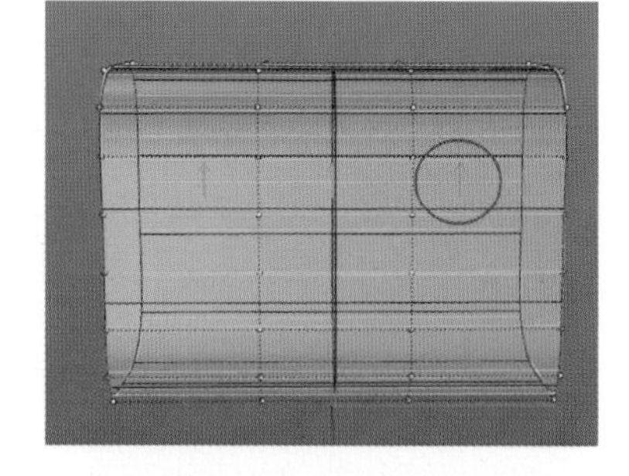

图 2.128　重建曲面 UV

选择放样曲面，在曲面命令列中选择“重建曲面的 U 或 V 方向”命令，如图 2.128 中红色圆圈里的箭头是向上的，则需要在命令行中点击“方向 =U”，将方向切换成图 2.129 中黄色圆圈所示箭头方向，输入点数数值为“12”。

按键盘上的“Shift”同时选中曲面左右两端的两排控制点（见图 2.130），选择“二轴缩放”命令，切换至另一个视图，捕捉最开始绘制的辅助直线的中点，激活软件界面最下面的“正交”模式，将控制点在水平、垂直方向同时缩放，如图 2.131 所示。

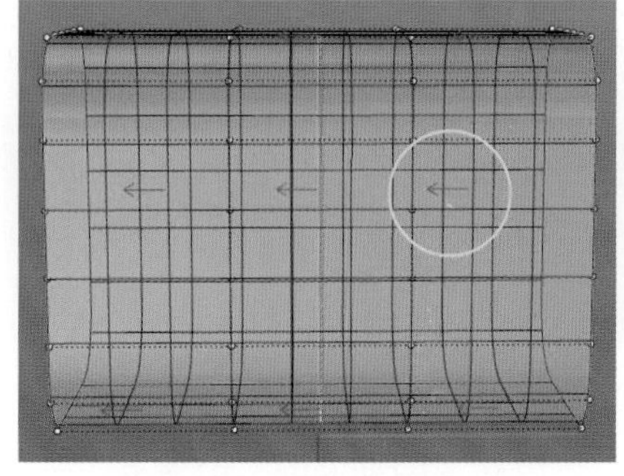

图 2.129　切换 UV 方向

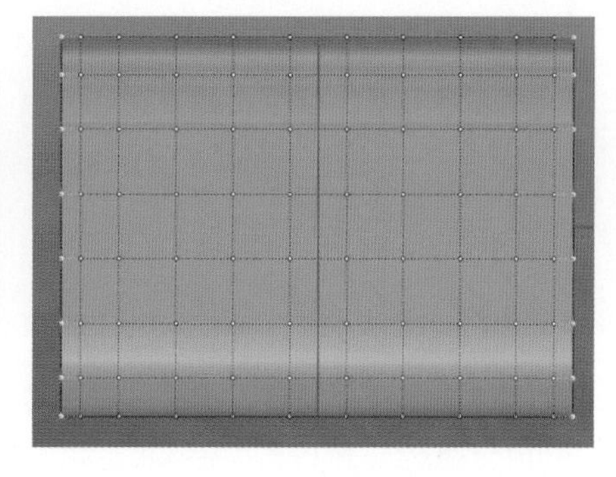

图 2.130　选择左右两端控制点

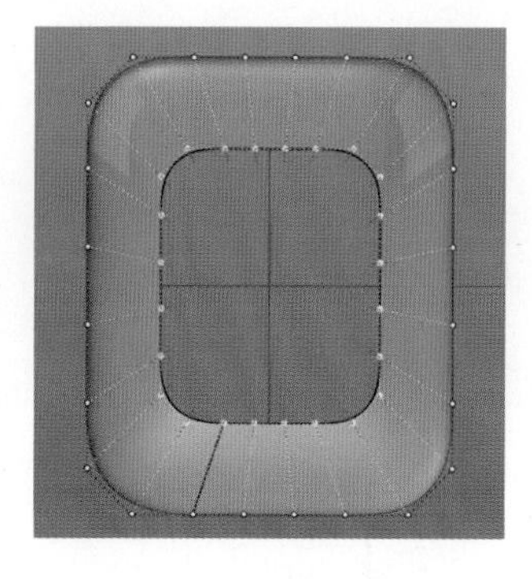

图 2.131　二轴缩放控制点

选择左侧第二排控制点，在变动命令列中选择“向左（右）对齐”命令，打开“点”捕捉，捕捉最左侧控制点，将第二排控制点与最左侧一排控制点分别沿垂直方向对齐，同样将右侧第二排控制点也选择“向左（右）对齐”命令捕捉最右侧一排控制点，与最右侧控制点沿垂直方向对齐，如图 2.132 所示。完成左右两侧控制点对齐的效果如图 2.133 所示。

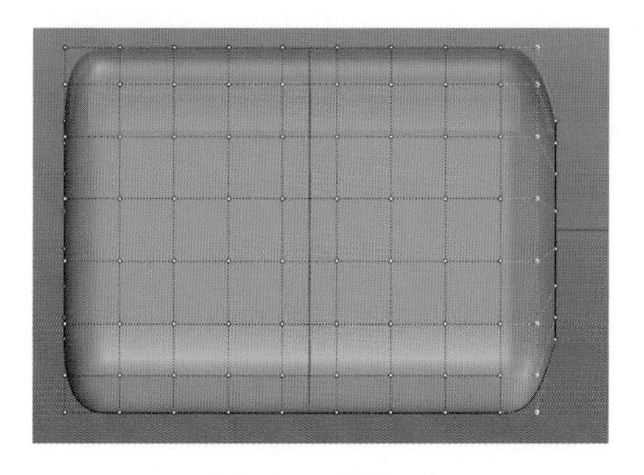

图 2.132　两侧对齐

图 2.133　完成对齐

在透视图中选择左侧第二排控制点中的任意一个控制点（见图 2.134），在“选取”命令列下的“选取点”命令列中选择“选取 V 方向点”，将对齐好的左侧第二排控制点全部选中（见图 2.135）。按键盘上的“Shift”选择右侧第二排控制点中的任意一个控制点（见图 2.136），选择“选取 V 方向点”，将对齐好的右侧第二排控制点全部选中（见图 2.137）。选择“二轴缩放”命令，切换至另一个视图，捕捉最开始绘制的辅助直线的中点，激活软件界面最下面的“正交”模式，将选中的两排控制点在水平、垂直方向同时缩放（见图 2.138）。

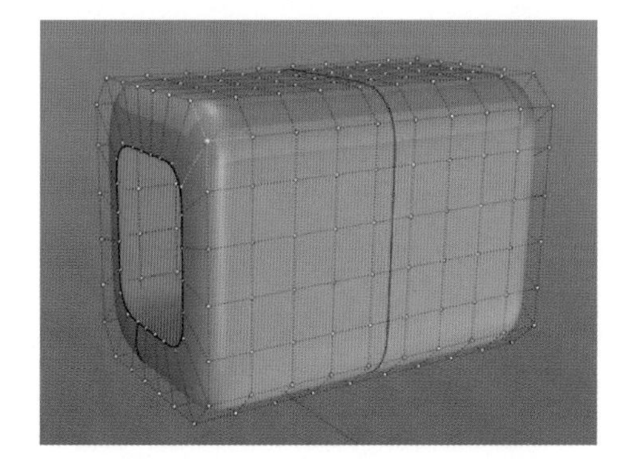

图 2.134　选择左侧任意一个控制点

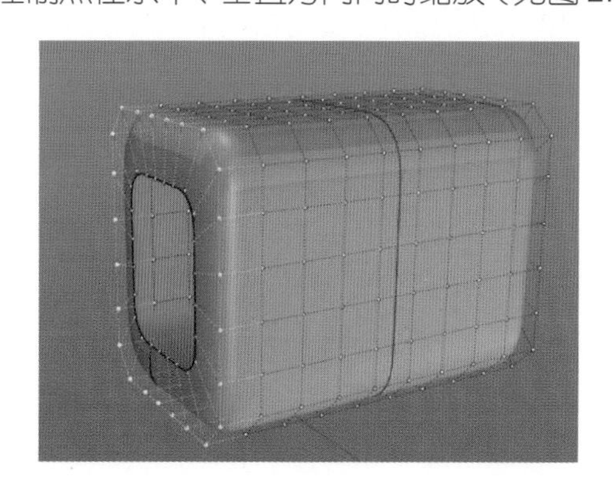

图 2.135　全部选中左侧第二排控制点

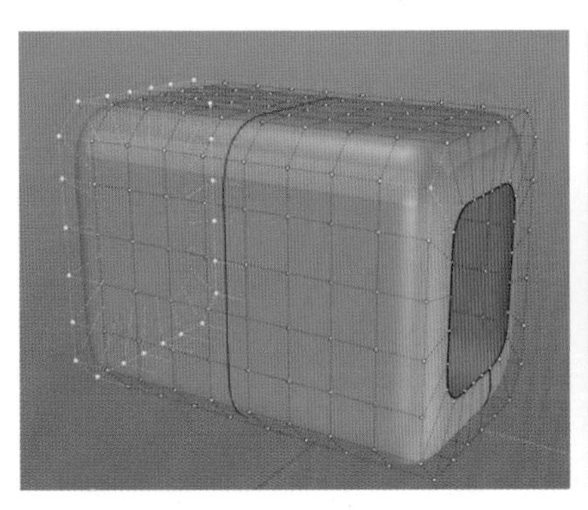
图 2.136 选择右侧任意一个控制点

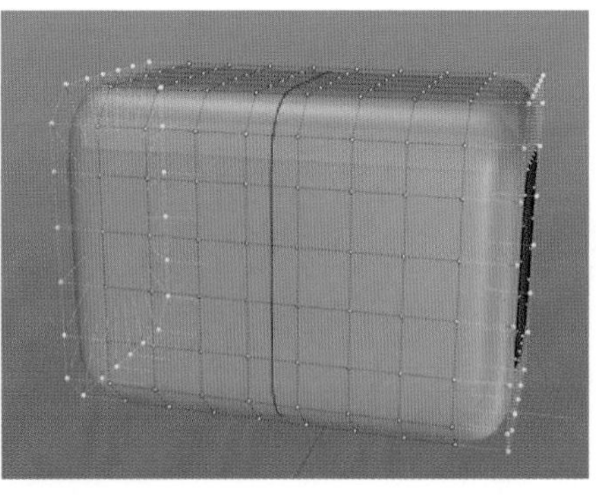
图 2.137 全部选中右侧第二排控制点

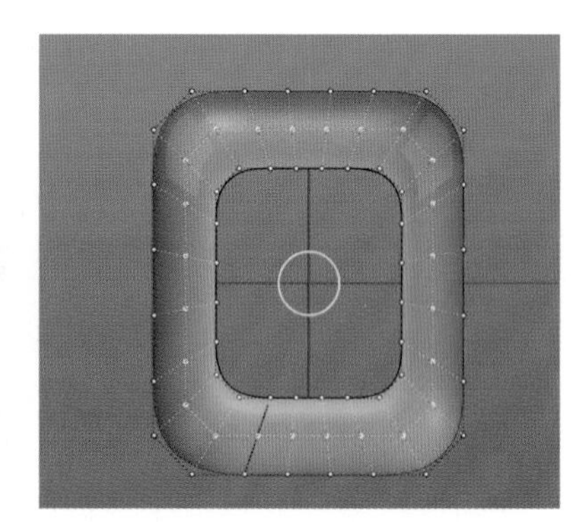
图 2.138 二轴缩放

按键盘上的"Shift"同时选中曲面左右第三排控制点（见图 2.139），选择"单轴缩放"命令，在命令行中输入"0"作为缩放起点，在水平方向缩放，如图 2.140 所示。

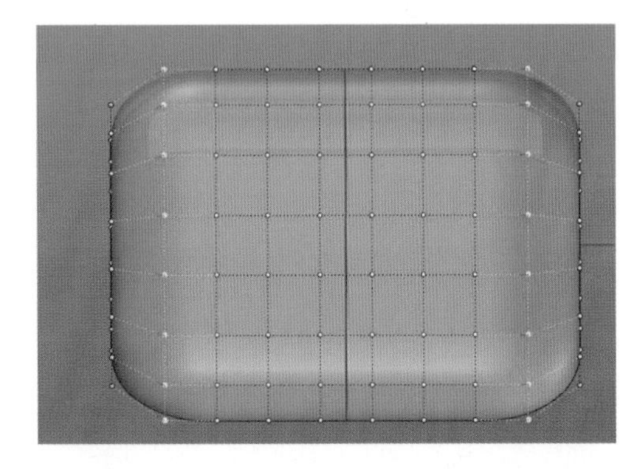
图 2.139 选中曲面左右第三排控制点

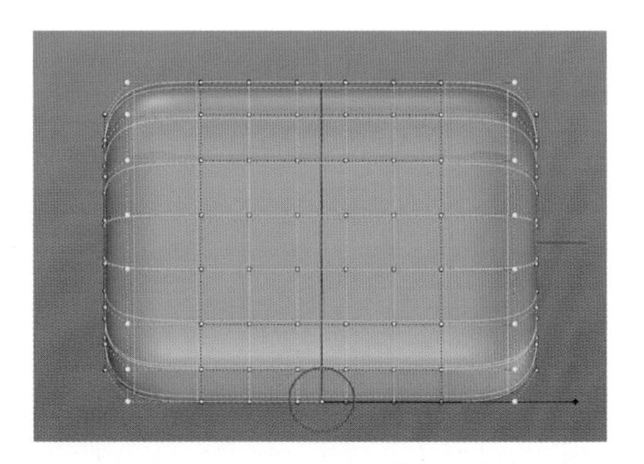
图 2.140 水平方向单轴缩放

继续选择"单轴缩放"命令缩放控制点并作为移动命令来移动曲面控制点，调整曲面形状（见图 2.141）。按"F11"键，关闭曲面控制点。完成效果如图 2.142 所示。

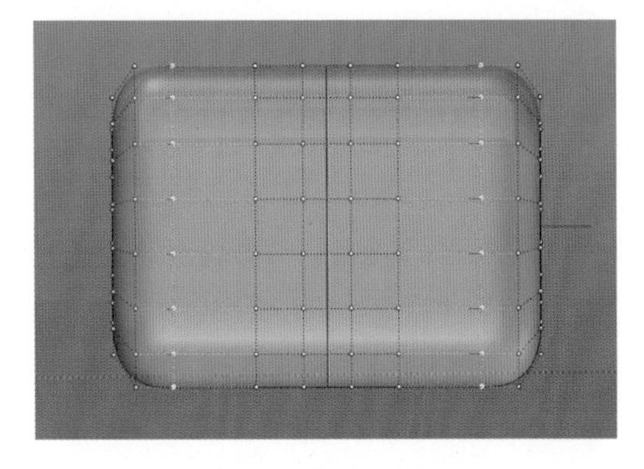
图 2.141 调整曲面形状

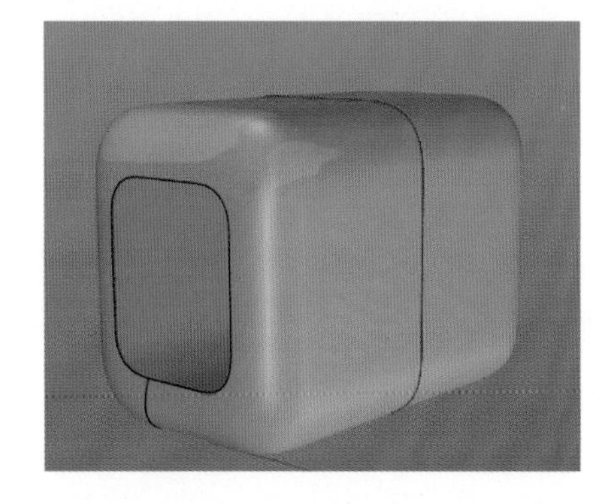
图 2.142 完成基本曲面

2.3.3 曲面转实体建模

选择曲面，选择"将平面洞加盖"命令，将曲面加盖实体化。绘制直线，选择直线，选择"修剪"命令，修剪曲面（见图 2.143）。选择修剪后的曲面，选择"将平面洞加盖"命令，将修剪后的曲面加盖实体化（见图 2.144）。

选择"复制边缘"命令，复制加盖曲面边缘（见图 2.145），保持复制的边缘在选中状态，选择"组合"命令，将 4 条曲线组合为 1 条封闭的曲线。

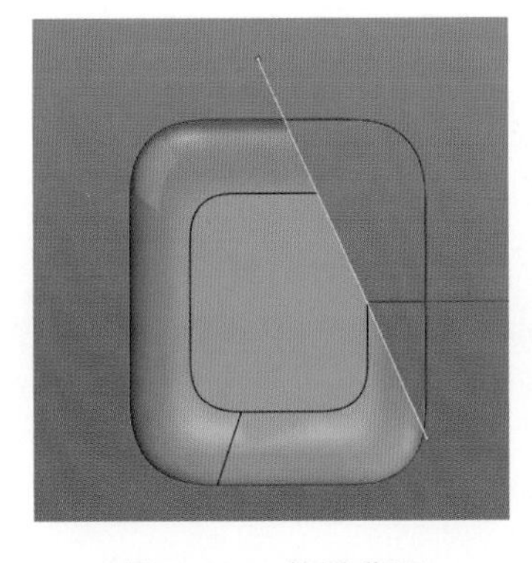

图 2.143 修剪曲面

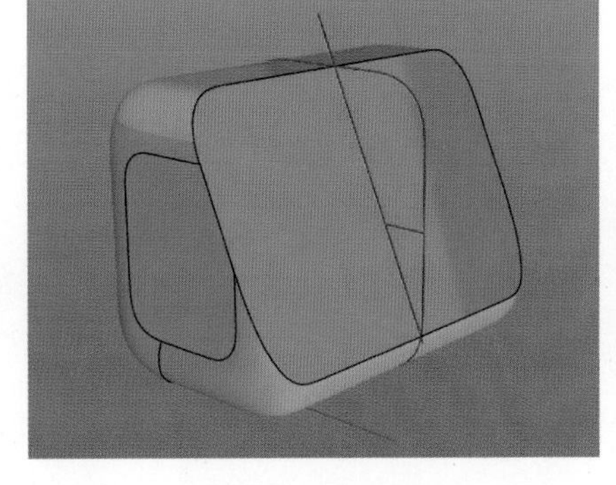

图 2.144 曲面加盖实体化

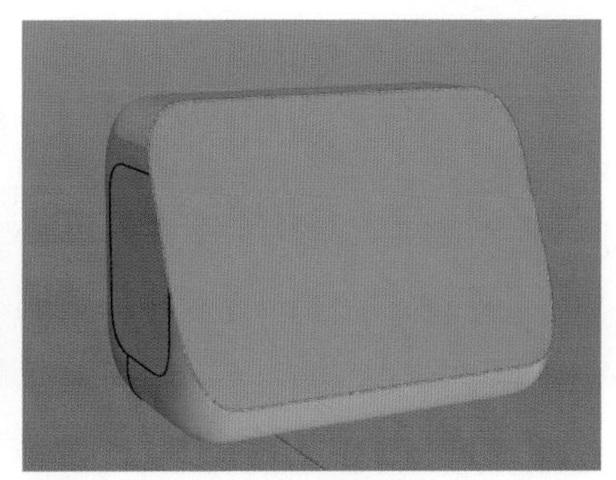

图 2.145 复制组合边缘

鼠标移动到“Perspective”蓝色框上，右键点击，在弹出的对话框中选择“设置工作平面”/“至物件”（见图 2.146），然后鼠标点击上一步加盖命令得到的曲面，重新定义工作平面。

图 2.147 所示为默认工作平面，图 2.148 所示为执行“设置工作平面”/“至物件”后的工作平面。

Tips：Rhino 建模中有时候需要重新定义工作平面，观察图 2.147 和图 2.148 中箭头所指红绿轴方向的变化。

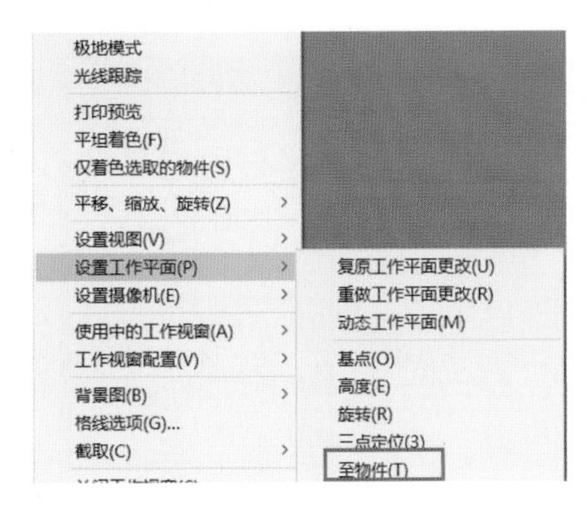

图 2.146 设置工作平面

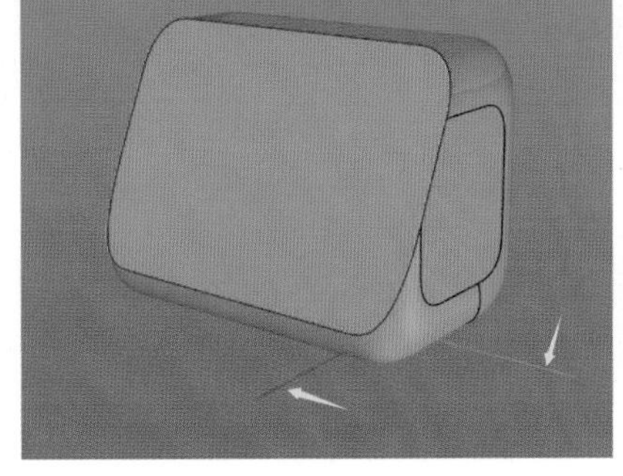

图 2.147 默认工作平面

图 2.148 重新设置的工作平面

选择上一步复制的边缘曲线，在曲线命令列中选择“偏移曲线”命令，在命令行中点击“记录”，输入偏移距离为“1.5”，向内偏移出一条曲线。在曲面命令列中选择“抽离曲面”命令，将加盖曲面抽离（见图 2.149）。选择抽离曲面，选择“分割”命令，选择偏移曲线，单击右键将抽离曲面分割成两部分（见图 2.150）。选择偏移曲线，选择“曲面边栏”命令列中的“直线挤出”命令，命令行中设置“两侧 = 否”，“实体 = 否”，在侧视图中向内部挤出一个曲面（见图 2.151）。选择挤出曲面，复制粘贴一份，分别与分割好的两个曲面组合在一起（见图 2.152）。参考之前所介绍的方法制作接缝线。

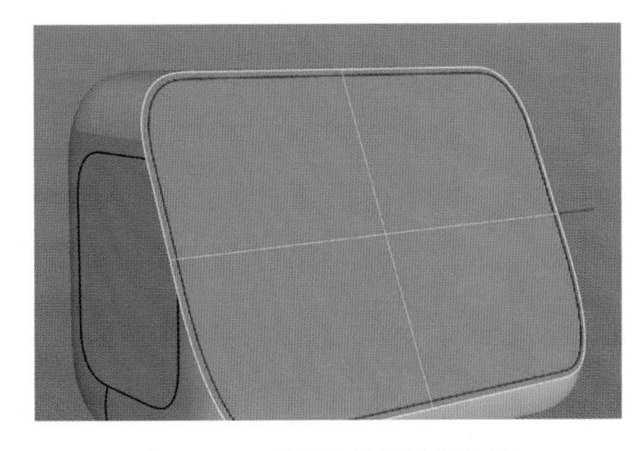

图 2.149 偏移曲线并抽离曲面

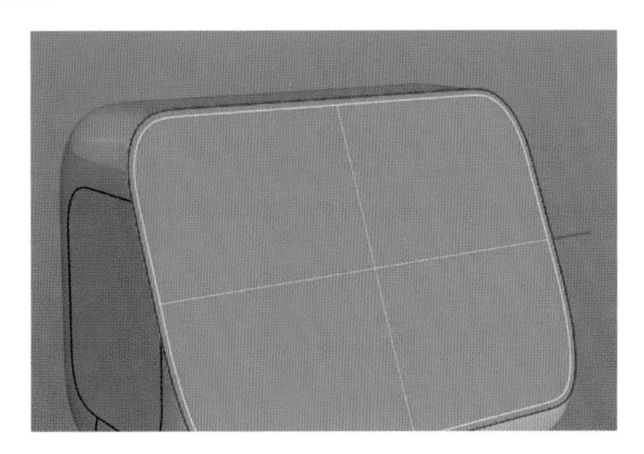

图 2.150 分割曲面

选中其中一个组合好的曲面，选择“锁定”命令先锁定，以方便倒圆角。选择实体命令列中的“边缘圆角”命令，命令行中设置“下一个半径 =0.3”，选择连锁边缘，先将没有锁定的那个组合曲面进行圆角处理，右键点击锁定物件图标，将上一步锁定的组合曲面解锁，继续选择“边缘圆角”命令，对刚解锁的组合曲面进行圆角处理（见图 2.153），完成接缝线建模，效果如图 2.154 所示。

选择“控制点曲线”命令，绘制一条 5 点三阶曲线（见图 2.155），选择“直线挤出”命令，命令行中设置“两侧 = 是”，将曲线直线挤出（见图 2.156）。

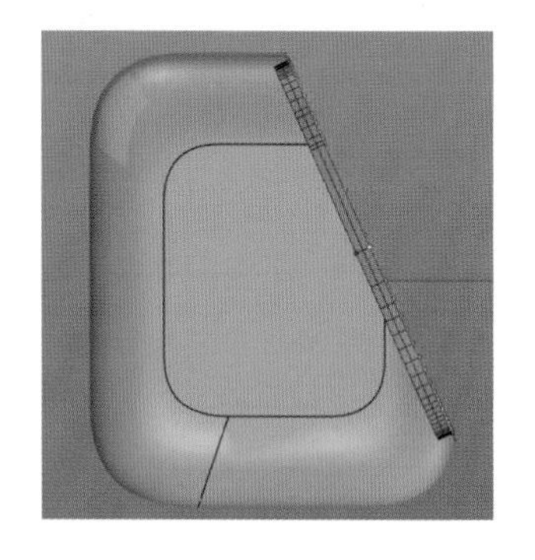
图 2.151　挤出曲面

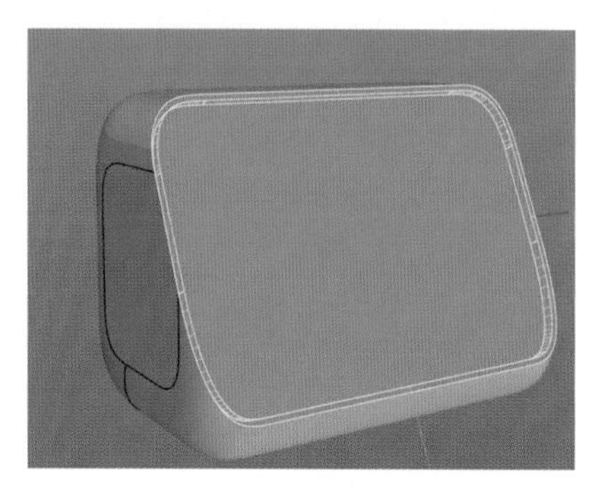
图 2.152　组合曲面

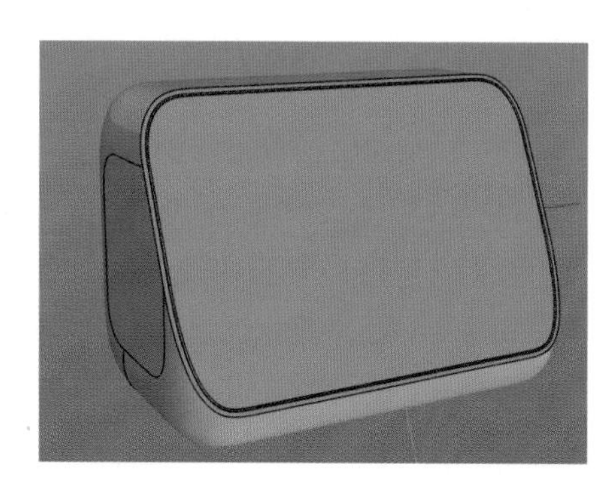
图 2.153　圆角处理

图 2.154　接缝线完成效果

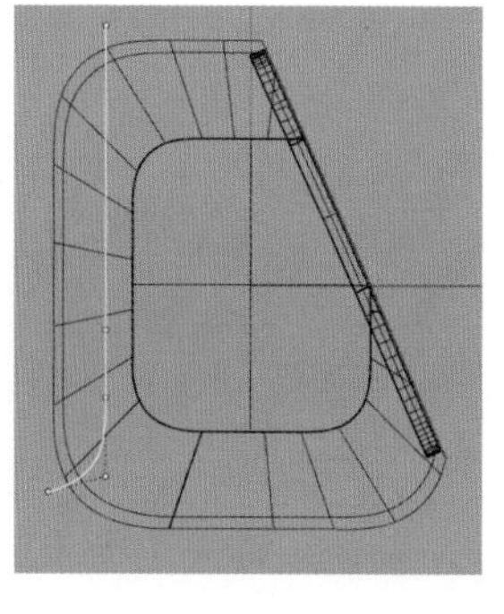
图 2.155　绘制曲线

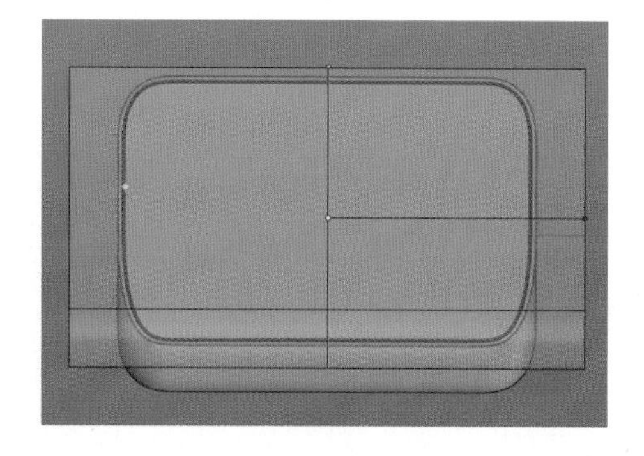
图 2.156　直线挤出

如图 2.157 所示，选择曲面 1，选择“分割”命令，点击上一步的挤出曲面 2，右键完成曲面 1 的分割。选择分割好的曲面 1 的任一部分，选择“修剪”命令，修剪曲面 2，效果如图 2.158 所示。

接缝线制作：将修剪后的曲面原位置复制粘贴一份，将其分别与分割好的曲面组合为两个多重曲面；选择“边缘圆角”命令，设置半径为“0.3”，完成接缝线建模，如图 2.159 和图 2.160 所示。

绘制一条多重直线（见图 2.161），选择“投影”命令，在侧视图中将其投影至曲面上，如图 2.162 所示。

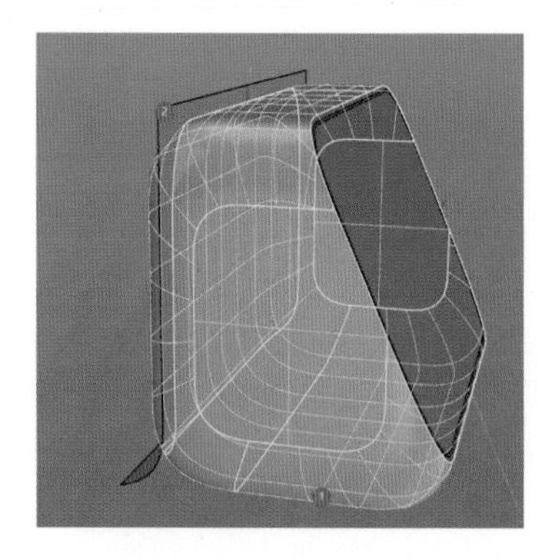
图 2.157　分割曲面

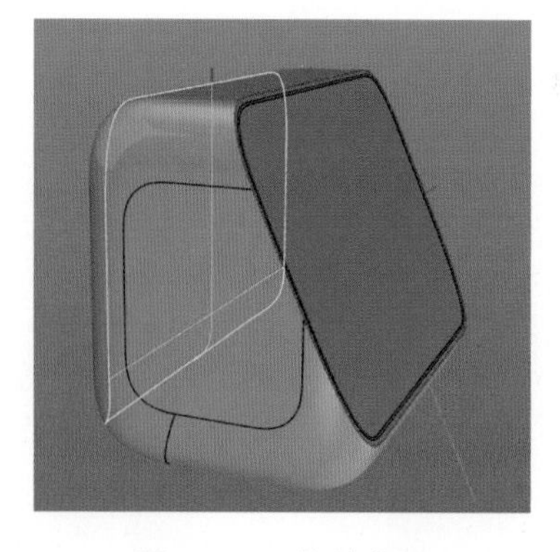
图 2.158　修剪曲面

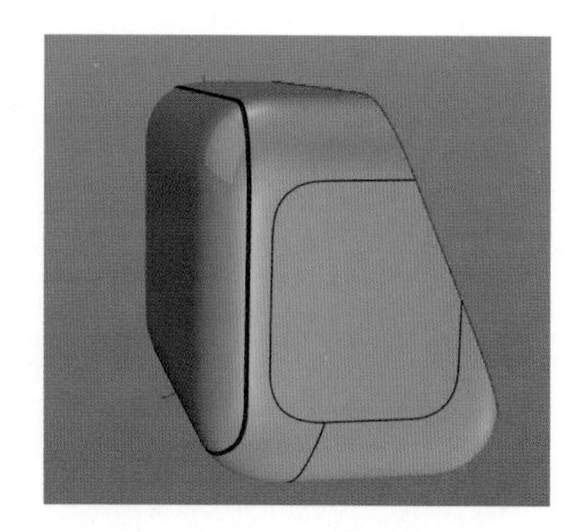
图 2.159　接缝线制作

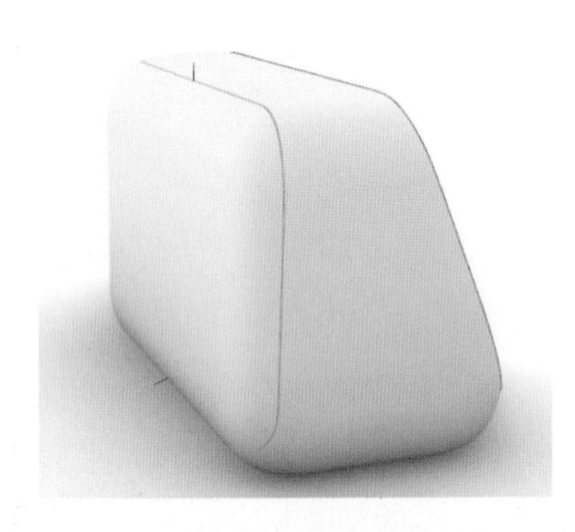

图 2.160　完成接缝线建模

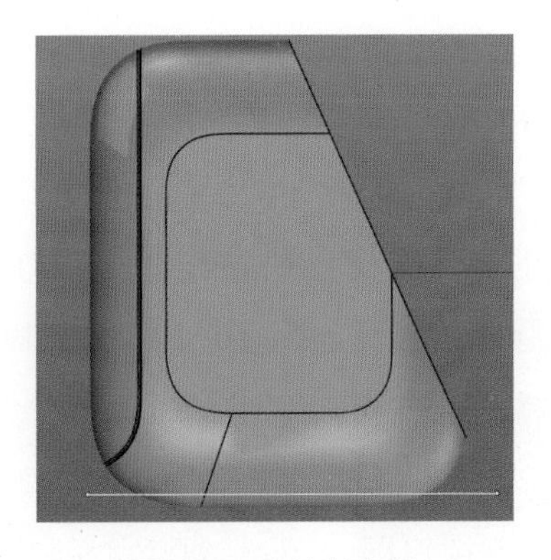

图 2.161　绘制直线

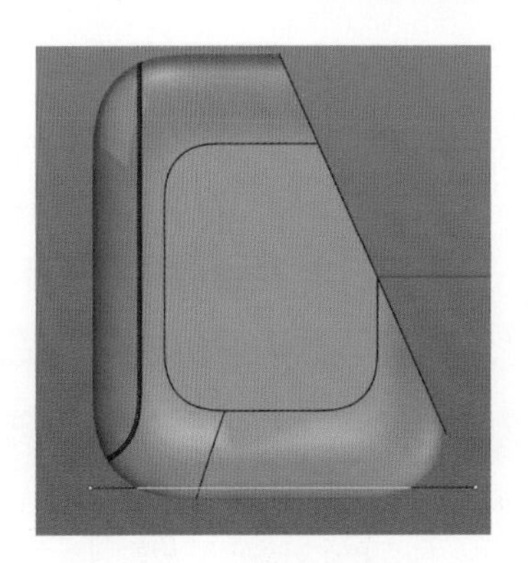

图 2.162　投影到曲面

2.3.4　产品细节建模

选择“矩形”命令，命令行中选择“中心点”“圆角”，打开“中点”捕捉。在正视图中捕捉投影线的中点，从中心点绘制一个圆角矩形（见图 2.163）。选择“旋转”命令，在侧视图中将圆角矩形旋转合适角度。在实体边栏命令列中选择“直线挤出”命令，命令行中设置“两侧 = 是”，“实体 = 是”，将旋转好的圆角矩形直线挤出一个实体（见图 2.164）。

图 2.163　从中心点绘制圆角矩形

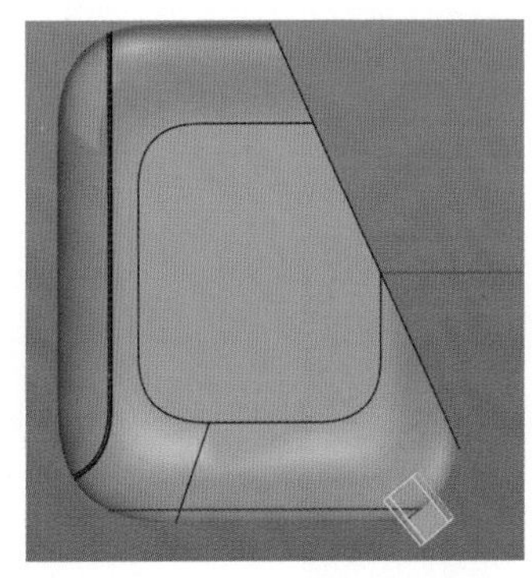

图 2.164　直线挤出实体

图 2.165　沿曲线阵列选项设置

选择直线挤出实体，在变动命令列的“阵列”命令列中选择“沿着曲线阵列”命令，在命令行提示选取路径曲线后，选择投影曲线，弹出“沿着曲线阵列选项”对话框，设置“项目数”为“48”，定位为“自由扭转”，如图 2.165 所示，点击“确定”按钮完成阵列图。效果如图 2.166 所示。

选择前部大曲面，选择“布尔运算差集”命令，选择阵列后物件，完成布尔运算差集操作，如图 2.167 和图 2.168 所示。

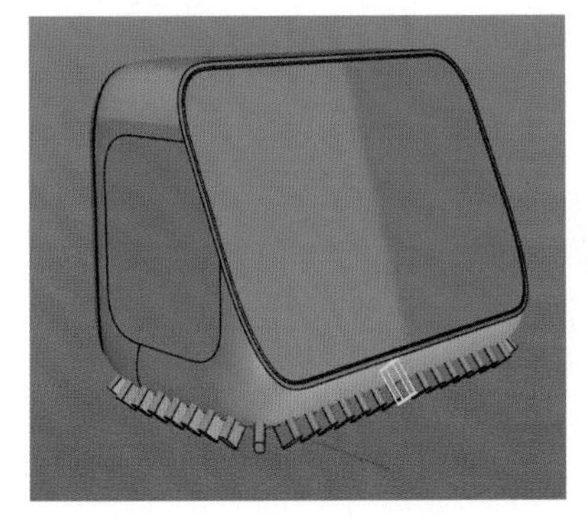

图 2.166　完成沿着曲线阵列效果

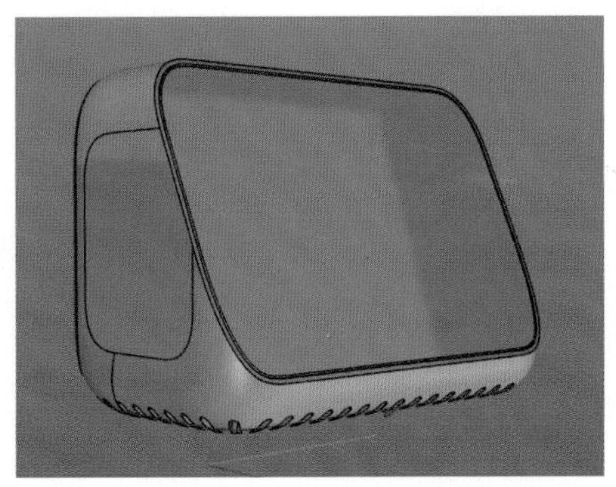

图 2.167　布尔运算差集

图 2.168　布尔运算差集效果

在“Top”视图中，绘制一个圆，选择“复制”命令，向上复制出一个圆，选择复制好的圆，选择“镜像”命令，以第一个圆中心点为镜像起点，水平镜像复制出一个圆，完成三个圆的绘制，如图 2.169 所示。选择三个圆，选择“投影”命令，在“Top”视图中生成投影曲线（见图 2.170）。

选择“分割”命令将顶面用投影的三个圆分割，并删除分割出来的小圆面（见图 2.171）。打开“中心点”捕捉，在侧视图中以圆心为起点在水平方向上绘制一条曲线（见图 2.172）。

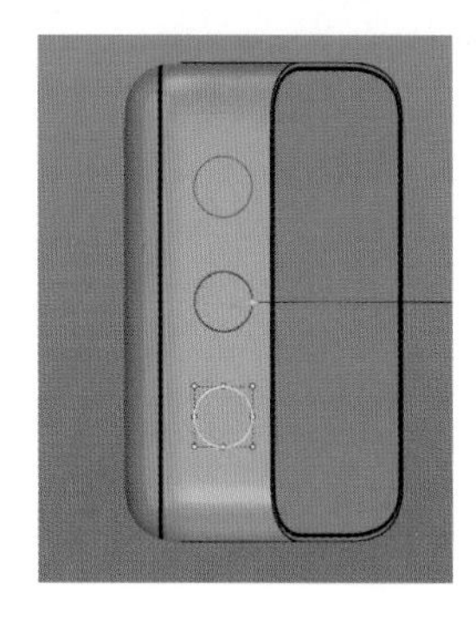
图 2.169　绘制三个圆

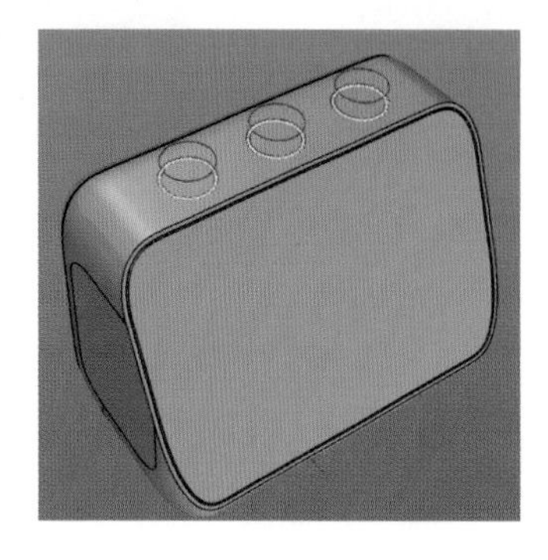
图 2.170　生成投影曲线

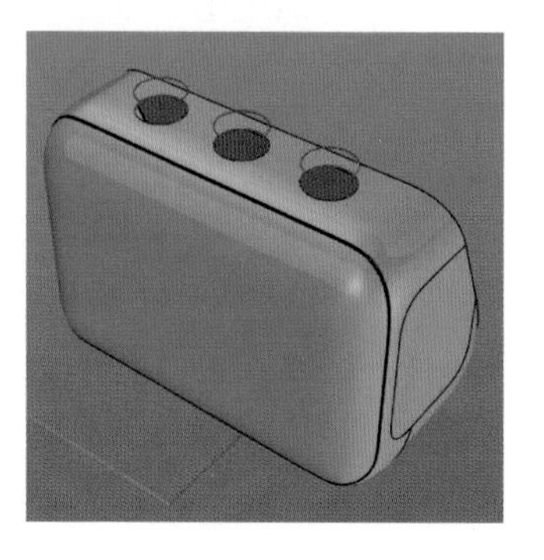
图 2.171　分割曲面并删除小圆面

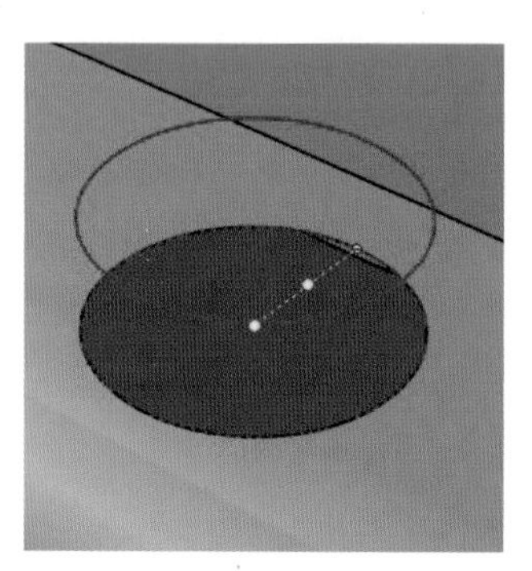
图 2.172　绘制曲线

按“F10”键打开控制点，选择两个控制点，选择“移动”命令，在侧视图中将其向下移动一定距离（见图 2.173）。选择调整形状后的曲线，选择“旋转成形”命令，旋转轴起点设置在曲线端点处，终点可设置在垂直方向任意一处（见图 2.174），命令行中设置旋转起始角度为“0”并点击右键确定，然后设置旋转角度为“360”，右键确定完成旋转成形，生成曲面，如图 2.175 所示。

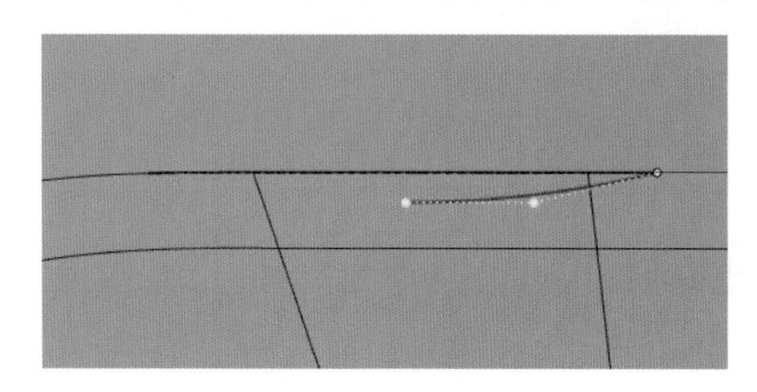
图 2.173　移动控制点

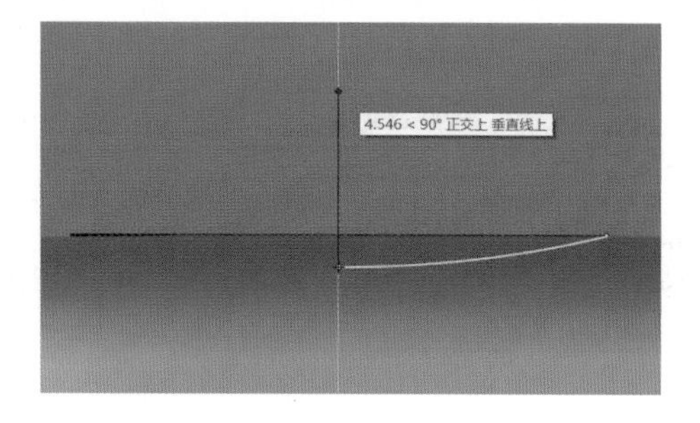

图 2.174　旋转轴设置

同样利用旋转成形生成其他两个曲面。选择三条投影曲线，选择曲面边栏命令列中“直线挤出”命令，挤出曲面以备接缝线制作使用，如图 2.176 所示。

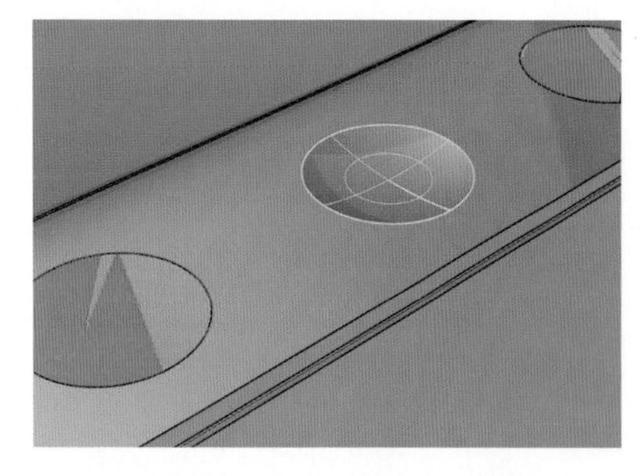
图 2.175　旋转成形生成曲面

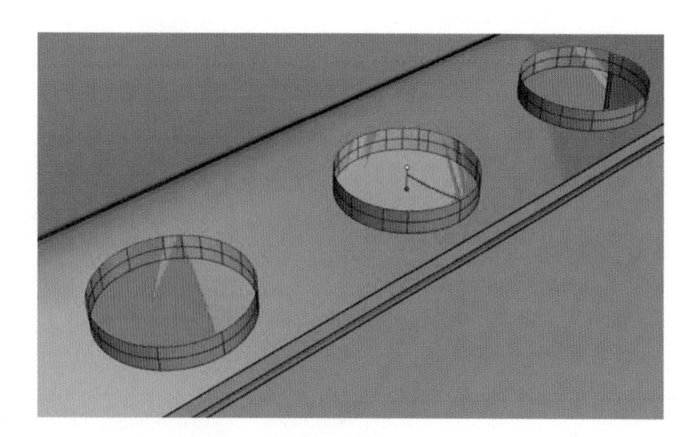
图 2.176　挤出曲面

利用接缝线制作方法，完成按钮和机身主体曲面的接缝线建模，如图 2.177 所示。

多媒体触控音箱建模完成整体效果如图 2.178 所示。

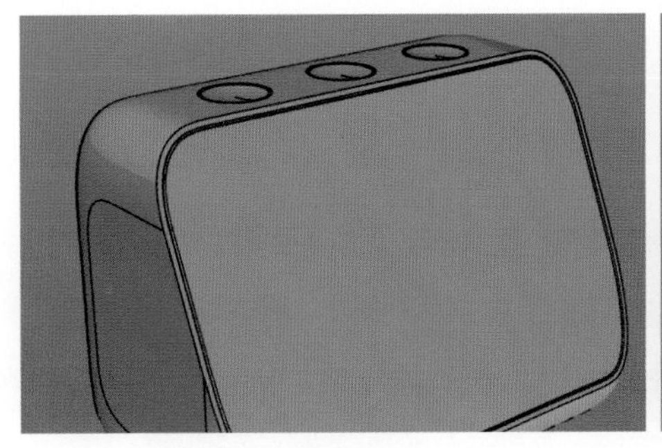
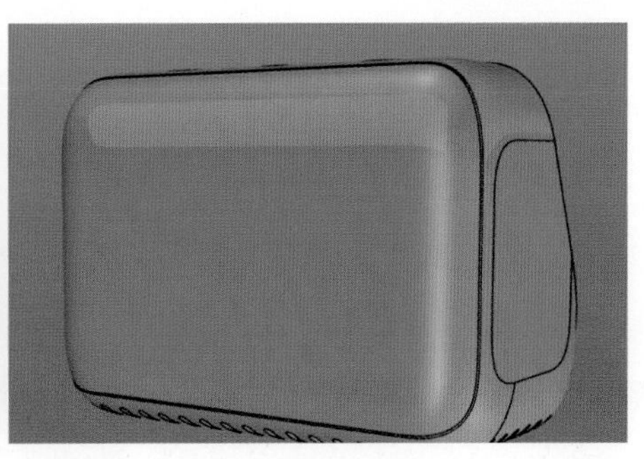

图 2.177 接缝线建模效果

图 2.178 整体建模效果

2.4 旋转命令建模分析——奶瓶建模

绘制旋转用截面曲线（见图 2.179），选择“偏移曲线”命令向内侧偏移曲线（见图 2.180）。

选择“旋转成形”命令旋转成面（见图 2.181）。绘制两条曲线（见图 2.182）并直线挤出两个曲面（见图 2.183），参考图 2.184 所示的蓝色箭头与橙色箭头完成曲面的互相修剪。

图 2.179 绘制截面曲线

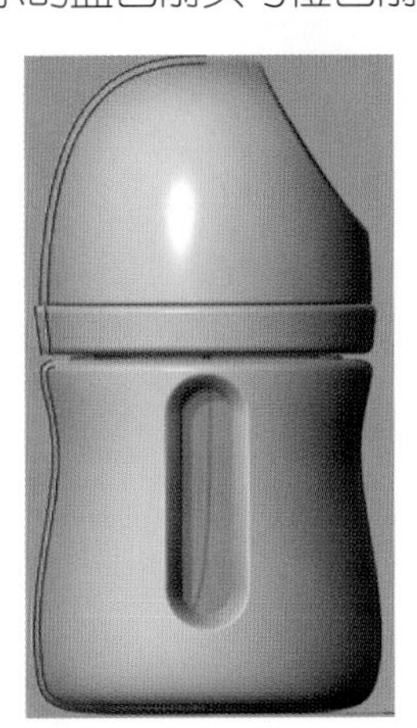

图 2.180 偏移曲线

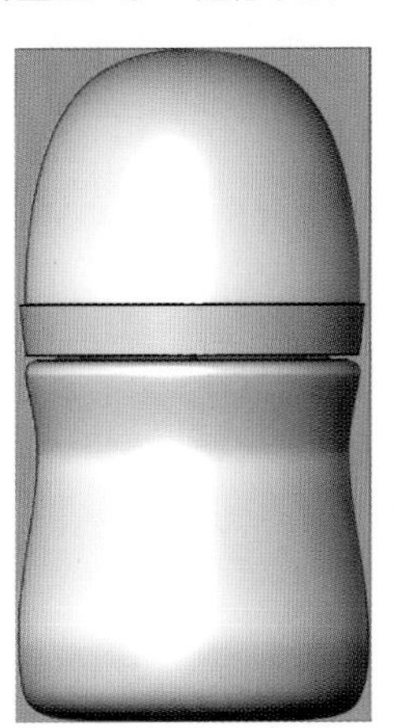

图 2.181 旋转成面

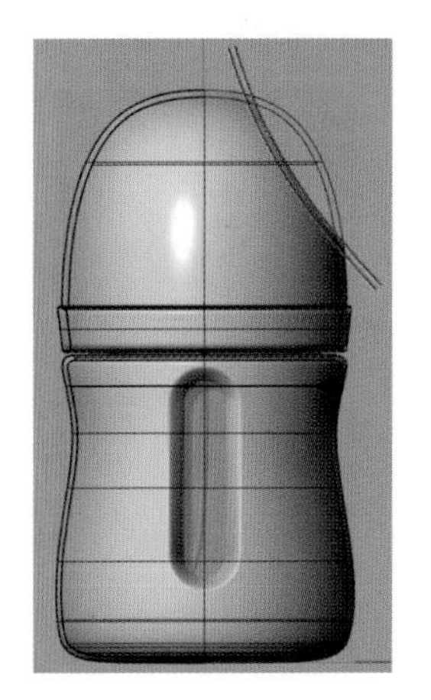

图 2.182 绘制曲线

图 2.183 直线挤出曲面

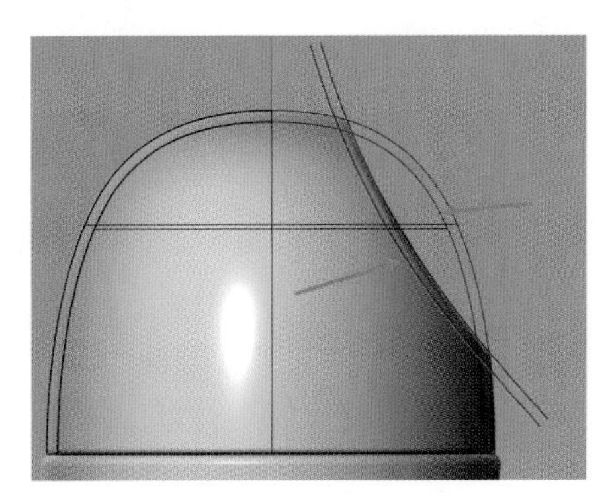

图 2.184 修剪曲面

将修剪完的曲面组合起来并倒圆角（见图 2.185），选择“混接曲面”命令将内外曲面进行混接并组合（见图 2.186），完成奶瓶盖建模。

绘制圆角矩形并投影（见图 2.187），注意大的圆角矩形投影在外部曲面，小的圆角矩形投影在内部曲面。修剪瓶身曲面，选择“混接曲面”命令将内外曲面进行混接并组合，如图 2.188 所示。

选择“偏移曲线”命令绘制内胆截面曲线（见图 2.189），旋转成形（见图 2.190）。

图 2.185　组合曲面并倒圆角

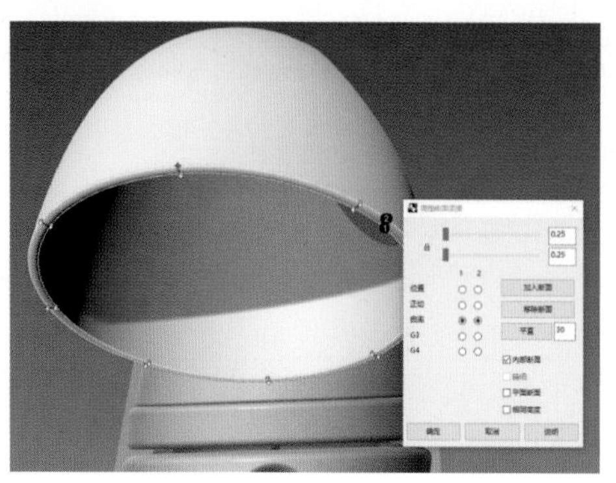

图 2.186　混接曲面

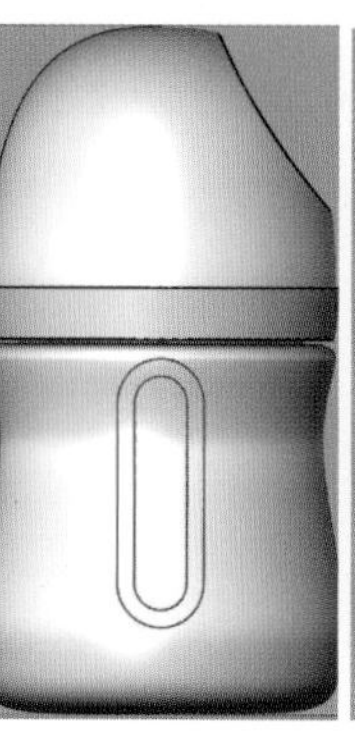

图 2.187　绘制圆角矩形并投影

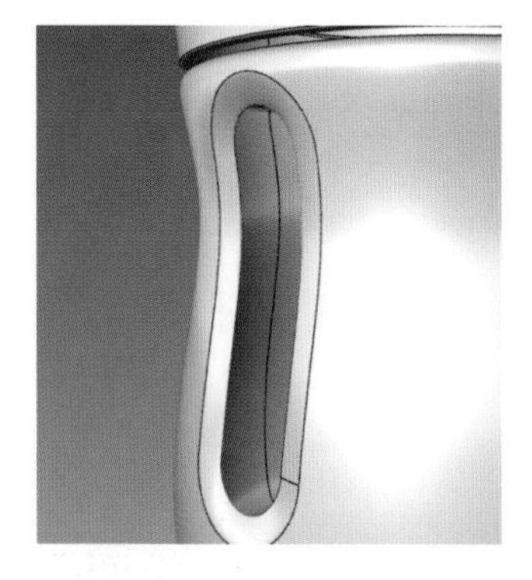

图 2.188　修剪曲面并混接、组合

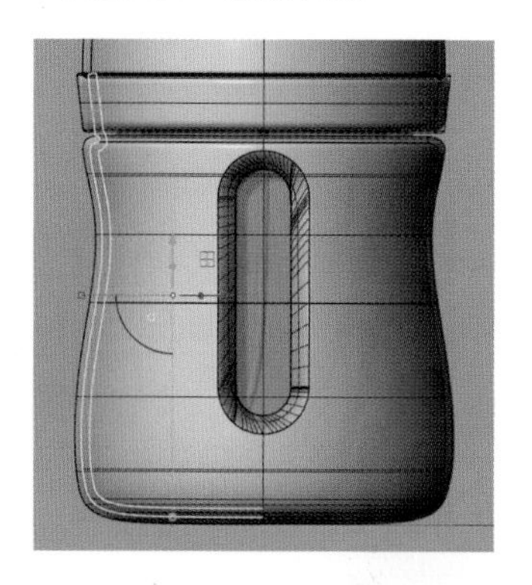

图 2.189　绘制内胆截面曲线

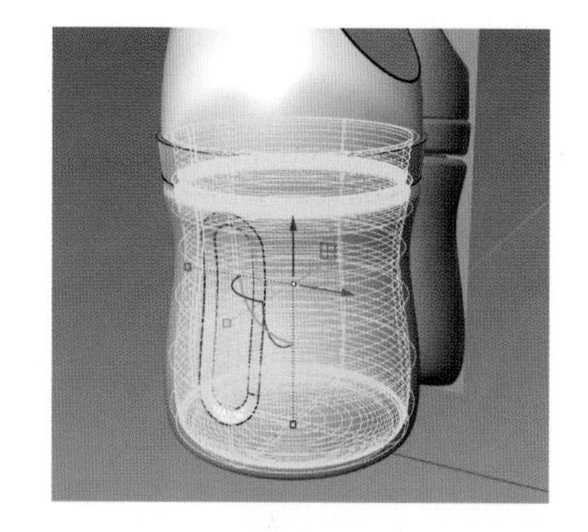

图 2.190　旋转成形

绘制奶嘴截面曲线（见图 2.191）并旋转成形，选择“将平面洞加盖”命令将奶嘴实体化，选择“抽壳”命令，完成奶嘴抽壳建模（见图 2.192），整体建模效果如图 2.193 所示。

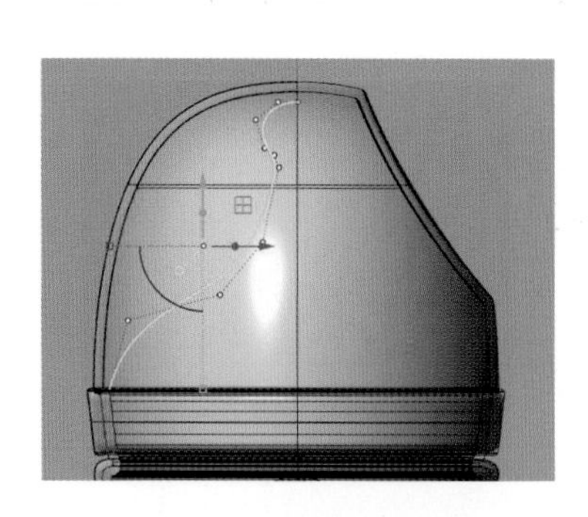

图 2.191　绘制奶嘴截面曲线

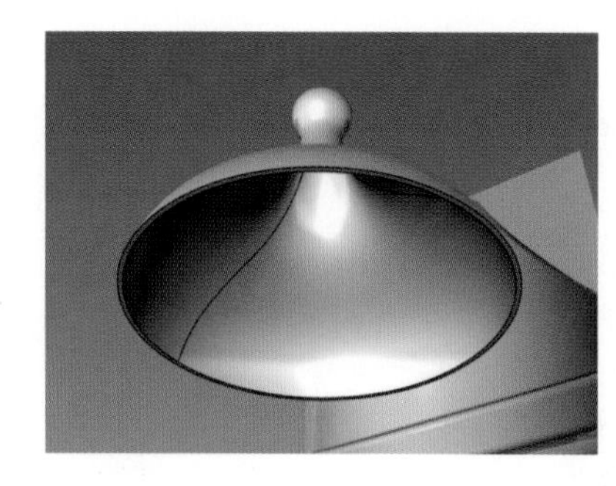

图 2.192　抽壳

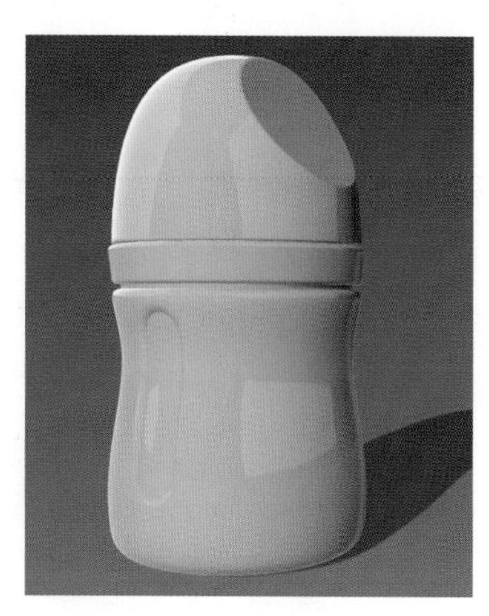

图 2.193　整体建模效果

Chanpin Sheji Rhino 3D Jianmo yu Xuanran Jiaocheng

第三章

典型产品造型建模技巧

第三章拓展资源

3.1 大弧面、蛋形面造型建模分析

以 iMac G3（见图 3.1）为例，现代产品设计不再将曲线作为一种修饰的配角，而是尽情挥洒，张扬曲线的个性，此时曲线的特征是饱满。无论从正面、侧面还是顶面，我们都可以看到舒展的曲线条。完整大圆弧、饱满的曲线给人极具亲和力以及生命力的感觉。

本例产品造型如图 3.2 所示。该产品分两部分，一为显示屏幕，二为主机底座。显示屏幕部分比较简单，是很常见的苹果品牌 R 角造型设计。主机底座是大弧面，有点类似于 iMac 显示器后壳造型。总体来说，造型特点就是简洁平面 + 小圆弧过渡 + 舒张大弧面。

图 3.1　iMac G3

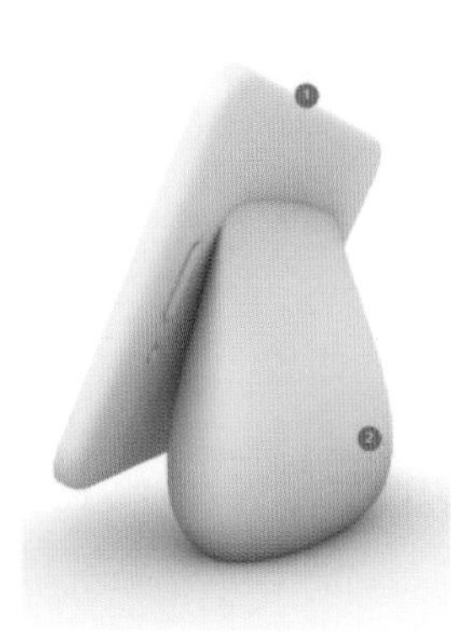

图 3.2　本例产品造型

3.1.1　蛋形面建模分析

在绿轴上绘制一个点，如图 3.3 所示。打开“点”捕捉，选择“矩形”命令，捕捉绘制的点为中心点，绘制一个圆角矩形。选择“更改阶数”命令，命令行中输入新阶数为“5”。选择阶数更改完后的圆角矩形，选择“参数均匀化”命令完成圆角矩形优化，如图 3.4 所示。

图 3.3　绘制点

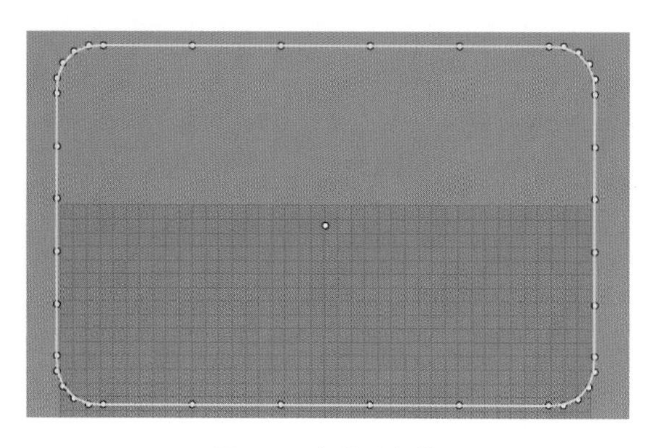

图 3.4　参数均匀化

选择“复制”命令将调整好的曲线向右复制出一份（见图3.5）。选择曲线，选择“放样”命令生成曲面，样式设置为“标准”，完成曲面制作，如图3.6所示。

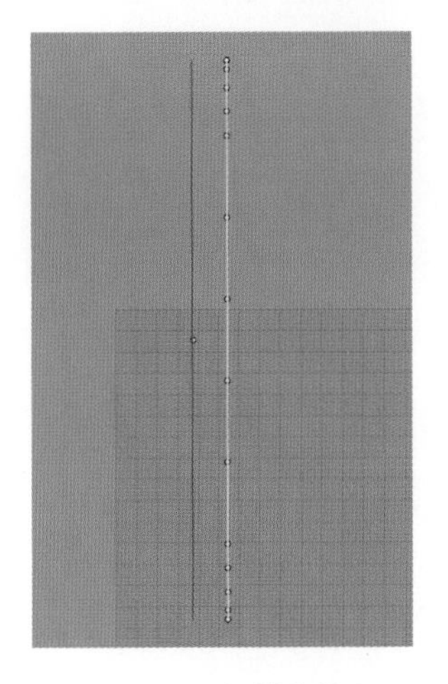

图3.5　复制曲线

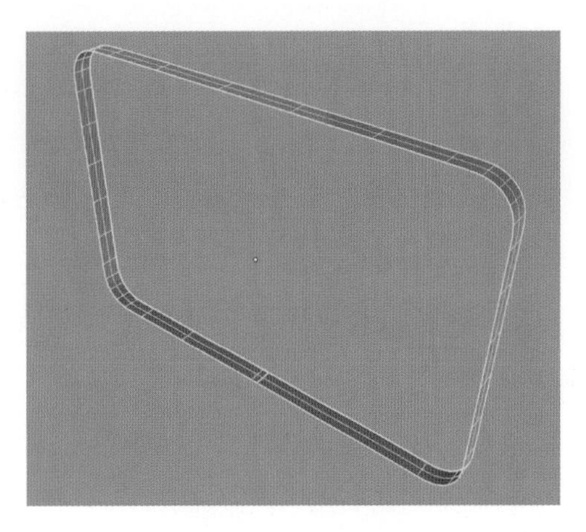

图3.6　放样曲面

选择放样曲面，按“F10”键打开曲面控制点，选择右底部第一排控制点（见图3.7），选择“二轴缩放”命令，打开“点”捕捉，以图3.3中绘制的点为缩放控制点（见图3.8），通过缩放控制点来调整曲面形状。选择第二排控制点（见图3.9），打开“点”捕捉，选择“向上（下）对齐”命令，将控制点水平对齐至底部第一排控制点，如图3.10所示。按“F11”键关闭曲面控制点。

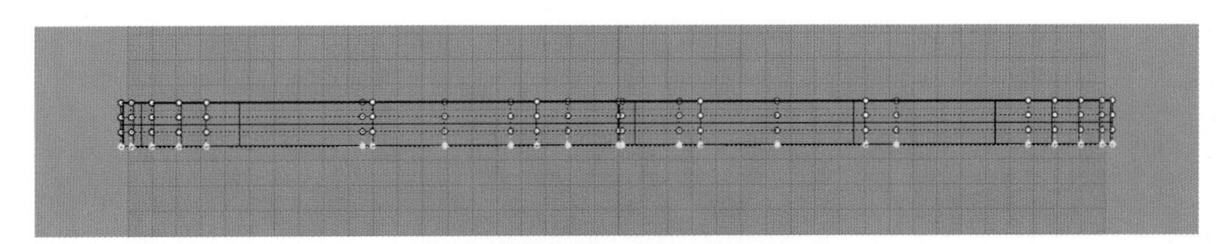

图3.7　选择右底部第一排控制点

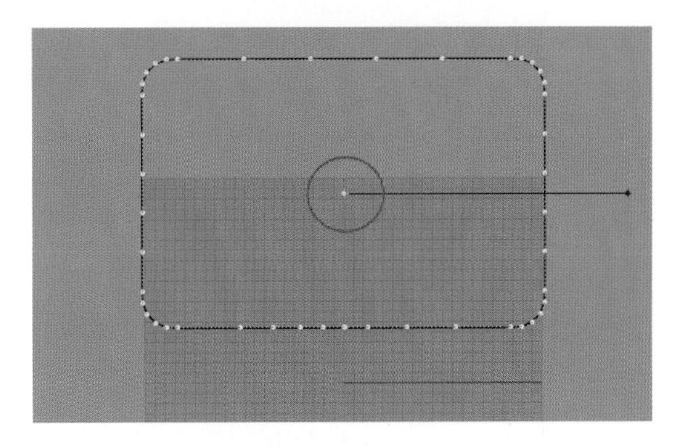

图3.8　缩放控制点

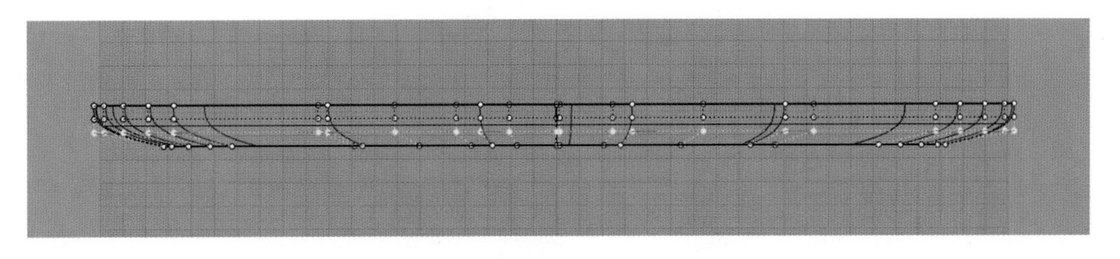

图3.9　选择第二排控制点

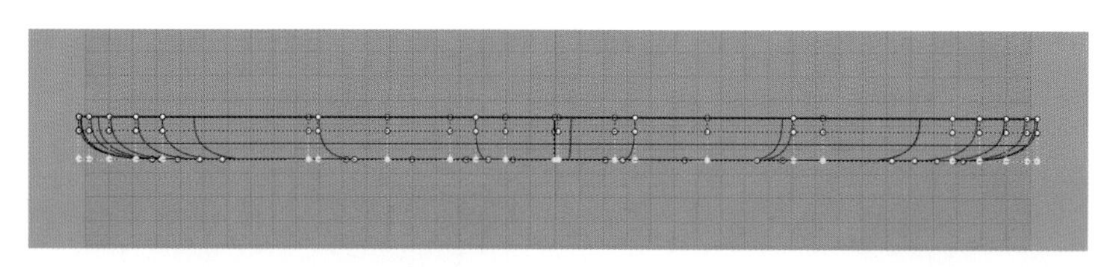

图 3.10　第二排控制点水平对齐至底部第一排控制点

选择“以平面曲线建立曲面”命令，选择曲面边缘（见图3.11），点击右键确定生成一个平面（见图3.12），并将其和上一步建完的曲面组合为一个多重曲面。

图 3.11　选择曲面边缘

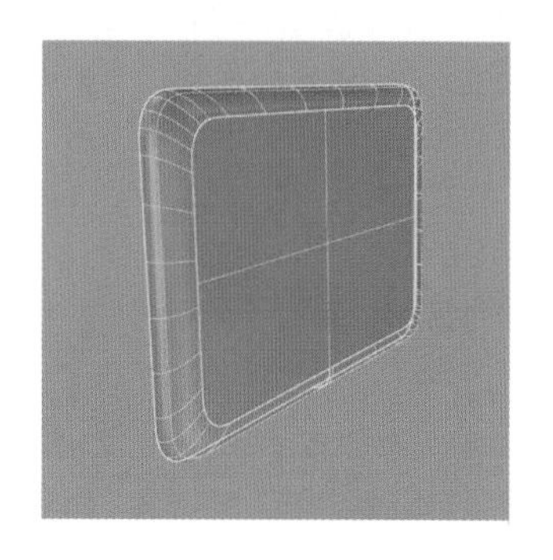

图 3.12　生成平面

选择组合好的曲面，选择“将平面洞加盖”命令，完成曲面实体化，如图 3.13 所示。选择“抽壳”命令，选择底面，命令行设置合适厚度，点击右键确定完成抽壳，如图 3.14 所示。

选择“以平面曲线建立曲面”命令，选择抽壳面内侧曲面边缘，生成一个平面。选择之前优化的圆角矩形，偏移并投影在平面上，分割平面，如图 3.15 所示。

图 3.13　曲面实体化

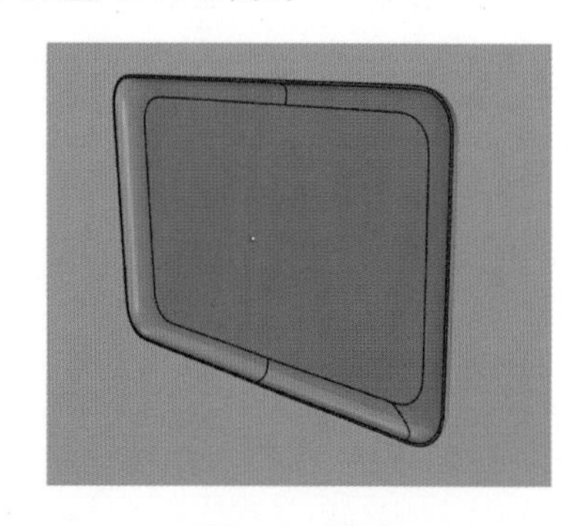

图 3.14　抽壳

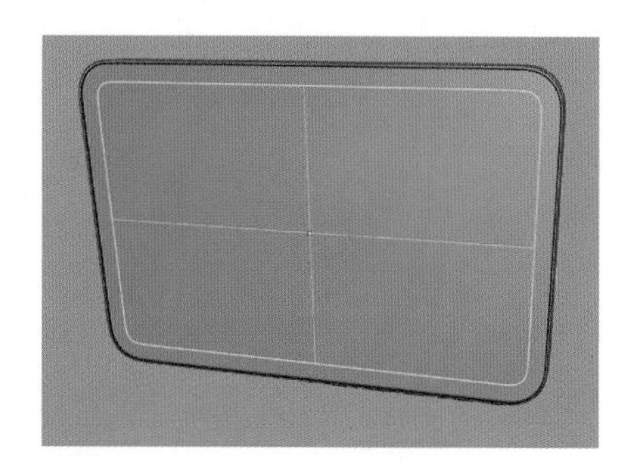

图 3.15　分割平面

绘制曲线（见图 3.16），并直线挤出实体，完成产品屏幕后盖的按钮模型制作，如图 3.17 所示。

选择“群组”命令将所有物件合为群组，然后选择“旋转”命令将群组物件旋转一定角度，如图 3.18 所示。

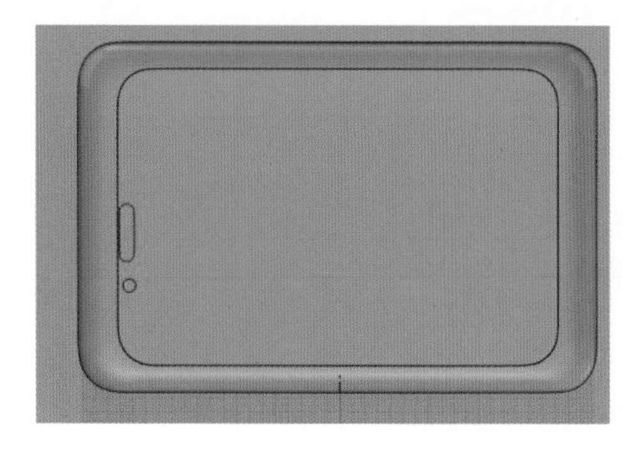

图 3.16　绘制曲线

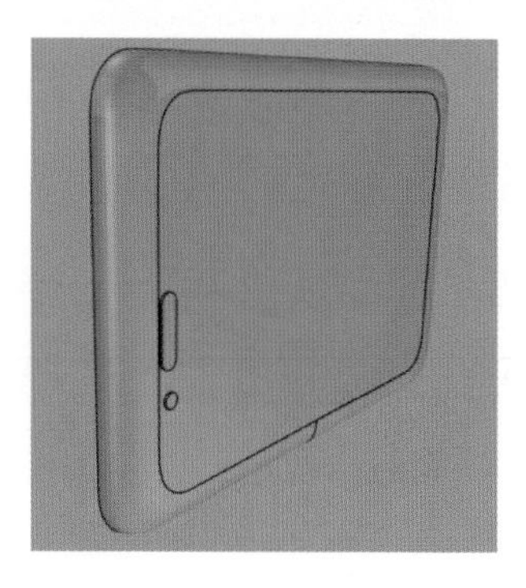

图 3.17　挤出实体

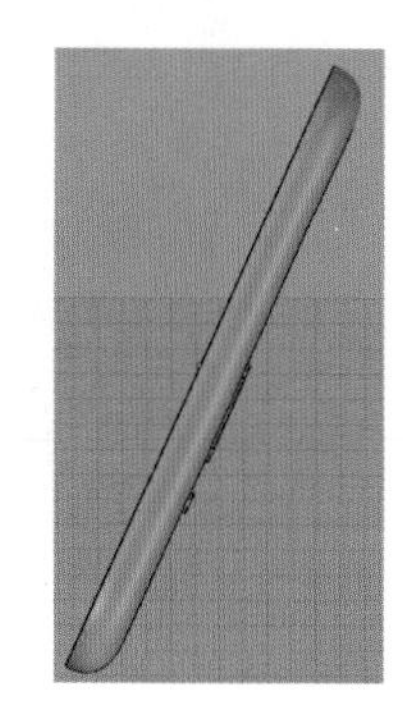

图 3.18　旋转物件

3.1.2 底座大弧面建模分析

在“Top”视图中，绘制两个圆角矩形（见图 3.19），空间位置如图 3.20 和图 3.21 所示。

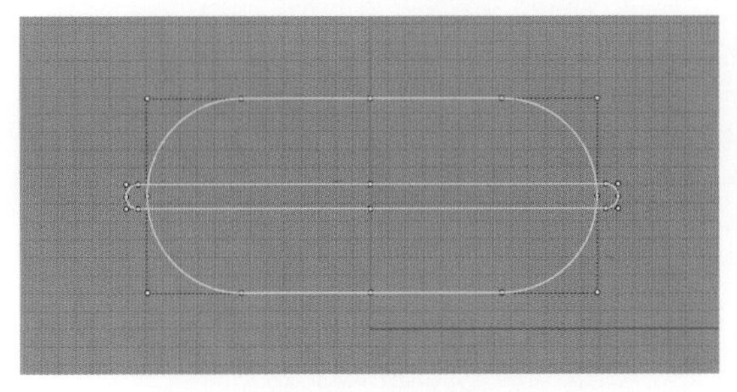

图 3.19 绘制圆角矩形

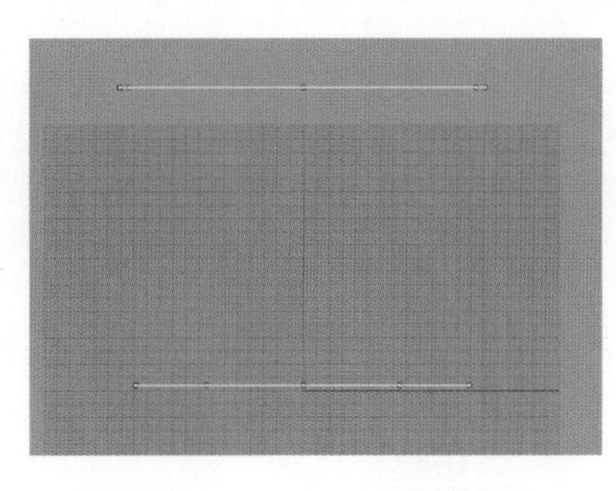

图 3.20 圆角矩形空间位置 1

图 3.21 圆角矩形空间位置 2

打开“中点”捕捉，捕捉两个圆角矩形的中点，绘制曲线并镜像复制，如图 3.22 和图 3.23 所示。

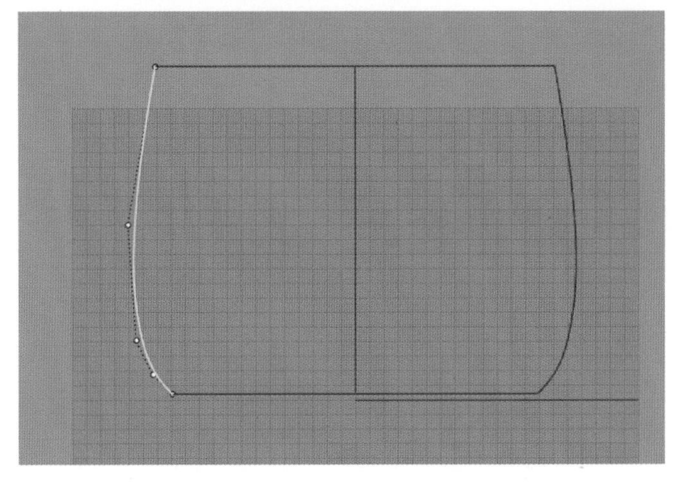

图 3.22 绘制曲线并镜像复制 1

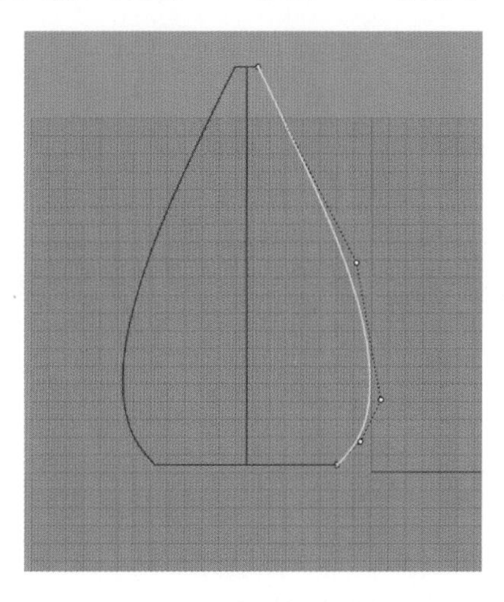

图 3.23 绘制曲线并镜像复制 2

旋转两个圆角矩形和四条曲线，点击“从网线建立曲面”命令按钮，生成机身曲面，如图 3.24 和图 3.25 所示。

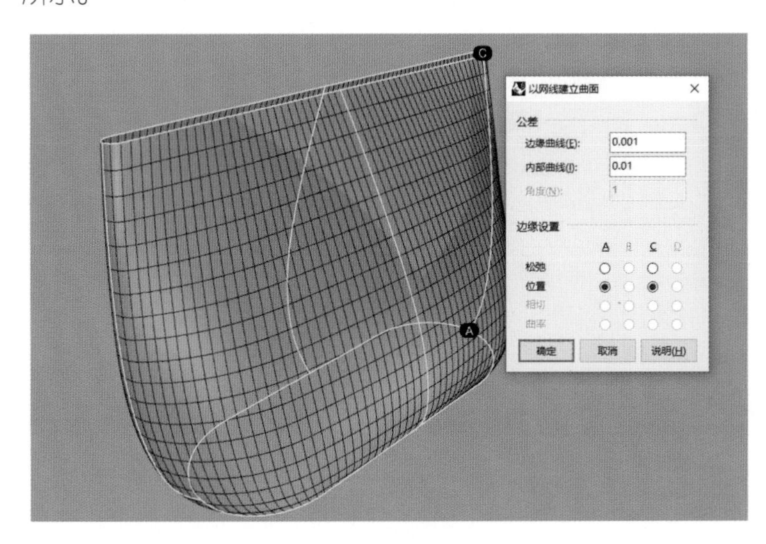

图 3.24 从网线建立曲面

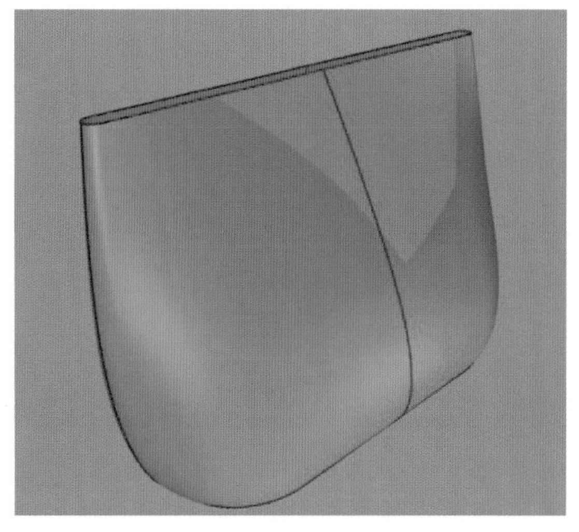

图 3.25 机身曲面

选择屏幕后盖曲面，点击“修剪”命令按钮，修剪机身曲面（见图 3.26）。绘制圆，直线挤出实体，通过布尔运算差集完成产品机身电源接口细节建模，如图 3.27 所示。

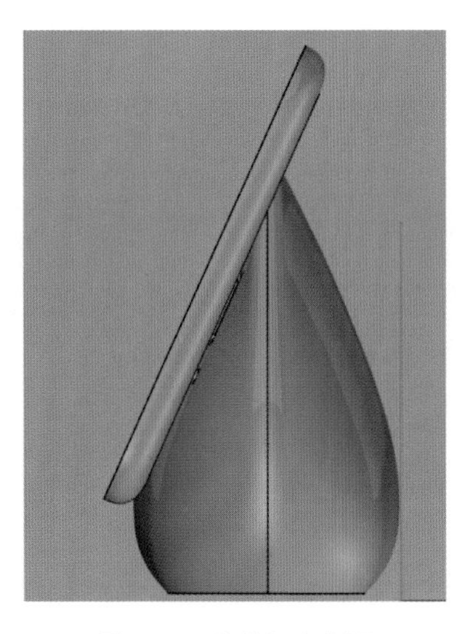

图 3.26　修剪机身曲面

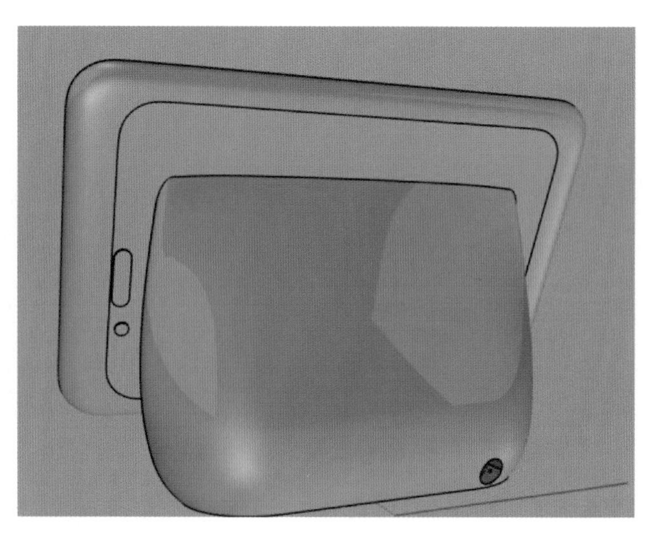

图 3.27　电源接口细节建模

3.2　圆角处理建模分析

3.2.1　整体圆角建模分析

本例产品基础形态如图 3.28 所示。

选择“外切正方形”命令，以坐标轴原点为中心绘制一个正方形作为建模复制曲线，如图 3.29 所示。

点击“圆”命令按钮，以原点为圆心绘制可塑形圆，阶数为“5”，点数为“16”，如图 3.30 所示。选择对齐命令，按之前步骤对齐控制点，如图 3.31 所示。

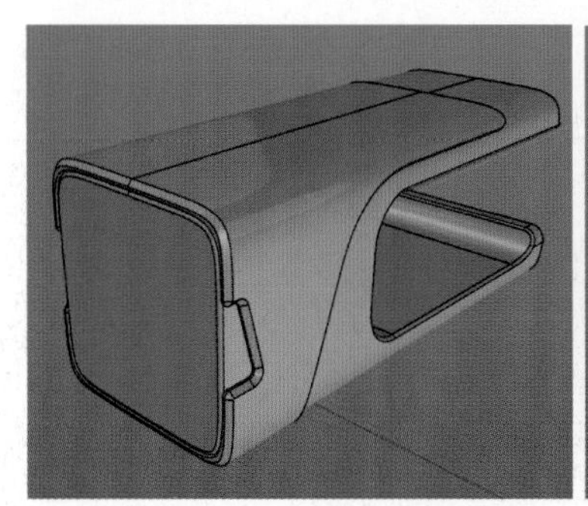

图 3.28　产品形态

图 3.29　绘制正方形

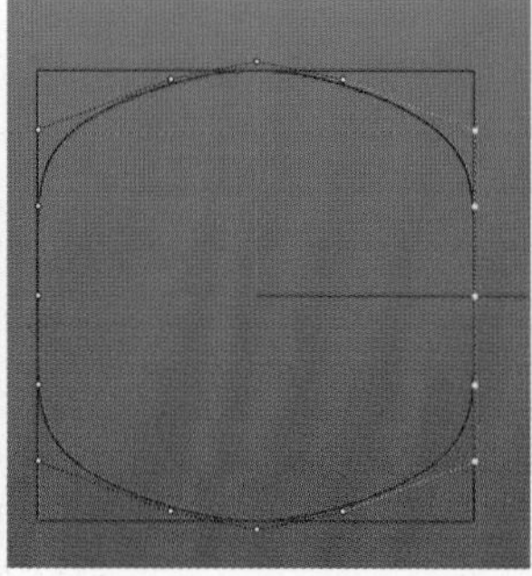

图 3.30　可塑形圆

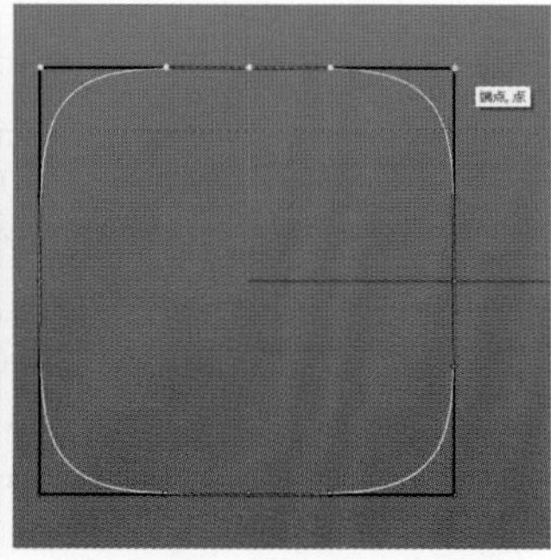

图 3.31　对齐控制点

激活软件最下方“操作轴”，选择图 3.32 所示的控制点，在图 3.32 中的黄色圆圈处的红色方点上点击鼠标左键，在对话框中输入“1.6”（见图 3.33），在水平方向以数值精确放大曲线。在图 3.34 所示黄色圆圈处的绿色方点上点击鼠标左键，在对话框中输入“1.6”（见图 3.35），在垂直方向以数值精确缩放曲线。

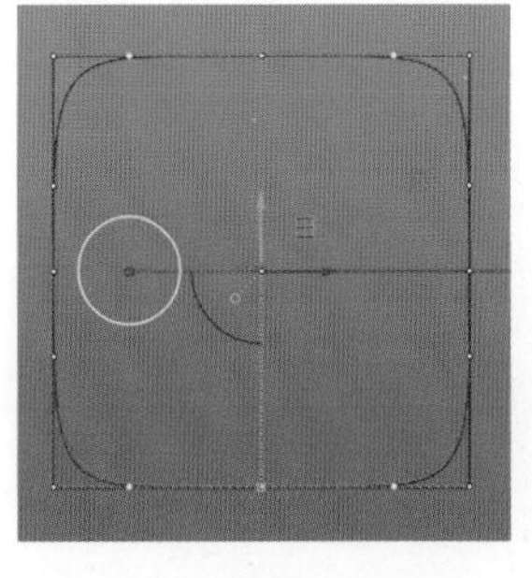

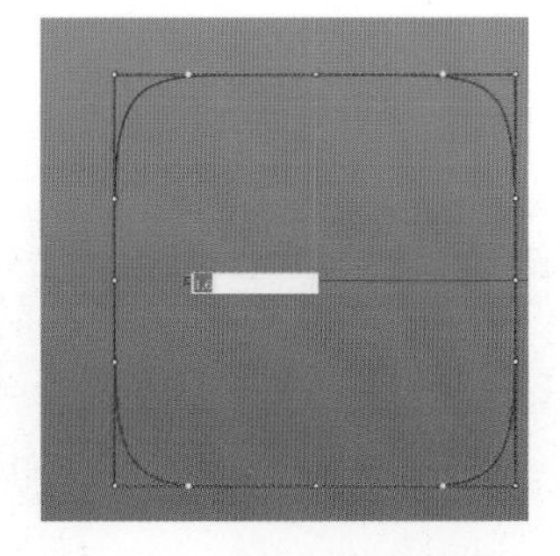

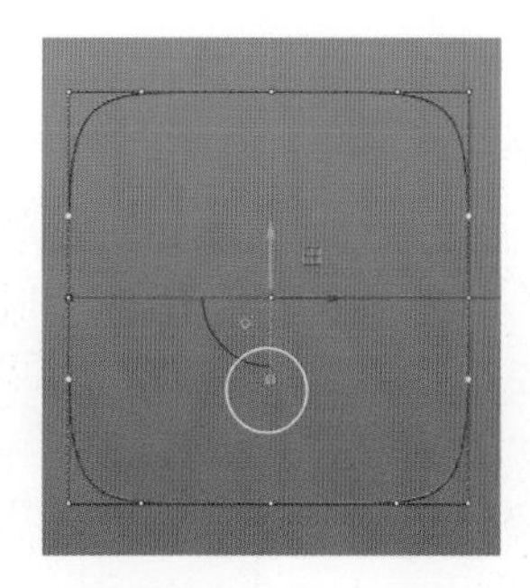

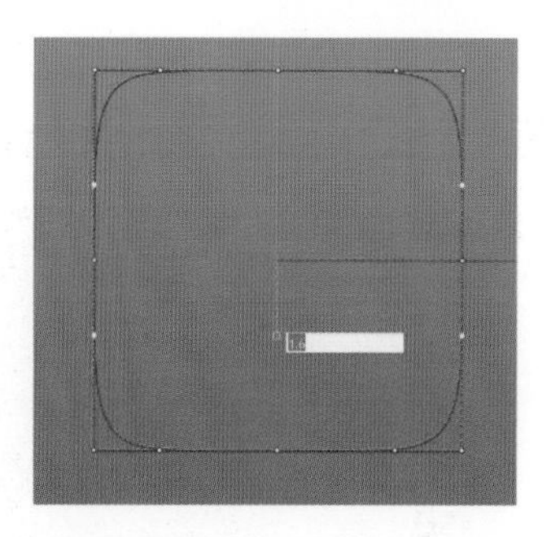

图 3.32　选取控制点　　图 3.33　水平方向缩放数值　　图 3.34　选取控制点　　图 3.35　垂直方向缩放数值

将调整形状后的曲线向右复制出一份（见图 3.36），然后放样生成产品机身曲面，样式设置为“标准”（见图 3.37），点击“确定”按钮完成机身曲面放样，点击“将平面洞加盖”命令按钮加盖生成实体。

图 3.36　复制

图 3.37　放样设置

绘制两条直线（见图 3.38），选择“可调式混接曲线”命令，连续性都设置为曲率连接，混接两条直线（见图 3.39）并组合。

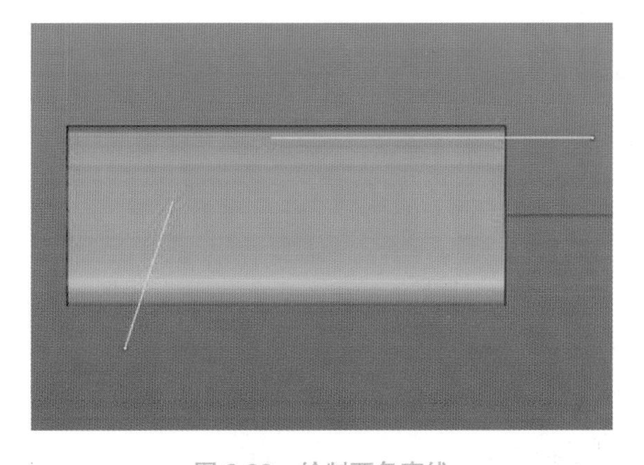

图 3.38　绘制两条直线

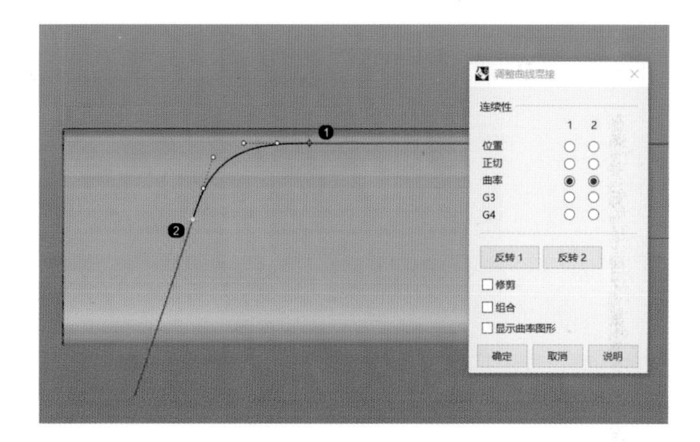

图 3.39　混接曲线

绘制曲线（见图 3.40）并直线挤出一个实体，利用“布尔运算差集”命令完成主体建模，如图 3.41 所示。

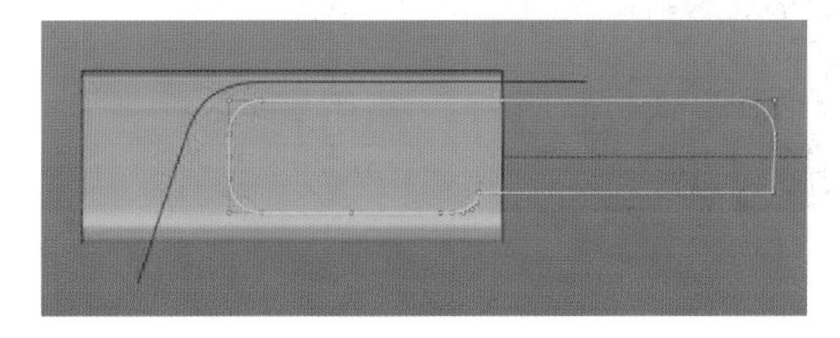

图 3.40　绘制曲线

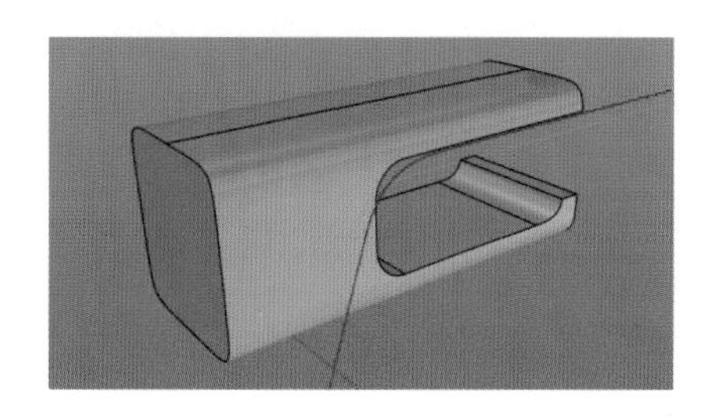

图 3.41　布尔运算差集完成主体建模

继续完善曲线绘制（见图3.42），挤出曲面（见图3.43）并复制一份。继续利用“布尔运算差集”命令（注意曲面法线方向，如布尔运算差集错误，切换法线方向）建模，如图3.44所示。

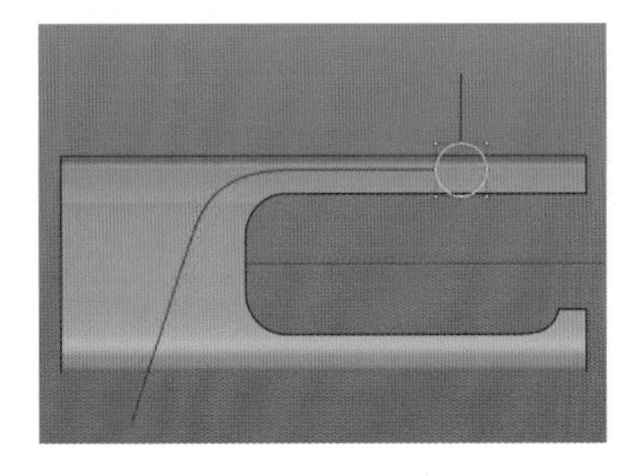

图3.42　完善曲线绘制

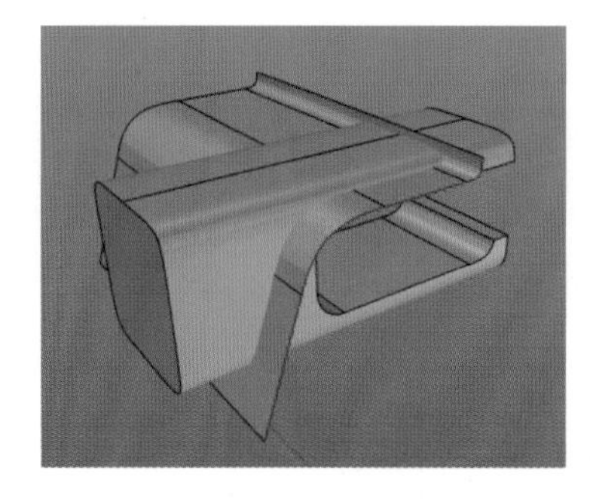

图3.43　挤出曲面

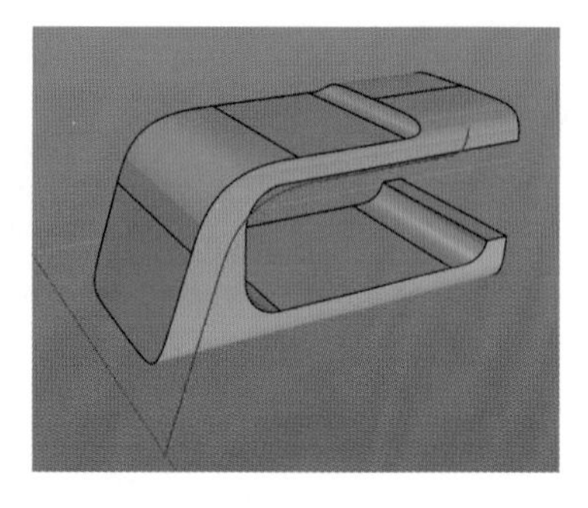

图3.44　布尔运算差集

二轴缩放最开始优化调整的曲线，直线挤出一定距离（见图3.45）。粘贴回之前复制的曲面（见图3.46）。将两个物件通过布尔运算差集得到一个实体物件（注意曲面法线方向，如布尔运算差集错误，切换法线方向），如图3.47所示。

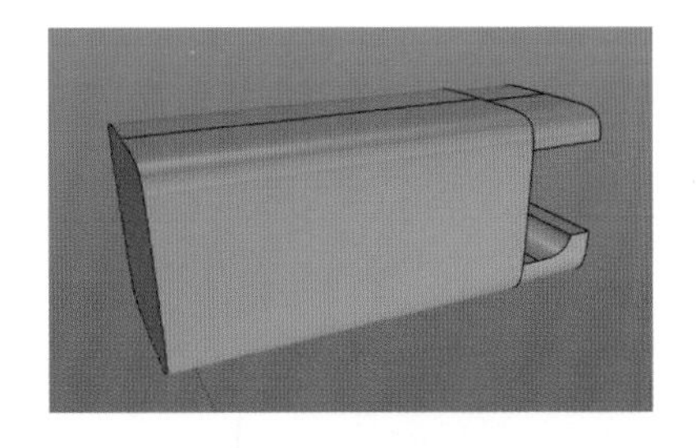

图3.45　直线挤出

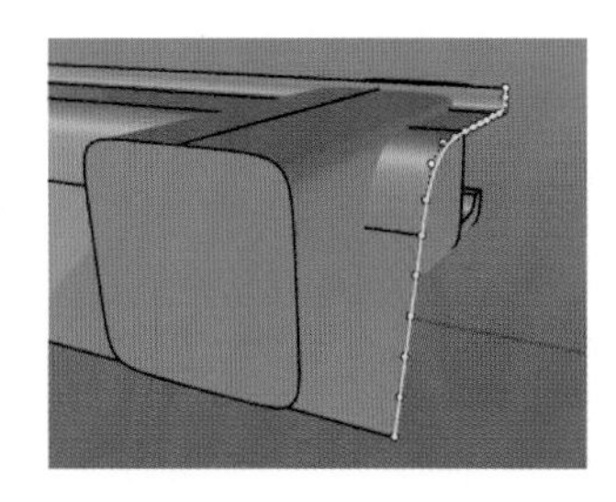

图3.46　粘贴曲面

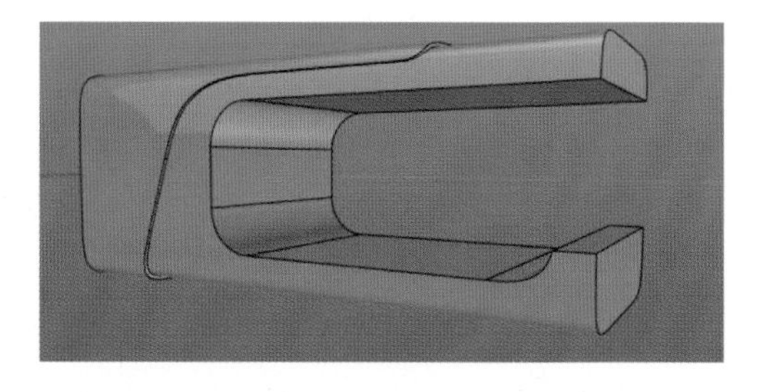

图3.47　布尔运算差集

绘制曲线（见图3.48）并直线挤出一个实体，点击“边缘圆角”命令按钮先完成物体第一步圆角处理。对两个物件进行布尔运算差集操作，效果如图3.49所示。

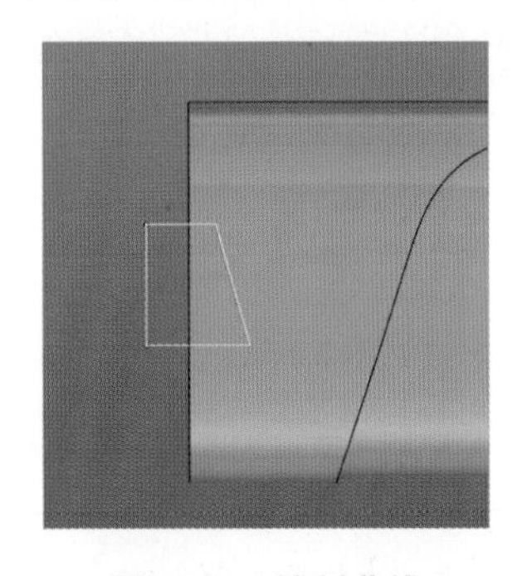

图3.48　绘制曲线

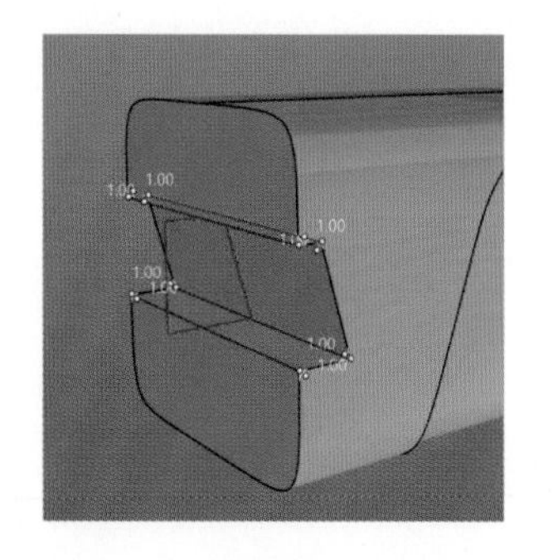

图3.49　布尔运算差集效果

点击“边缘圆角”命令按钮，命令行点击“连锁边缘”（效果如图3.50所示），点击右键确定完成第二步实体圆角处理，如图3.51所示。

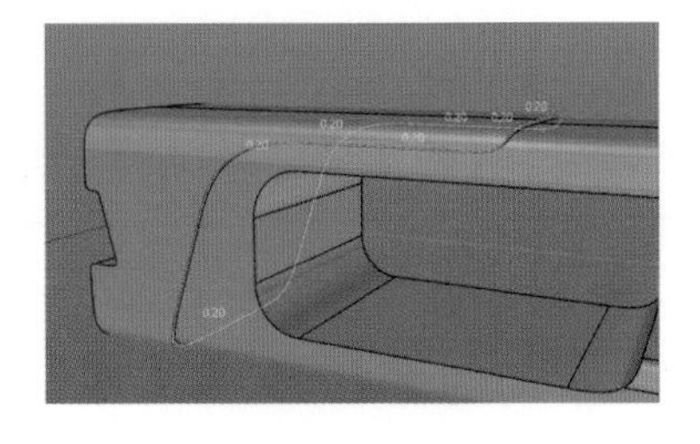

图3.50　连锁边缘

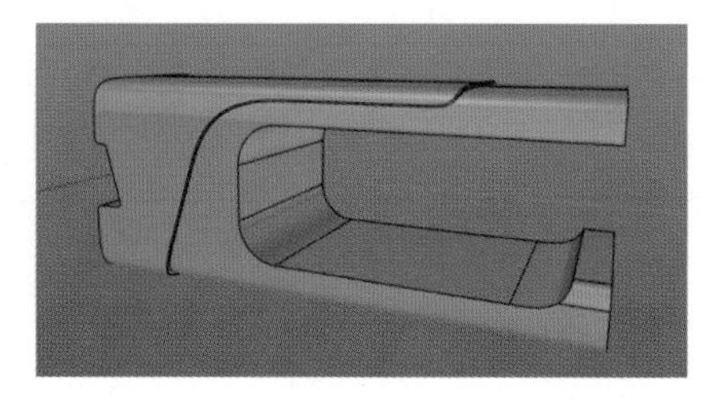

图3.51　边缘圆角处理（第二步）

点击“边缘圆角”命令按钮，命令行点击“连锁边缘”，点击右键确定完成第三步实体圆角处理，如图 3.52 所示。

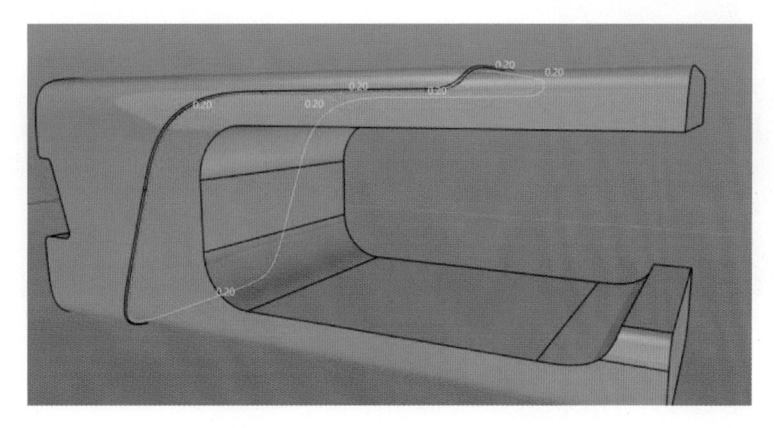

图 3.52 边缘圆角处理（第三步）

点击“边缘圆角”命令按钮，命令行点击“连锁边缘”，点击右键确定完成第四步实体圆角处理，如图 3.53 所示。点击“边缘圆角”命令按钮，命令行点击“连锁边缘”，点击右键确定完成第五步实体圆角处理，如图 3.54 所示。

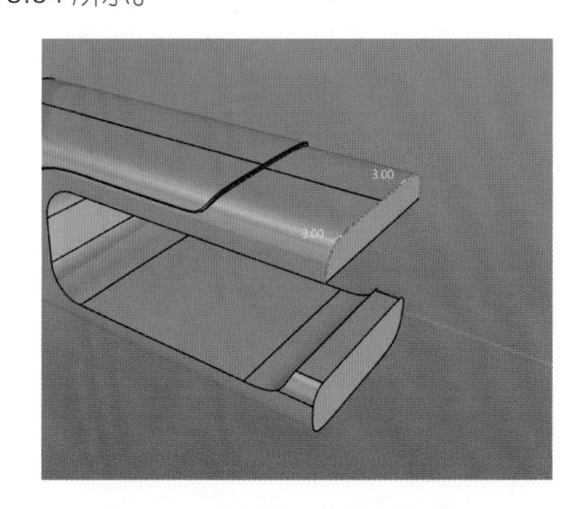

图 3.53 边缘圆角处理（第四步）

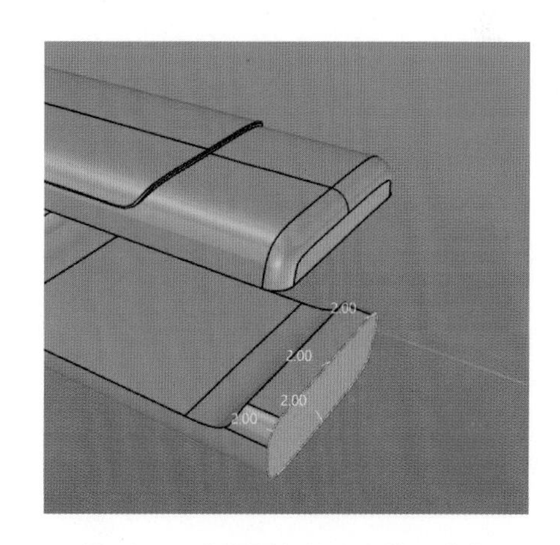

图 3.54 边缘圆角处理（第五步）

点击“边缘圆角”命令按钮，命令行点击“连锁边缘”，点击右键确定完成第六步实体圆角处理，如图 3.55 所示。最终完成主体圆角处理，如图 3.56 所示。

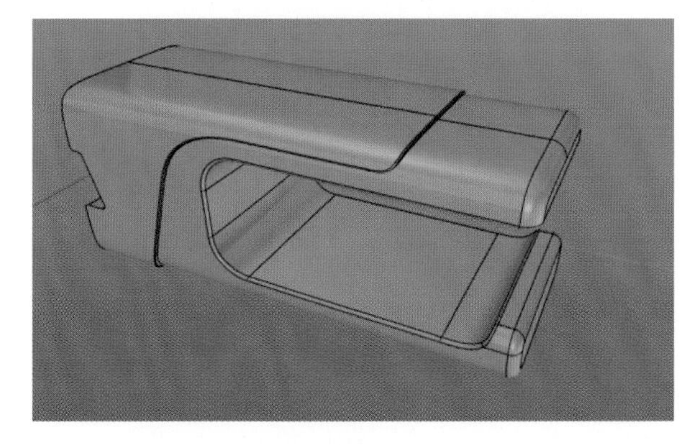

图 3.55 边缘圆角处理（第六步）

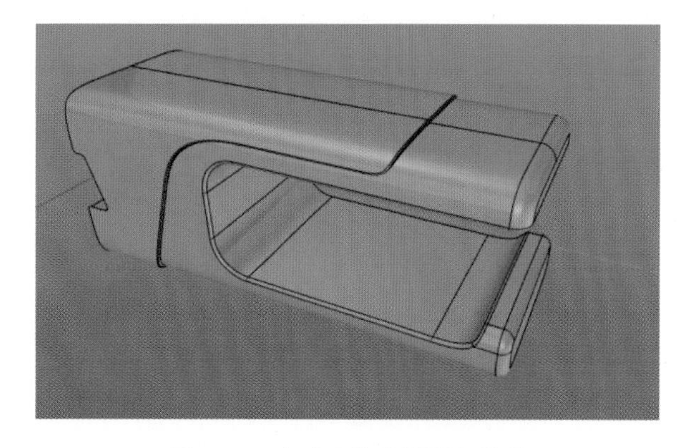

图 3.56 完成主体边缘圆角处理

选择“边缘斜角”命令，点击右键确定完成实体斜角处理，如图 3.57 所示。最后直线挤出一个实体并利用布尔运算完成最终模型创建。

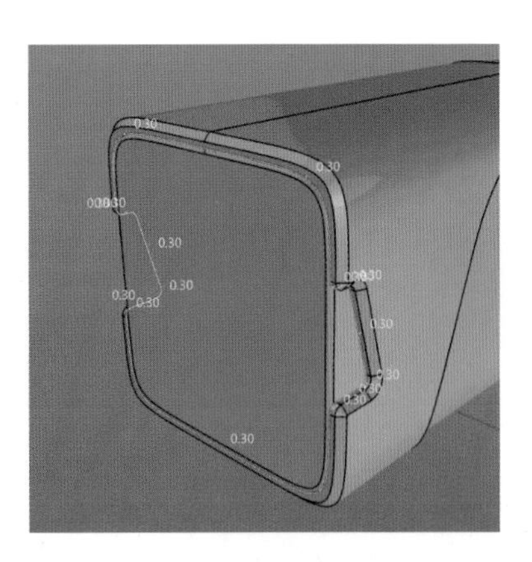

图 3.57　边缘斜角

图 3.58　产品模型效果

3.2.2　面平行过渡倒角建模分析

面平行过渡倒角是最为常见的一类倒角，并没有明显分型线，它常作为体感的圆滑过渡，可丰富造型多样性，以及提升产品整体的美感。

本例产品模型效果如图 3.58 所示。

绘制圆角矩形（见图 3.59）并复制一份（见图 3.60）。放样曲线（见图 3.61），更改曲面阶数，选择最底部控制点，选择“二轴缩放”命令调整曲面形状，将底部倒数第二排控制点用“向上（下）对齐”命令对齐至最后一排控制点，如图 3.62 所示。

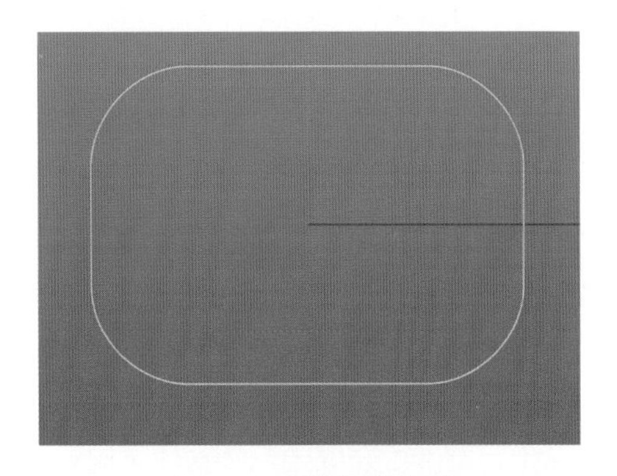

图 3.59　绘制圆角矩形

图 3.60　复制圆角矩形

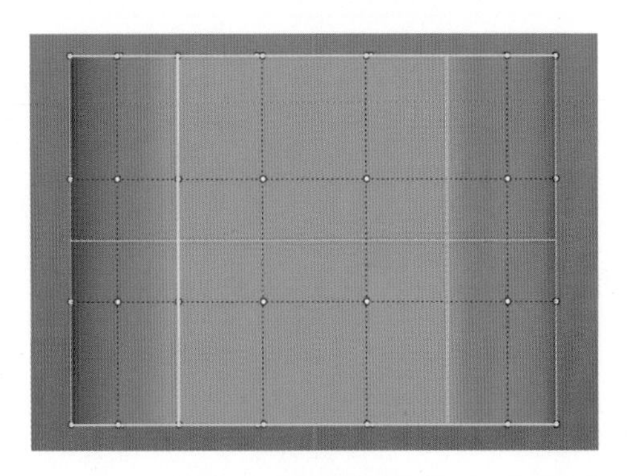

图 3.61　放样曲线

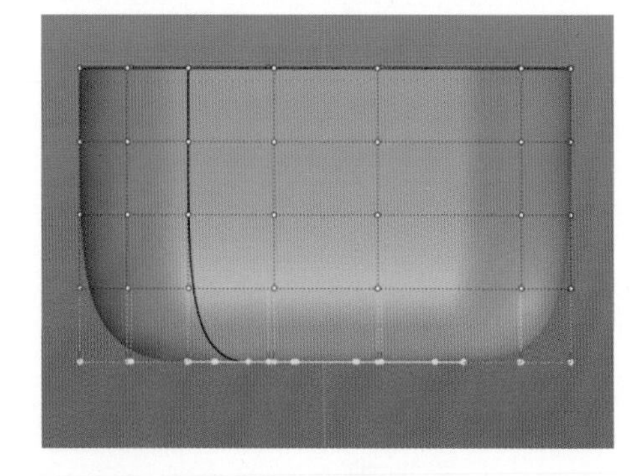

图 3.62　更改曲面阶数、调整曲面形状并对齐控制点

选择控制点并移动（见图 3.63），继续调整曲面形状。水平镜像复制一个，通过移动控制点调整形状（见图 3.64），点击“将平面洞加盖”命令按钮，将两个曲面加盖实体化（见图 3.65）。加盖完后，将实体抽壳（见图 3.66 和图 3.67）。初步完成模型建模，如图 3.68 所示。

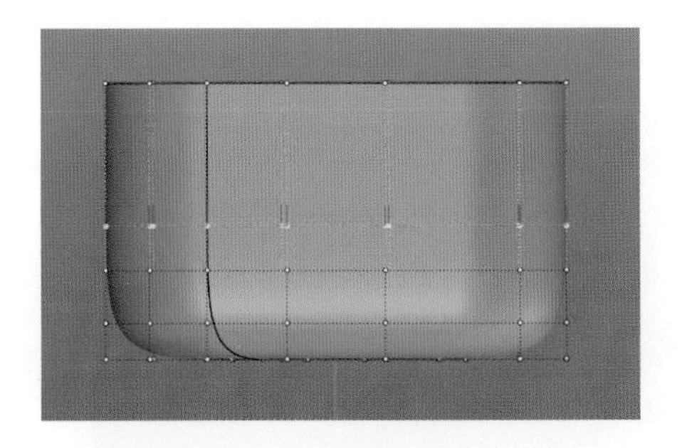

图 3.63　移动控制点

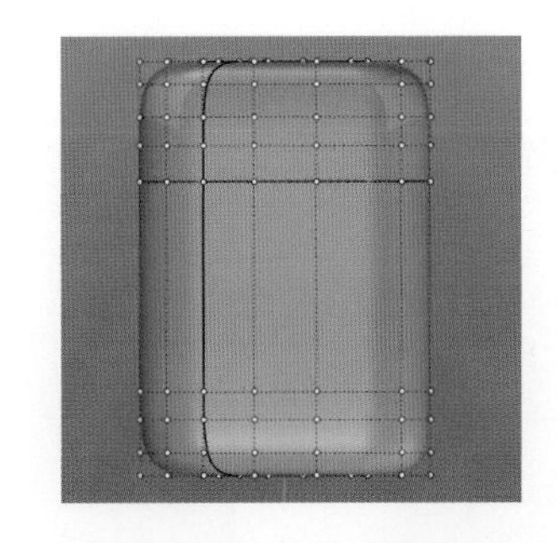

图 3.64　镜像复制并调整大小

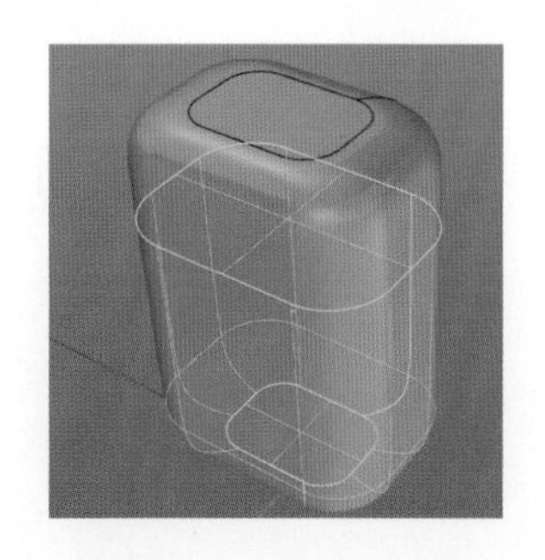

图 3.65　加盖实体化

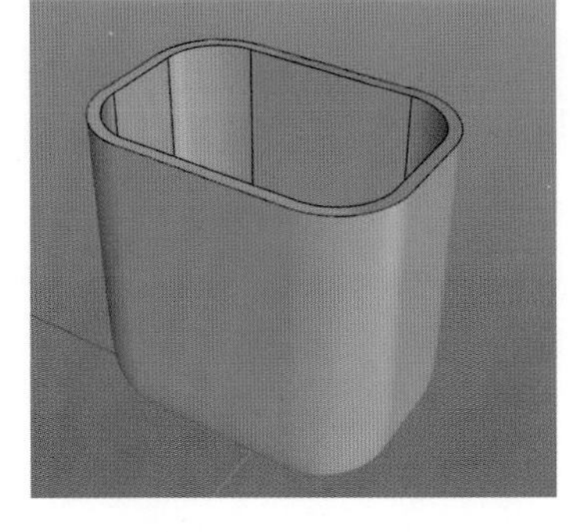

图 3.66　抽壳（下部）

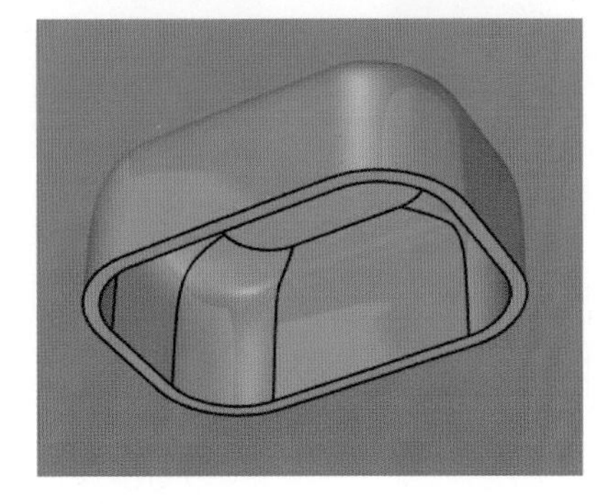

图 3.67　抽壳（上部）

图 3.68　初步完成建模

进行圆角细节处理，最终效果如图 3.69 所示。

图 3.69　模型效果

3.3　产品渐消面建模分析

3.3.1　补面型渐消面建模分析

绘制一条曲线，注意图 3.70 中红色圆圈处两个控制点应在同一条垂直方向线上，将曲线旋转成形，旋转角度为“360”，效果如图 3.71 所示。绘制一条曲线（见图 3.72），将曲线投影至旋转面，如图 3.73 所示。

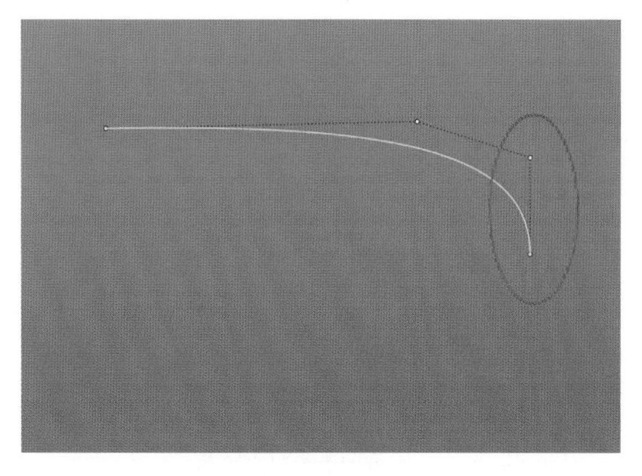

图 3.70 绘制旋转轮廓线

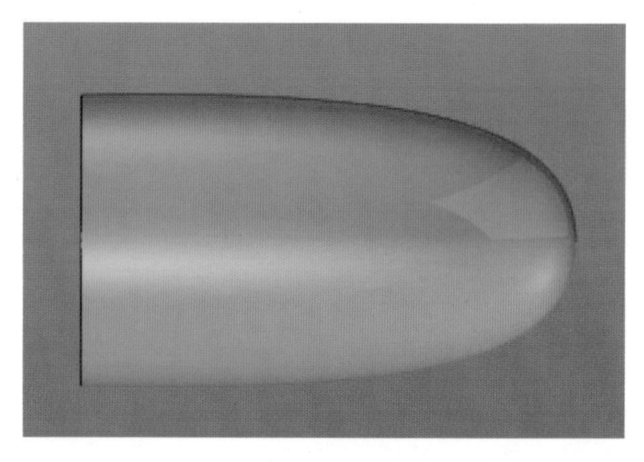

图 3.71 旋转成形

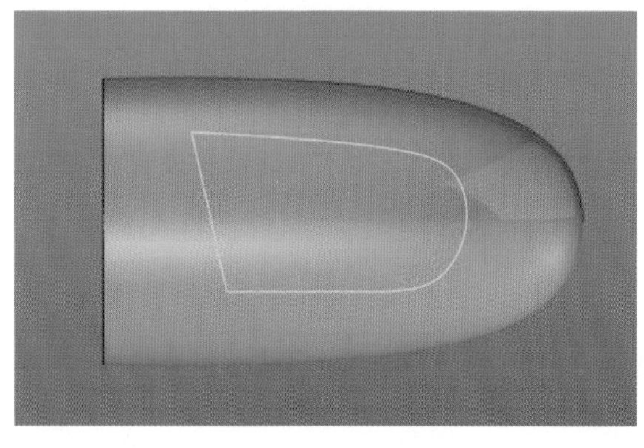

图 3.72 绘制曲线

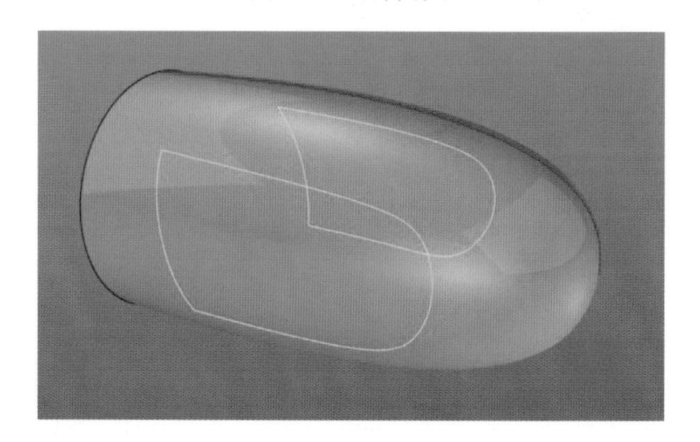

图 3.73 投影曲线

选择旋转面，用投影线分割旋转曲面（见图 3.74），按“F10”键打开分割曲面的曲面控制点，发现控制点还是原来旋转面的控制点，点击“缩回已修剪曲面”命令按钮将控制点缩回实际曲面范围（见图 3.75）。用“更改曲面阶数”命令，将分割后的曲面更改为三阶可塑形曲面。

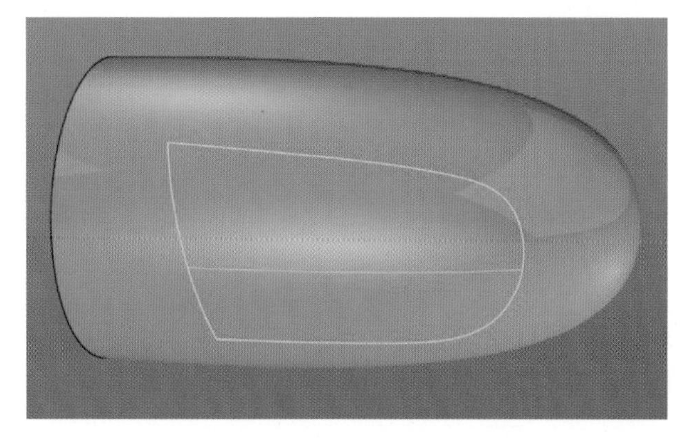

图 3.74 分割曲面

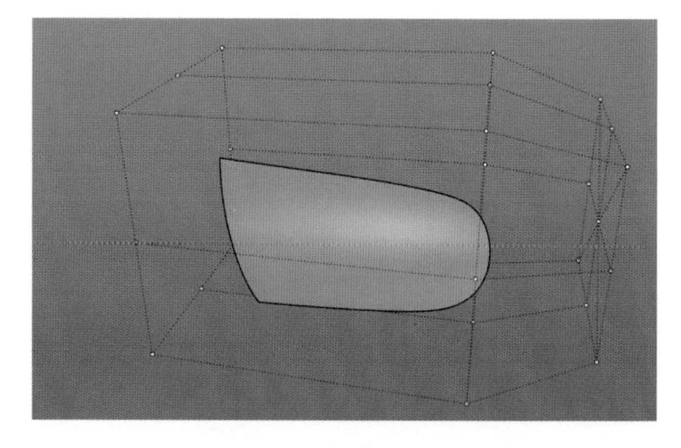

图 3.75 缩回曲面控制点

选择分割后小曲面右侧两排控制点，向旋转曲面内侧移动（见图 3.76），切记勿移动与分割后大曲面相连接的两排控制点，不然会破坏小曲面与大曲面的连续性。打开“端点”捕捉，捕捉小曲面左侧边缘的上下两个端点，绘制一条曲线（见图 3.77），用曲线修剪小分割曲面。点击“混接曲面”命令按钮，选项设置连续性为“曲率”，锁定滑杆，将滑杆调到最左侧，数值为“0.25”，生成两个曲面之间的顺接曲面（见图 3.78）。最后选择所有曲面，点击“斑马纹分析”命令按钮，查看曲面斑马纹是否光滑、顺畅，如图 3.79 所示。

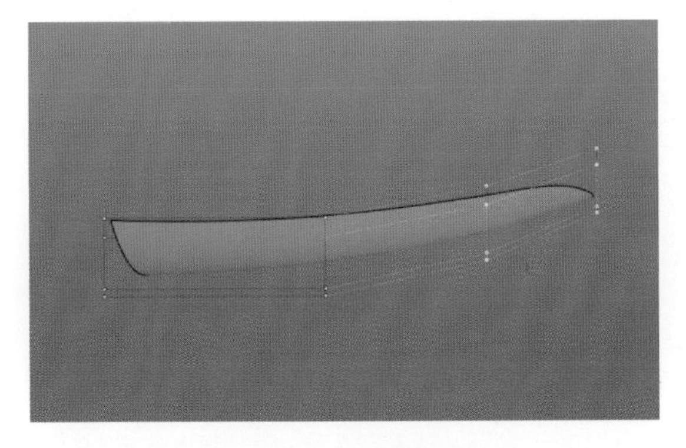

图 3.76　移动控制点

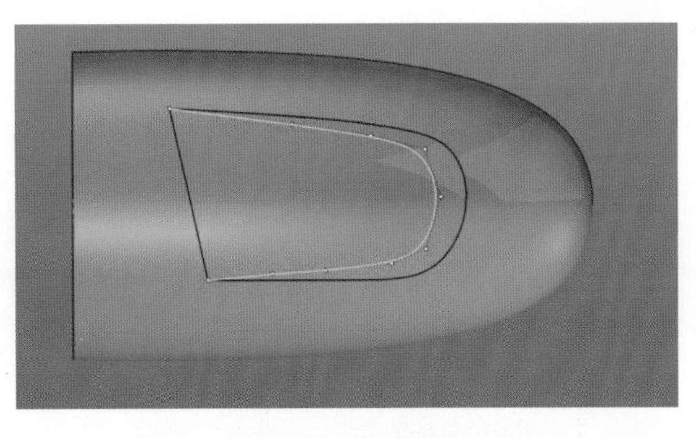

图 3.77　绘制曲线

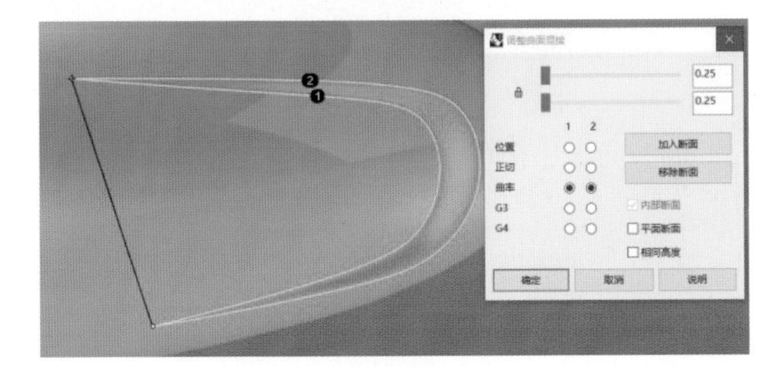

图 3.78　混接曲面

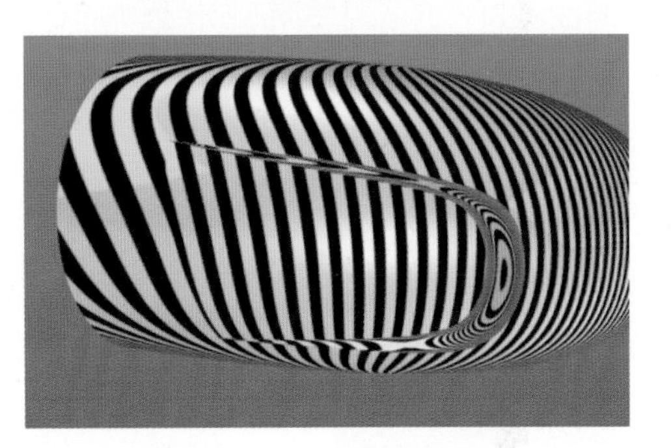

图 3.79　斑马纹检测曲面质量

3.3.2　渐消面应用建模分析

本例为利用渐消面实现仿生造型产品建模。利用渐消面可以把产品的形状做成任意的样子来协调整个产品的造型。本例中产品为三叶虫仿生造型。

三叶虫造型产品分面比较简单，首先忽略几乎所有的细节，包括按钮、出风口、各种孔槽等，把它视为一个完整的圆弧面造型。产品一共分为 5 个面（见图 3.80），其中曲面 1 ～ 4 可通过绘制线修剪完整曲面获得。曲面 5 为衔接面，可通过双轨扫掠和混接曲面制作完成，无须另外绘制曲线。

绘制中心辅助线，如图 3.81 所示。

点击“中心点绘制圆”命令按钮，在命令行中先点击“可塑形的”，然后设置“阶数 =5，点数 =12”，在“Top”视图绘制一个可塑形圆（见图 3.82）。在“Right”视图继续绘制一条短辅助建模直线（见图 3.83）。选择右侧三个控制点，点击“向左（右）对齐”命令按钮，将控制点垂直对齐，如图 3.84 所示。同时对齐左侧三个控制点，如图 3.85 所示。

图 3.80　产品分面

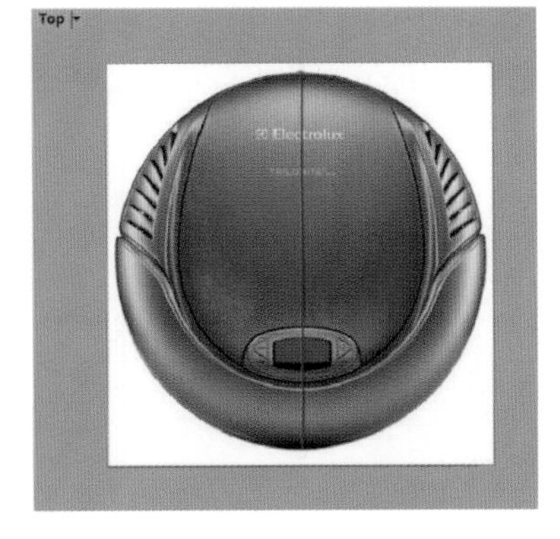

图 3.81　绘制中心辅助线

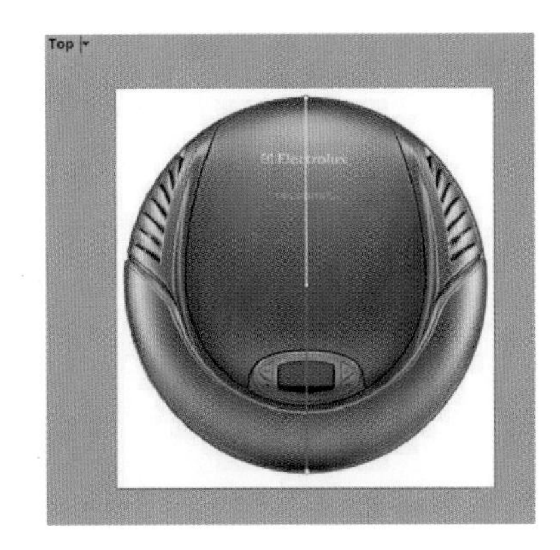

图 3.82　绘制可塑形圆

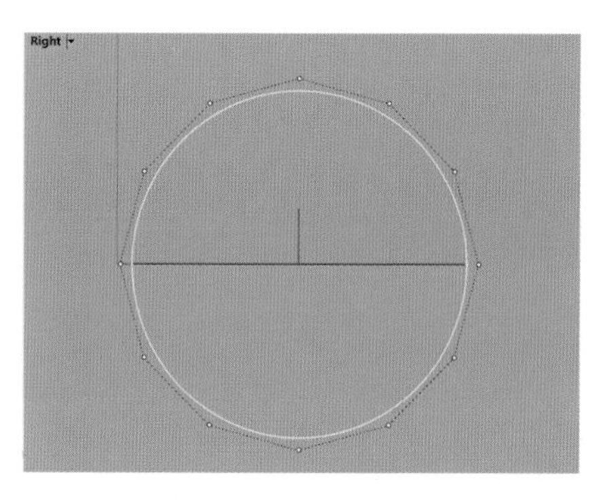

图 3.83　绘制短辅助建模直线

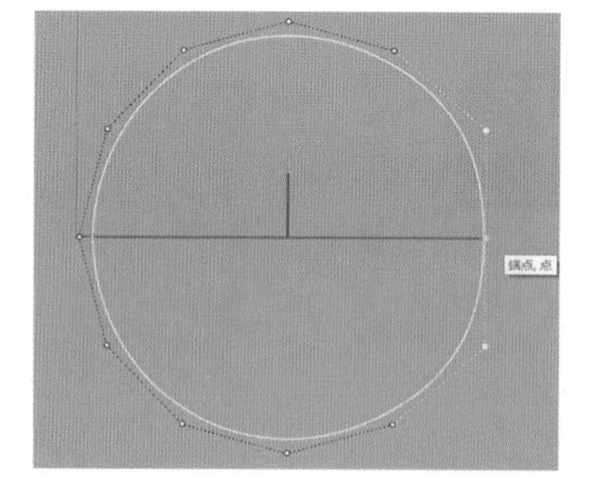

图 3.84　右侧控制点垂直对齐

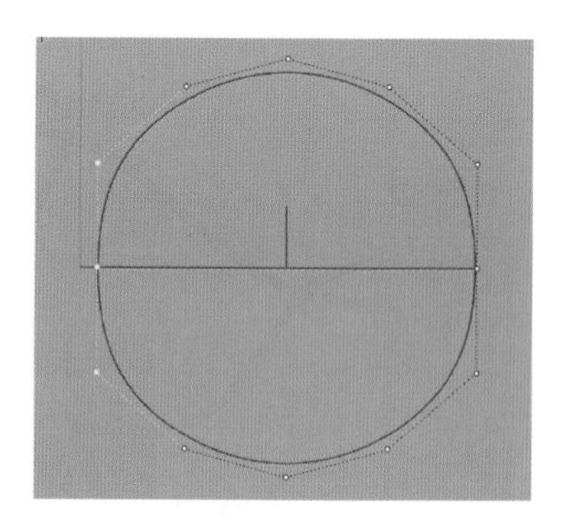

图 3.85　左侧控制点垂直对齐

同时选择对齐好的左右两侧两排控制点，在垂直方向选择“单轴缩放”命令，完成控制点调整，如图 3.86 所示。选择上面三个控制点，捕捉短辅助直线端点，选择“向上（下）对齐”命令，将控制点水平对齐，如图 3.87 所示。

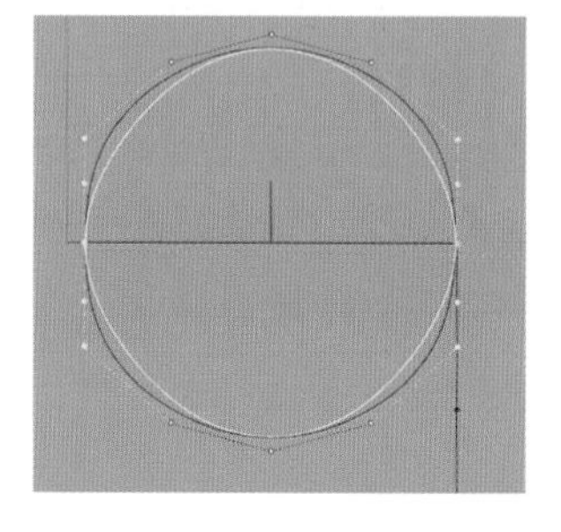

图 3.86　缩放控制点

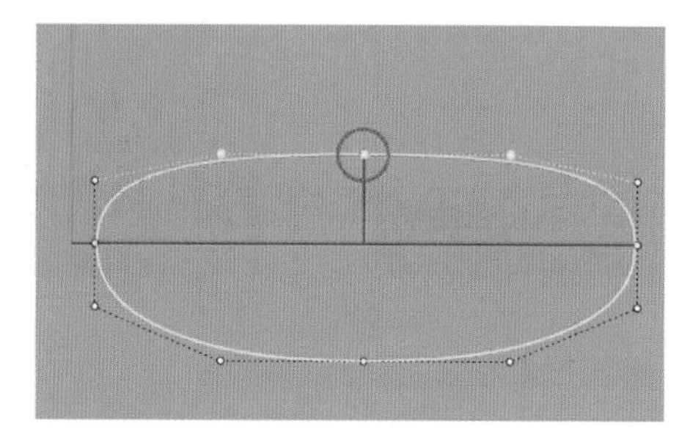

图 3.87　水平对齐控制点

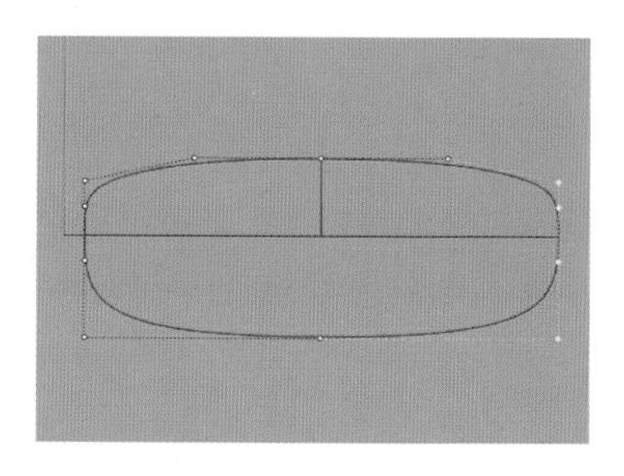

图 3.88　右侧四个控制点垂直对齐

选择右侧四个控制点，点击“向左（右）对齐”命令按钮，将控制点垂直对齐（见图 3.88）。同时对齐左侧四个控制点（见图 3.89），完成曲线调整，如图 3.90 所示。选择两条辅助线，修剪调好形状的曲线，如图 3.91 所示。

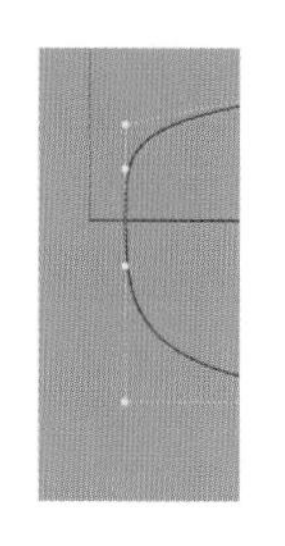

图 3.89　左侧四个控制点垂直对齐

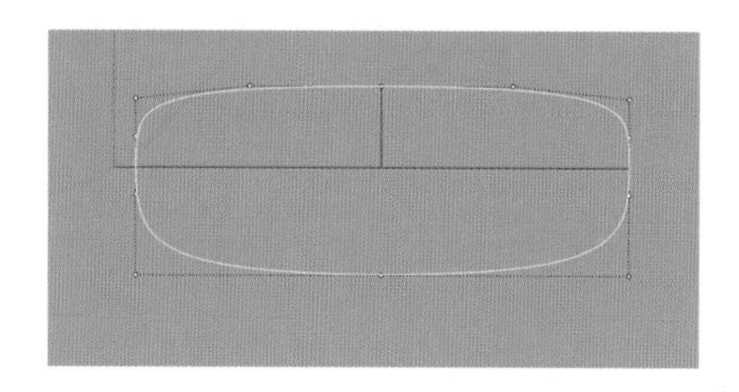

图 3.90　完成曲线调整

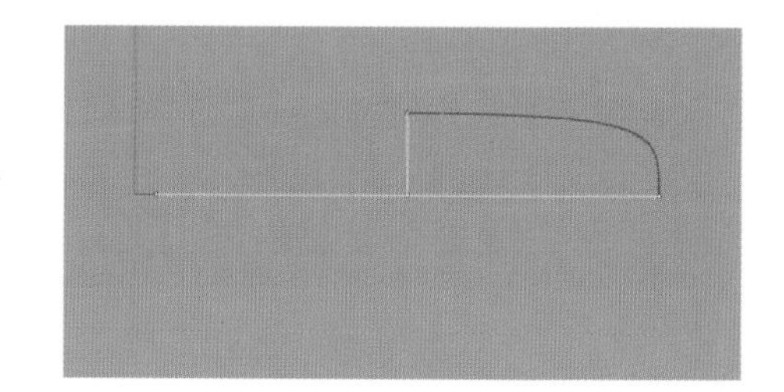

图 3.91　修剪曲线

选择图 3.92 粉色框中的四个控制点，点击“向左（右）对齐”命令按钮，捕捉辅助线端点，垂直对齐四个控制点。删除控制点，继续将修剪曲线的左侧两个控制点水平对齐。对齐完后，可以选择曲线分析命令，检测曲线质量，如图 3.93 所示。

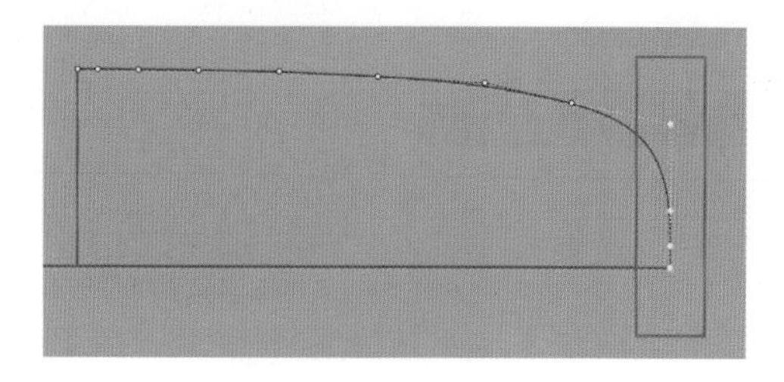

图 3.92　垂直对齐控制点

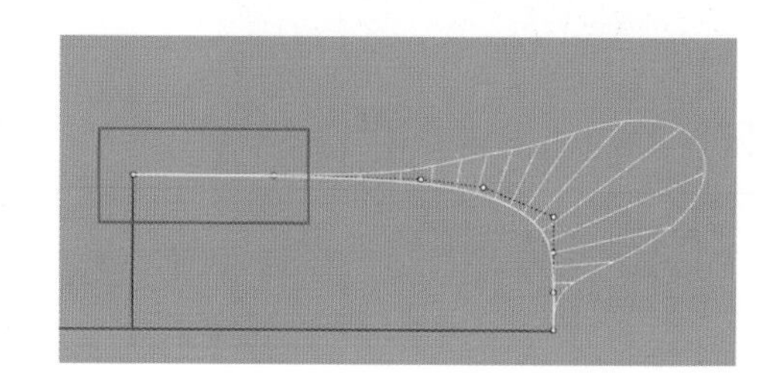

图 3.93　检测曲线质量

点击“旋转成形”命令按钮，命令行中设置旋转角度为 360° ，完成曲面旋转成形。选择曲线，点击“单轴缩放”命令按钮，命令行中设置“复制 = 是”，以曲线右下侧端点为缩放基准点（见图 3.94），缩放并复制一条曲线（见图 3.95）。

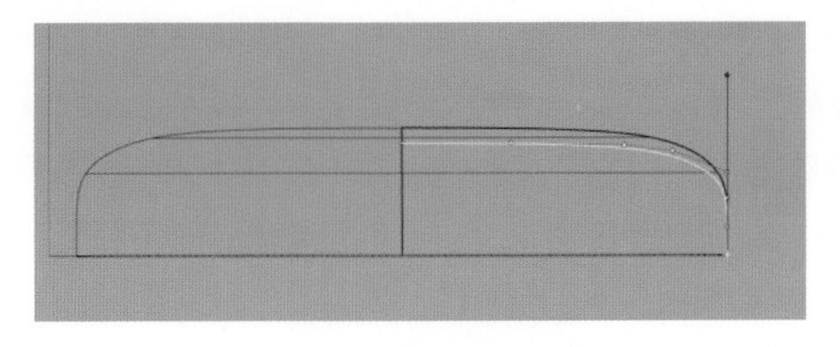

图 3.94 基准点设置

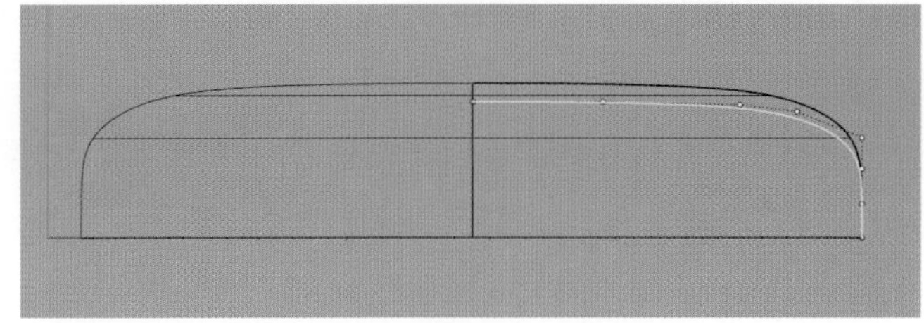

图 3.95 缩放并复制曲线

点击“旋转成形”命令按钮，命令行中设置旋转角度为 360° ，完成曲面旋转成形，如图 3.96 所示。

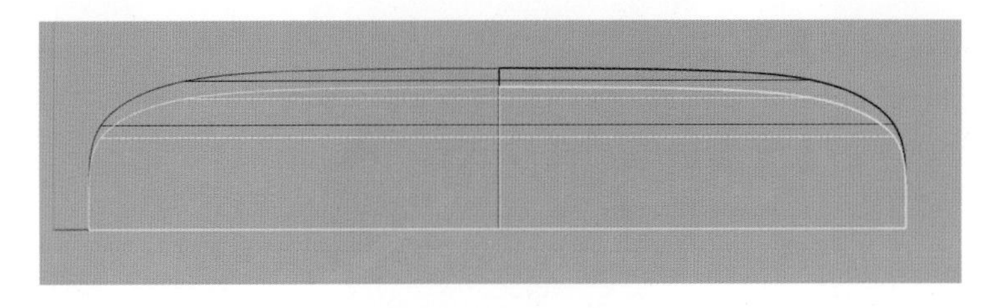

图 3.96 旋转成形

点击“锁定”命令按钮，选择第一个旋转成形曲面锁定。点击“控制点曲线”命令按钮，打开“最近点”捕捉，捕捉第一条辅助线，将第一个控制点设置于辅助线上并绘制一条曲线，注意图 3.97 中蓝色框内的两个曲线控制点在一条水平线上。镜像复制曲线并将两条曲线组合为一条多重曲线，如图 3.98 所示。

选择图 3.99 蓝色圆圈中的控制点（节点），删除控制点，如图 3.100 所示。

图 3.97 绘制曲线

图 3.98 镜像复制并组合曲线

图 3.99 选择节点

图 3.100 删除节点

选择曲线，选择“直线挤出”命令生成曲面，如图 3.101 所示。复制粘贴出一条曲线，选择粘贴后的曲线，打开控制点，选择图3.102中两个蓝色圆圈中的六个控制点，选择“移动”命令，移动调整曲线形状，如图3.103所示。选择第二个旋转成形曲面，点击“二轴缩放”命令按钮，命令行设置“复制 = 是”，打开“中心点”捕捉，捕捉旋转成形曲面中心点，向内缩小并复制一个曲面，将第一个、第二个旋转成形曲面锁定。选择两条曲线修剪缩小复制的曲面，如图 3.104 所示。

将第二个旋转曲面锁定，选择第一个旋转曲面和直线挤出曲面，复制一份，修剪第一个旋转成形曲面中图 3.105 箭头所指部分。点击“粘贴”命令按钮，将直线挤出曲面粘贴回来。选择修剪好的曲面修剪粘贴回来的直线挤出曲面（图 3.106 中箭头所指部分）。

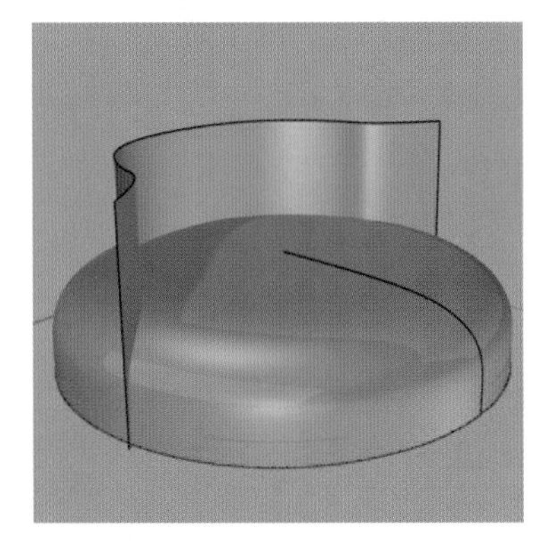

图 3.101　挤出曲面

图 3.102　选择六个控制点

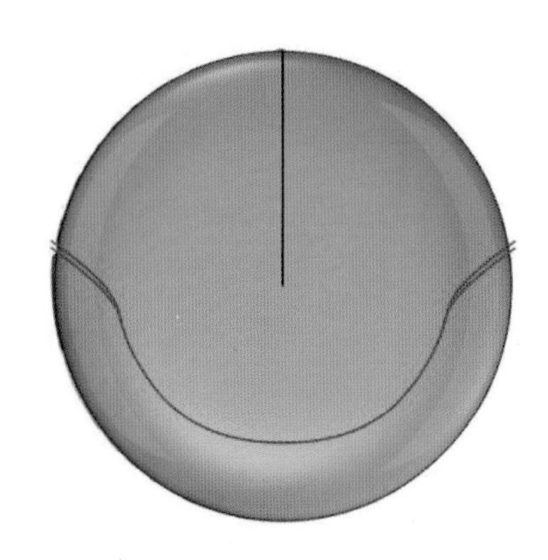

图 3.103　调整曲线形状

图 3.104　修剪曲面 1

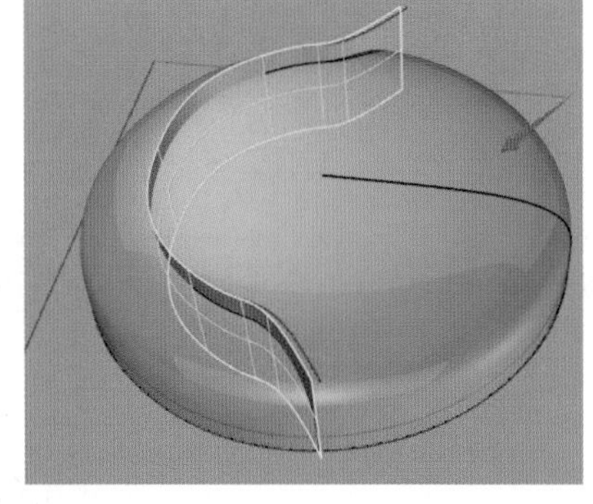

图 3.105　修剪曲面 2

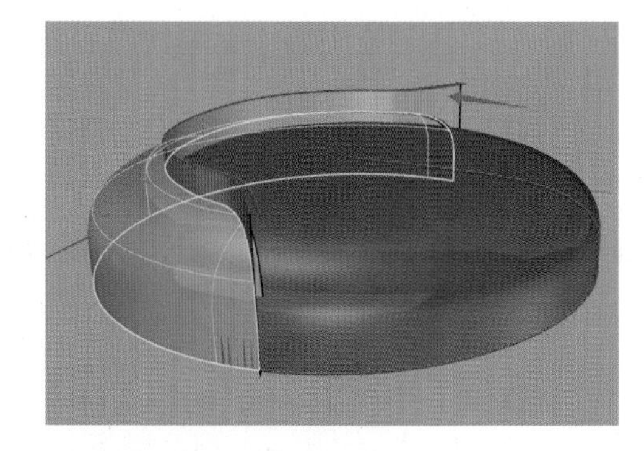

图 3.106　修剪曲面 3

选择第二条曲线，选择“直线挤出”命令生成曲面（见图 3.107），复制粘贴一个曲面。按上一步完成曲面的互相修剪，如图 3.108 和图 3.109 所示。

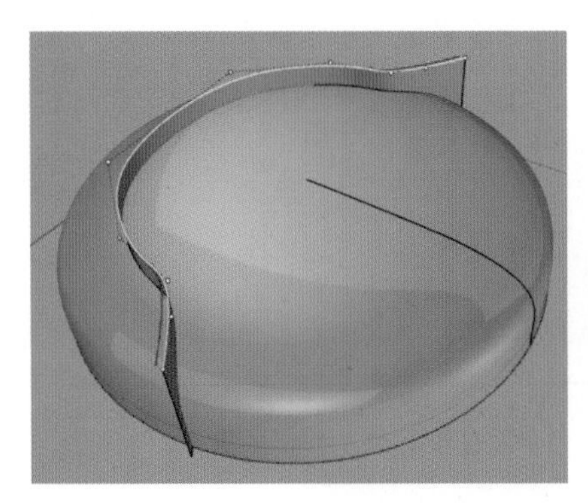

图 3.107　挤出曲面

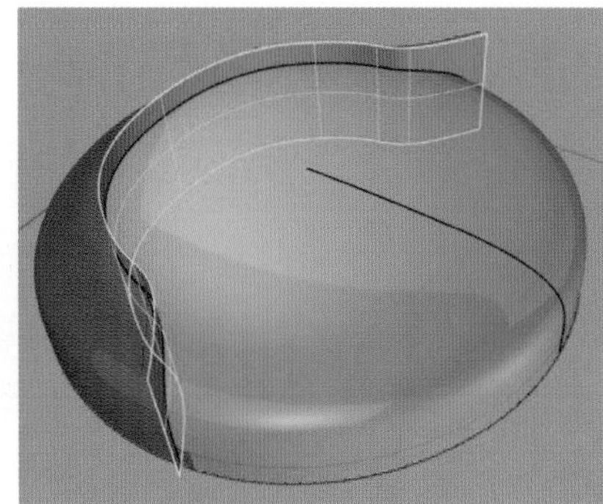

图 3.108　修剪曲面 1

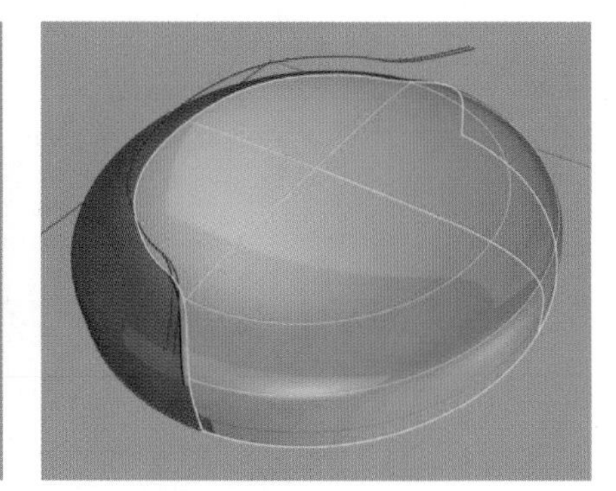

图 3.109　修剪曲面 2

打开“最近点”捕捉，绘制曲线并镜像复制（见图 3.110）。修剪图 3.111 中箭头所指部分的曲线。打开“端点”捕捉，绘制圆修剪曲线（见图 3.112），选择“可调式混接曲线”命令，设置为曲率连接，生成混接曲线并修剪图 3.113 中箭头所指曲面部分，点击右键完成曲面修剪，效果如图 3.114 所示。

选择曲线修剪第二个旋转成形面（见图 3.115）。完成大曲面建模，效果如图 3.116 所示。

选择“可调式混接曲线”命令，设置为曲率连接，生成混接曲线，如图 3.117 和图 3.118 所示。

图 3.110　绘制并镜像复制曲线

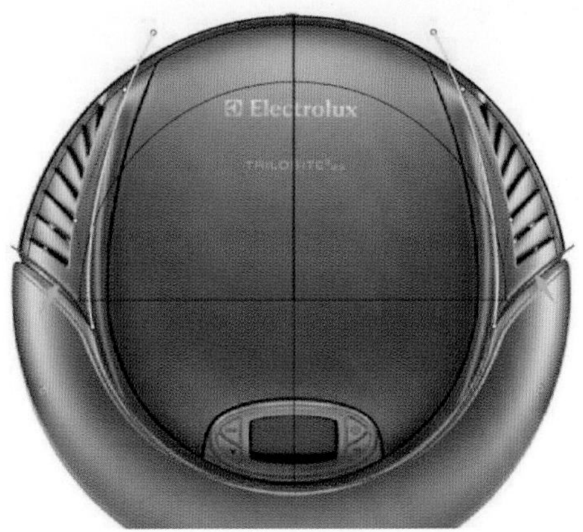

图 3.111　修剪曲线

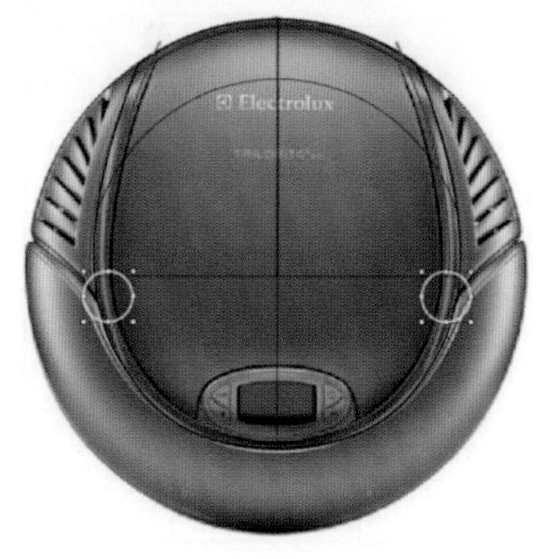

图 3.112　绘制圆修剪曲线

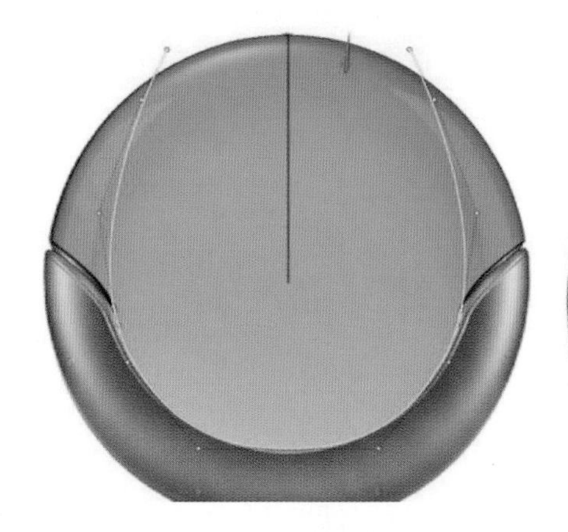

图 3.113　混接曲线修剪曲面

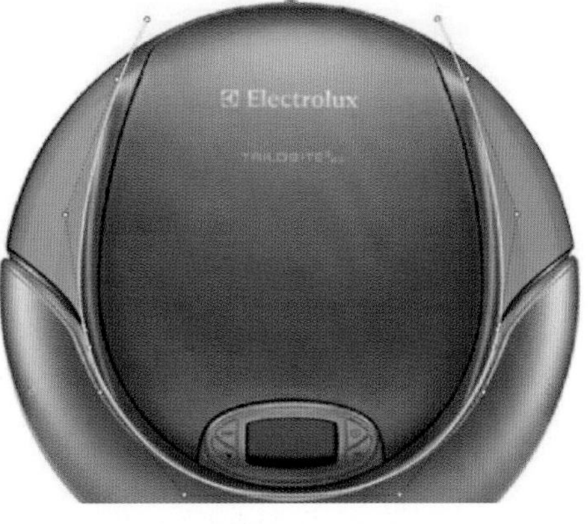

图 3.114　曲面修剪效果

图 3.115　修剪第二个旋转成形曲面

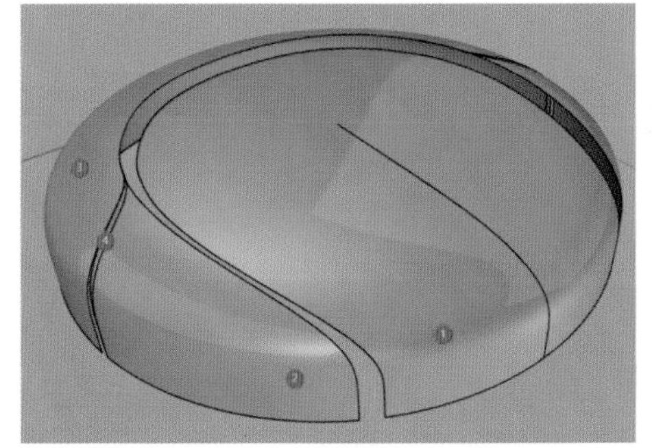

图 3.116　产品大曲面建模效果

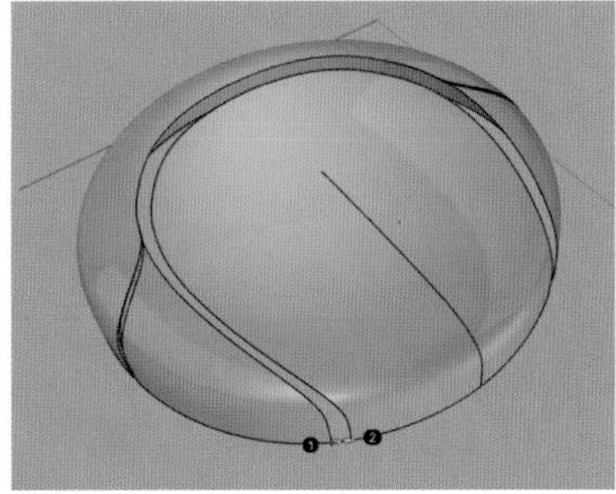

图 3.117　混接曲线 1

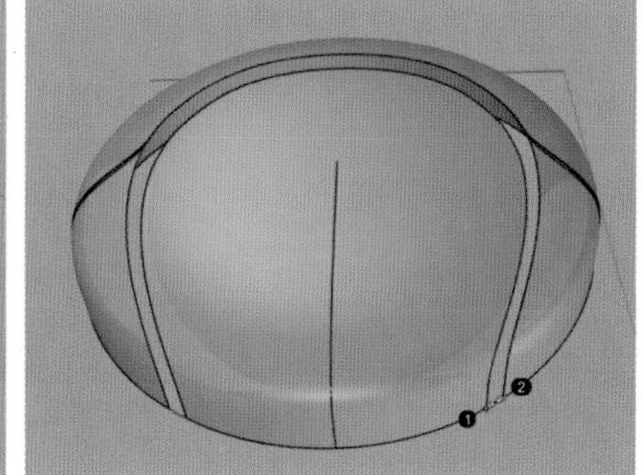

图 3.118　混接曲线 2

选择曲面，点击“显示边缘”命令按钮，显示曲面实际边缘（见图 3.119），右键点击“分割边缘”命令按钮，合并曲面边缘（见图 3.120）。

左键点击“分割边缘”命令按钮，捕捉端点分割边缘（见图 3.121），将曲面边缘分割为 5 段（见图 3.122）。

点击“双轨扫掠”命令按钮，选择曲面边缘为扫掠轨道，混接曲线为断面线，设置连续性为“曲率”，生成双轨扫掠曲面，如图 3.123 和图 3.124 所示。

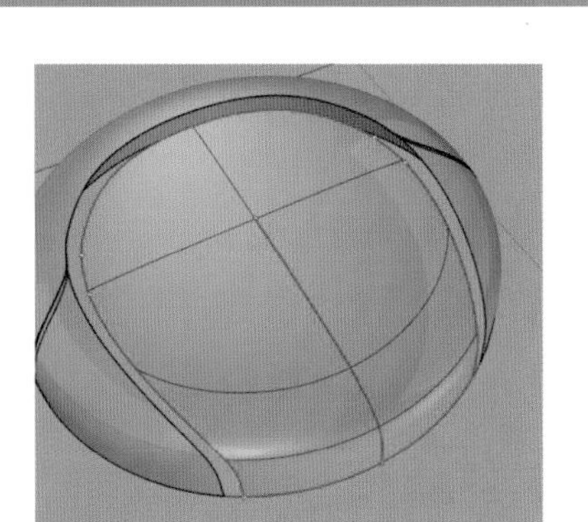

图 3.119　显示边缘

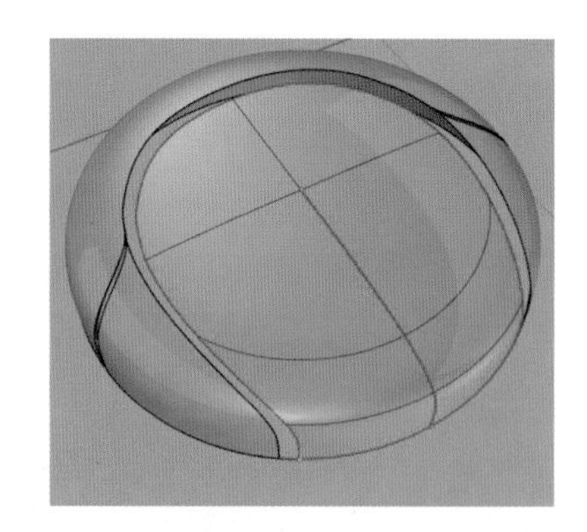

图 3.120　合并边缘

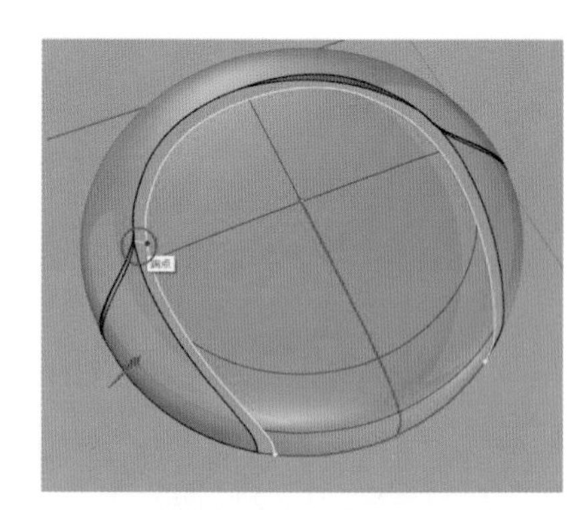

图 3.121　分割边缘

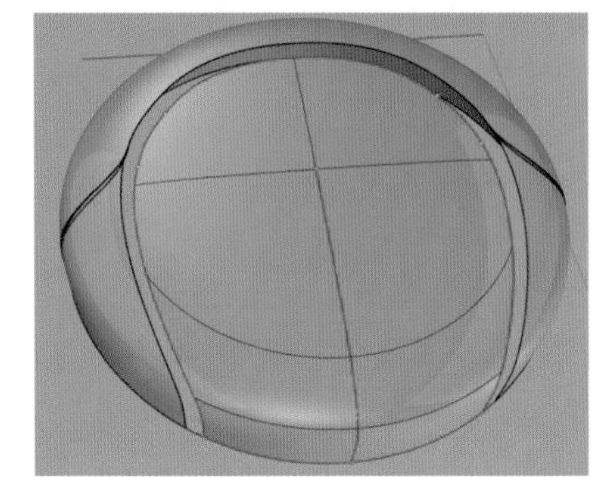

图 3.122　完成边缘分割

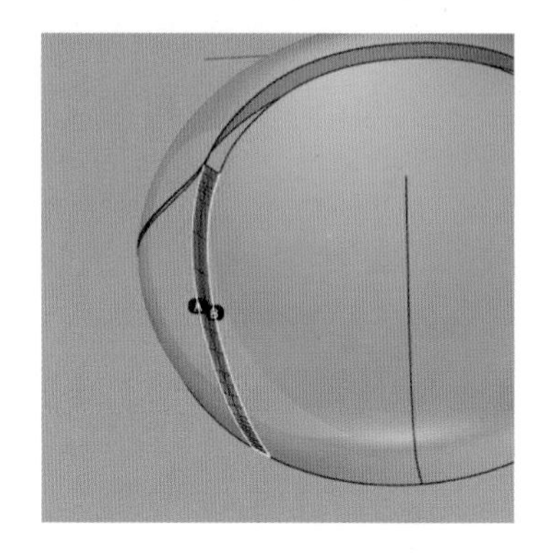

图 3.123　双轨扫掠曲面

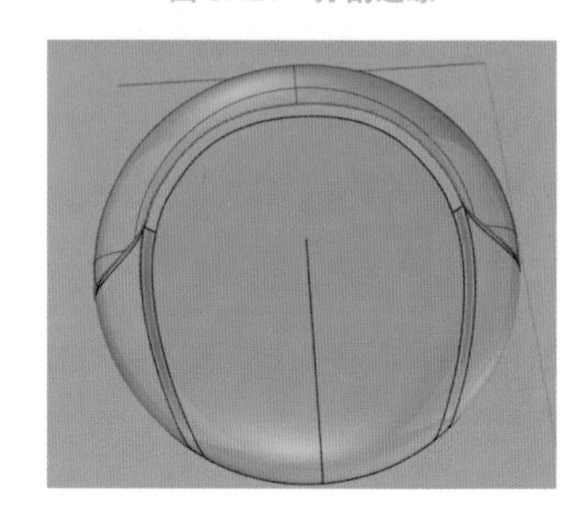

图 3.124　双轨扫掠效果

点击“分割边缘”命令按钮，打开“端点”捕捉，继续分割边缘（见图 3.125）。点击“混接曲面”命令按钮，选择曲面边缘，设置连续性为“曲率”，生成混接曲面（见图 3.126）。

点击“分割边缘”命令按钮，打开“端点”捕捉，继续分割边缘。点击“放样”命令按钮，样式设置为“标准”，补小面，如图 3.127 和图 3.128 所示。

选择“可调式混接曲线”命令，设置为曲率连接，生成混接曲线，如图 3.129 和图 3.130 所示。

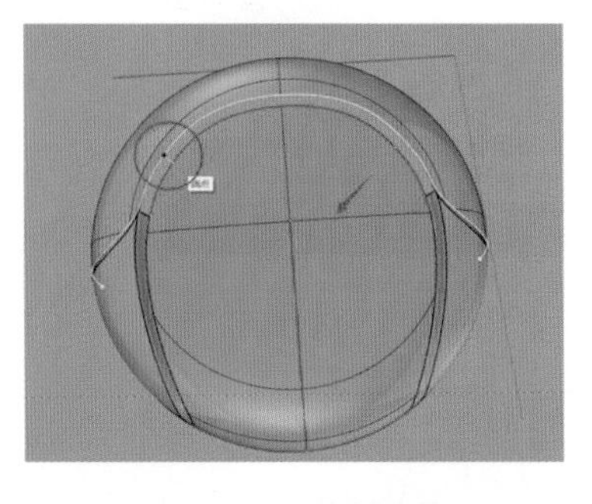

图 3.125　分割边缘

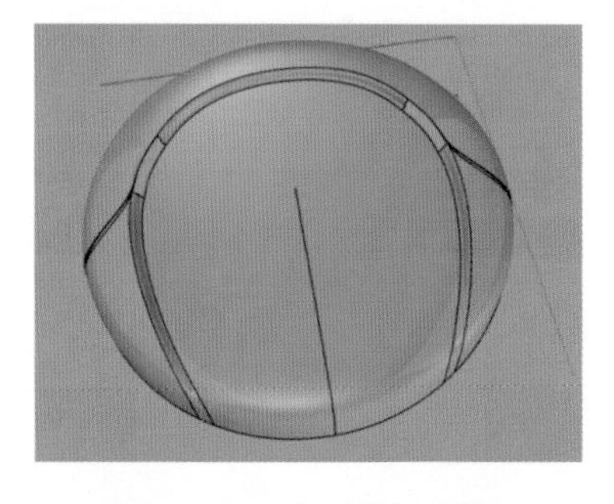

图 3.126　生成混接曲面

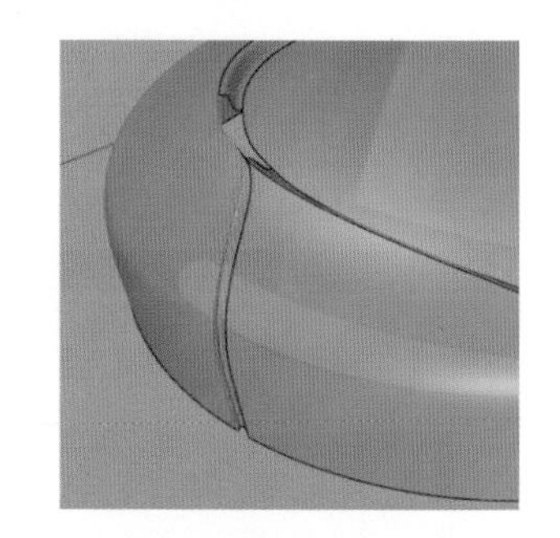

图 3.127　补小面 1

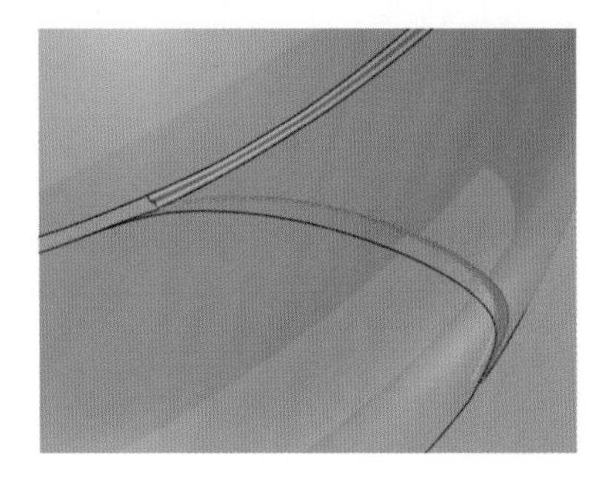

图 3.128　补小面 2

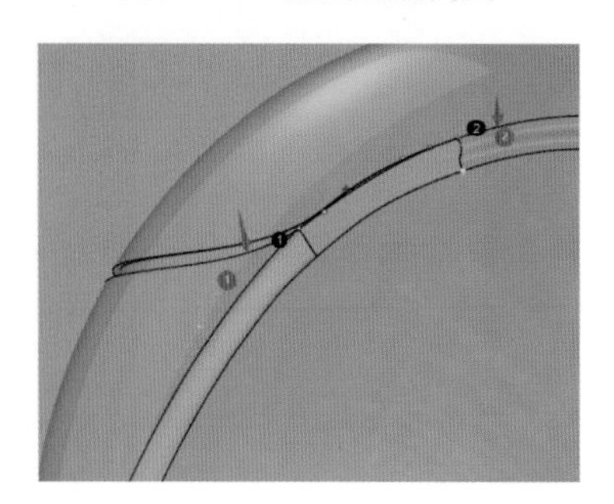

图 3.129　混接曲线 1

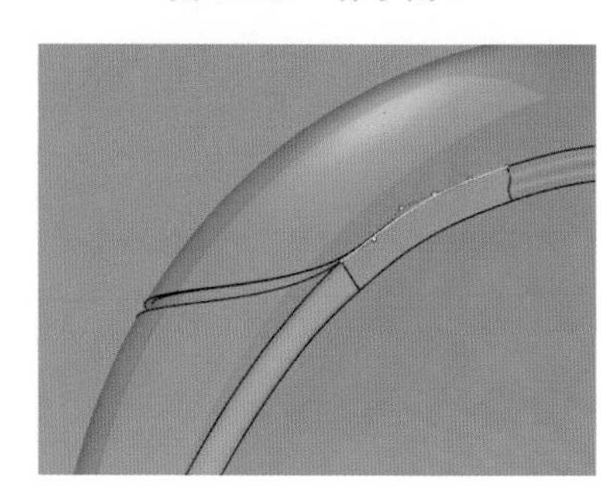

图 3.130　混接曲线 2

点击“双轨扫掠”命令按钮，选择混接曲线及曲面边缘为扫掠轨道，混接曲线为断面线，设置连续性为“曲率”，生成双轨扫掠曲面（见图 3.131），镜像复制至另一侧。点击“放样”命令按钮，样式设置为“标准”，补小面，如图 3.132 所示。

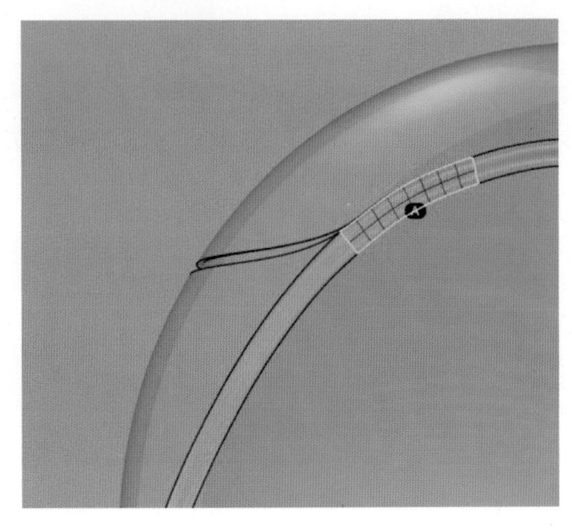

图 3.131　双轨扫掠曲面

图 3.132　补小面

完成仿生造型产品建模，如图 3.133 所示，其中曲面 1 ～ 4 为直接建模曲面，黄色选中曲面为衔接曲面。

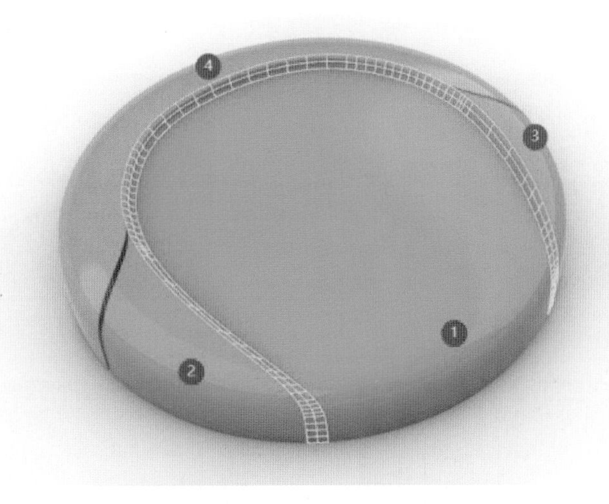

图 3.133　仿生造型产品建模（曲面分解）

3.4　基于放样命令的产品实例建模分析

本例为剃须刀产品建模。

将建模参考图置入软件视窗中，在侧视图中绘制一条五阶曲线（见图 3.134），在顶视图中调整曲线形状，如图 3.135 和图 3.136 所示，注意端点处两个控制点是否在同一水平线上。

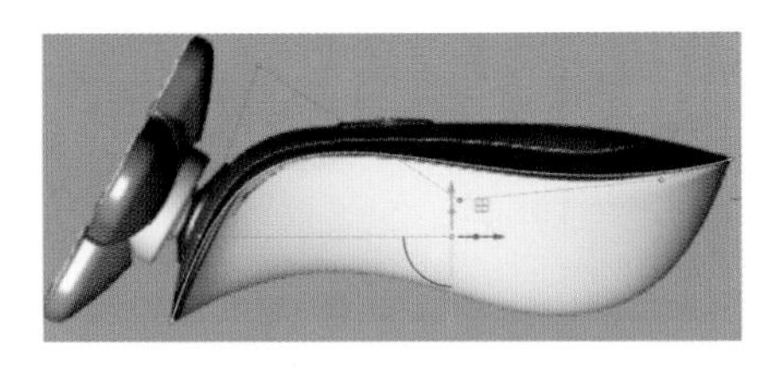
图 3.134 绘制曲线

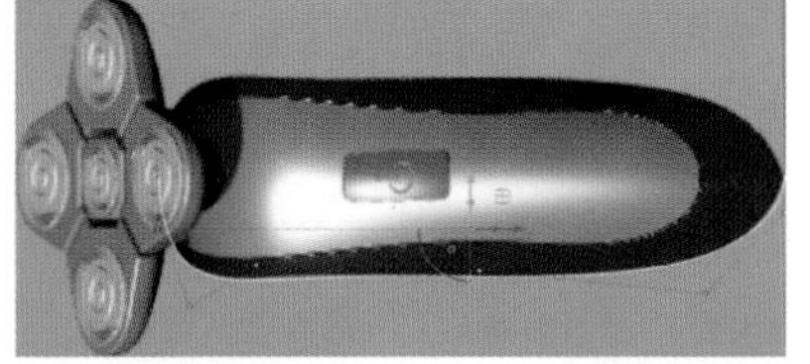
图 3.135 调整曲线形状

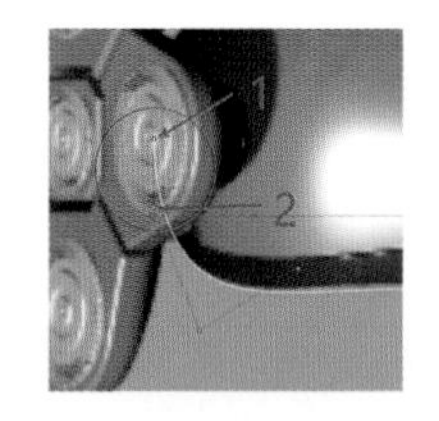

图 3.136 端点处两个控制点位置

镜像处理曲线（见图 3.137），继续绘制轮廓线（见图 3.138），选择“放样”命令，分两次将剃须刀基础曲面构建完成，如图 3.139 所示。

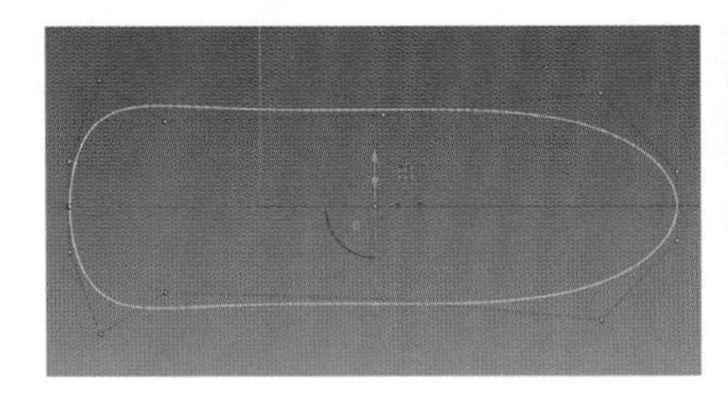
图 3.137 镜像处理曲线

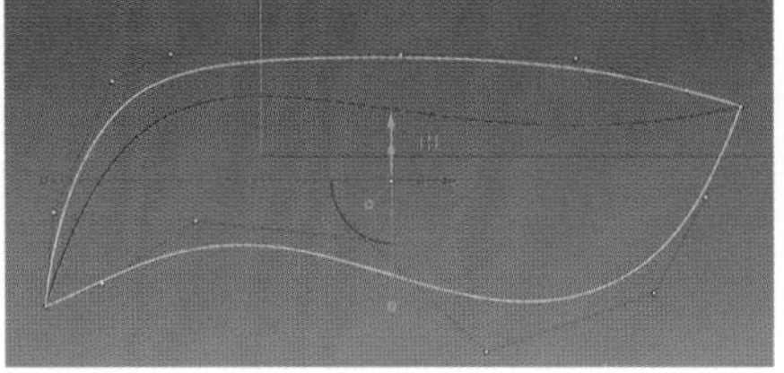
图 3.138 绘制轮廓线

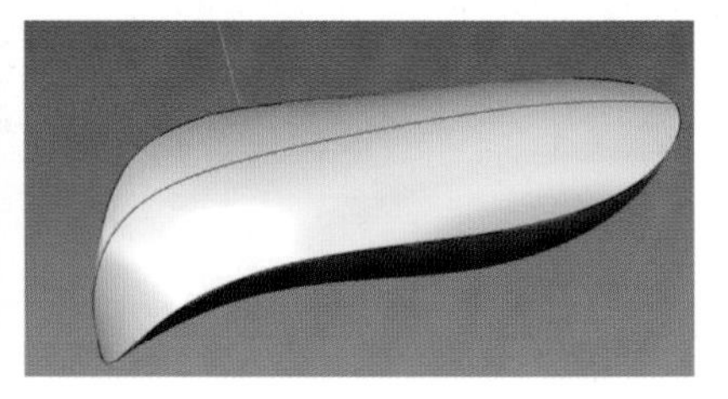
图 3.139 放样完成曲面构建

选择“圆管”命令生成一个封闭式圆管（见图 3.140），选择“物体相交”命令，求出圆管与两个放样曲面的相交线并分割曲面（见图 3.141），删除需要做顺接处理的曲面部分（见图 3.142），选择“混接曲面”命令生成顺接面，如图 3.143 所示。

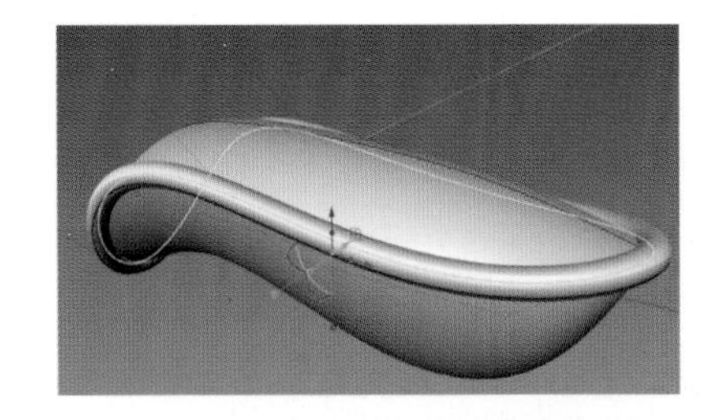
图 3.140 生成圆管

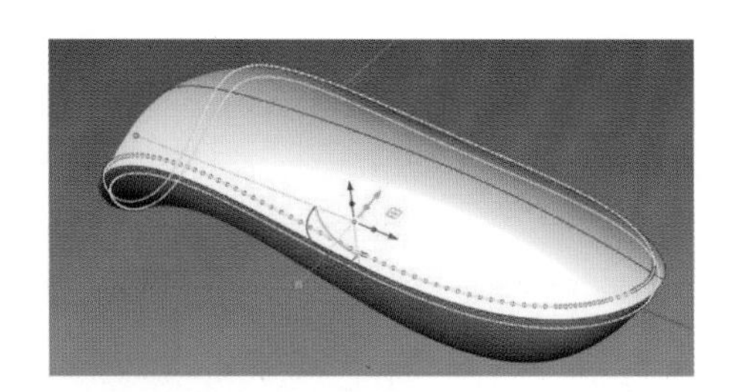
图 3.141 求相交线并分割曲面

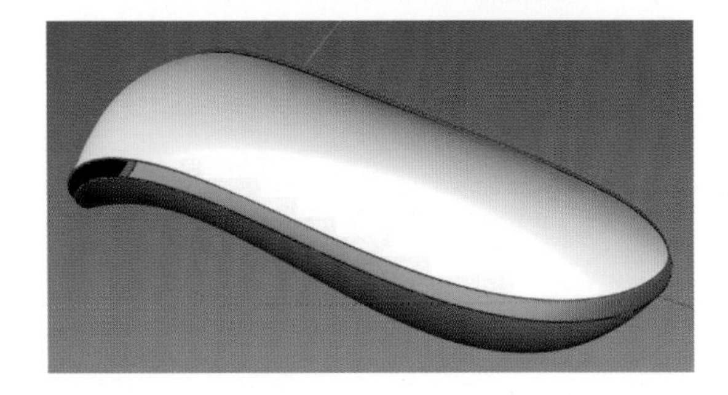
图 3.142 删除曲面

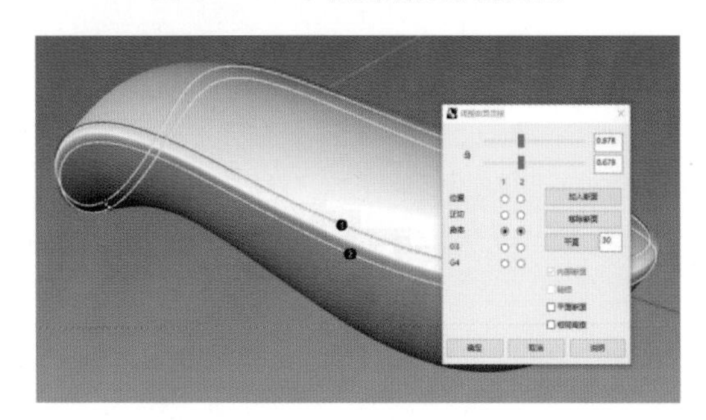
图 3.143 混接曲面

绘制曲线（见图 3.144），投影曲线并分割曲面，如图 3.145 所示。

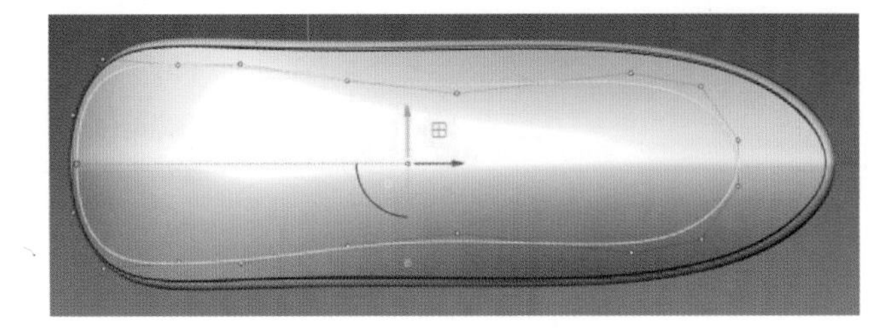
图 3.144 绘制曲线

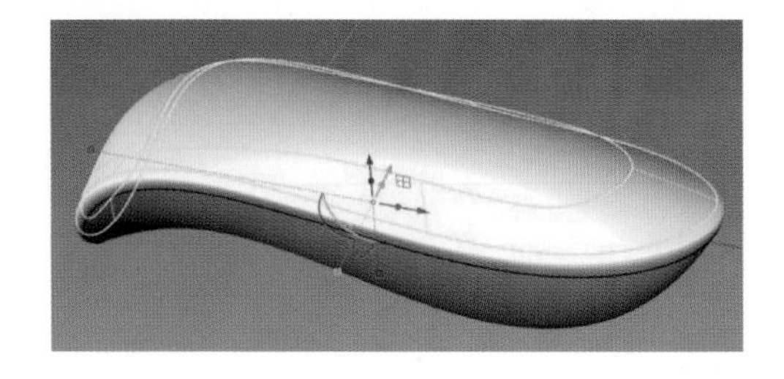
图 3.145 投影曲线并分割曲面

可以隐藏一部分曲面，选择“彩带”命令，生成用来做接缝线效果的辅助曲面，法线方向可以在命令行中更改，如图 3.146 所示。利用生成的彩带面做出接缝线效果，如图 3.147 所示。

直线挤出实体（见图 3.148），选择“布尔运算分割”命令，做出按键部分（见图 3.149）。投影曲线（见图 3.150），分割曲面并向上移动，如图 3.151 所示。

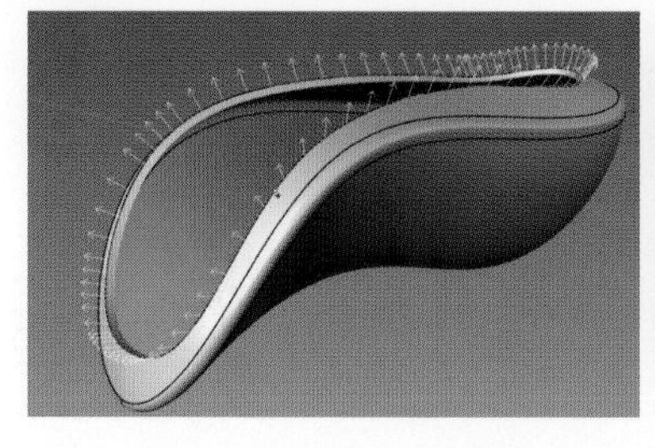

图 3.146　生成彩带面

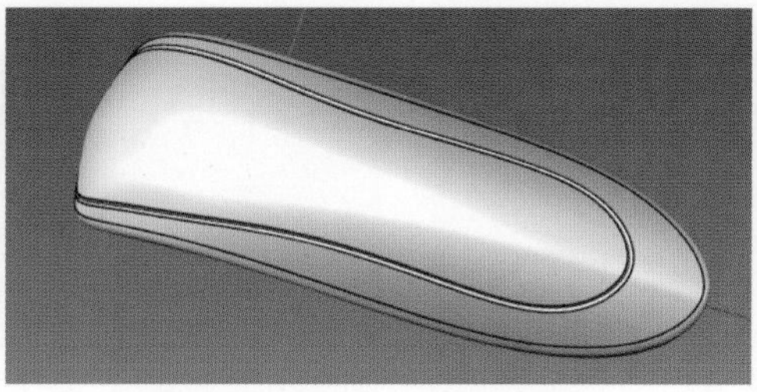

图 3.147　接缝线效果

图 3.148　直线挤出实体

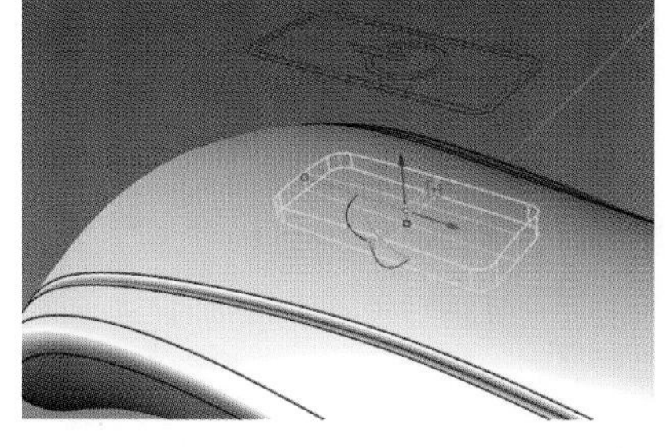

图 3.149　布尔运算分割做按键部分

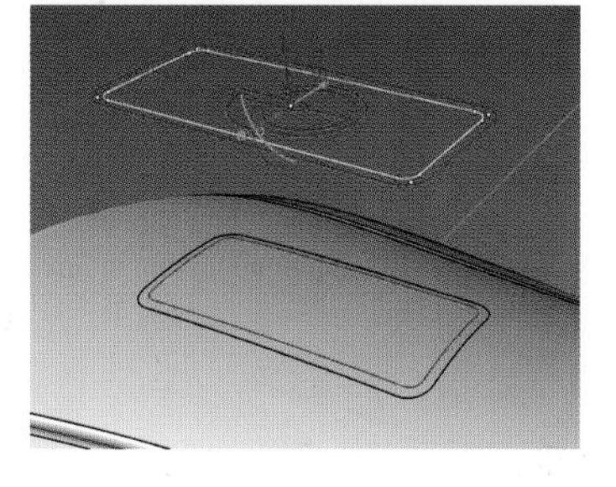

图 3.150　投影曲线

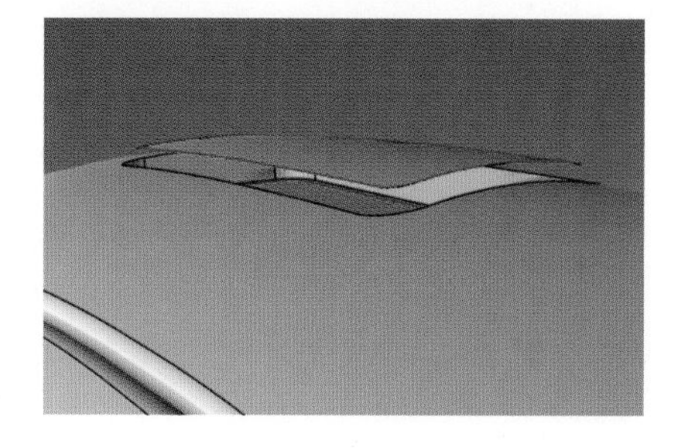

图 3.151　分割曲面并移动曲面

选择“混接曲面”命令，在命令行中设置“自动连锁 = 是”，连续性设置为“位置”（见图 3.152），做出按键斜面效果（见图 3.153）。直线挤出实体（见图 3.154），选择“布尔运算分割”命令，做出电源图标，效果如图 3.155 所示。

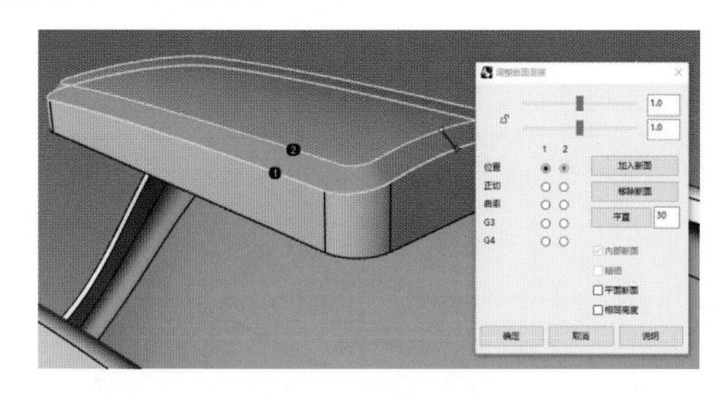

图 3.152　混接曲面设置

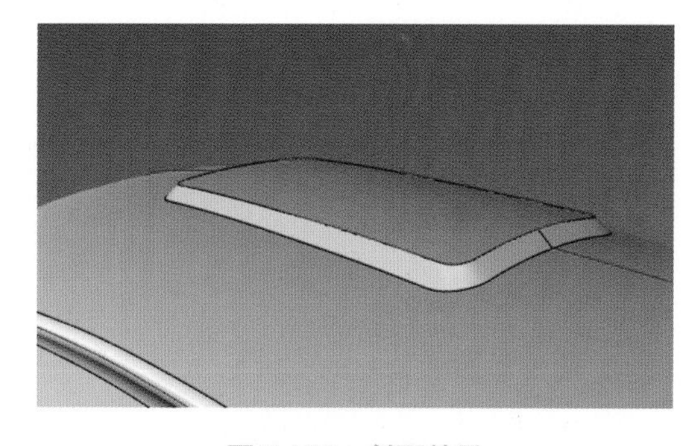

图 3.153　斜面效果

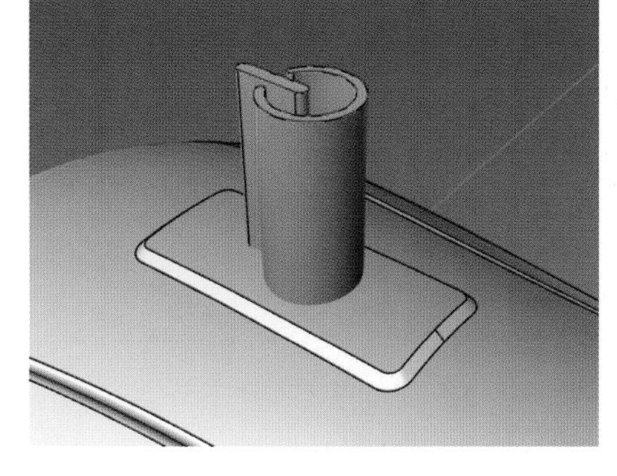

图 3.154　直线挤出

图 3.155　电源图标效果

分割曲面，制作彩带（见图 3.156），做接缝线效果，如图 3.157 所示。

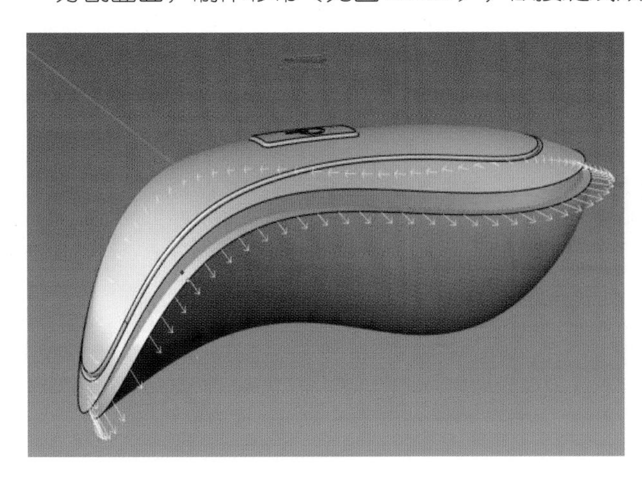

图 3.156　分割曲面生成彩带

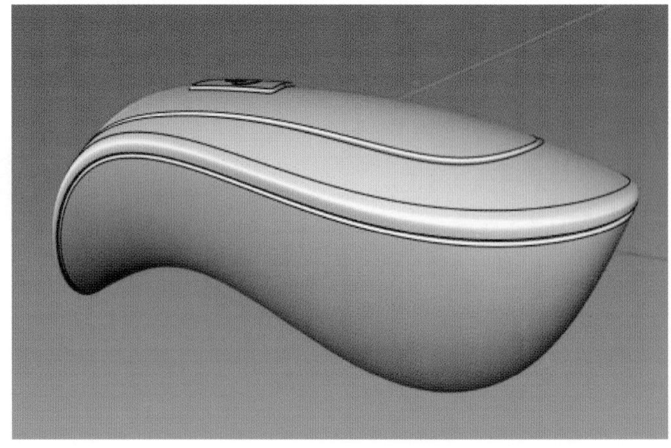

图 3.157　接缝线效果

绘制一条直线（见图 3.158），选择“圆：环绕曲线”命令，绘制一个圆（见图 3.159），直线挤出一个实体并旋转所有物件（见图 3.160）。

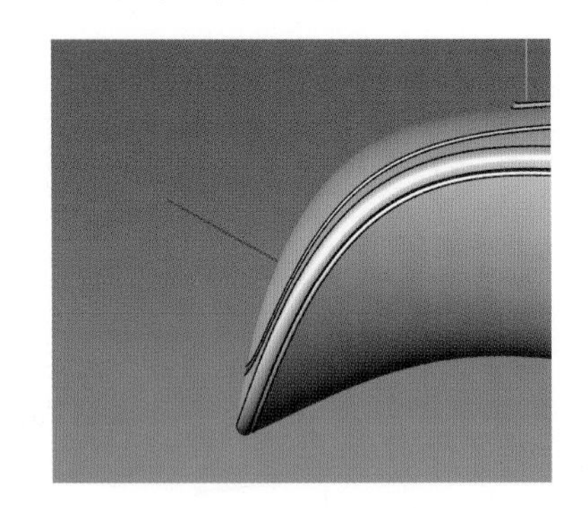

图 3.158　绘制直线

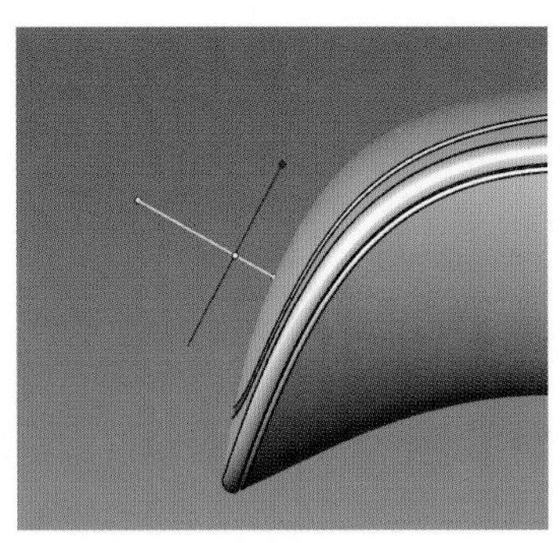

图 3.159　环绕曲线绘制圆

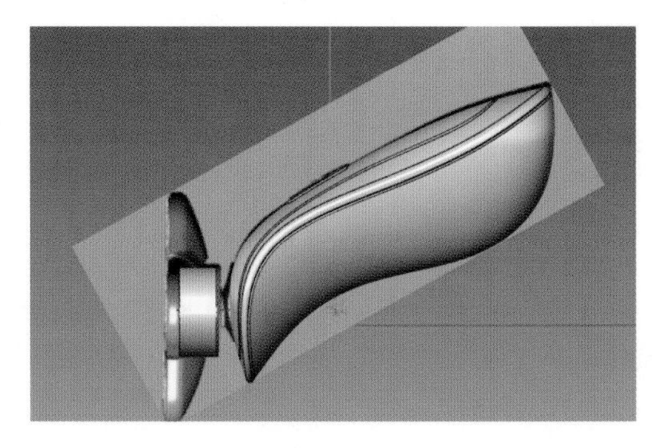

图 3.160　直线挤出并旋转所有物件

绘制圆（见图 3.161），侧视图位置如图 3.162 所示。绘制曲线，如图 3.163 和图 3.164 所示。

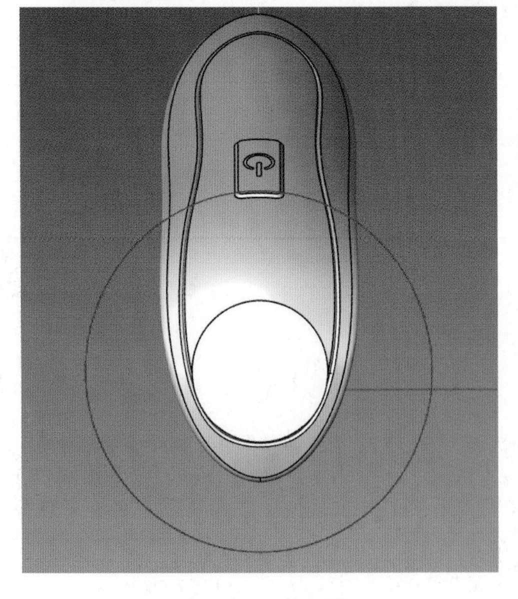

图 3.161　绘制圆

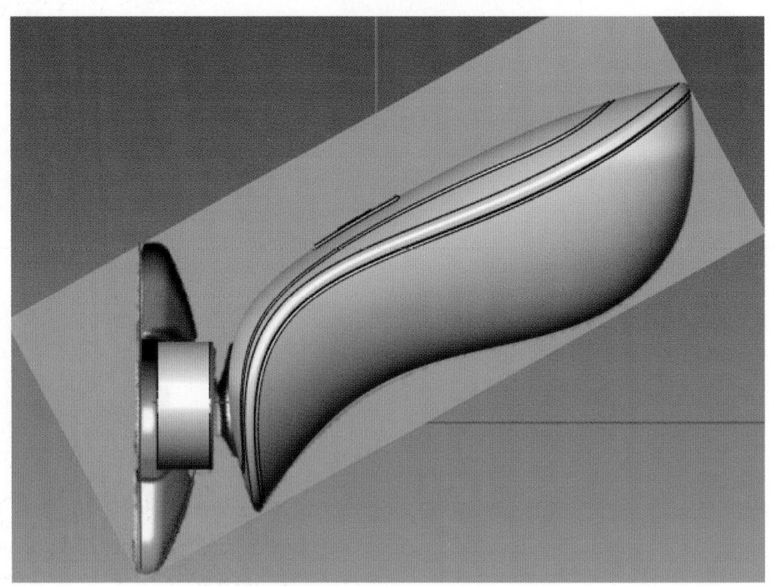

图 3.162　圆位置参考

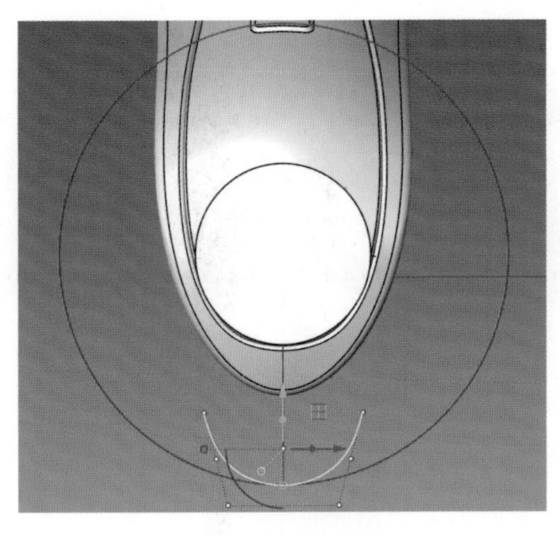

图 3.163 绘制路径曲线

图 3.164 绘制截面曲线

右键点击“旋转成形”命令图标，选择“沿着路径旋转”命令沿着路径旋转，选择图 3.164 所示的截面曲线和图 3.163 所示的路径曲线，生成曲面，如图 3.165 所示。绘制两条曲线（见图 3.166），单轨扫掠生成两个曲面（见图 3.167），直线挤出（见图 3.168）。绘制曲线（见图 3.169），选择“直线挤出”、布尔运算和旋转、阵列命令完成剃须刀头建模，效果如图 3.170 所示。

绘制曲线（见图 3.171），投影并修剪曲面（见图 3.172）。绘制圆和截面曲线（见图 3.173），双轨扫掠完成刀头与刀身连接曲面（见图 3.174）。绘制一个球体并修剪（见图 3.175），将修剪后的球体与连接曲面组合。连接处建模参考图 3.176。

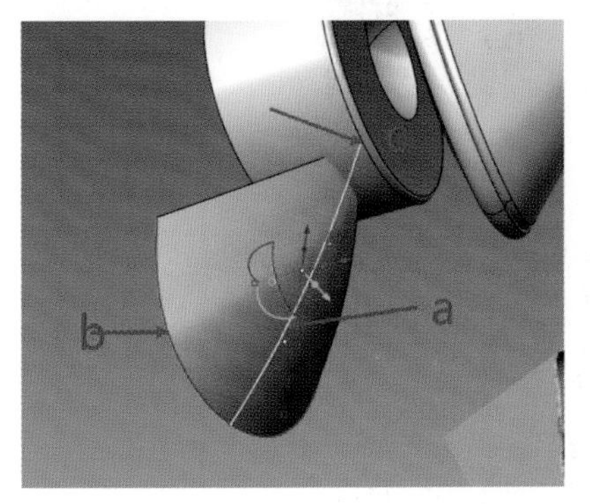

图 3.165 沿路径旋转成形

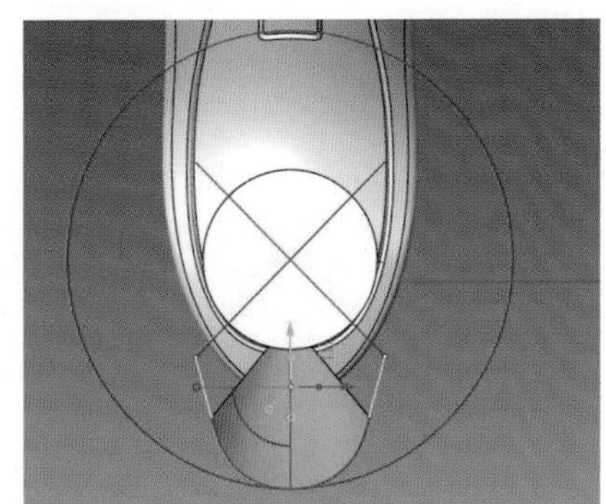

图 3.166 绘制曲线

图 3.167 单轨扫掠生成曲面

图 3.168 直线挤出

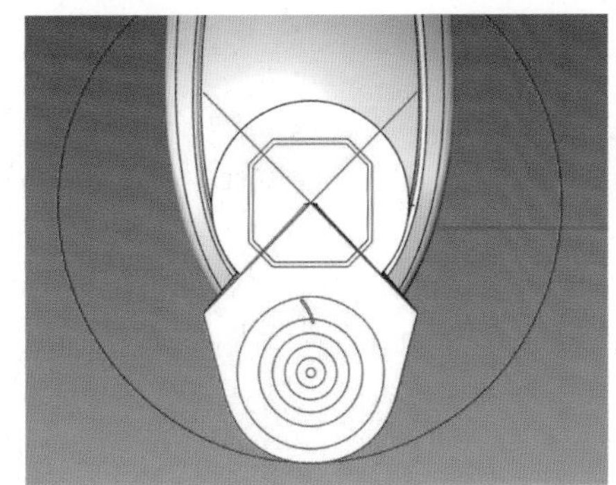

图 3.169 绘制曲线

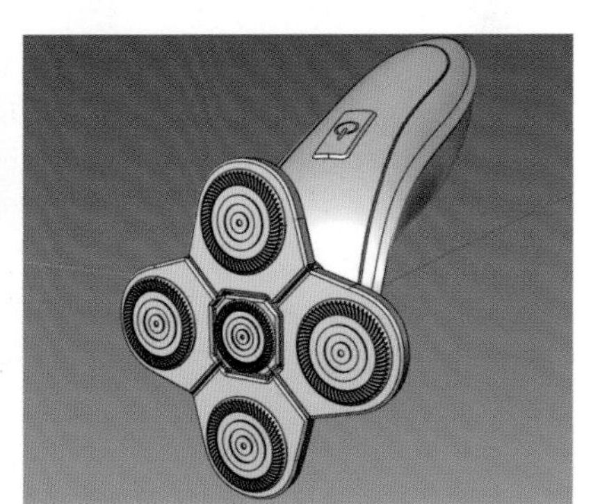

图 3.170 剃须刀头建模效果

图 3.171 绘制曲线

图 3.172 投影并修剪曲面

图 3.173 绘制曲线

图 3.174 双轨扫掠完成连接曲面

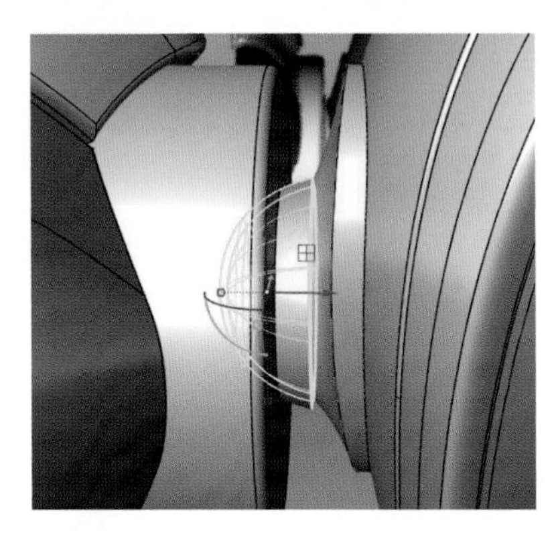

图 3.175 球体建模并修剪

图 3.176 连接处建模参考

建模完成效果，如图 3.177 所示。

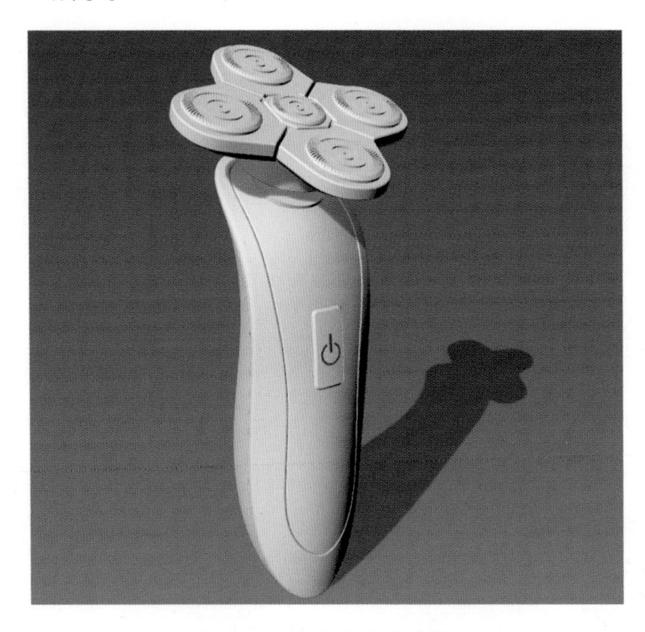

图 3.177 建模完成效果

第四章

Grasshopper 参数化建模实例

如图 4.1 中绿色箭头所指，现在很多鼠标会在此处进行表面纹理设计，此类设计多用 Grasshopper 参数化建模实现。本章 4.1 节及 4.2 节以 2.1 节中的鼠标模型为基础进行 Grasshopper 参数化建模的介绍。

点击图标，载入 Grasshopper。在视窗右侧点击图标，进行文档预览设置（见图 4.2）。直接用鼠标左键选中右侧颜色球拖移至左侧"一般"和"选定"图例上，即可自定义窗口物件预览颜色。点击图标，可进行网格预览质量设置，如图 4.3 所示。

运算器默认为文字显示（见图 4.4），点击菜单栏中的"显示"菜单，在下拉列表中选择"绘制图标"（draw icon）可将运算器文字显示模式更改为图标显示模式，如图 4.5 和图 4.6 所示。

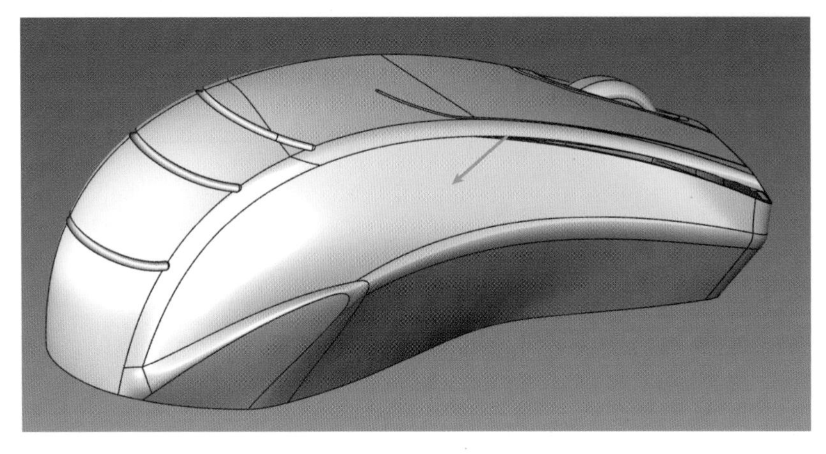

图 4.1　鼠标表面纹理设计位置

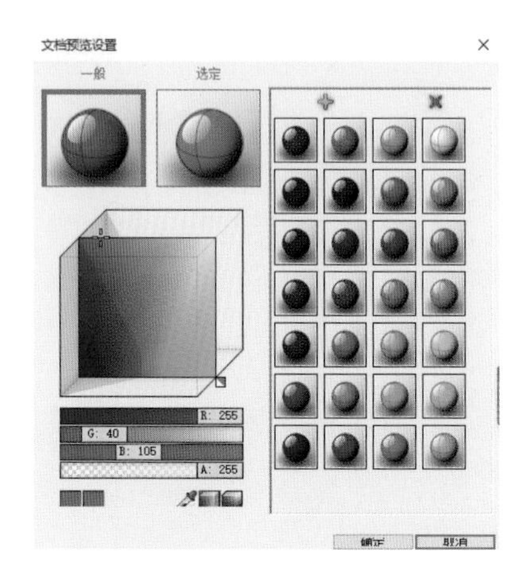

图 4.2　文档预览设置

图 4.3　网格预览质量设置

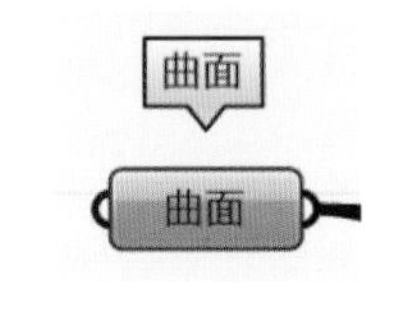

图 4.4　文字显示

图 4.5　更改运算器显示模式

图 4.6　图标显示

可以在 food4Rhino 网站搜索 Bifocals，下载并复制粘贴至 Grasshopper（GH）组件文件夹中（见图 4.7），在菜单栏点击Reload重新载入 GH，命令栏上就会有一个眼镜图标，点击该图标，在 GH 窗口中单击放置就可以在运算器上显示运算器名称（见图 4.8）。

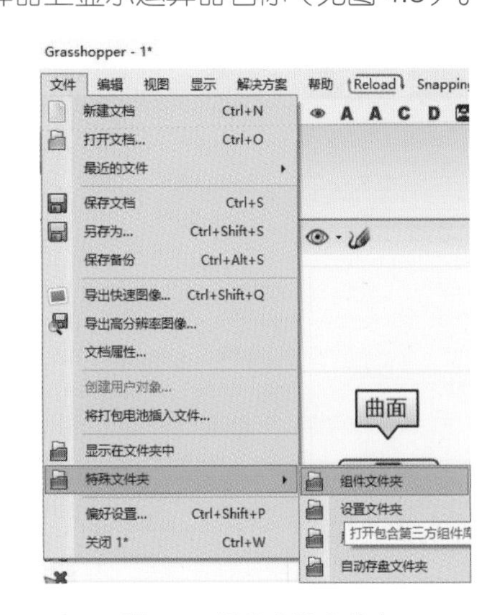

图 4.7　插件安装文件夹

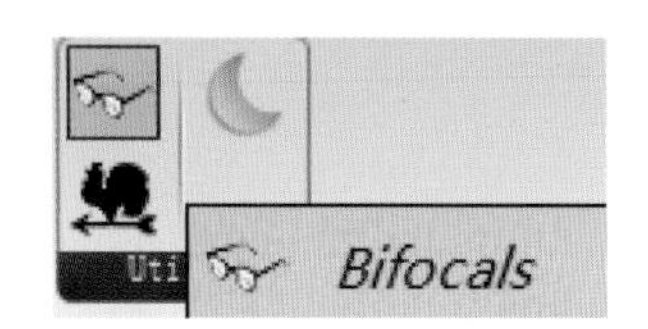

图 4.8　运算器名称显示插件

4.1 Weaverbird 基础应用建模

Weaverbird 建模思路：如果需要用到 Weaverbird 进行网格纹理建模的曲面造型比较复杂或者产品形态已经确定下来，可以直接使用“曲面”运算器将 Rhino 中建好的曲面置入 GH 中，曲面置入后，选择“网格”运算器将曲面转换为网格，选择“Weaverbird’s Loop Subdivision”运算器将网格细分，选择“分解网格”运算器将网格分解，将 V 端输出给“最近点之曲面”运算器的 P 端，将曲面输出给 S 端，将运算后的 P 端，输出给“构造网格”运算器的 V 端，F 与 F 连接，“Weaverbird’s Picture Frame”和“Weaverbird’s Mesh Thicken”运算器通过滑块控制纹理大小。

选择几何组件中的运算器“曲面”（见图 4.9）置入 GH 窗口，在运算器上点击右键选择“设置一个 Surface”（见图 4.10），选择图 4.11 所示曲面即可将 Rhino 中的曲面转为 GH 建模所要求的数据。“曲面”运算器右上角的橙色感叹号消失不见，表示曲面在 GH 中可以正常选择。

图 4.9 “曲面”运算器图标

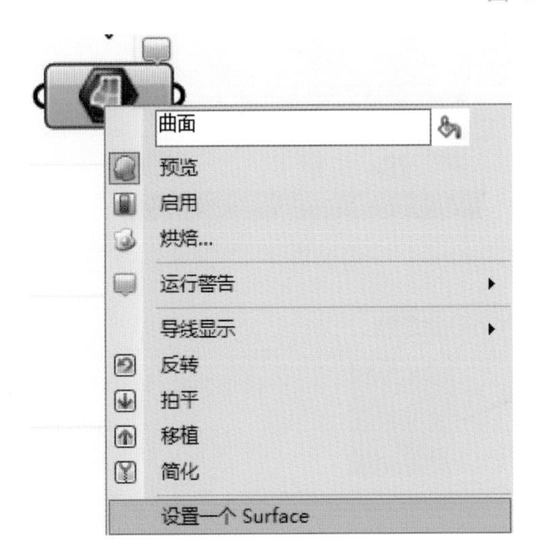

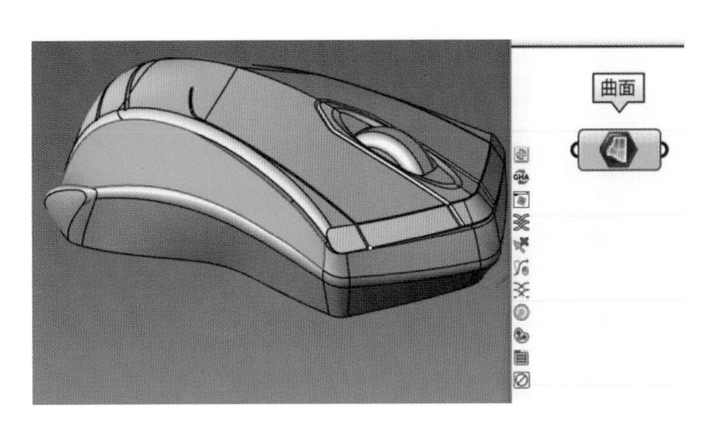

图 4.10 选择“设置一个 Surface”

图 4.11 选择曲面

一般 Weaverbird 数据为网格数据类型，因此大多数情况我们会将 Weaverbird 与 GH 网格一起搭配选择，在学习 GH 时，多思考数据类型的匹配，可以加快学习 GH 建模的速度。图 4.12 所示为 Weaverbird 组件，图 4.13 所示为 Mesh 网格组件。

图 4.12　Weaverbird 组件

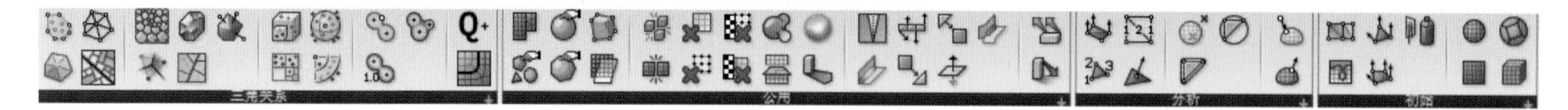

图 4.13　Mesh 网格组件

在GH中，可以将运算器预览关闭，方便观察模型。单击鼠标中键可调出中键快捷键（见图4.14），选择图4.14中箭头所指图标，或者点击想要关闭预览的运算器并在空白处单击右键选择关闭预览（见图 4.15），即可关闭运算器预览。

选择几何组件中的“网格”（见图 4.16），鼠标左键单击连接两个运算器（见图 4.17），将曲面数据转换为网格数据。

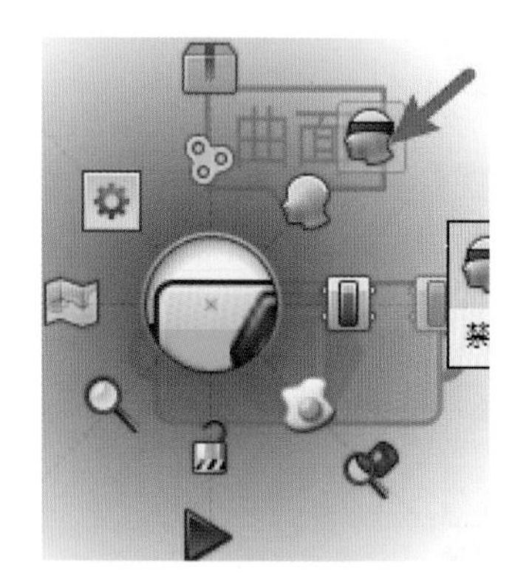

图 4.14　中键快捷键

图 4.15　单击右键选择关闭预览

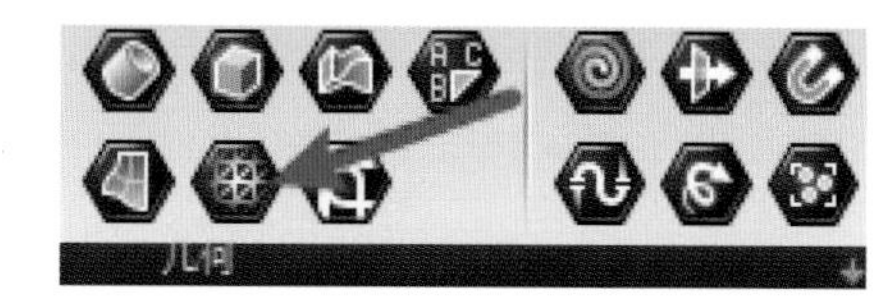

图 4.16　“网格”运算器图标

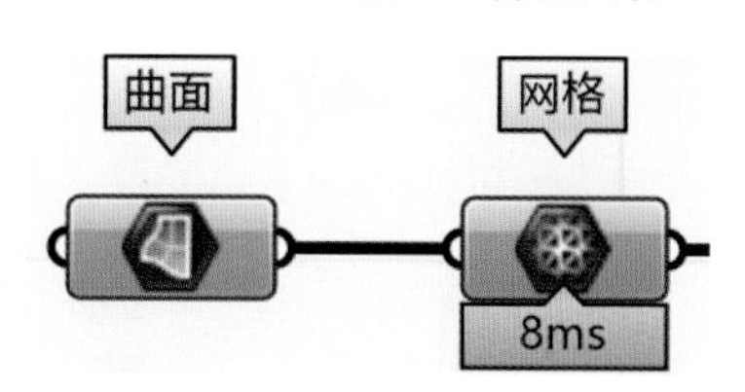

图 4.17　连接运算器

在Weaverbird组件中选择“Weaverbird’s Loop Subdivision”（见图4.18），在网格组件中选择“分解网格”（见图 4.19）并连接，形成参考电池图（见图 4.20）。

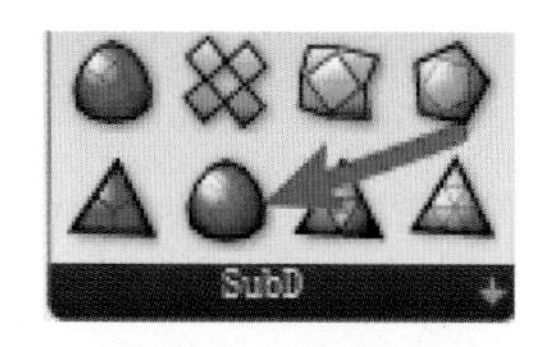

图 4.18　“Weaverbird’s Loop Subdivision”运算器图标

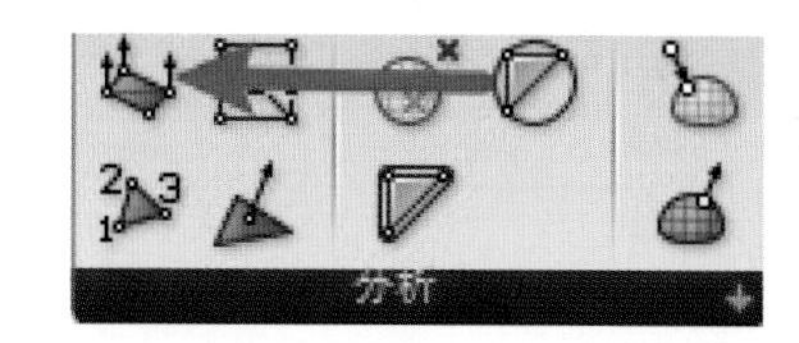

图 4.19　“分解网格”运算器图标

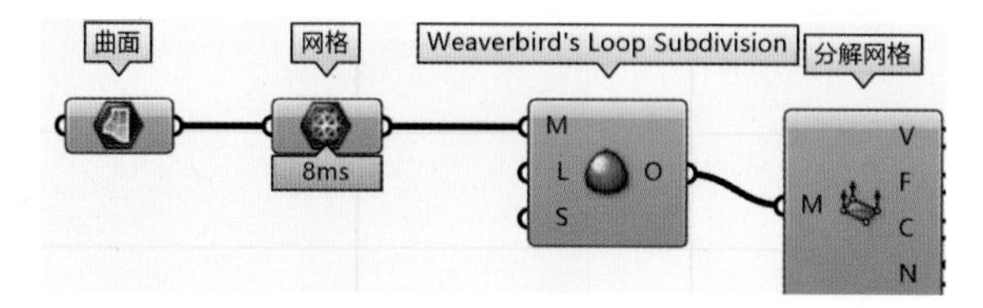

图 4.20　参考电池图

在曲面组件中选择“最近点之曲面”（见图 4.21），连接运算器。

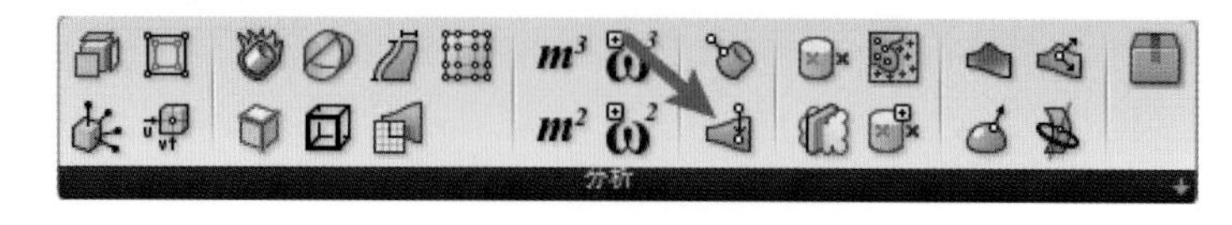

图 4.21　“最近点之曲面”运算器图标

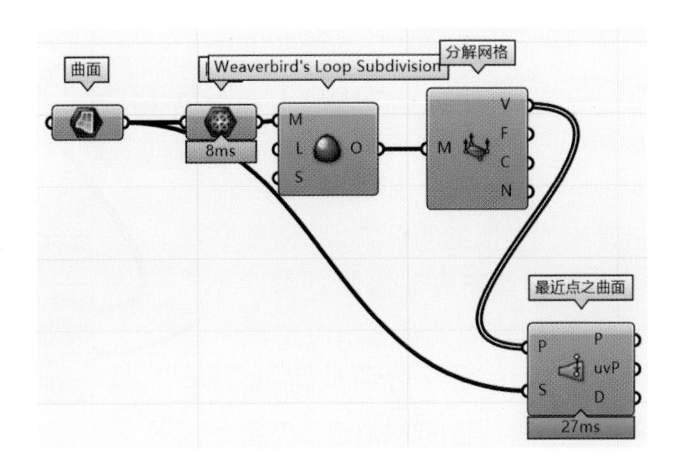

图 4.22　当前完整电池图

当前完整电池图如图 4.22 所示。“分解网格”运算器右侧 V 端输出点数据（见图 4.23），“最近点之曲面”运算器左侧 P 端输入点数据（见图 4.24），将 V 端连接至 P 端。“最近点之曲面”运算器 S 端为曲面输入端（见图 4.25），将“曲面”运算器的输出端连接至 S 端。

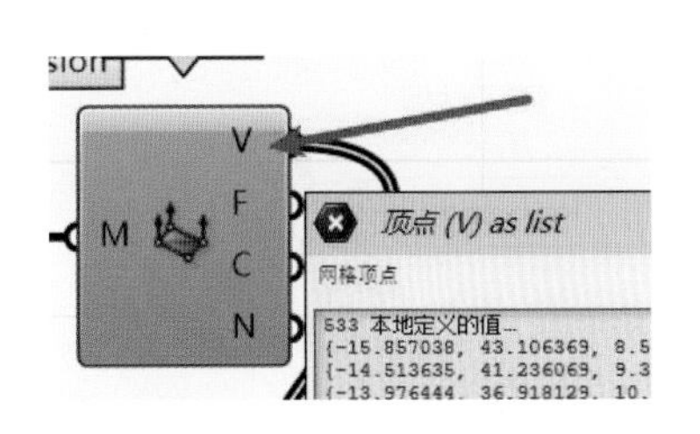

图 4.23　点数据输出端

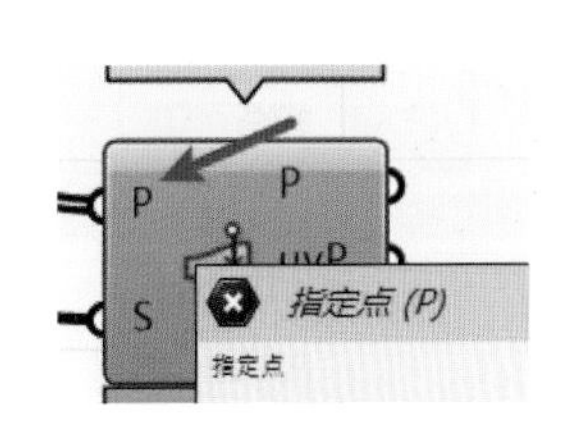

图 4.24　点数据输入端

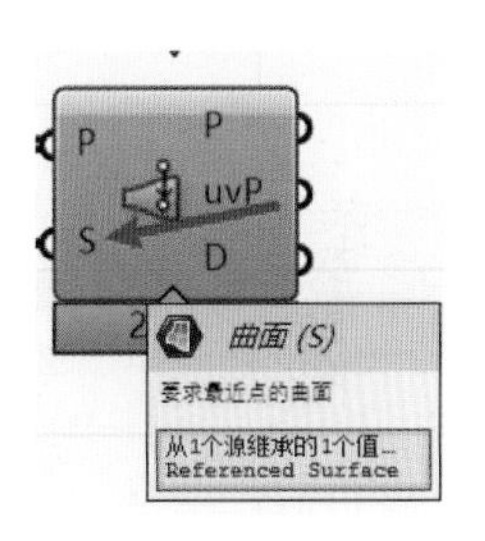

图 4.25　曲面输入端

由此，可计算出形成网格纹理的点数据，如图 4.26 所示。

在网格组件中选择“构造网格”（见图 4.27），将“分解网格”运算器的 F 端“网格面”数据（见图 4.28）连接至“构造网格”运算器 F 端（“网格对象的面”数据输入端，如图 4.29 所示），“最近点之曲面”运算器的 P 端（见图 4.30）连接至“构造网格”运算器的 V 端，如图 4.31 所示。

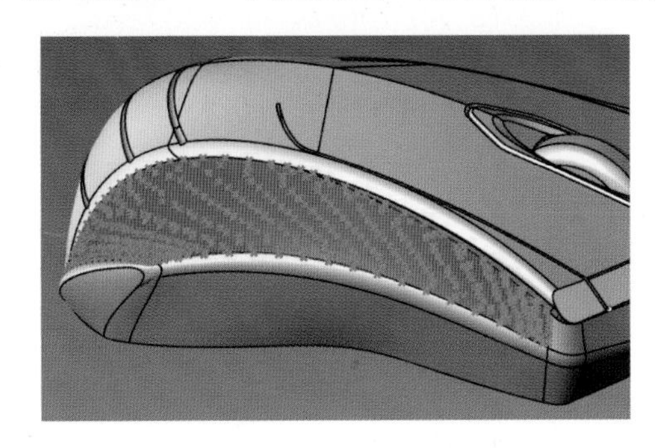

图 4.26　点预览

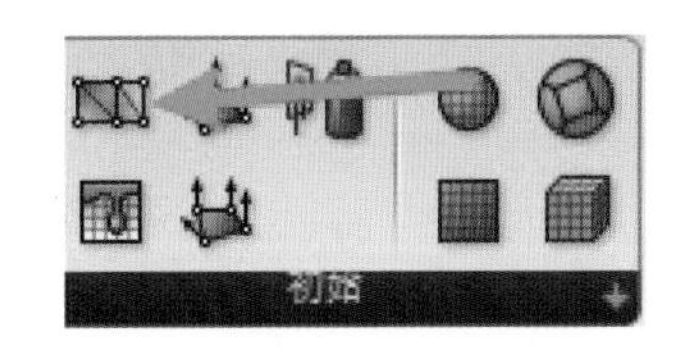

图 4.27　“构造网格”运算器图标

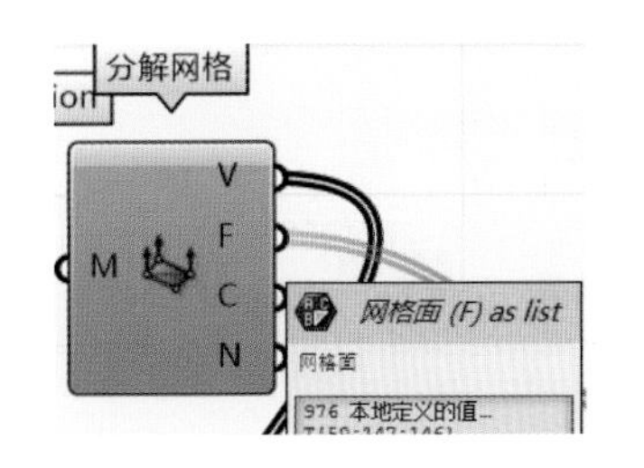

图 4.28　“网格面”数据输出端

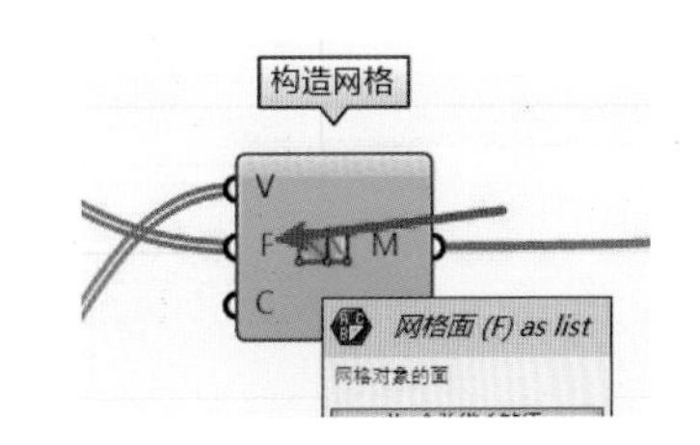

图 4.29　“网格对象的面”数据输入端

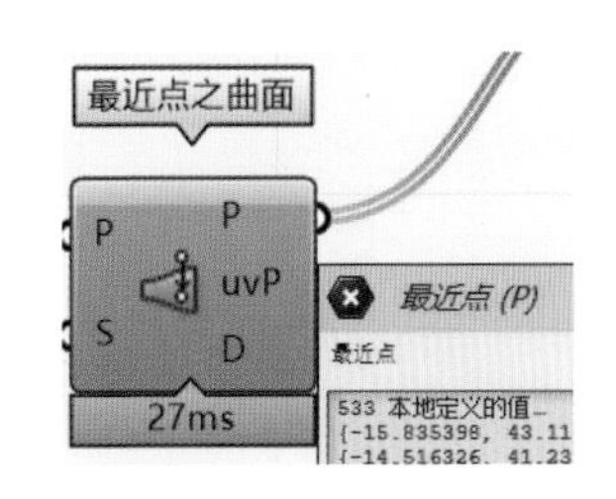

图 4.30　点数据输出端

在 Weaverbird 组件中选择“Weaverbird’s Picture Frame”（在 GH 窗口双击鼠标左键，直接输入“Weaverbird’s Picture Frame”并按回车键确定也可以将运算器置入 GH 窗口中）和“Weaverbird’s Mesh Thicken”，如图 4.32 所示。“构造网格”运算器输出端 M 为生成的网格数据，将其与“Weaverbird’s Picture Frame”运算器输入端 M 连接，“Weaverbird’s Picture Frame”运算器输入端 D 可以控制生成的网格宽度，在 GH 窗口中双击并输入“10”就可以调出数字滑块，通过移动数字滑块可以实时调整网格宽度，这是 GH 建模相较于 Rhino 建模的优势之一。将“Weaverbird’s Picture Frame”运算器输出端 O 端连接至“Weaverbird’s Mesh Thicken”运算器 M 端，后者 D 端连接一个数字滑块生成厚度，如图 4.33 所示。双击数字滑块“Distance”，预览模型（见图 4.34），在滑块精度中选择“R”（见图 4.35），可以实现以小数点数值进行厚度的设置。

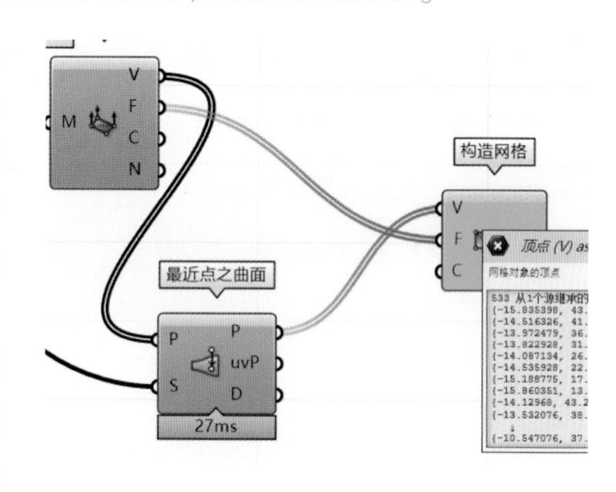

图 4.31 参考电池图

图 4.32 “Weaverbird’s Picture Frame”和“Weaverbird’s Mesh Thicken”运算器图标

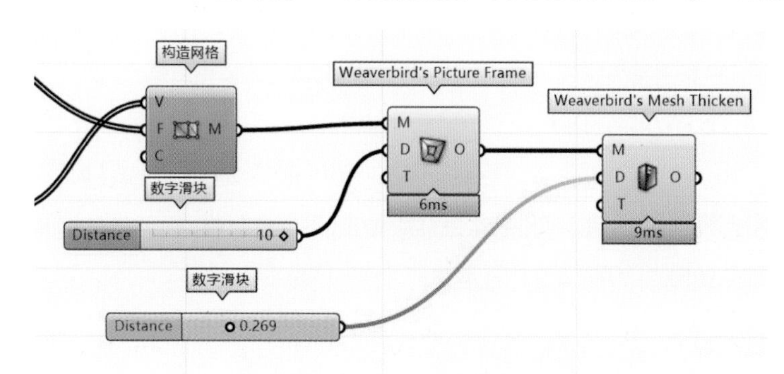

图 4.33 网格宽度与厚度控制

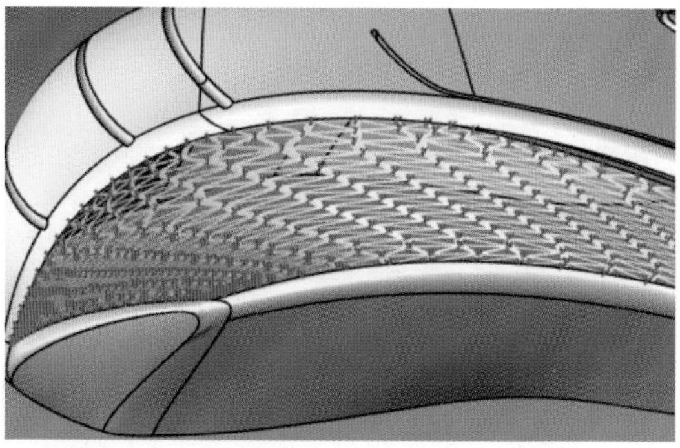

图 4.34 模型预览

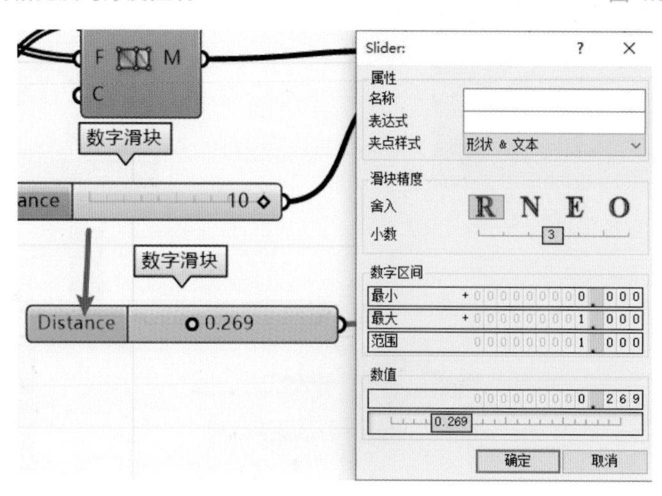

图 4.35 数字滑块调节设置

至此，完整电池图如图 4.36 所示。纹理效果如图 4.37 所示。

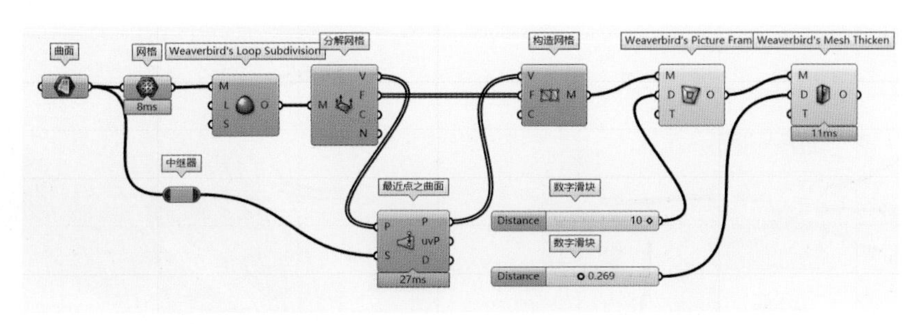

图 4.36　完整电池图

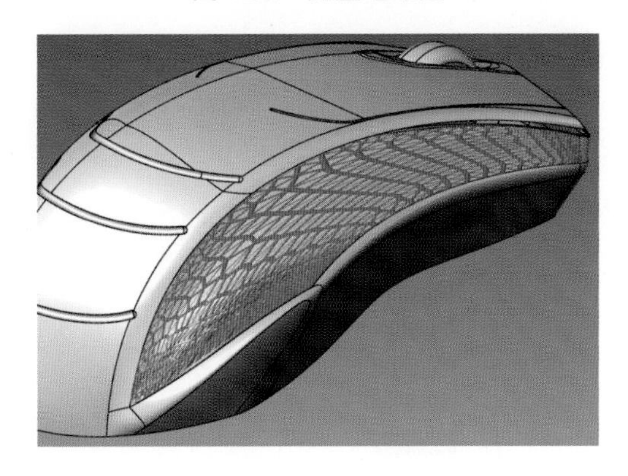

图 4.37　纹理效果

4.2　LunchBox 基础应用建模

LunchBox 简单应用方法：将曲面置入 GH，选择蜂窝、三角形或者其他形状的纹理样式或框架样式，设置合适的“U”“V”数值即可。

LunchBox 插件如图 4.38 所示，常用纹理运算器如图 4.39 所示。

本例鼠标如设计菱形框架纹理，可参考图 4.40 所示电池图，效果如图 4.41 所示；如设计蜂窝框架纹理，可参考图 4.42 所示电池图，效果如图 4.43 所示。另外，菱形格纹理也可参考图 4.44 所示电池图，效果如图 4.45 所示。

图 4.38　LunchBox 插件

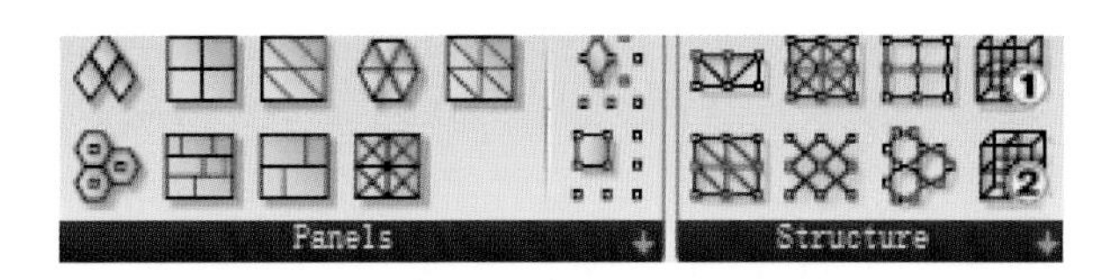

图 4.39　常用纹理运算器

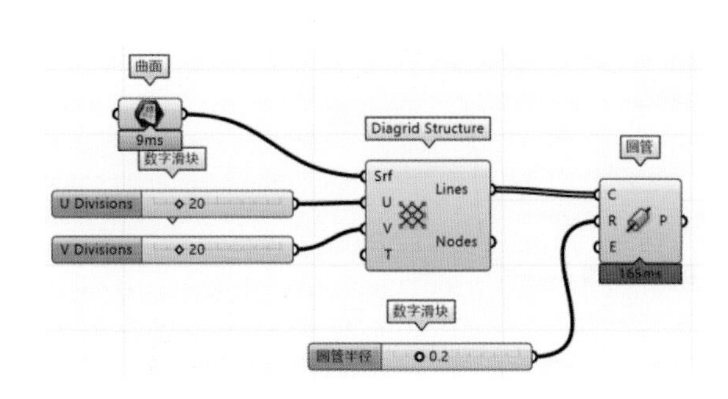

图 4.40 菱形框架纹理参考电池图

图 4.41 菱形框架纹理效果预览

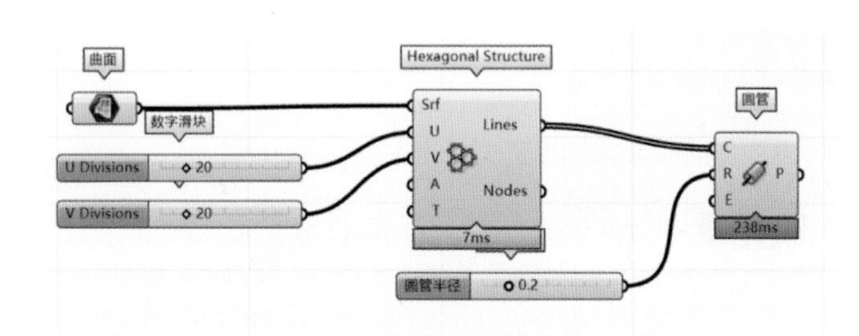

图 4.42 蜂窝框架纹理参考电池图

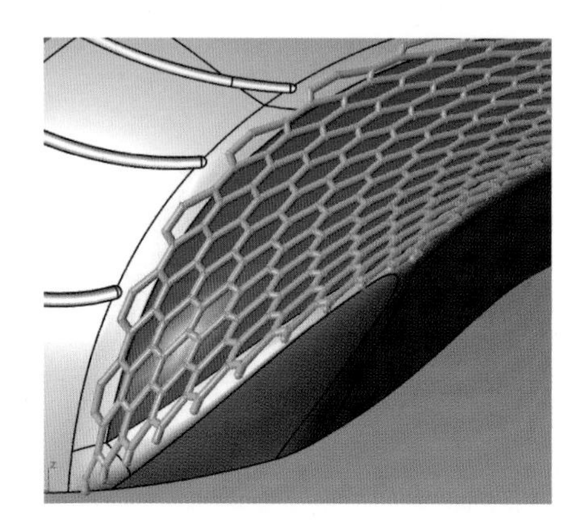

图 4.43 蜂窝框架纹理效果预览

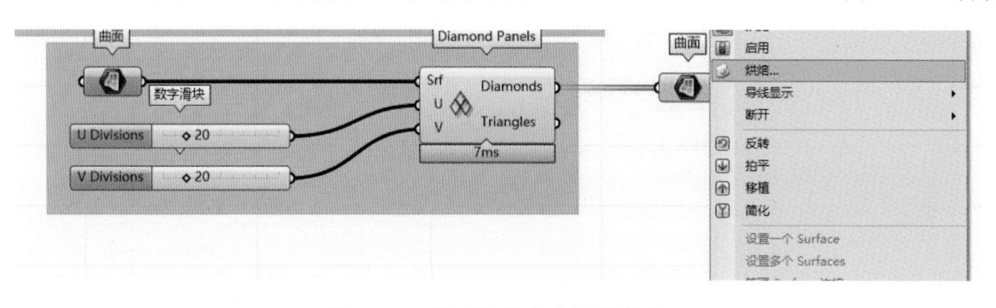

图 4.44 菱形格纹理电池图参考

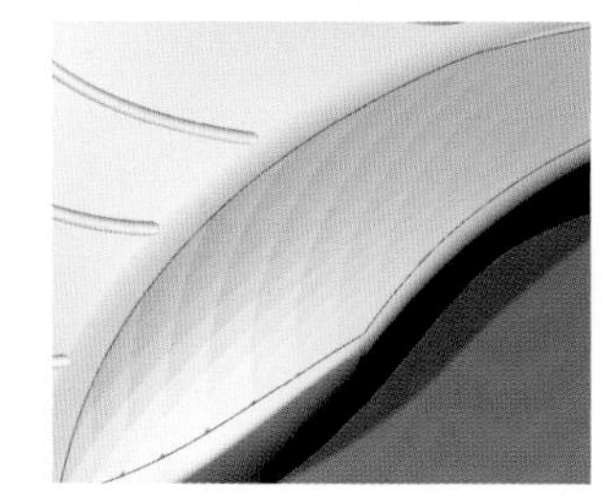

图 4.45 菱形格纹理效果预览

4.3 产品表面纹理建模

本例为头盔表面纹理建模。在Rhino中将曲面（见图4.46）构建完成，曲面必须为单一曲面，避免修剪曲面。

选择“曲面”运算器（见图4.47），置入曲面（见图4.48），注意要正确地在GH中置入Rhino中构建的曲面。

选择“曲面UV尺寸”运算器（见图4.49），将曲面连接至S端，选择“面生曲面”运算器（见图4.50），连接这两个运算器，U端连接X端，V端连接Y端。选择“曲线”运算器，输出矩形线框将曲面摊平。电池图参考图 4.51；模型效果如图 4.52 所示。

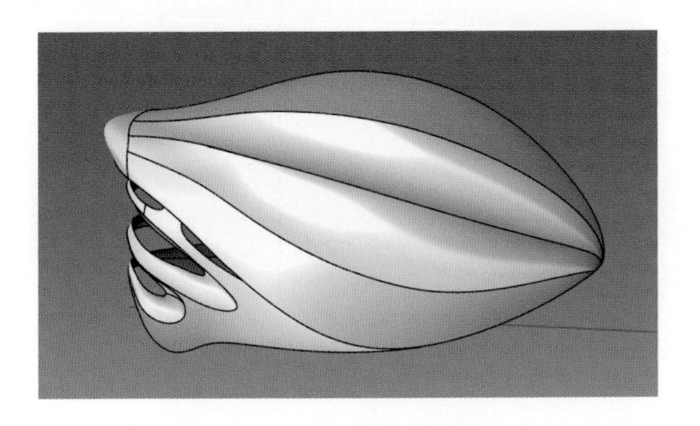

图 4.46　头盔基础曲面

图 4.47　“曲面”运算器

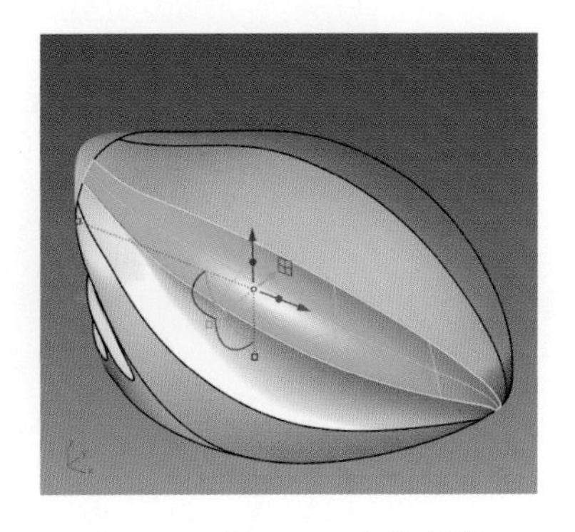

图 4.48　将 Rhino 中的曲面置入运算器

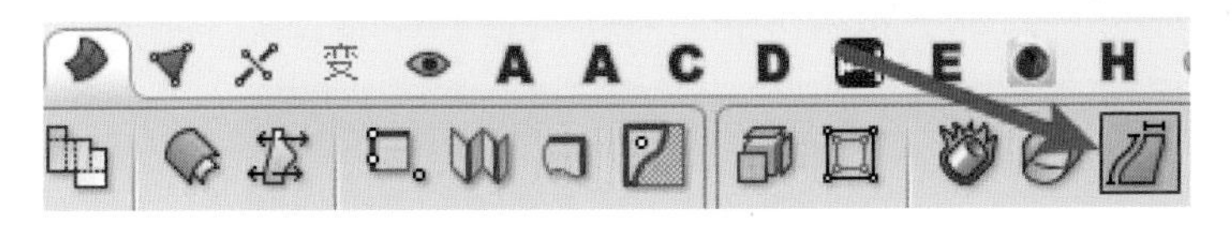

图 4.49　“曲面 UV 尺寸”运算器图标

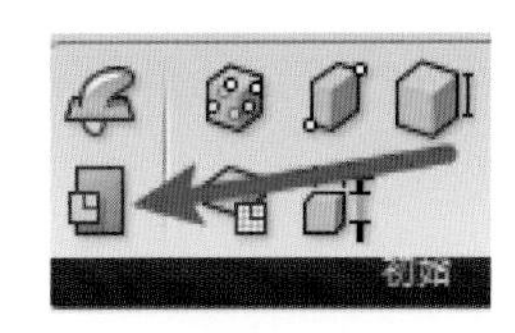

图 4.50　“面生曲面”运算器

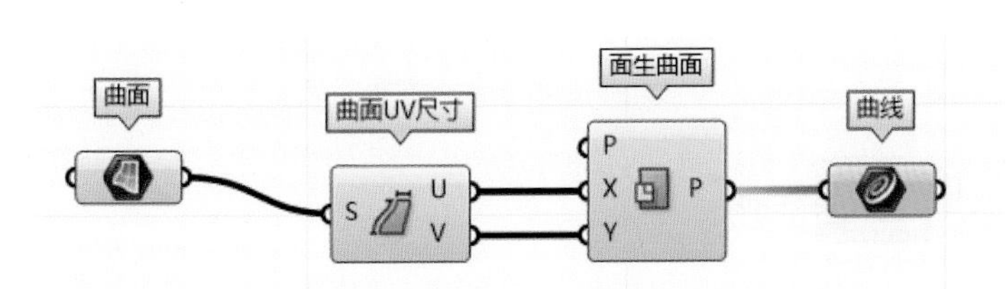

图 4.51　电池图参考

图 4.52　模型预览

选择“边界生面”运算器（见图 4.53）、“填充几何面”运算器（见图 4.54）和“泰森多边形”运算器（见图 4.55），计算出随机泰森多边形。电池图参考图 4.56；模型效果如图 4.57 所示。

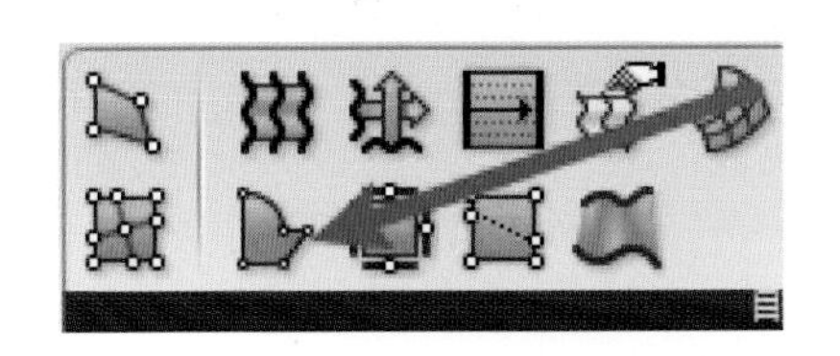

图 4.53　“边界生面”运算器图标

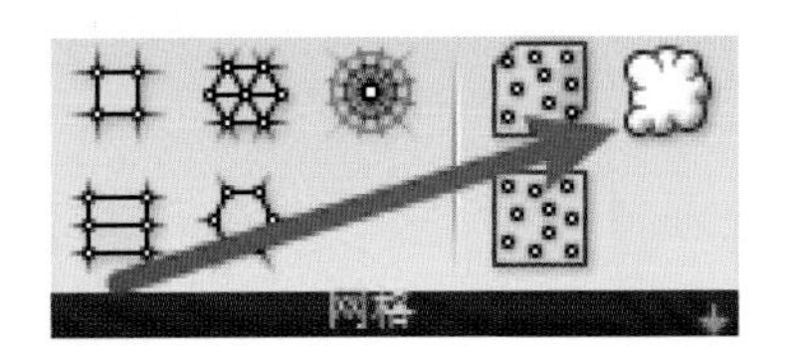

图 4.54　“填充几何面”运算器图标

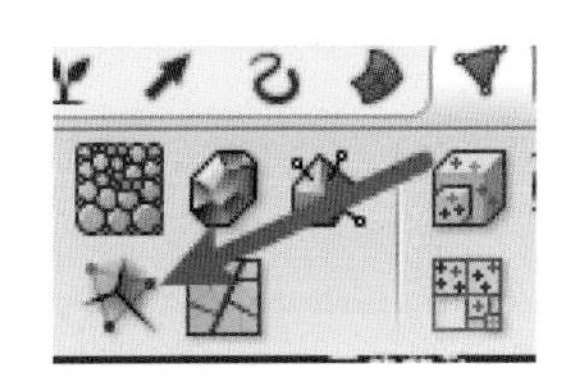

图 4.55　“泰森多边形”运算器图标

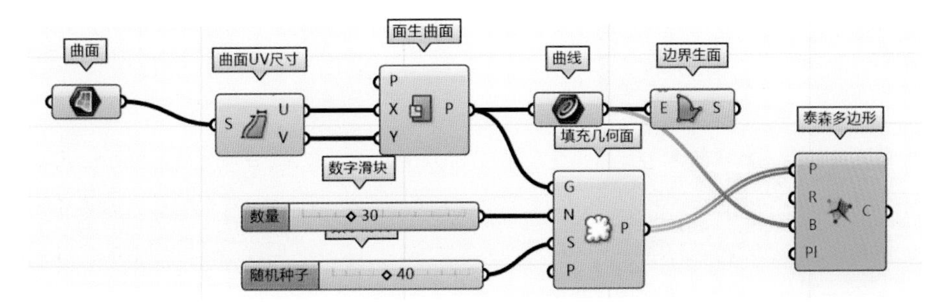

图 4.56　电池图参考

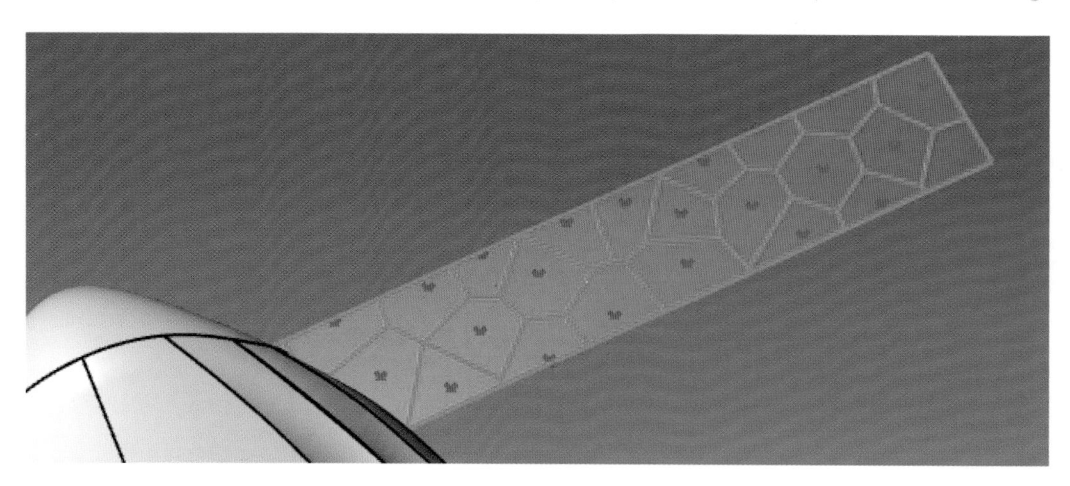

图 4.57 模型预览

选择“挤出”运算器（见图 4.58），将矩形挤出为实体，效果如图 4.59 所示。

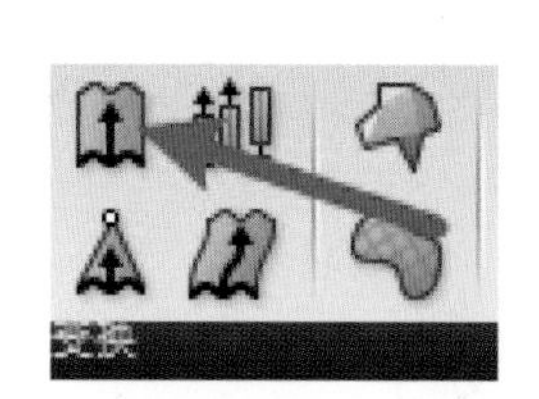

图 4.58 “挤出”运算器图标

图 4.59 模型预览

选择“面积 ”运算器（见图 4.60），计算出每个泰森多边形的中心，选择“缩放”运算器（见图 4.61），将每个泰森多边形独立向内偏移。效果预览如图 4.62 和图 4.63 所示。

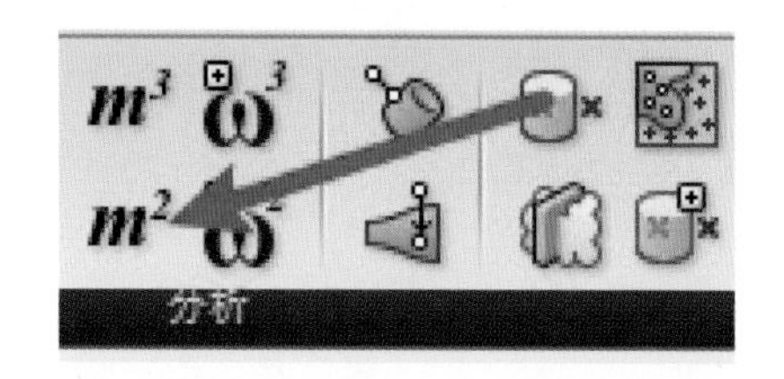

图 4.60 “面积”运算器图标

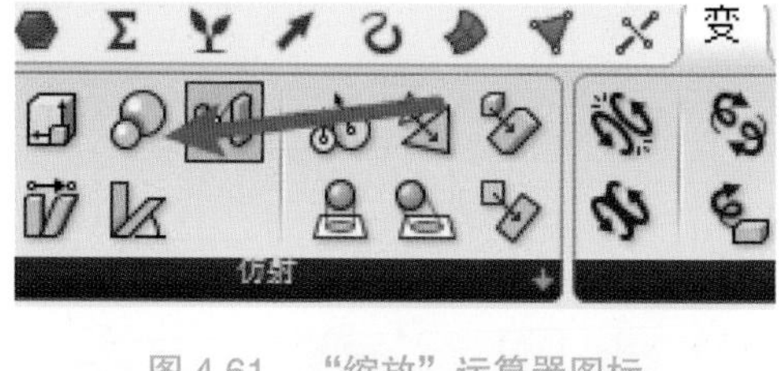

图 4.61 “缩放”运算器图标

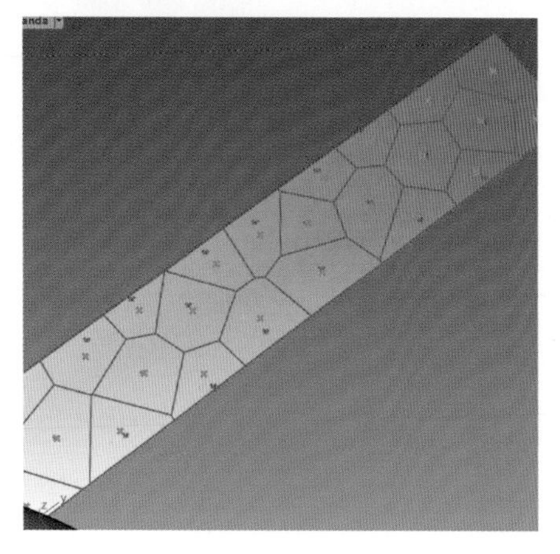

图 4.62 面积中心预览

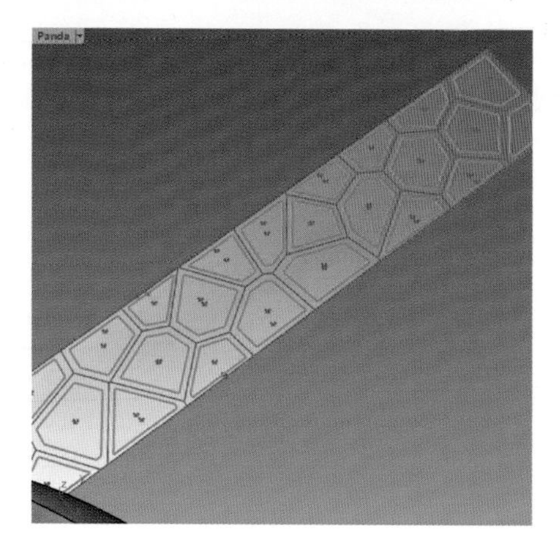

图 4.63 偏移多边形效果预览

至此，电池图可参考图 4.64。

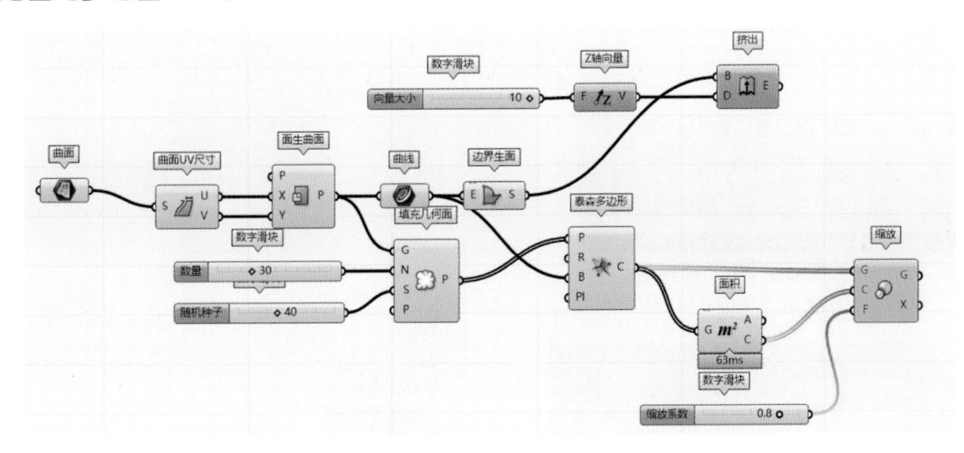

图 4.64 电池图参考

添加“曲线 ”运算器，抓取曲线并将输入端拍平（单击右键选择“拍平”，见图 4.65，拍平后如图 4.66 所示），电池图可参考图 4.67。模型效果如图 4.68 所示。

如图 4.69 所示继续添加“边界生面”“挤出”等运算器，调整得到图 4.70 所示模型。

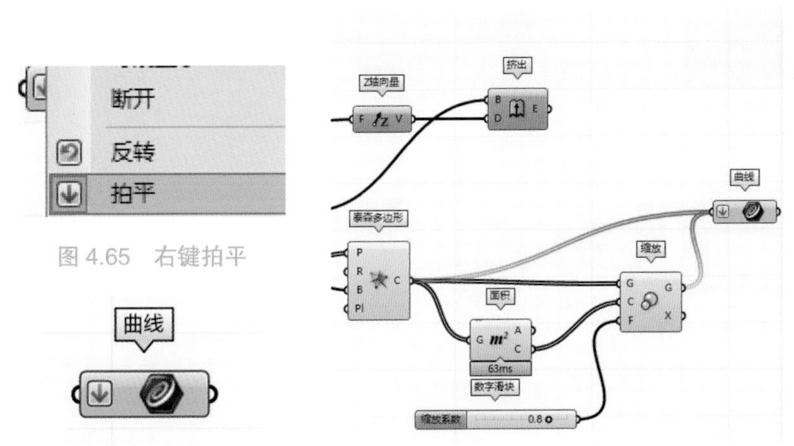

图 4.65 右键拍平

图 4.66 拍平后的“曲线”运算器

图 4.67 添加“曲线”运算器电池图

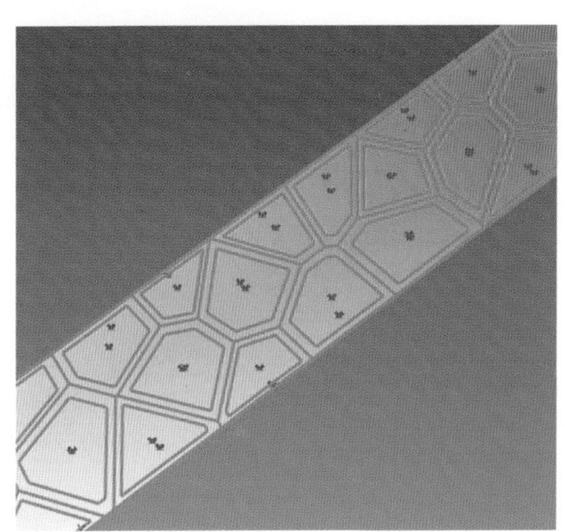

图 4.68 模型预览

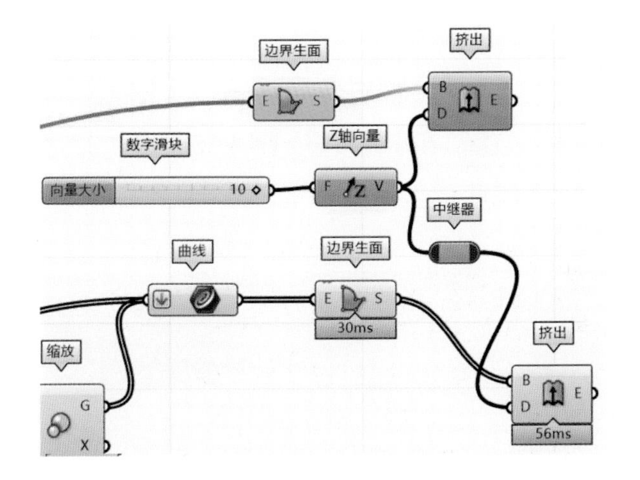

图 4.69 电池图参考

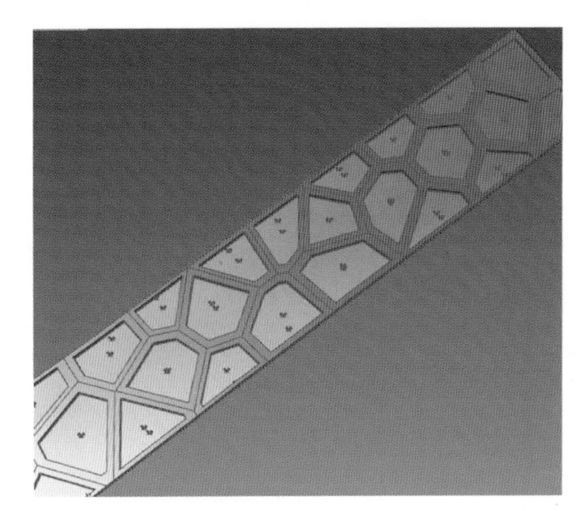

图 4.70 模型预览

选择“曲面流动”运算器（见图 4.71），在 S 端右键选择“Reparameterize”（见图 4.72），将运算器连接起来，令平面泰森多边形流动至曲面上，效果如图 4.73 所示，电池图参考图 4.74。

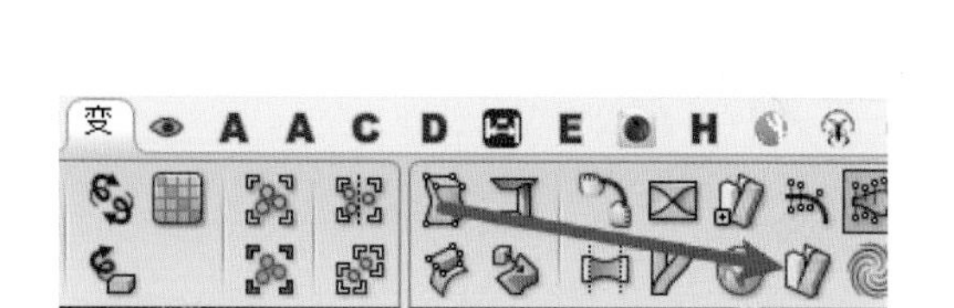

图 4.71 “曲面流动”运算器图标

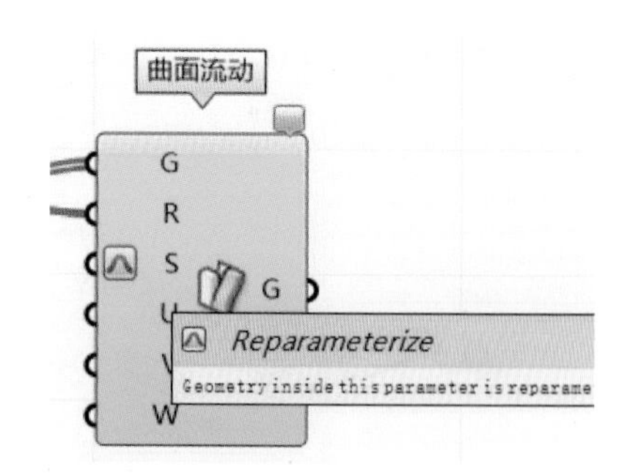

图 4.72 右键选择“Reparameterize”

图 4.73 模型预览

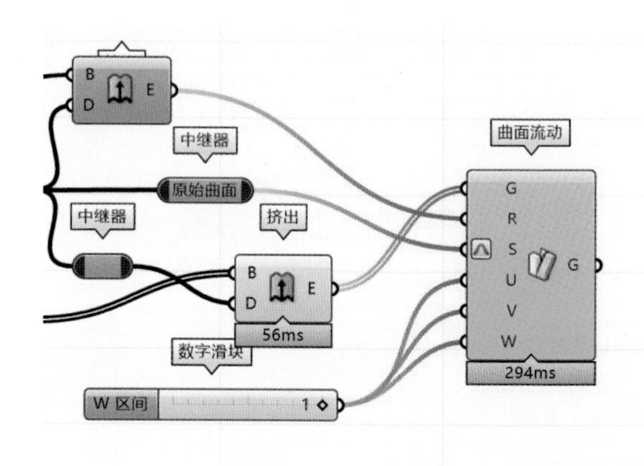

图 4.74 电池图参考

4.4 晶格建模

本例为运动鞋晶格建模，参考图 4.75。

在 Rhino 中构建中底（见图 4.76）。在 GH 中置入曲面（见图 4.77），使用“IntraLattice”晶格插件（见图 4.78）将中底变成晶格，如图 4.79 所示。相关电池图、晶格形状选择、布尔值设置如图 4.80 至图 4.82 所示。

图 4.75 模型参考

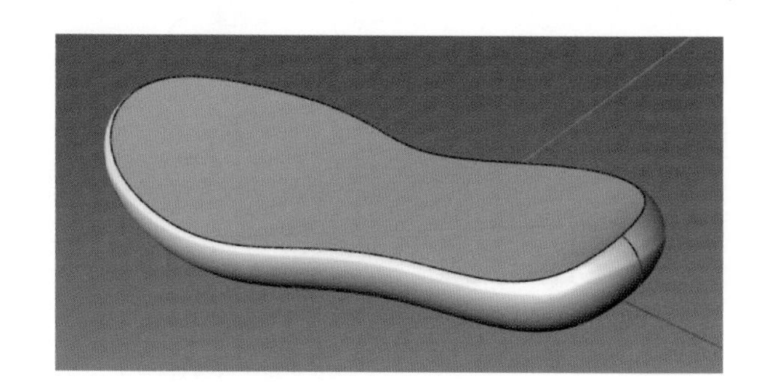

图 4.76 Rhino 构建中底

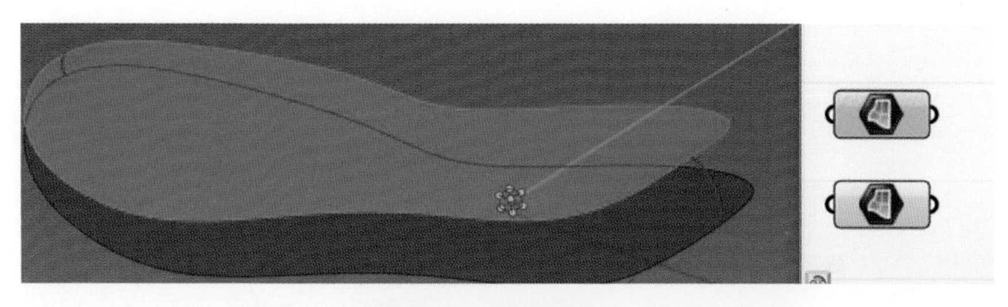

图 4.77 置入曲面

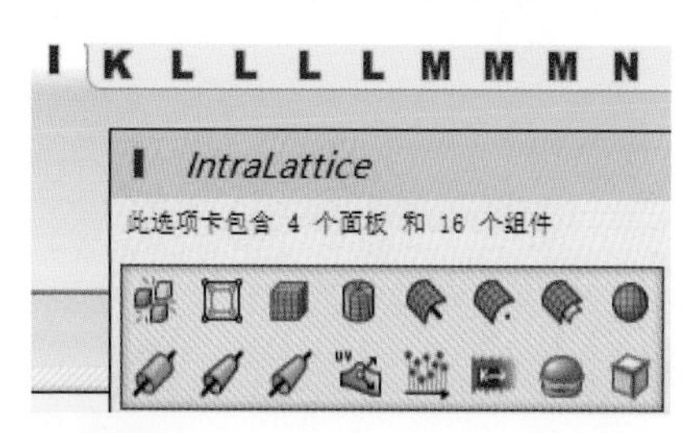

图 4.78 “IntraLattice”晶格插件

图 4.79 晶格效果示意图

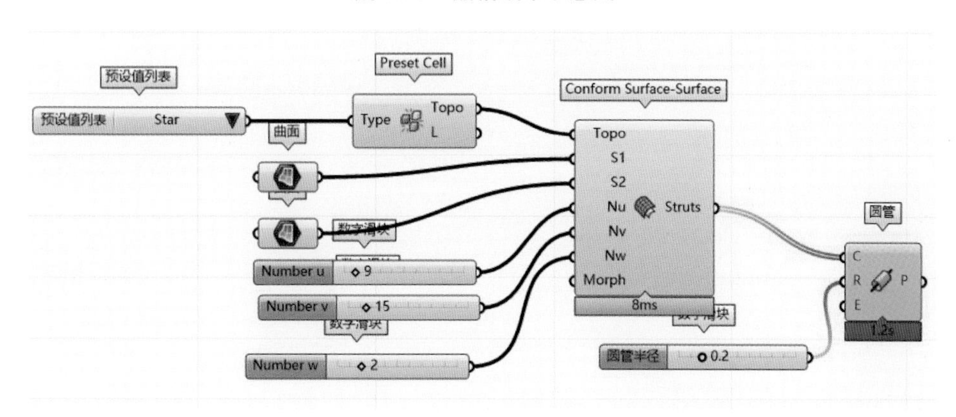

图 4.80 电池图参考

图 4.81 晶格形状选择

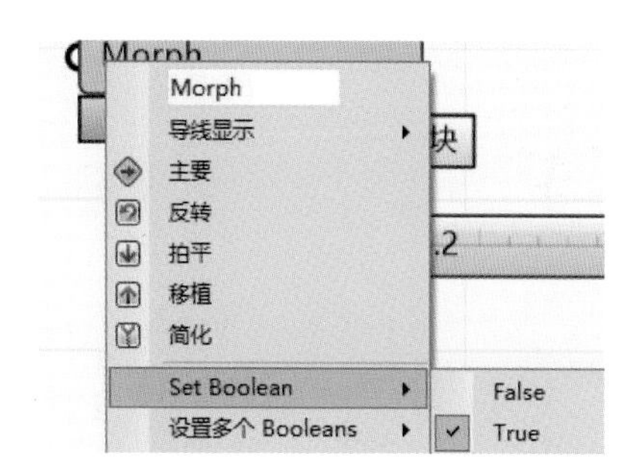

图 4.82 设置布尔值为“True”

第五章

智能电动车建模

第五章拓展资源

【本章重点】

1. 曲面造型建模需要注重的地方：第一是曲线绘制。曲面绘制对线的要求特别高，线的阶数和点数都是直接影响曲面质量的要素。学习曲线绘制的重点则是要熟练绘制三维空间线（这是非常重要的），设计师绘制的三维空间线的质量就能说明其产品三视图的认知能力水平，而产品三视图的熟悉程度决定了绘制三维空间线的质量。第二是曲面造型命令和曲面编辑命令使用。每个设计师都有着自己的 Rhino 命令库，曲面用网格、用双轨等命令都能构建。第三是分面。分面的准确决定了最终建模过程的准确。第四是曲率关系。对于“位置”“正切”“曲率”选项，在曲面构建过程中要明确其作用。设计较硬朗的产品，曲面相切关系应用得较多；设计具有动感的产品，“曲率”关系应用得较多。

2. 空间曲线的绘制：空间曲线的生成方法有三种，即直接绘制、投影生成和衔接生成。直接绘制是空间曲线最常用的构建方法，其核心技巧（指空间曲线调节能力）也是最基础、最难掌握的，因为它直接影响面的生成与拼接。投影生成是平面与三维之间的转换，是对空间弧度进一步的优化，可提高手动调节的准确性，缺点为控制点过多，后期需简化点数。衔接生成是连接曲线的构建方法，常用来制作连接面（补面），它是连接面与保证曲率连续的常用方法，缺点为可调节性较弱，影响因素较多。对空间曲线进行学习与绘制时，不要只关注面的曲率，应多去用肉眼观察和评测线的曲率，因为只有画好了线才能得到理想的面拼效果。曲线是面的基础，面拼的衔接是一种瞻前顾后的建模方式，很多会画线的却衔接不好线，会建模的却拼不好面，就是没有进行多方面考虑。

3. 面拼关系：掌握堆砌面与衔接面知识。

图 5.1 为堆砌面，图 5.2 为将图 5.1 中的堆砌面通过使用双轨扫掠、放样、混接曲面等命令构建的衔接面。

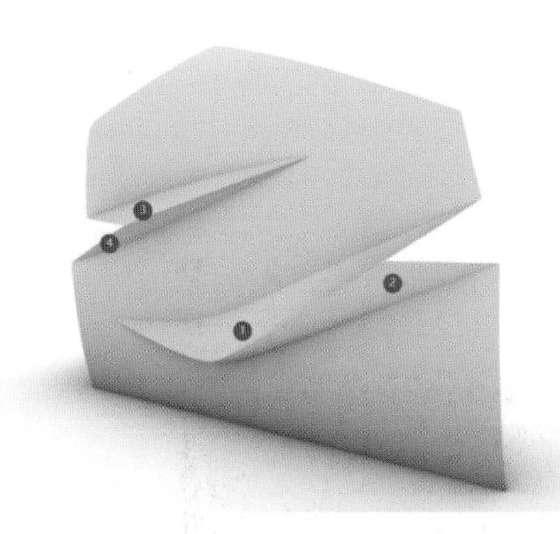

图 5.1　堆砌面

图 5.2　衔接面

本章案例为智能电动车建模，产品效果图如图 5.3 所示。学习重点分析：

（1）三视图匹配。本章案例图片全部来源于网络，没有精确的三视图作为建模参考，需要建模者自己在 Rhino 软件中调整大小。

（2）空间曲线绘制。这款电动车基本以曲面建模为主，因此建模时空间曲线绘制尤其重要。

（3）大面成形命令的选择。一般顺序为：边缘曲线成面 → 放样 → 单轨扫掠 → 双轨扫掠 → 从网线建立曲面 → 嵌面。

（4）圆的绘制。在本章中，绘制圆需在命令行中进行可塑形、阶数及点数设置。阶数设置为 5、点数设置为 12 是常见圆绘制参数设置。

（5）坐标轴缩放方法及参数设置。

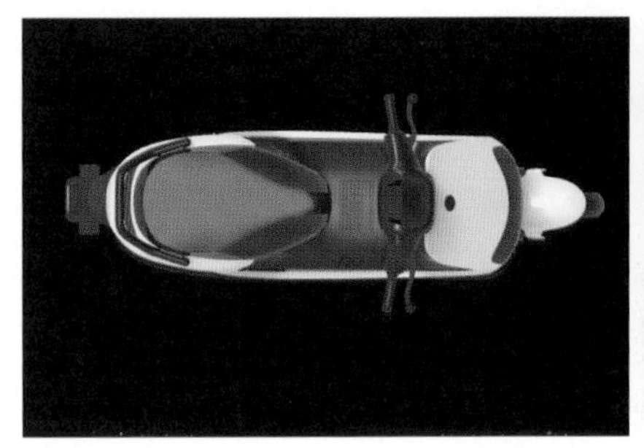

图 5.3　产品效果图

5.1　智能电动车建模分析

本例中的智能电动车建模属于中高难度，可先选一张透视图进行分面分析。初学者在建模时，通常会对着草图或者效果图发呆，不知如何下手。本章将会对草图或效果图建模前的分面做详细阐述。如图 5.4 所示，选择平面软件在实例产品图片上进行曲面分面绘制，通过结构线绘制，可以很直观地得出该款智能电动车的分面，一共有 16 个。因为该智能电动车绝大部分是对称造型，所以我们只需绘制一半，视情况进行镜像操作即可。分面中，基础分面为曲面 1 ～ 7、9、11 ～ 14。其他为利用基础分面成形的小衔接面。通过分面分析可以初步判断成面方式：曲面 1、12 可以选择放样命令构建；曲面 2 ～ 4、14 可以用双轨扫掠命令构建；曲面 5 ～ 7、9、11、13 可以用曲面 2 ～ 4 的边缘曲线构建。

图 5.4　分面示意

座椅分面如图 5.5 所示，基础面为曲面 1。在建模时将曲面 1 首先成形，曲面 2、3 也可以很快建出。

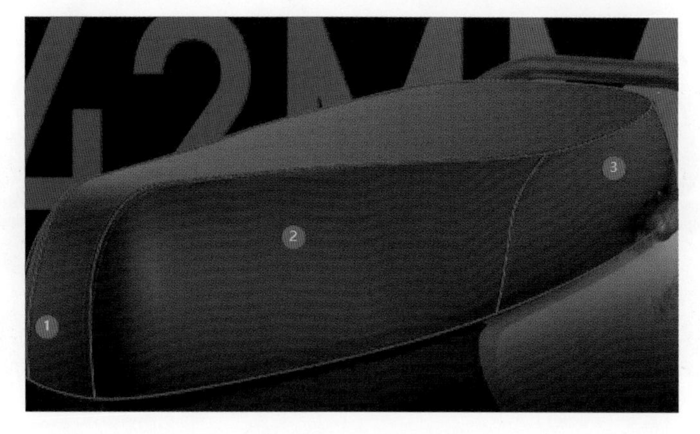

图 5.5 座椅分面

车龙头是一个看似非常复杂的曲面形态，通过观察，车龙头实际上是由两个基础面组成的，建出这两个基础面之后通过面与面之间的曲面顺接操作即可完成车龙头的大面建模。如图 5.6 和图 5.7 所示，这两个基础面分别为横向基础面 1 和纵向基础面 2。通过分面分析不难得出，横向基础面 1 由左右两个圆加上横向的四条曲线构成，通过双轨扫掠即可成面。纵向基础面也可以用双轨扫掠构建。

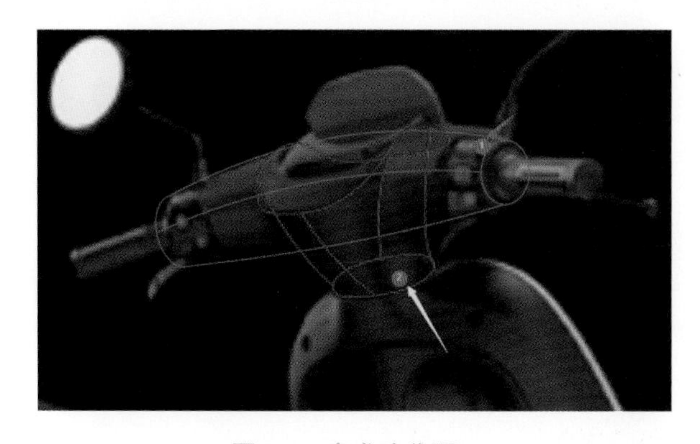

图 5.6 车龙头分面 1

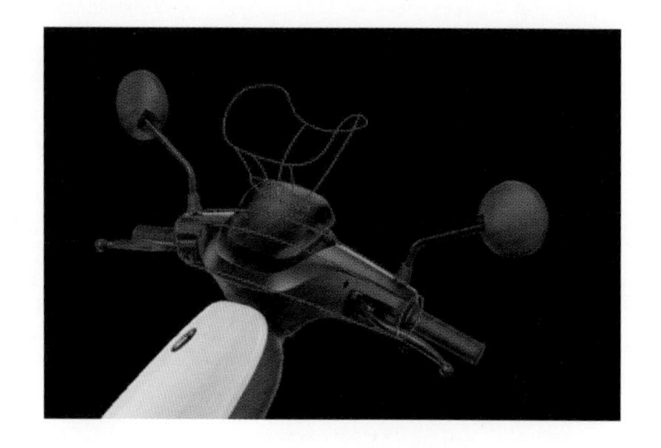

图 5.7 车龙头分面 2

5.2 电动车建模步骤

5.2.1 电动车三视图匹配

首先选择“添加一个图像平面”命令在同一个视图中导入所有参考视图。绘制直线，利用“修剪”命令将三个视图的图片多余部分修剪掉。选择“移动”命令，打开“端点”捕捉，通过捕捉端点，将视图点对点放置在一起，如图 5.8 所示。

选择“二轴缩放”命令进行视图大小匹配，先匹配正视图和顶视图的宽度。

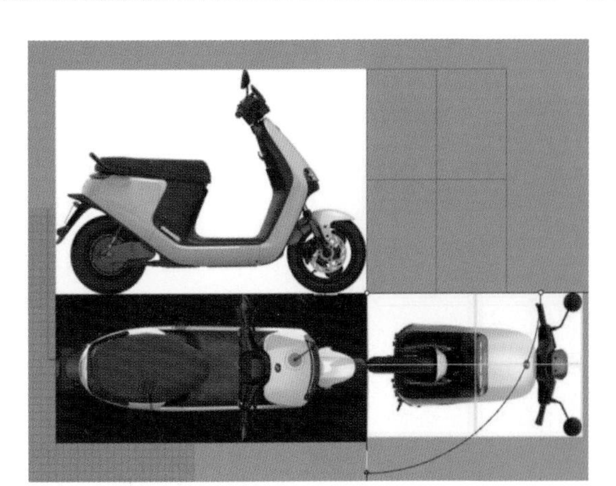

图 5.8　移动放置参考视图

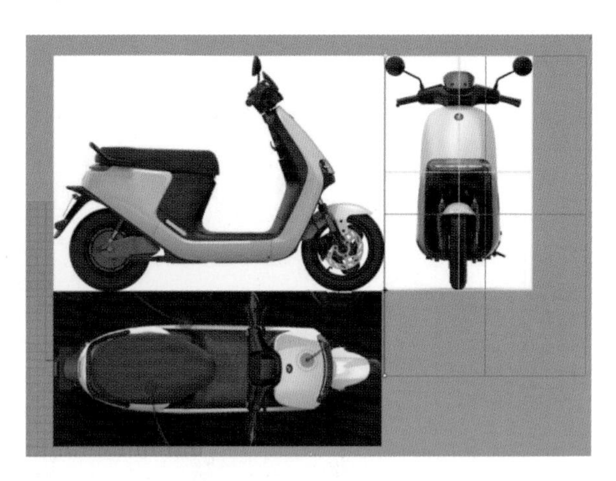

图 5.9　匹配视图高度

选择“旋转”命令，打开“端点”捕捉，激活“正交”模式，将正视图逆时针旋转 90° 。旋转完成之后，为确保电动车宽度不变，选择“单轴缩放”命令，匹配正视图与侧视图的高度（见图 5.9）。所有视图匹配完成之后，在 Rhino 对应的视窗中进行旋转，将视图按“Top”“Front”“Right”视图进行正确放置，选择“中心点对齐”命令，将顶视图中心对齐至 Rhino“Top”视窗的原点位置，方便对称建模，同时移动正视图与侧视图，使其远离顶视图放置。放置完成如图 5.10 所示。

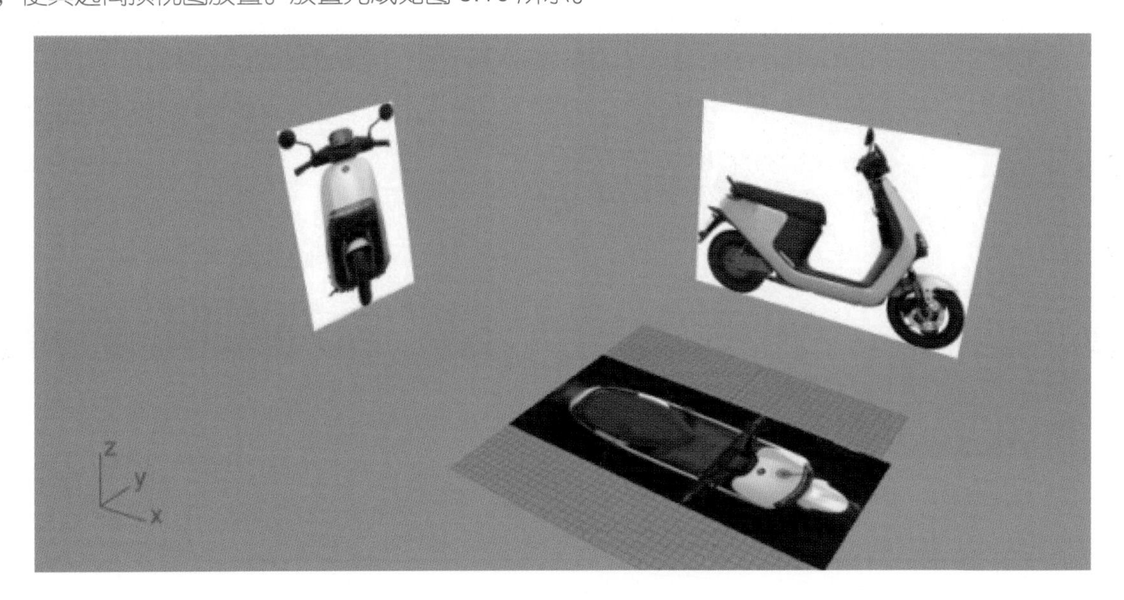

图 5.10　视图匹配放置

放置完成之后，打开 Rhino 图层模块，新建图层，并命名为“top”“side”“front”，如图 5.11 所示。将视图放置于对应的图层中（将鼠标悬停在对应图层上，并点击鼠标右键，弹出菜单栏，见图 5.12，选择“改变物件图层”，就可以将三视图放置于对应图层中了，这样的好处是我们可以快速选择三视图关闭及锁定操作，方便建模），并将图层锁定。图 5.13 为图层锁定，在锁形图标上点击，锁形图标变成深色即代表图层锁定，锁定图层中所有物体不可编辑、选择。

图 5.11　新建图层并命名

选取物件
选取子图层的物件
改变物件图层

图 5.12　弹出菜单栏

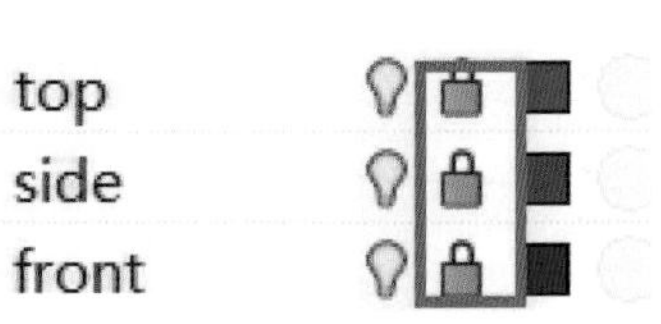

图 5.13　图层锁定

5.2.2 电动车车身曲线绘制

首先应绘制中心辅助线。在建模中养成绘制中心辅助线的习惯是非常重要的，这有助于我们精确地对称建模。在软件实际教学中，很多初学者不重视中心辅助线的绘制，最后往往会出现模型不对称的情况，导致需要返工修改模型。

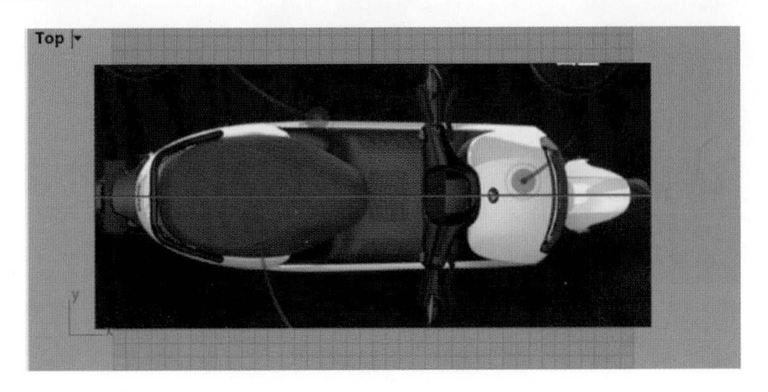

图 5.14 绘制中心辅助线 1

图 5.15 绘制中心辅助线 2

选择“直线：从中点”命令，在顶视图（见图 5.14）及正视图（见图 5.15）中各绘制一条中心辅助线。同时在侧视图中选择“点绘制”命令绘制建模参考点，如图 5.16 所示，一共有 3 个参考点，确定最佳的辅助建模视图为侧视图。

Tips：为什么要确定最佳辅助建模视图？ Rhino 建模是一种正向建模，即通过三视图进行参考建模，很多时候三视图并不准确，无法进行完美的视图匹配，总会出现一个视图和另外两个视图对不上的情况，因此我们需要利用参考点进行最佳辅助建模视图确定。

图 5.16 绘制建模参考点

捕捉最上端参考点进行第一条车身曲线绘制。选择“控制点曲线”命令，在命令行中设置曲线阶数为“3”，绘制图 5.17 所示曲线。此步骤中，最好能按照图 5.17 中曲线控制点位置进行绘制，这样可保证后续建模过程不会出现较大差异。此曲线一共有 13 个控制点。

图 5.17　绘制第一条曲线

第二条曲线需先在“Top”视图中进行绘制，捕捉最上面的参考点从右往左进行绘制，第 1 个、第 2 个控制点必须绘制在同一垂直线上，如图 5.18 所示。绘制到第 5 个点时，需切换视图绘制。绘制到倒数第 4 个点时，再次切换到“Top”视图中进行绘制，同时注意最后两个点需绘制在同一垂直线上，最后 1 个控制点应捕捉到最左面参考点上，如图 5.19 所示。初学者刚开始进行两个视图变化的空间曲线绘制时，很难画成想要的形态，这个时候需要打开“曲线控制点”命令开关，选择“移动”命令单独选择曲线控制点进行位置调整，如图 5.20 所示。

图 5.18　绘制第二条曲线

图 5.19　第二条曲线

图 5.20　调整后曲线形状

第二条曲线一共有 25 个控制点。绘制完成后，选择“镜像”命令将第二条曲线镜像复制，这里要注意的是选择该命令的左键命令进行镜像操作。镜像平面起点可以选择“Top”视图中一开始绘制的中心辅助线，终点在水平方向任意位置，点一下鼠标左键即可完成镜像操作，如图 5.21 所示。这里要注意的是，应激活“正交”模式。初学者经常忘记激活“正交”模式，导致镜像的曲线或者曲面没有对称，位置有偏差。

至此，车身曲线如图 5.22 所示。

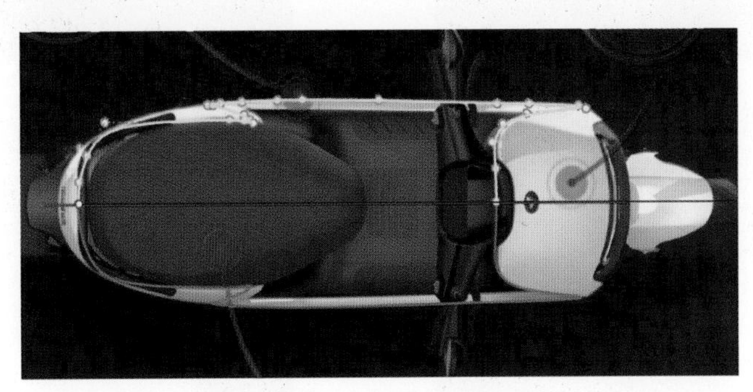

图 5.21　镜像复制曲线

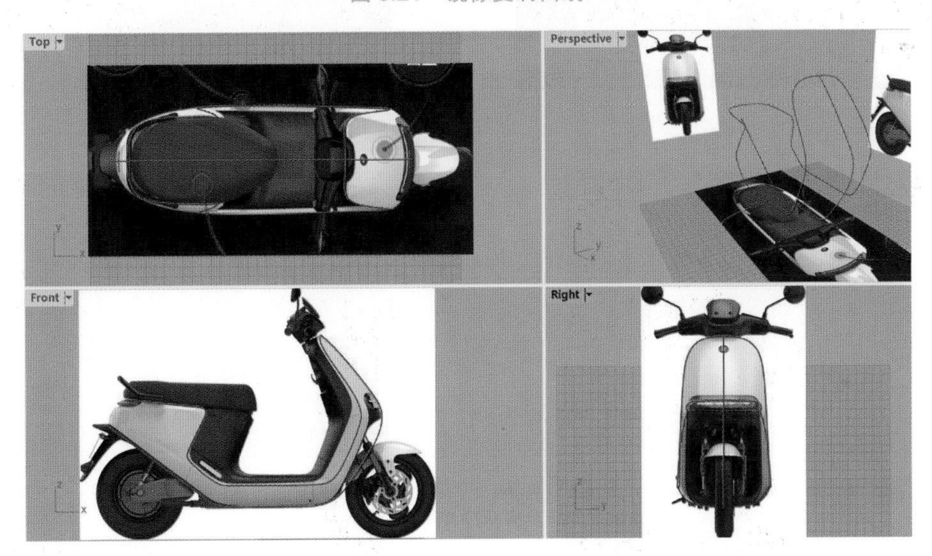

图 5.22　车身曲线参考图

接下来选择“从断面轮廓线建立曲线”命令生成截面曲线，依次选取图 5.23 所示的曲线 1 ～ 3，在需要生成轮廓线的位置设置断面线的起点和终点，这里的断面线是虚拟的，无须确定断面线的长度，只需确定位置。位置确定于车身灯罩下沿，在侧视图中拉出虚拟断面线确定位置，如图 5.24 所示。

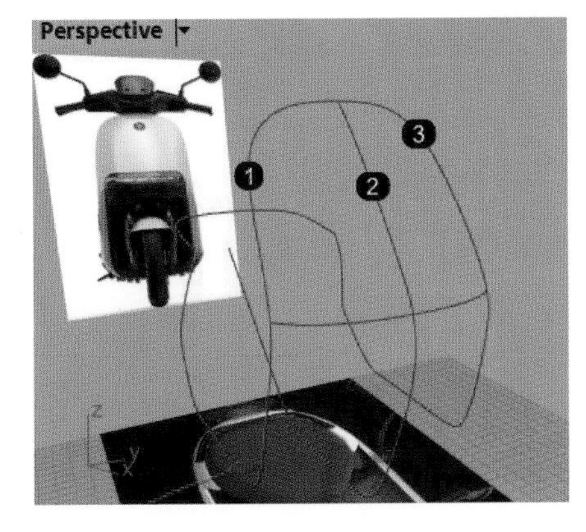

图 5.23　依次选取曲线

图 5.24　拉出虚拟断面线

绘制完成之后在“Top”视图中观察轮廓线形状（见图 5.25），发现与参考视图有偏差。

打开控制点，选择两个控制点（见图 5.26），先选择“移动”命令向右进行移动，再选择三个控制点（见图 5.27）向左进行移动，将轮廓线调整为尽可能符合参考视图，如图 5.28 所示。这里要注意的是，轮廓线调整后与之前画的第一条曲线的距离越小越好，这样可以提高建模精确度。

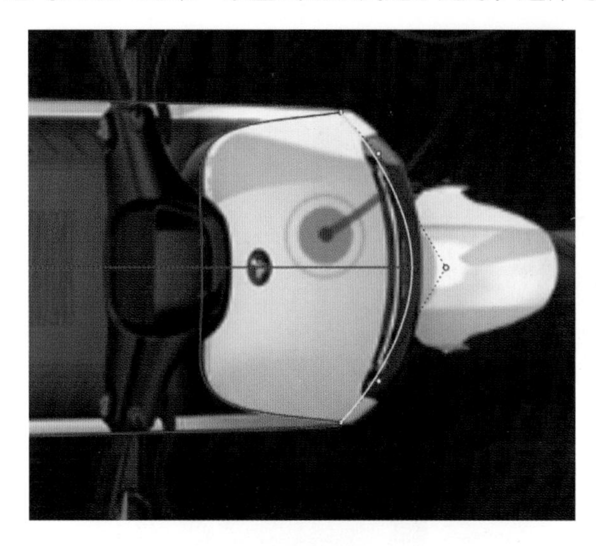

图 5.25 观察轮廓线形状

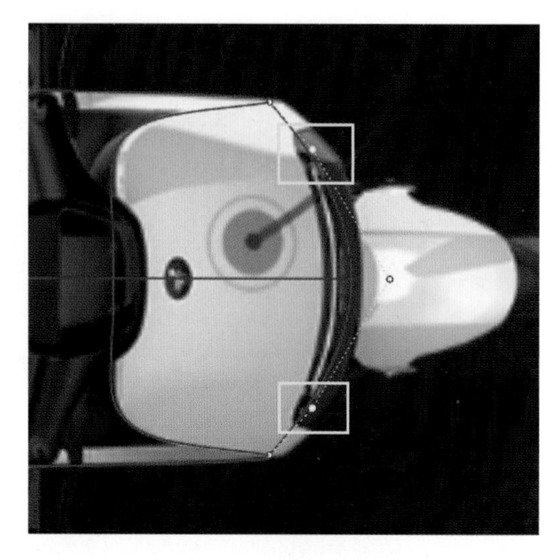

图 5.26 选择两个控制点

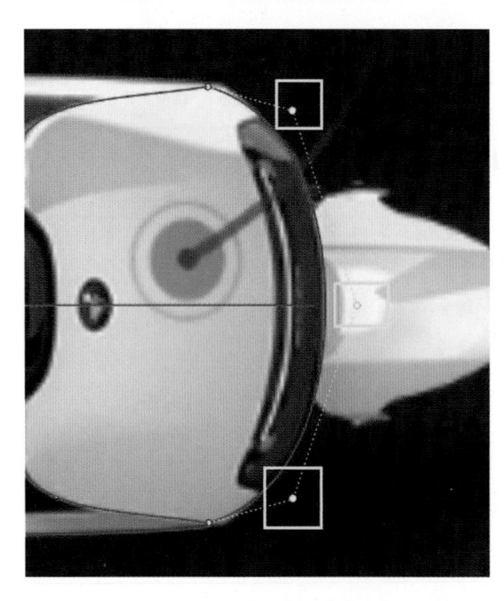

图 5.27 选择三个控制点

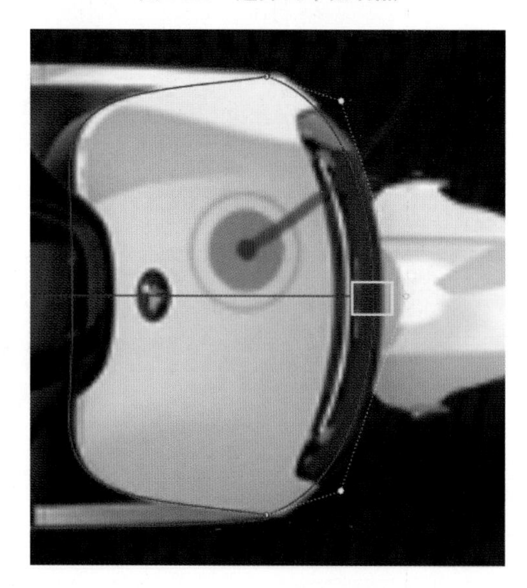

图 5.28 移动控制点后效果

曲线绘制完成后，养成备份曲线的习惯，因为在后期建模过程中将会对原始曲线进行分割、修剪等操作，备份曲线可以保证在出现意外需要重新建模时，免去再次绘制曲线这一步骤。新建备份图层，选中所有绘制好的曲线，在图层上右击，选择“复制物件至图层”，即可将绘制好的曲线复制一份并保存至备份图层中。

5.2.3 基础曲面绘制

选择“分割”命令，将第一条、第二条及镜像复制出的曲线进行分割。先选择要分割的这三条曲线，再点击“分割”命令按钮，命令行会提示“选取切割用物件”，再选择用“从断面轮廓线建立曲线”命令生成的轮廓线，将这三条曲线分割为图 5.29 所示结果。

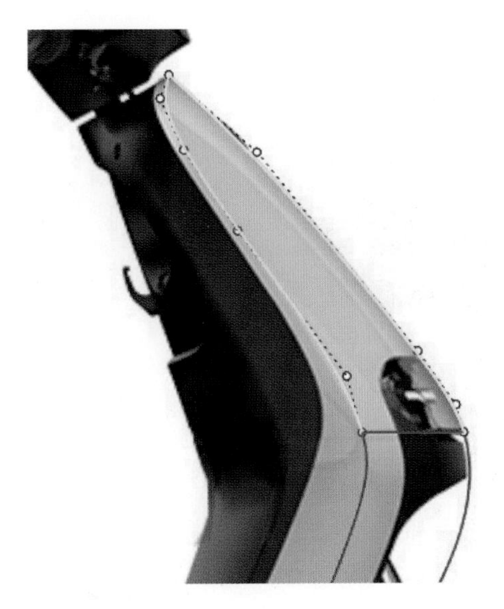

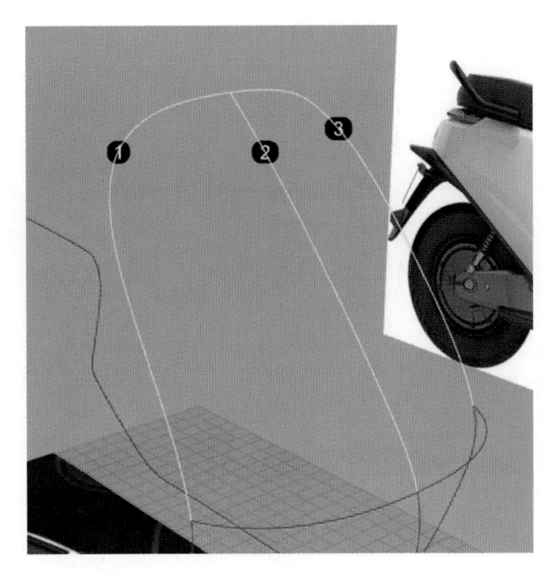

图 5.29　分割曲线

选择“放样”命令，依次选取图 5.29 中的曲线 1、2、3（切记在相邻位置依次选取曲线，例如选取第 1 条曲线时点击了该曲线的上端部分，那么第 2、3 条曲线也必须点击上端部分，否则放样将出错）。选取完放样所需的这三条曲线会弹出“放样选项”对话框，将样式设置为“标准”，“封闭放样”及“在正切点分割”选框不勾选，选择“不要简化”，点击“确定”按钮完成放样，如图 5.30 所示。放样完成后利用鼠标滚轮放大视图，在透视图中观察放样生成的曲面，发现曲面下边缘与轮廓线存在较大缝隙，如图 5.31 所示。

放样选项

样式(S)

标准

封闭放样(C)

与起始端边缘相切(T)

与结束端边缘相切(E)

在正切点分割(L)

断面曲线选项

对齐曲线...

不要简化(D)

重建点数(R)　10　个控制点

重新逼近公差(F)　0.001　毫米

确定　取消　说明(H)

图 5.30　放样选项设置

图 5.31　曲面下边缘与轮廓线有缝隙

选择“衔接曲面”命令，命令行中提示选取“未修剪曲面边缘”后，选择放样曲面下边缘。命令行提示变为“选取要衔接的曲线或边缘”，点击轮廓线，弹出“衔接曲面”对话框，“连续性”设置为“位置”（G0 连接），“维持另一端”设置为“位置”（G0），勾选“以最接近点衔接边缘”，勾选“精确衔接”，如图 5.32 所示，点击“确定”按钮完成曲面衔接（见图 5.33）。

曲面衔接完成之后，曲面结构线略显复杂，选择“移除节点”命令，手动进行曲面优化，同时可以在命令行中点击 点选要移除的结构线，按 Enter 完成 (方向(D)=U 切换(T)):，在 U、V 两个方向进行曲面优化。完成优化后，在图 5.34 所示红框中出现了收敛点。在后期该曲面会与其他曲面进行曲面顺接操作，可以暂时不用考虑收敛点问题。

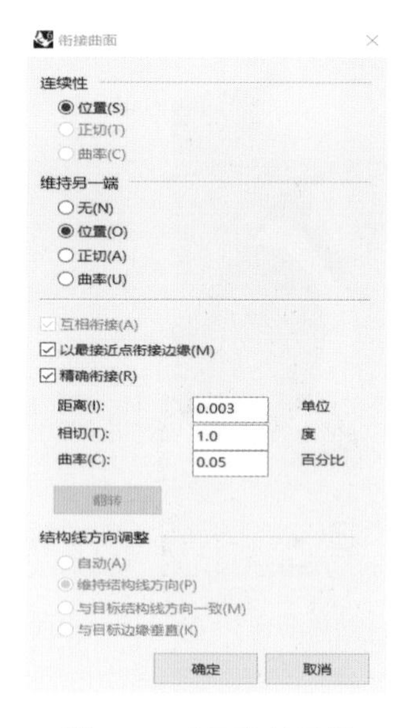

图 5.32　曲面衔接设置

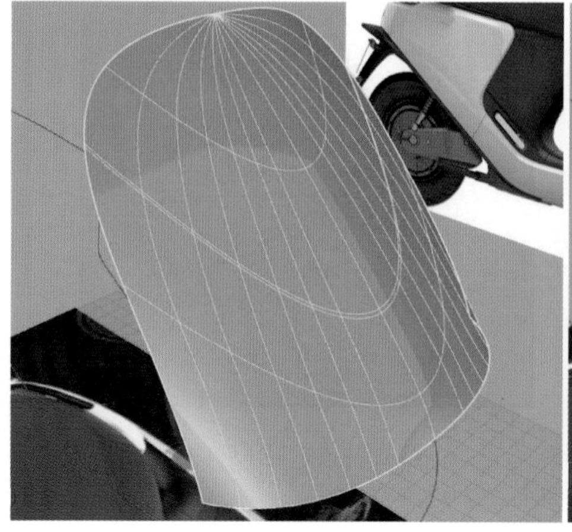

图 5.33　曲面衔接

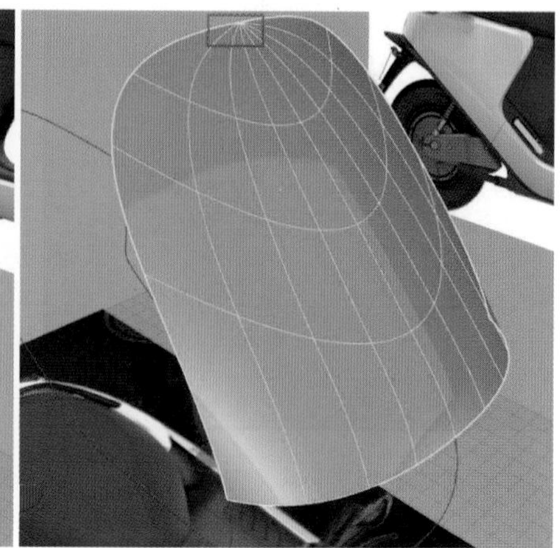

图 5.34　曲面收敛点

第一个基础分面绘制完成。

绘制空间曲线，如图 5.35 至图 5.37 所示。

图 5.35　绘制空间曲线 1

图 5.36　绘制空间曲线 2

图 5.37　绘制空间曲线 3

可以参考该曲线在各个视图中的位置进行绘制，如图 5.38 和图 5.39 所示。

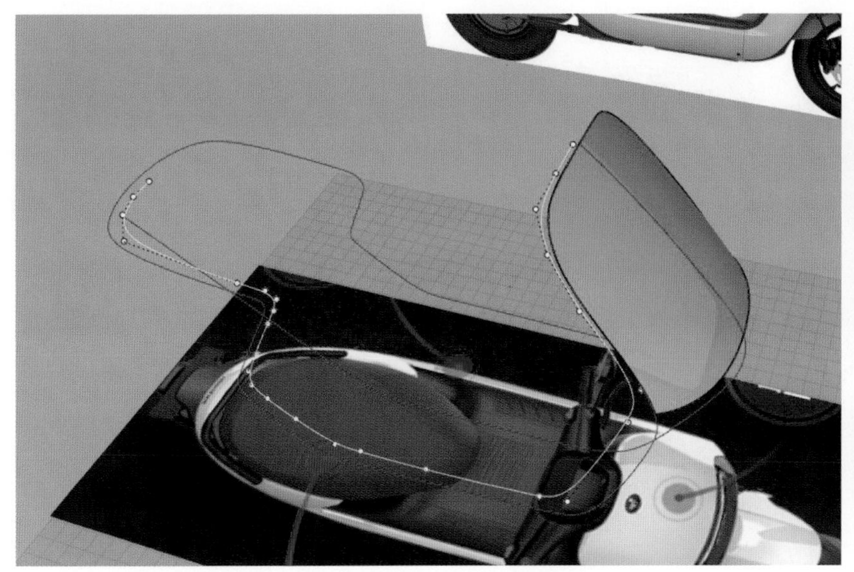

图 5.38　空间曲线位置 1

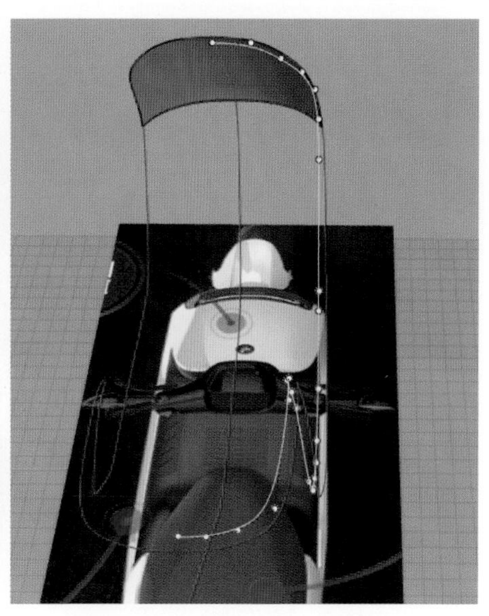

图 5.39　空间曲线位置 2

打开“端点”捕捉 ☑端点，在图 5.40 所示的位置绘制曲线 1 ～ 6。这一步绘制的 6 条曲线是为接下来用双轨扫掠生成曲面而绘制的截面曲线，其中第 5、6 条近似为直线，其余都是三阶四控制点曲线。

图 5.40　绘制曲线

各个位置的截面曲线在“Front”视图中的形状及控制点数量如图 5.41 至图 5.46 所示。

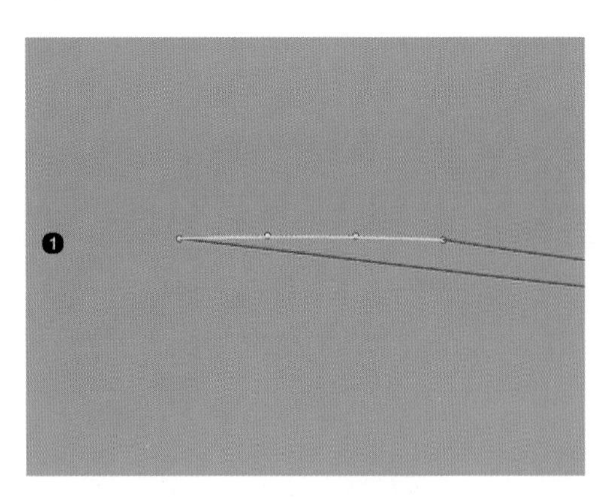

图 5.41　截面曲线 1

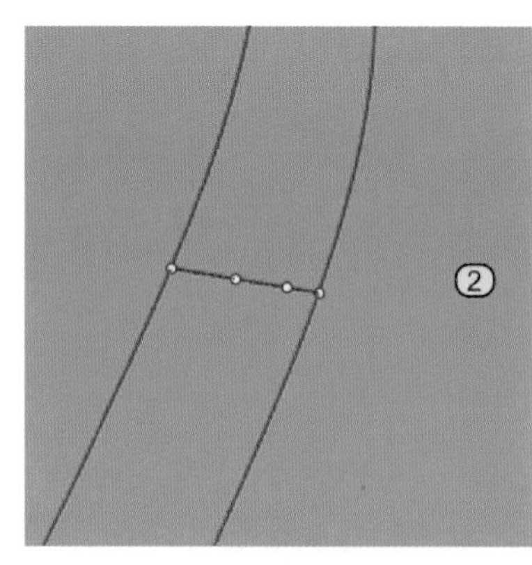

图 5.42　截面曲线 2

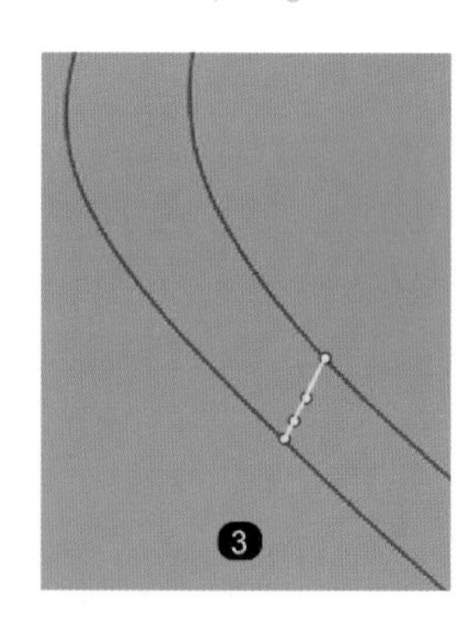

图 5.43　截面曲线 3

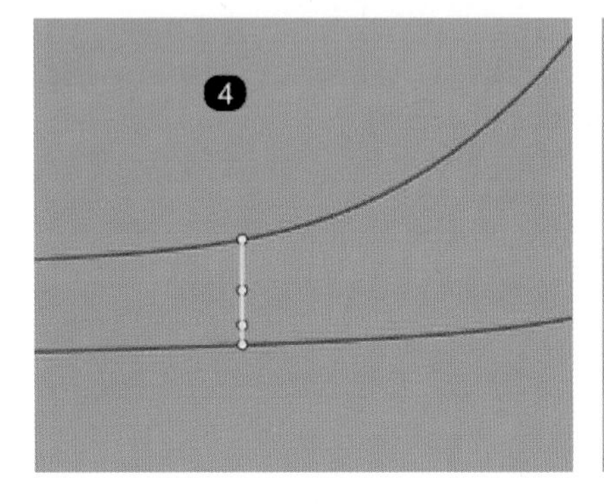

图 5.44　截面曲线 4

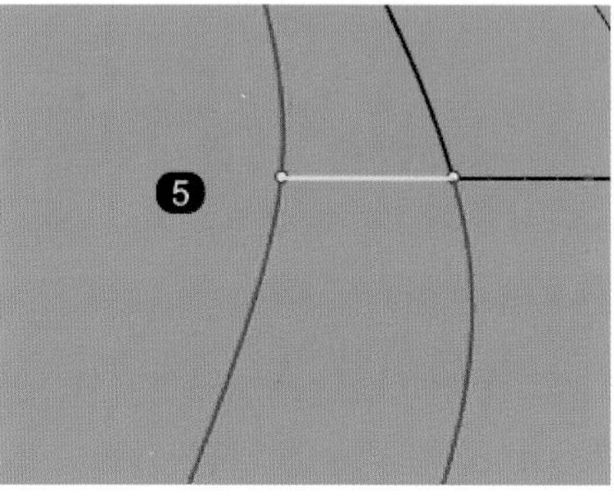

图 5.45　截面曲线 5

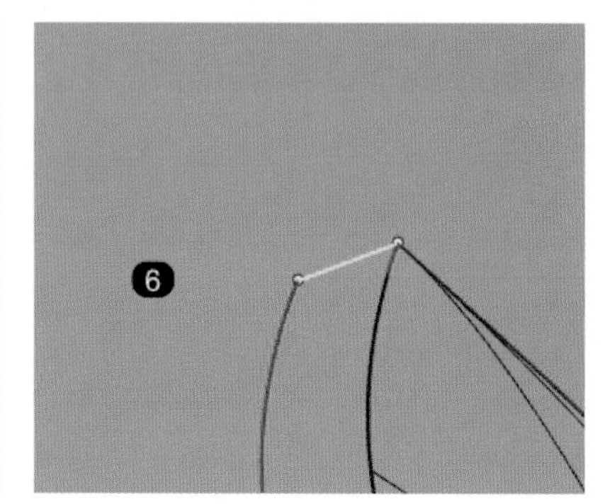

图 5.46　截面曲线 6

各个位置的截面曲线在“Top”视图中的形状及控制点数量如图 5.47 至图 5.52 所示。

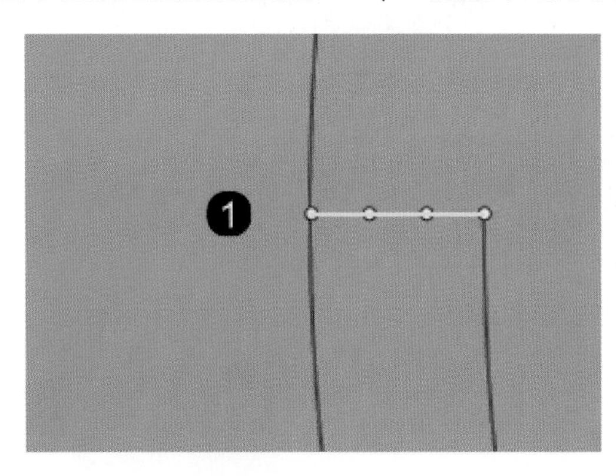

图 5.47　截面曲线 1

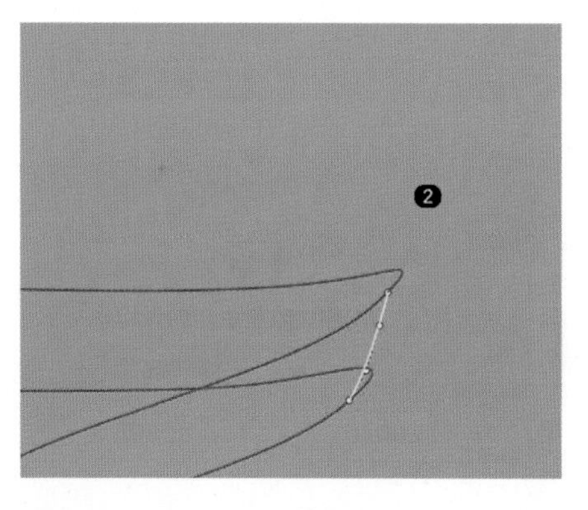

图 5.48　截面曲线 2

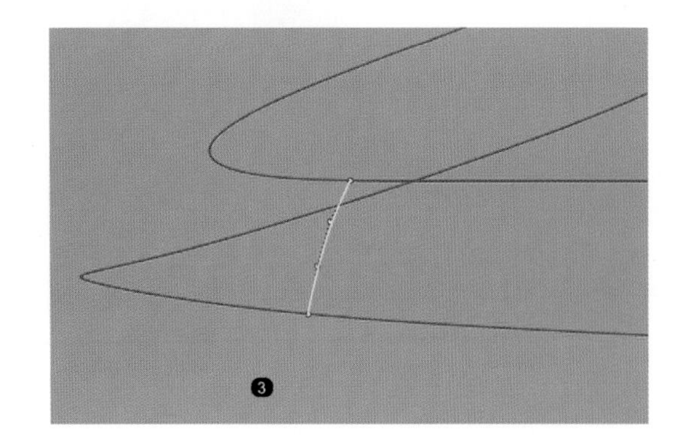

图 5.49　截面曲线 3

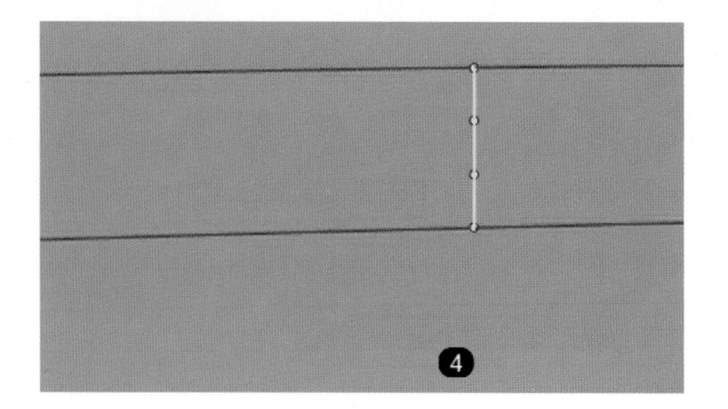

图 5.50　截面曲线 4

各个位置的截面曲线在“Right”视图中的形状及控制点数量如图 5.53 至图 5.55 所示。

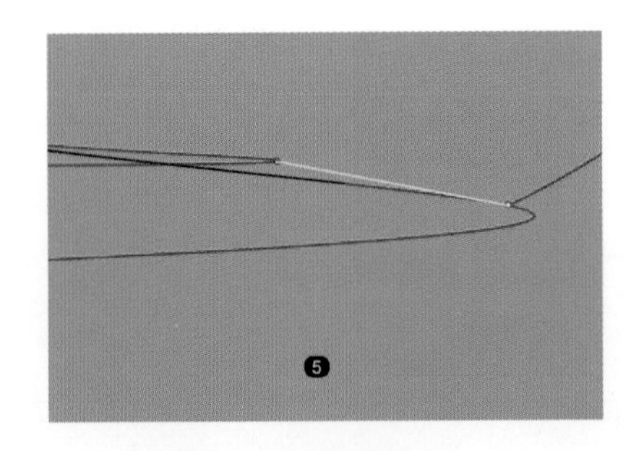

图 5.51　截面曲线 5

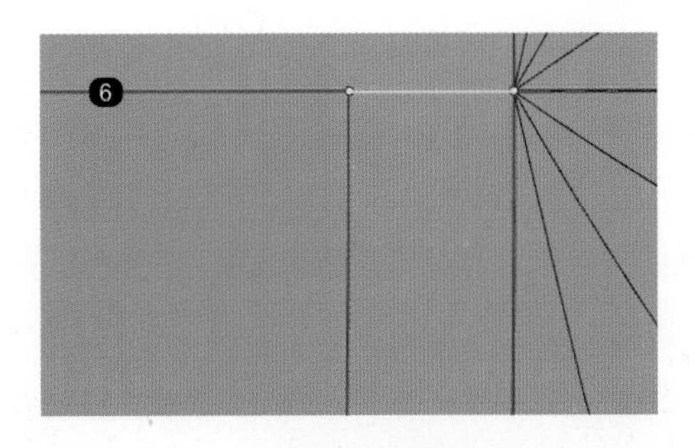

图 5.52　截面曲线 6

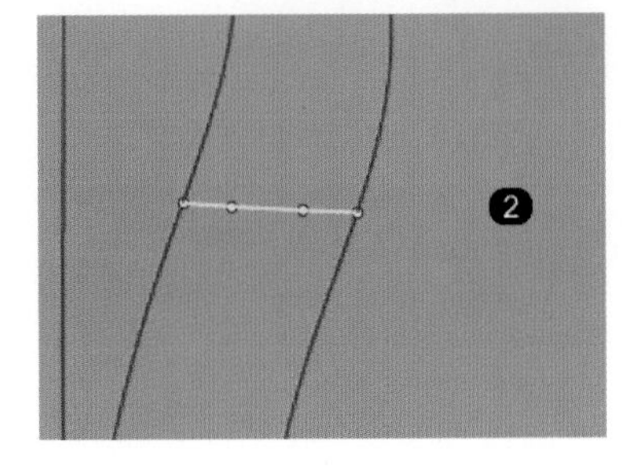

图 5.53　截面曲线 2 形状

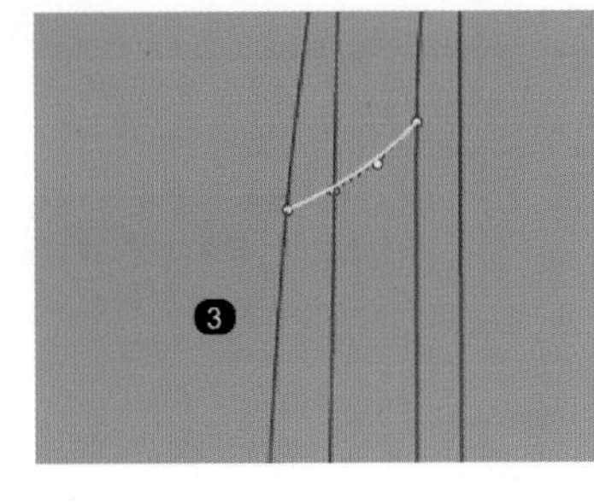

图 5.54　截面曲线 3 形状

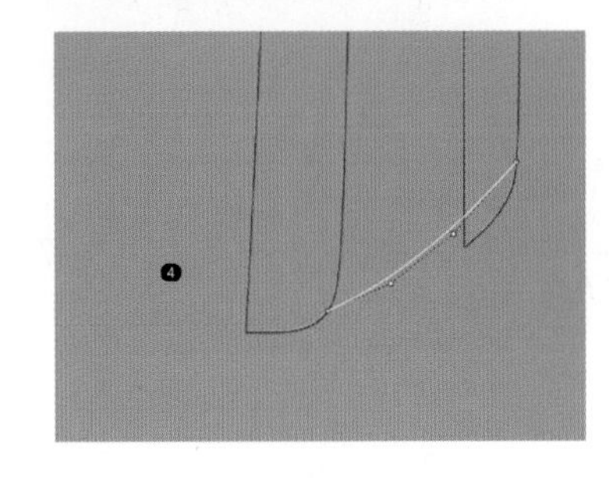

图 5.55　截面曲线 4 形状

这 6 条截面曲线绘制完成后，选择“双轨扫掠”命令进行曲面绘制。如图 5.56 所示选择“曲线”，此曲线需要在上面建模过程中进行备份。然后选择另一条长曲线。接着依次选取上一步绘制完成的 6 条截面曲线。在弹出的双轨扫掠选项中保持默认设置，不要更改断面选项，点击“确定”按钮完成双轨扫掠，如图 5.57 所示。

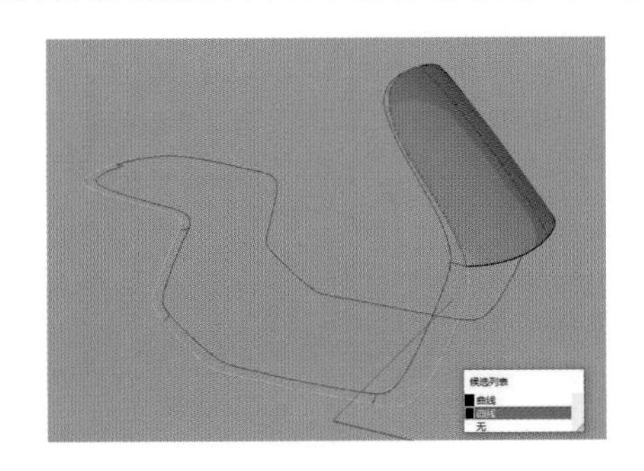

图 5.56　选择“曲线”

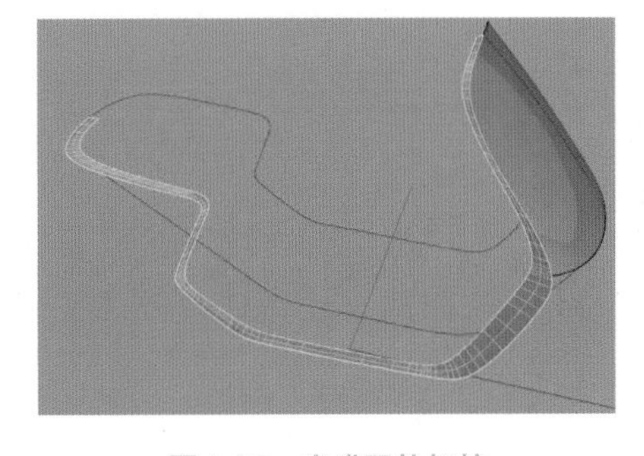

图 5.57　完成双轨扫掠

如果操作过程中希望曲面没有结构线显示可如图 5.58 所示进行设置，即点击“视图”/“着色模式”/“物件”，把“可见性”下的“显示结构线”前面的勾选符号去掉即可。

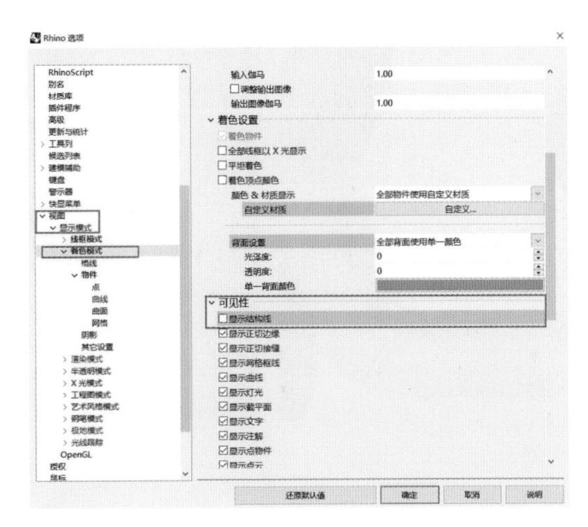

图 5.58　取消结构线显示

双轨扫掠完成之后选择“镜像”命令将扫掠曲面镜像，如图 5.59 所示。

继续绘制空间曲线，如图 5.60 所示，从右往左在“Front”视图中先绘制曲线，绘制到倒数第四个点时，切换到“Top”视图或者“Right”视图完成最后三个控制点绘制，一定要注意使最后两个点保持在同一水平线上（见图 5.61），这样镜像的时候才不会出现很尖锐的角点。绘制第一个点时务必打开“最近点”捕捉，将第一个点捕捉到第一个曲面的下边缘适当位置。

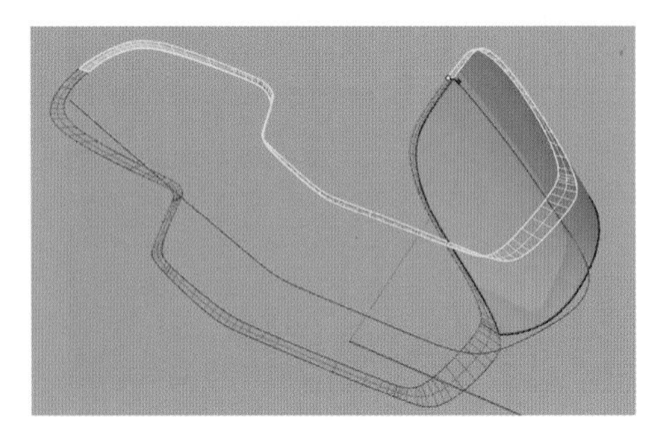

图 5.59　扫掠曲面镜像

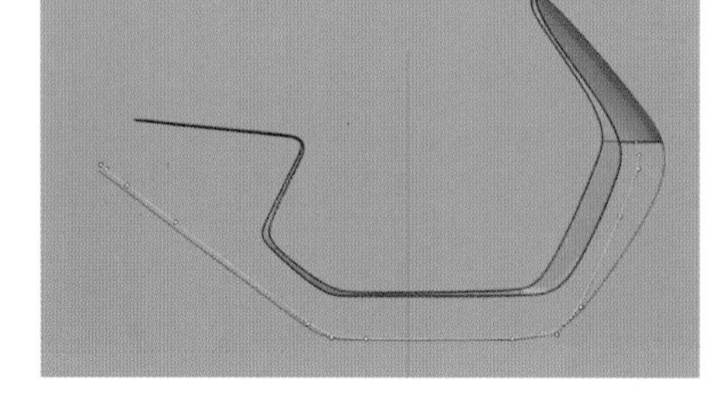

图 5.60　绘制曲线

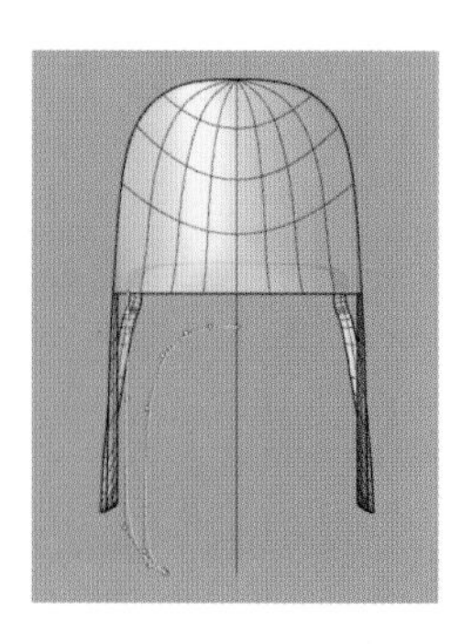

图 5.61　对齐控制点

在“Front”视图中绘制完成后，打开曲线控制点，选择“移动”命令，在“Right”视图和“Top”视图中移动调整空间曲线形状，如图 5.62 所示。

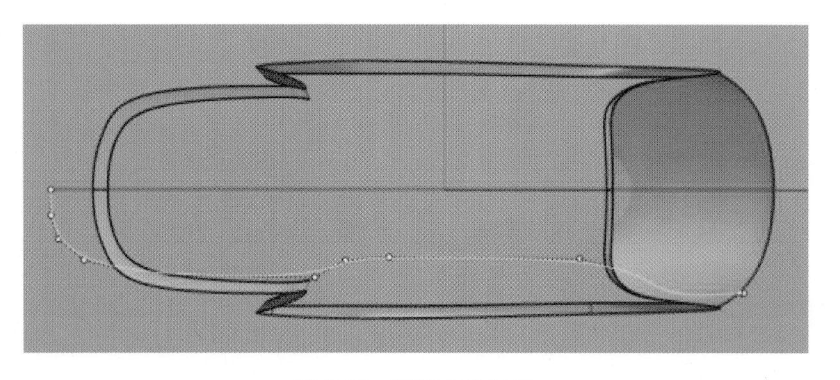

图 5.62　调整曲线形状

在“Front”视图中绘制 3 条三阶五点截面线，如图 5.63 所示。截面曲线绘制技巧：打开“最近点”捕捉，捕捉双轨扫掠生成的曲面及上一步绘制的曲线，先绘制 3 条直线，然后选择“重建曲线”命令，将直线重建为三阶五点曲线，如图 5.64 所示。

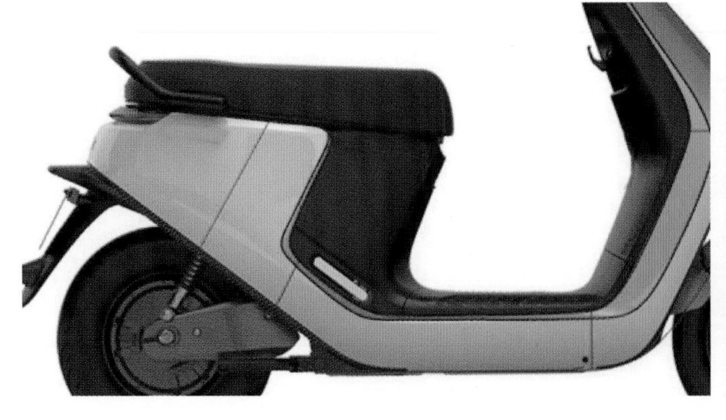

图 5.63　绘制截面线

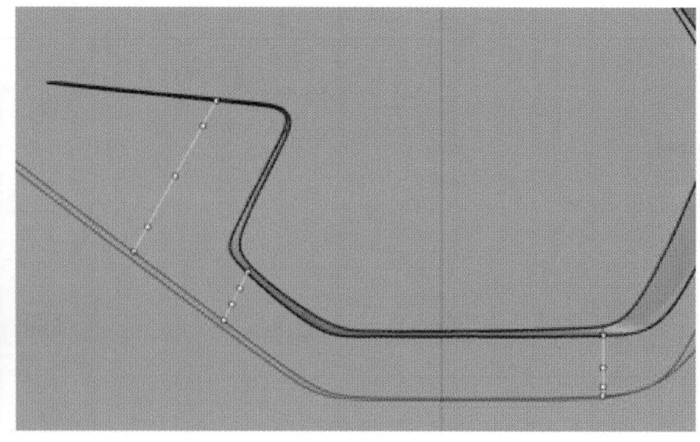

图 5.64　重建三阶五点曲线

重建完成之后打开控制点，选择“移动”命令在“Right”视图中调整点位置，如图 5.65 和图 5.66 所示。

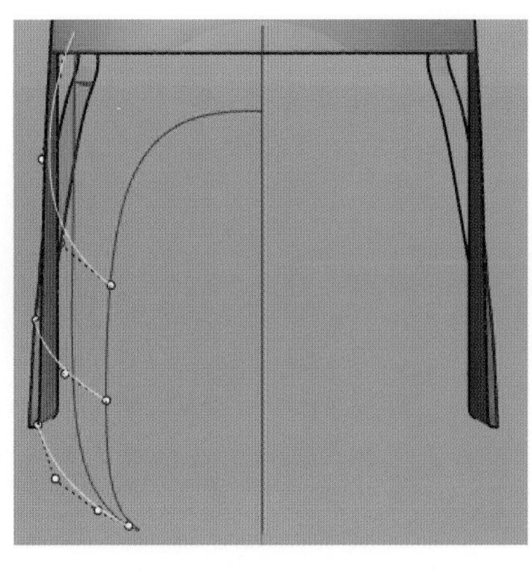

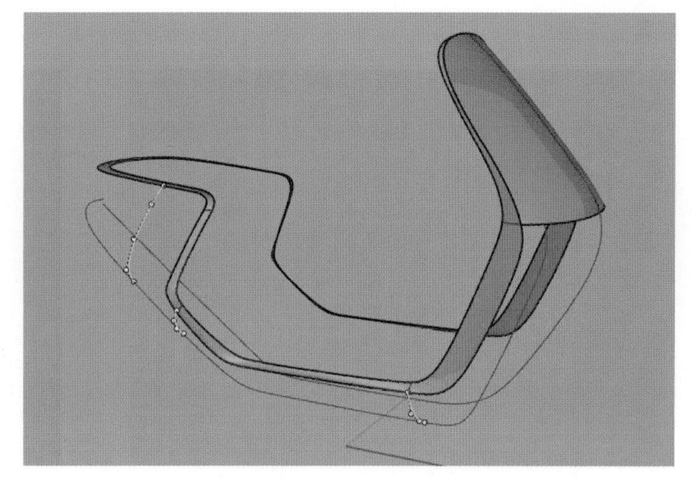

图 5.65 调整点位置 1

图 5.66 调整点位置 2

分割曲线生成截面曲线，选择上一步生成的轮廓线，并将其复制进备份图层中，选择“分割”命令，点击图 5.67 中箭头所指曲线，完成分割。紧接着进行双轨扫掠，如图 5.68 所示。

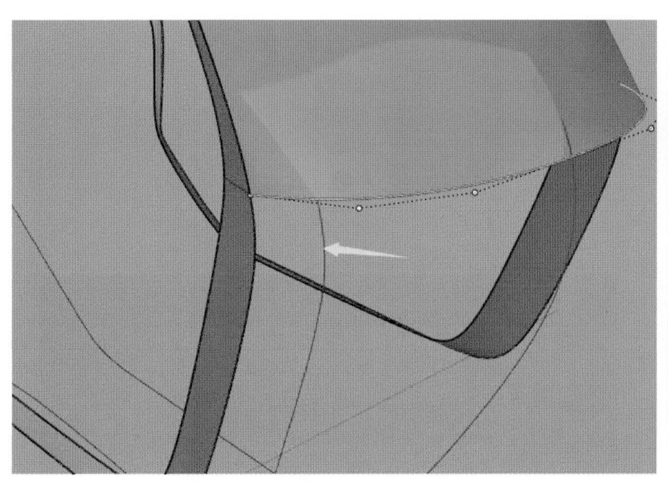

图 5.67 分割曲线

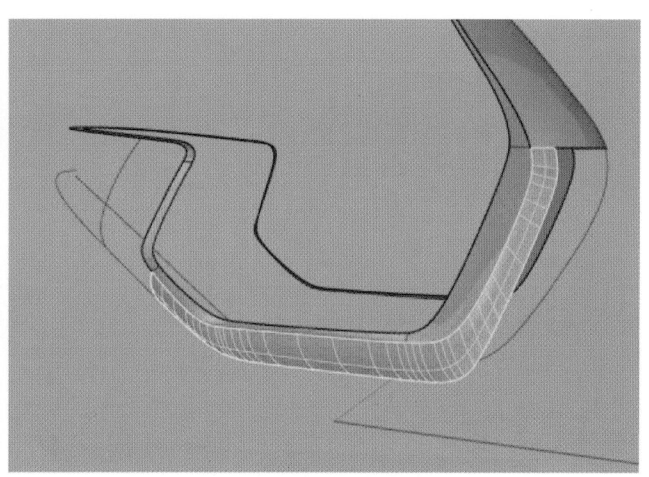

图 5.68 双轨扫掠

镜像复制该扫掠曲面，如图 5.69 所示。

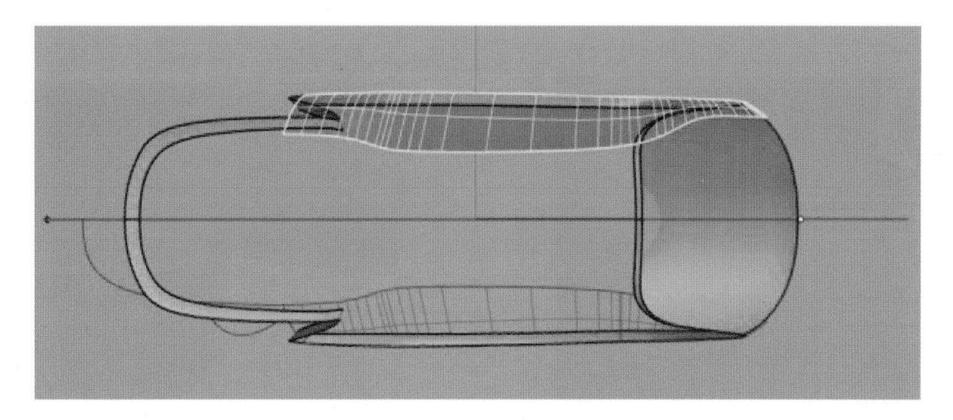

图 5.69 镜像复制曲面

依次选取图 5.70 所示曲线，选择“从断面轮廓线建立曲线”命令，打开“端点”捕捉，捕捉上一步双轨扫掠中用到的截面曲线端点（图 5.70 中箭头所指），在端点位置设置断面线，完成轮廓线绘制。打开控制点，利用“移动”命令及“单轴缩放”命令调整曲线形状，如图 5.71 所示。

选中所有曲面及曲线再一次进行备份，在备份图层上点击鼠标右键，在弹出的对话框中点击“复制物件至图层”。选择“分割”命令分割 3 条曲线。图 5.72 所示黄色曲线为分割后的 3 条曲线。

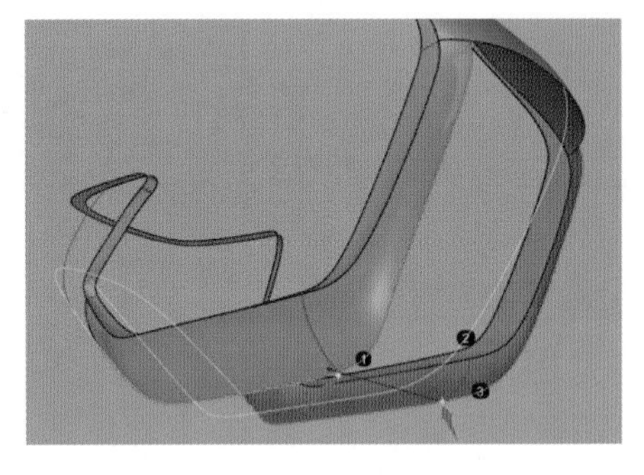

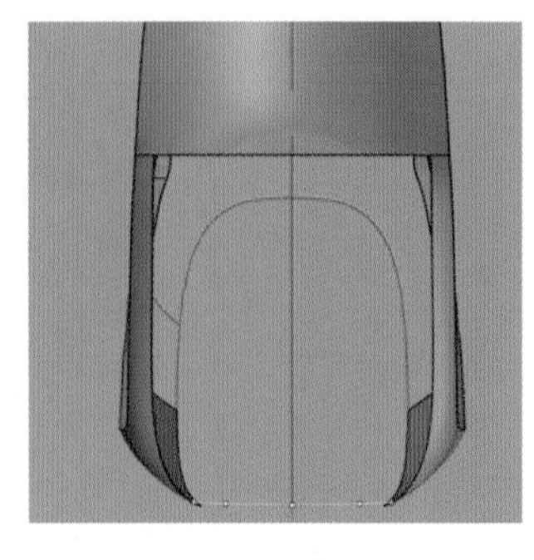

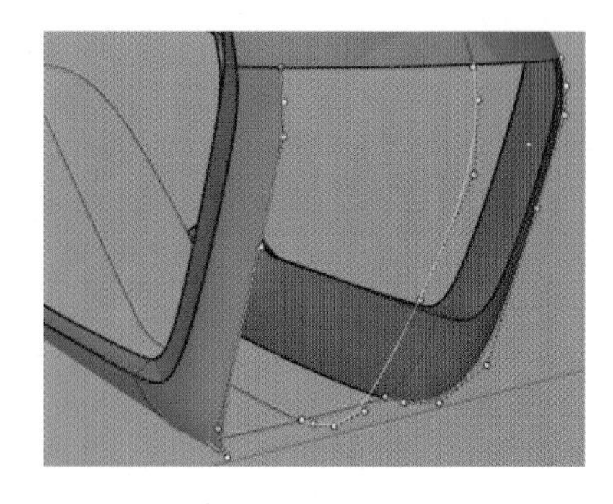

图 5.70 从断面轮廓线生成曲线

图 5.71 调整曲线形状

图 5.72 分割曲线

选中以上步骤绘制的 5 条曲线，选择“从网线建立曲面”命令，生成曲面。选项设置如图 5.73 所示，边缘设置全部选“位置”，公差设置为“0.001”和“0.01”（默认不变）。绘制截面曲线，如图 5.74 所示，截面曲线为三阶四点曲线。

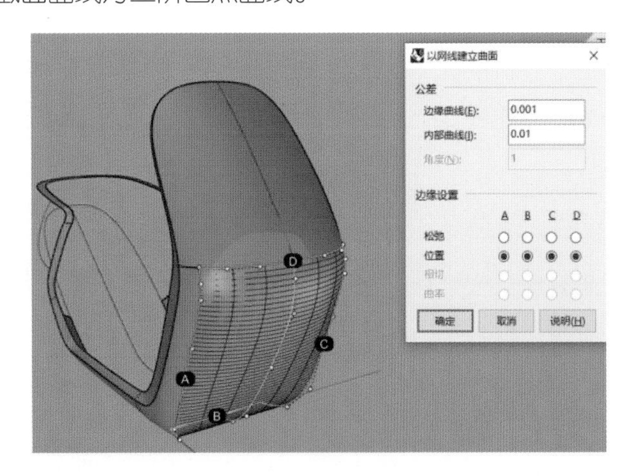

图 5.73 从网线建立曲面

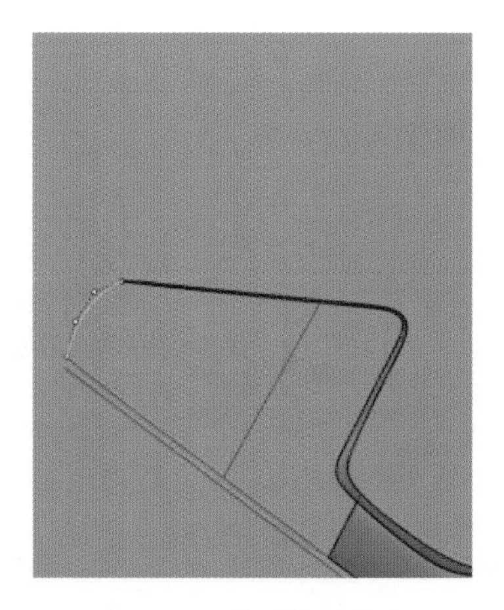

图 5.74 绘制截面曲线

选择“双轨扫掠”命令生成电动车车尾基础曲面。先选择图 5.75 所示黄色曲线，再选择图 5.76 中箭头所指截面曲线，在弹出的选项框中保持默认设置不变，点击“确定”按钮完成曲面构建。

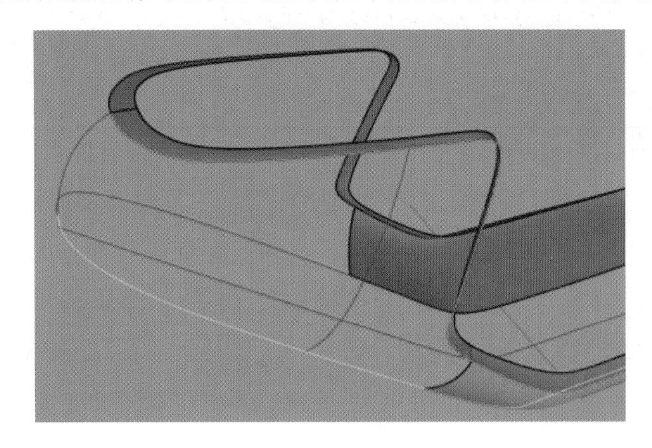

图 5.75 选择曲线

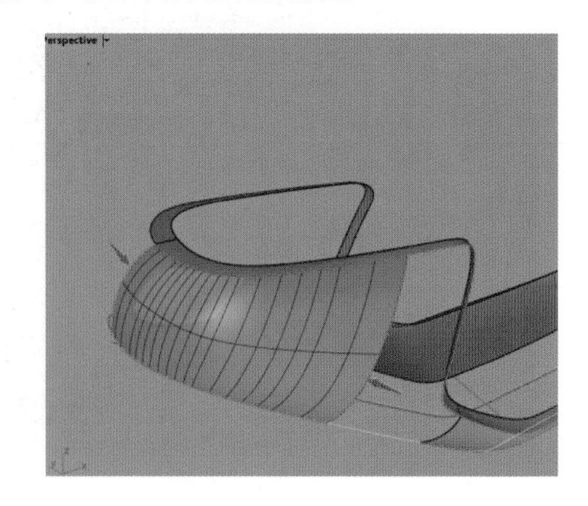

图 5.76 双轨扫掠

打开“最近点”捕捉，在图 5.77 所示位置绘制一条直线，最近点捕捉点为图 5.77 中箭头所指位置，直线两端务必超出上一步双轨扫掠生成的曲面。继续绘制两条直线，注意直线两端位置，左端位于左侧大曲面内，右端超出曲面，如图 5.78 所示。

将3条直线投影至图5.79中箭头所指曲面。先选择这3条直线，再选择“投影”命令，选择所要投影的曲面，投影时务必正对曲面（即在正视图中）进行投影。

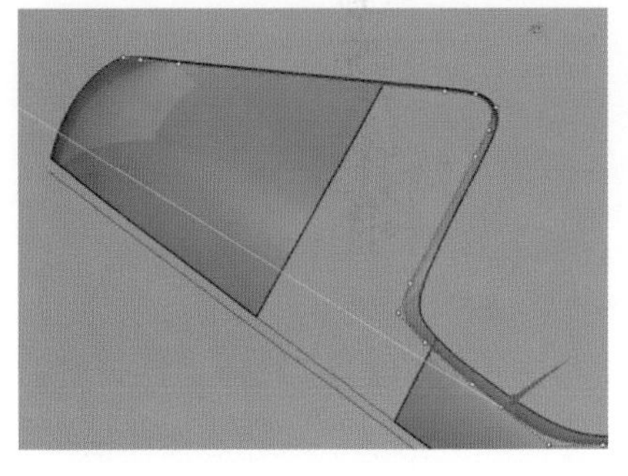

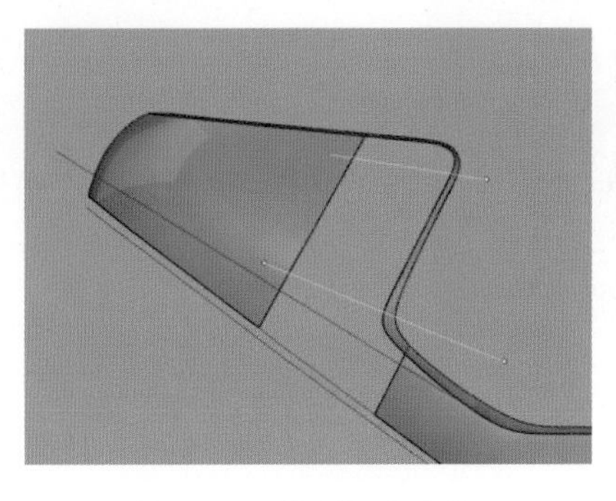

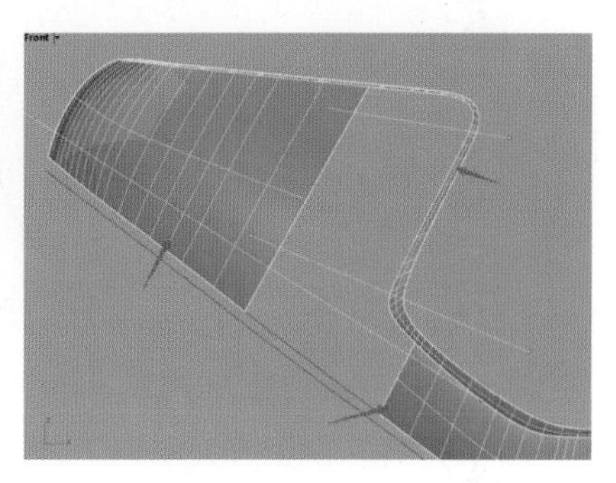

图 5.77　绘制直线　　图 5.78　绘制两条直线　　图 5.79　投影曲线

投影完成后，选择“可调式混接曲线”命令，再选取要混接的曲线，注意选取要混接的曲线时选取两条投影曲线相邻两端，不然会混接出错误曲线。生成的混接曲线如图 5.80 所示。连续性设置（见图 5.81）为：左侧大曲面投影 1 处为“曲率”，右侧长条状曲面 2 处为“位置”。点击“确定”按钮完成混接曲线构建。

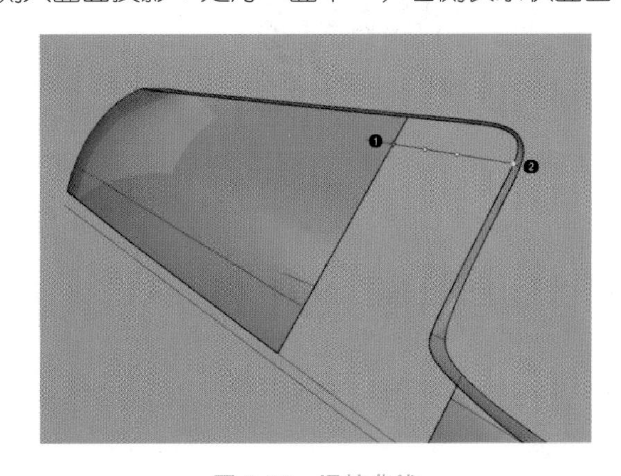

图 5.80　混接曲线

图 5.81　连续性设置

混接第二条曲线，如图 5.82 所示，1、2 处定义取决于建模者先选哪条曲线，如果先选左侧大曲面上的投影线，则左侧为 1，另一处为 2。先选哪条曲线没有要求，只要在混接曲线选项中的连续性设置中注意选项对应点选即可。此处连续性设置如图 5.83 所示。

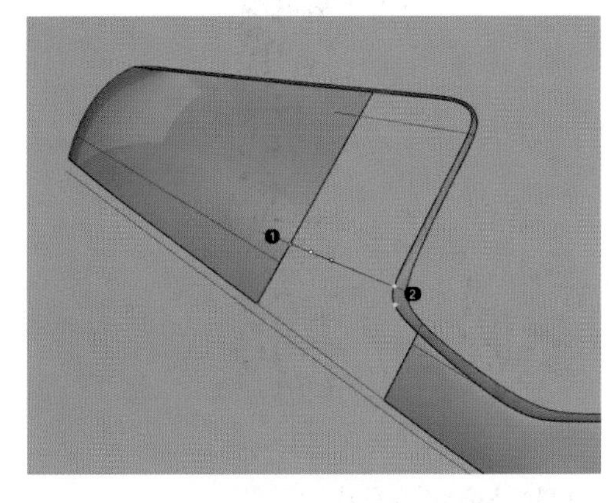

图 5.82　混接曲线

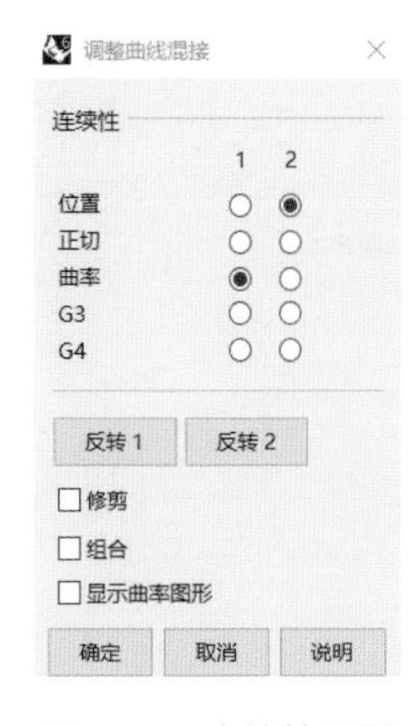

图 5.83　连续性设置

第三条混接曲线如图 5.84 所示。1、2 处均需设置为“曲率”连接，如图 5.85 所示。

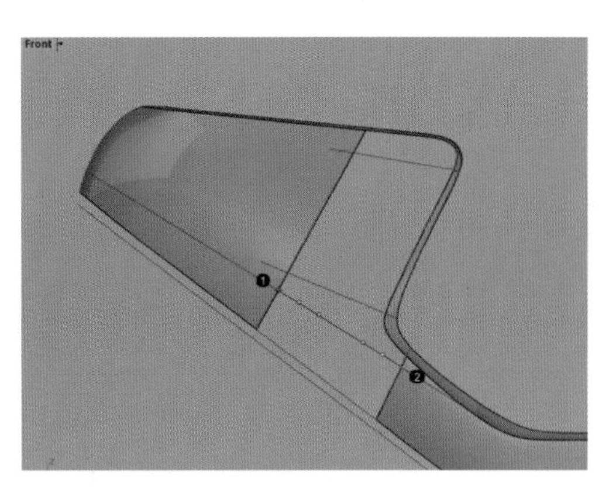

图 5.84　混接曲线

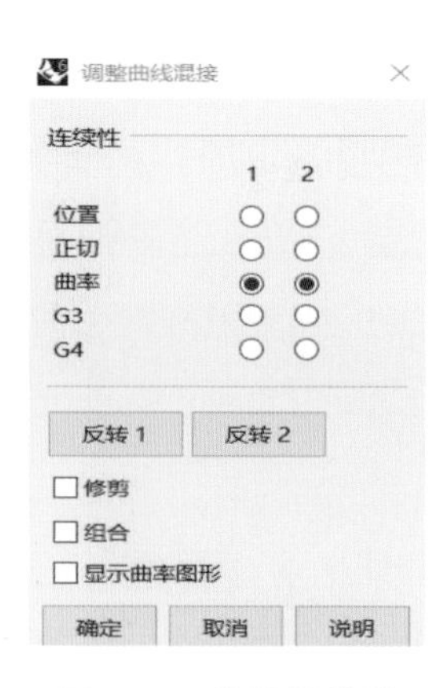

图 5.85　连续性设置

有时候混接曲线生成后我们对其形状不是很满意，就要在点击“确定”按钮前进行形状调节。按住键盘上的“Shift”，鼠标左键点击曲线控制点，拖动鼠标可同时对 1、2 处的混接控制点进行等比例调节。这里要注意的是，千万不能点击“确定”按钮生成混接曲线后再打开曲线控制点进行拖动调节，一旦这样操作，将会破坏混接曲线的连续性。

选择“双轨扫掠”命令继续生成曲面，选择“曲面 边缘”为第一条轨道（见图 5.86），选择“曲线”为第二条轨道（见图 5.87），这里要注意曲面边缘与曲线是不同的。

轨道选择之后选择截面曲线，如图 5.88 所示。

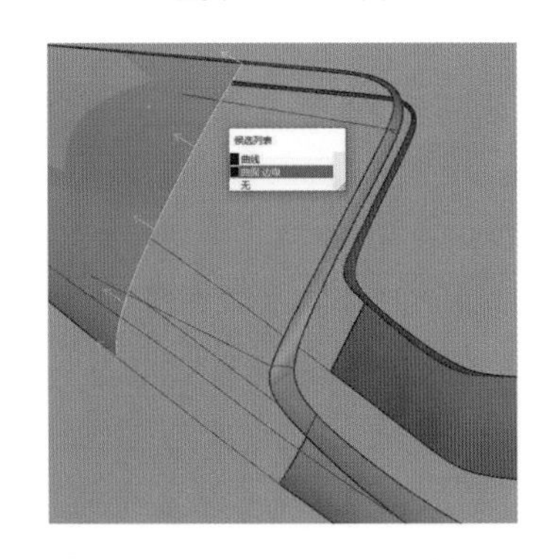

图 5.86　选择“曲面 边缘”

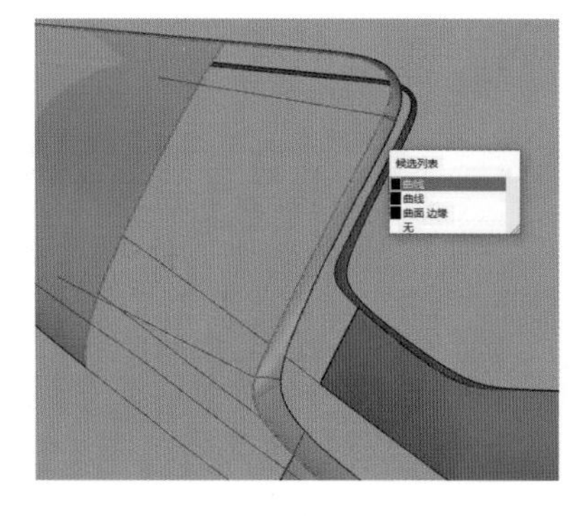

图 5.87　选择“曲线”

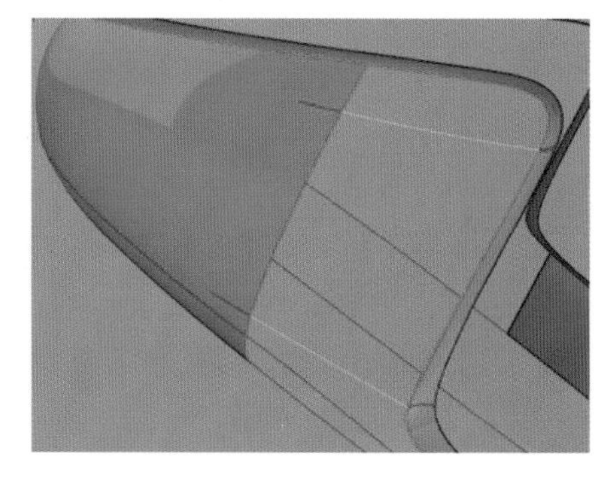

图 5.88　选择截面曲线

双轨扫掠选项设置 A 处为“曲率”，如图 5.89 所示。如果上一步第一条轨道没有选择曲面边缘，此处 A、B 两个“边缘连续性”设置都会为灰色锁定无法设置状态。因为先选了左侧曲面的曲面边缘，所以曲面边缘即为 A 处（见图 5.90），和混接曲线设置时的“1”“2”是同样的道理，选择先后顺序决定 A、B 序号。

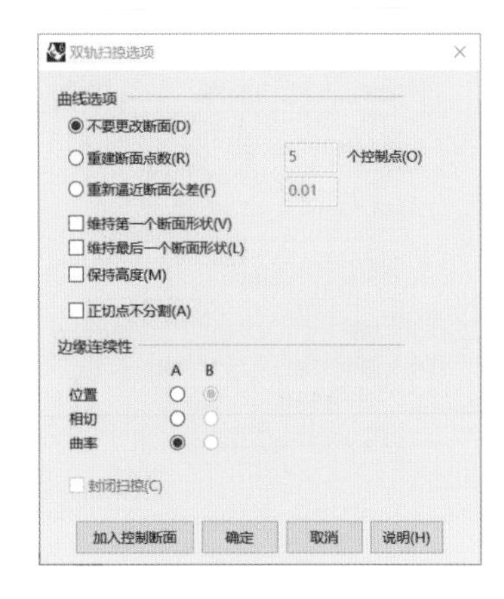

图 5.89　双轨扫掠选项设置

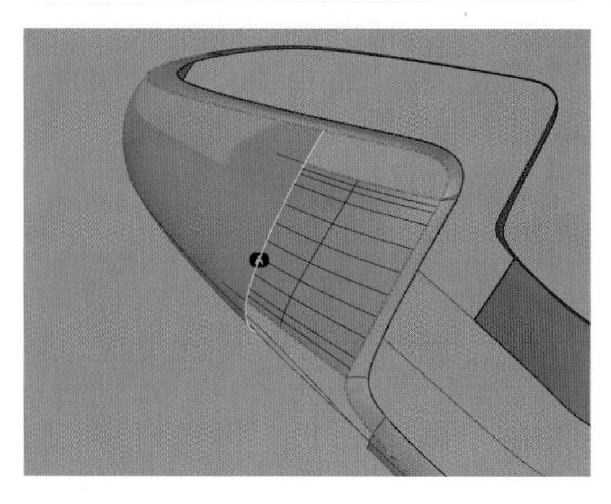

图 5.90　双轨扫掠中的 A 处

选择“分割”命令分割曲线，如图 5.91 所示。再次选择“双轨扫掠”命令继续生成曲面，先选择扫掠轨道，这里同样注意选择曲面边缘作为轨道，如图 5.92 所示。图 5.93 所示的 A、B 两处连续性都设置为“曲率”连接，如图 5.94 所示。

继续在“Front”视图中绘制辅助直线，如图 5.95 所示，在“Front”视图中将辅助直线投影至图 5.96 中箭头所指曲面上。

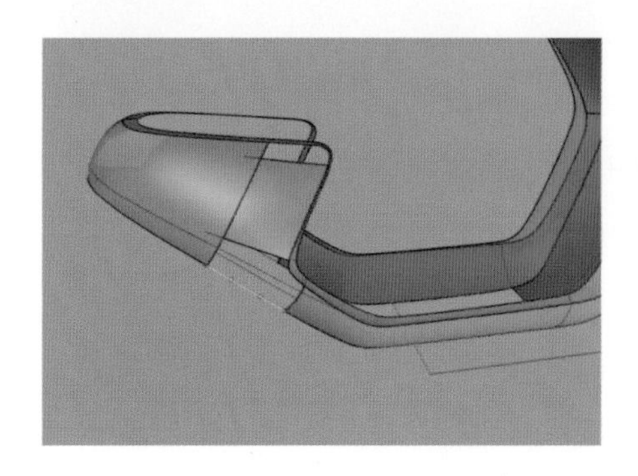

图 5.91　分割曲线

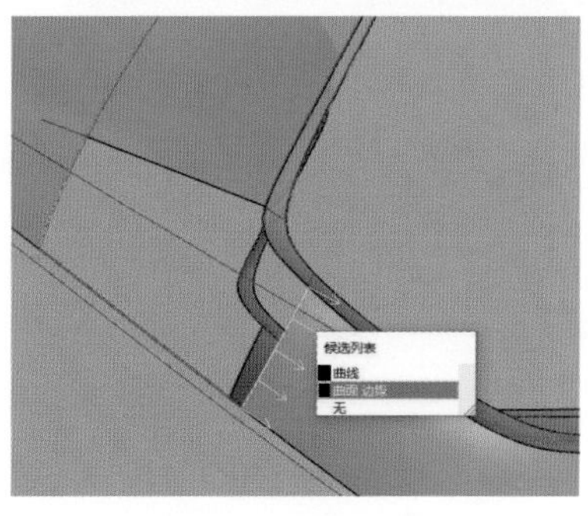

图 5.92　选择曲面边缘

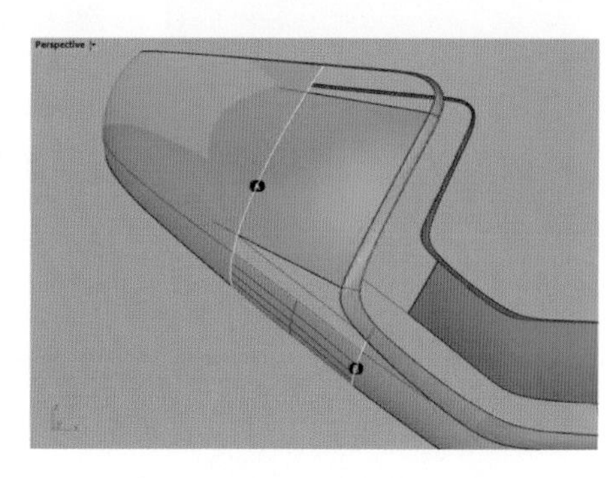

图 5.93　双轨扫掠 A、B 两处

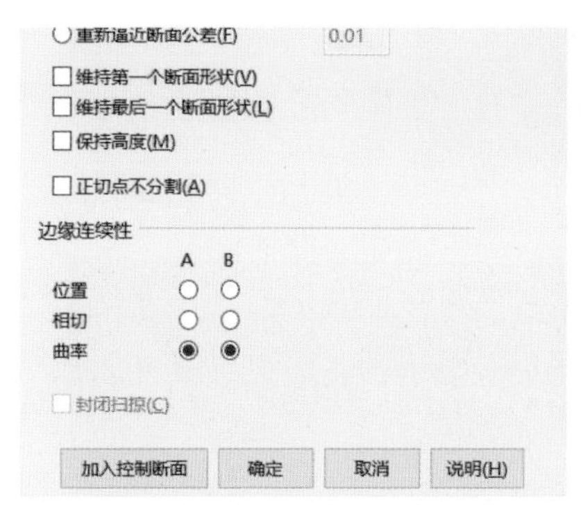

图 5.94　双轨扫掠选项设置

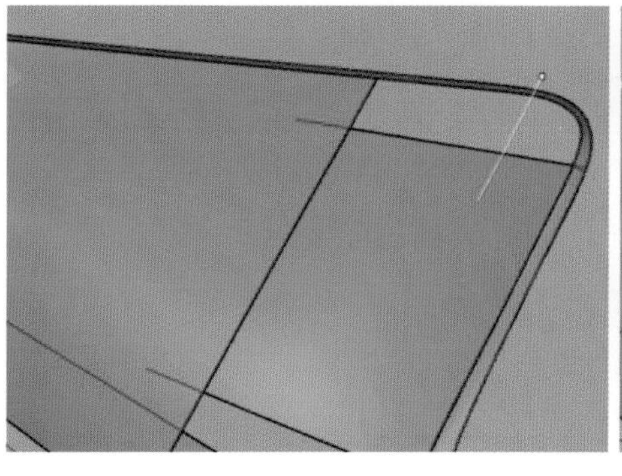

图 5.95　绘制辅助直线

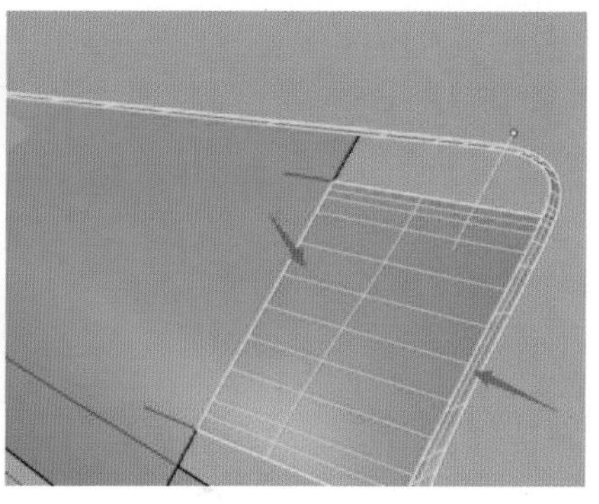

图 5.96　投影

选择“可调式混接曲线”命令混接两条投影线，如图 5.97 所示，1、2 处连续性分别设置为“正切”及“位置”（见图 5.98）。

选择“分割边缘”命令分割曲面边缘，如图 5.99 至图 5.102 所示。这里要注意，“分割边缘”命令只能分割曲面的边缘，不能分割实际存在的曲线和曲面；反之，“分割”命令只能分割实际存在的曲线、曲面，不能分割曲面的边缘。注意两者的图标和选择方法区别。

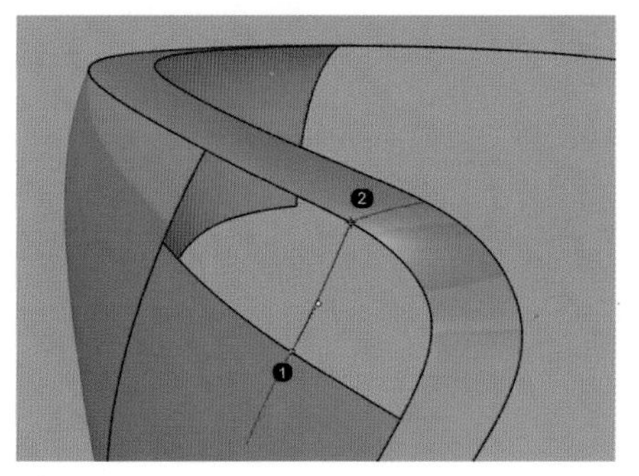

图 5.97　混接曲线

图 5.98　混接设置

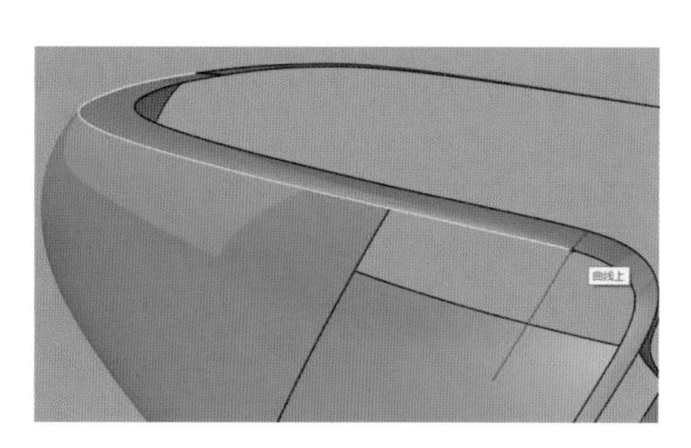

图 5.99　分割曲面边缘 1

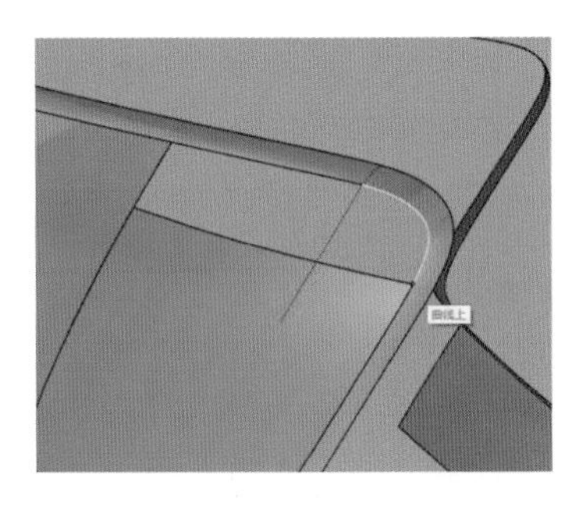
图 5.100　分割曲面边缘 2

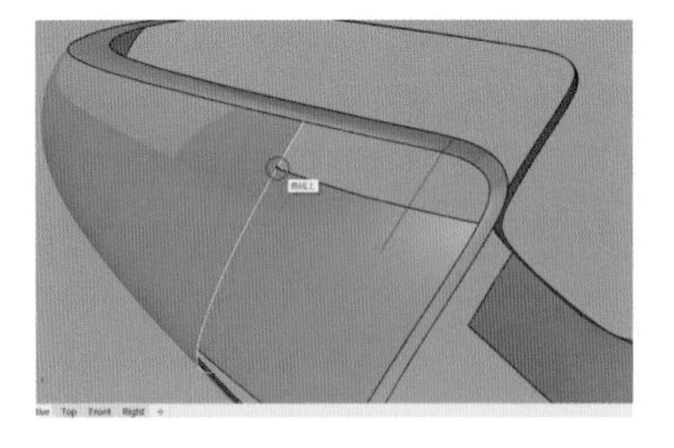
图 5.101　分割曲面边缘 3

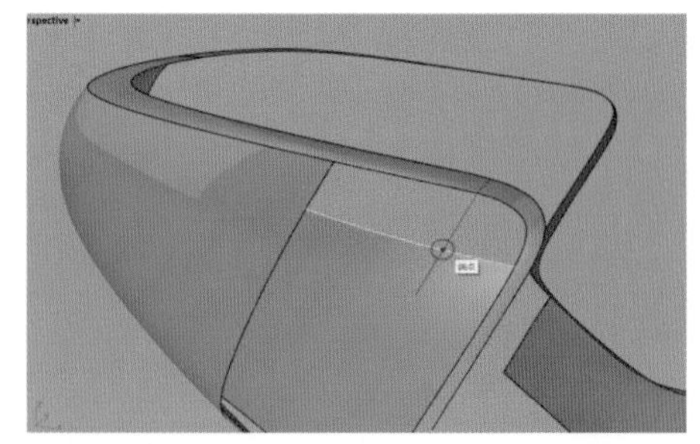
图 5.102　分割曲面边缘 4

边缘分割后，需要选择“显示边缘”命令，选择上一步所分割的曲面，检查边缘是否分割成功。这时曲面边缘显示为粉色（见图 5.103），其中有白色的小点，表示曲面的边缘在白点处已经分割成功。双轨扫掠如图 5.104 所示，设置边缘连续性为“位置”和“相切”。

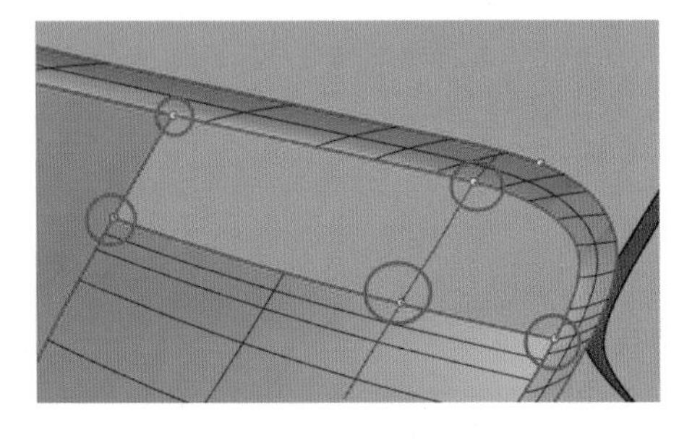
图 5.103　边缘分析

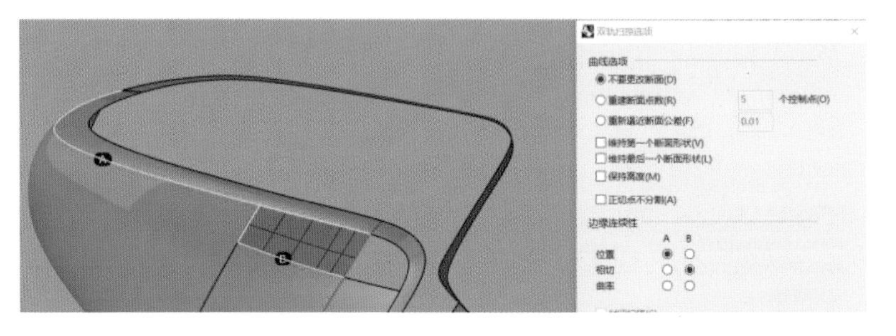
图 5.104　双轨扫掠

选择“以二、三或四个边缘曲线建立曲面”命令，生成图 5.105 所示曲面。

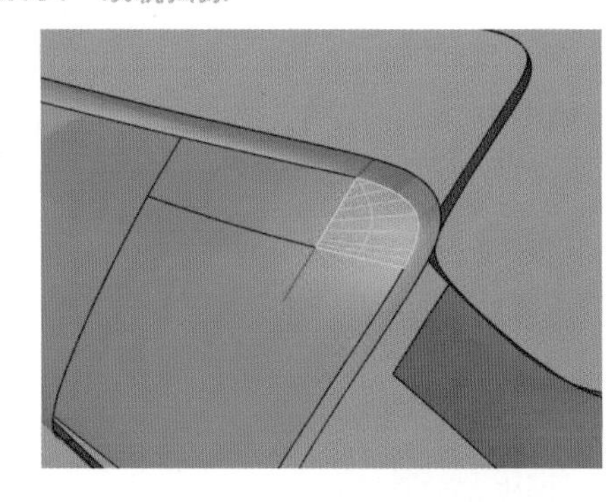
图 5.105　以边缘曲线建立曲面

选择“衔接曲面”命令将上两步生成的曲面进行连续性设置。因为两个曲面边缘贴合在一起，在选择边缘时先按图 5.106 所示选择法线箭头向左的边缘，然后衔接法线箭头向右的边缘（见图 5.107）。

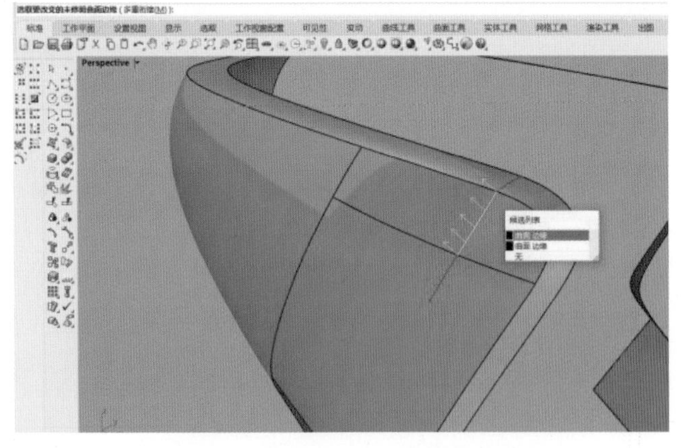

图 5.106　曲面衔接（选择曲线边缘 1）

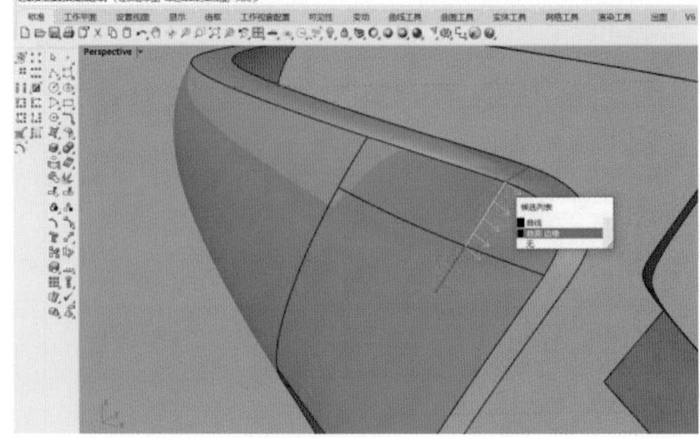

图 5.107　曲面衔接（选择曲线边缘 2）

选项设置如图 5.108 所示。连续性设置为“正切”，避免曲面产生大的形变。勾选“以最接近点衔接边缘”，勾选“精确衔接”。结构线选项一般无特殊情况，点选“维持结构线方向”。

继续进行曲面衔接，如图 5.109 所示，用小曲面去匹配左侧大曲面，选项设置同上一步。绘制两条三阶四点曲线，如图 5.110 所示。

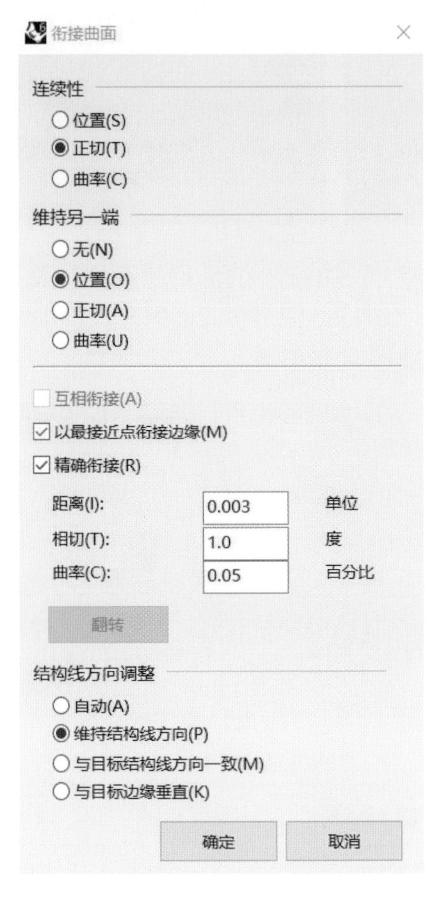

图 5.108 连续性设置

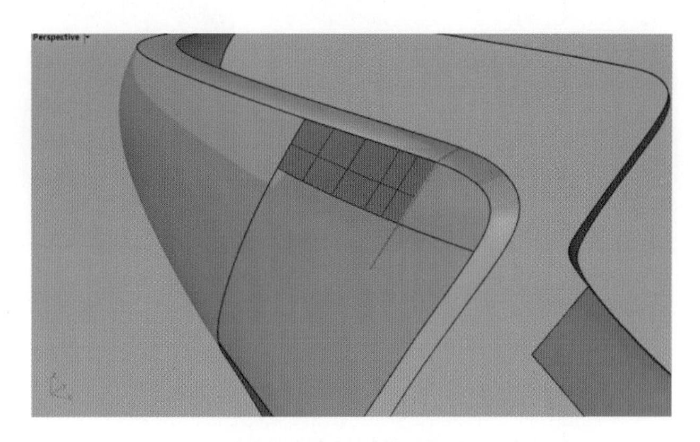

图 5.109 曲面衔接

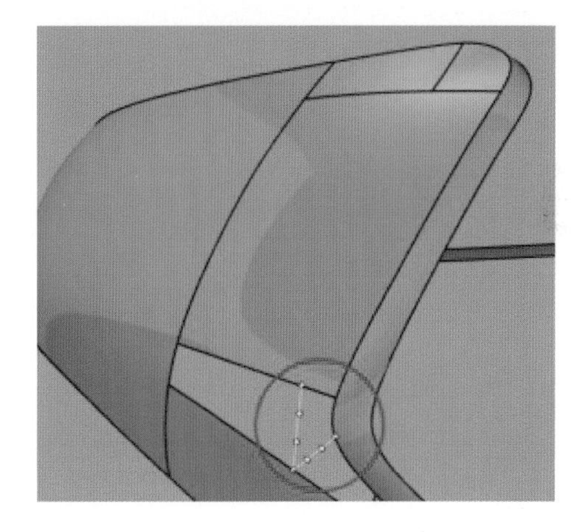

图 5.110 绘制曲线

选择“分割边缘”命令分割曲面边缘，如图 5.111 至图 5.115 所示。

选择“以二、三或四个边缘曲线建立曲面”命令生成曲面，如图 5.116 至图 5.118 所示。

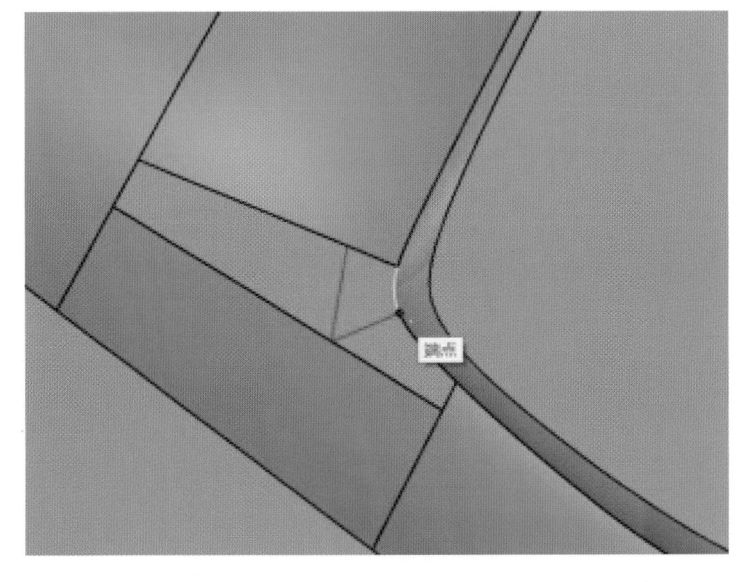

图 5.111 分割边缘 1

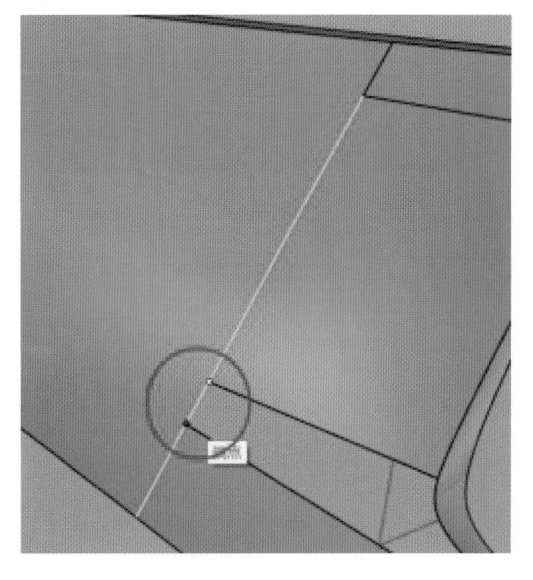

图 5.112 分割边缘 2

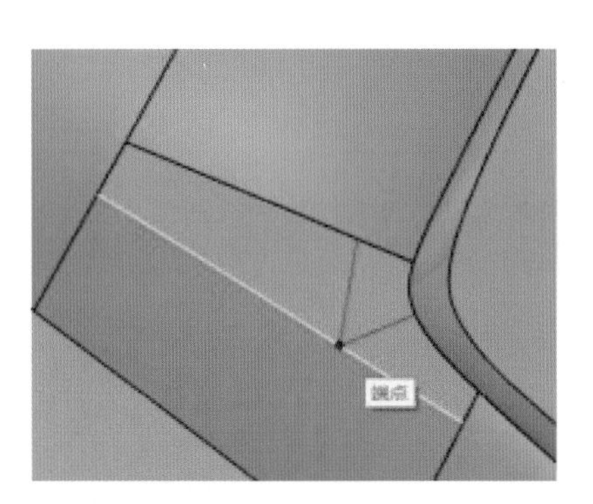

图 5.113　分割边缘 3

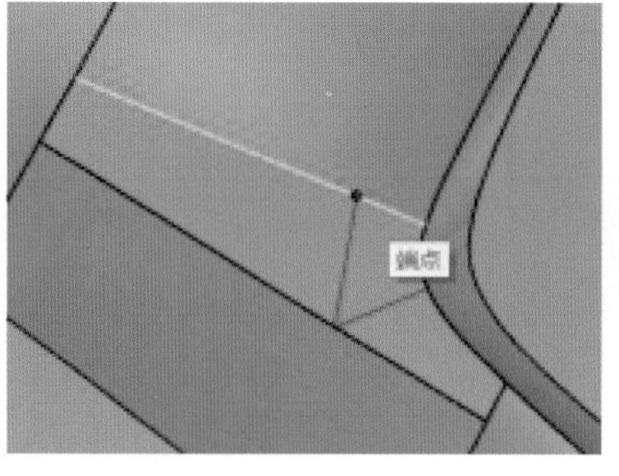

图 5.114　分割边缘 4

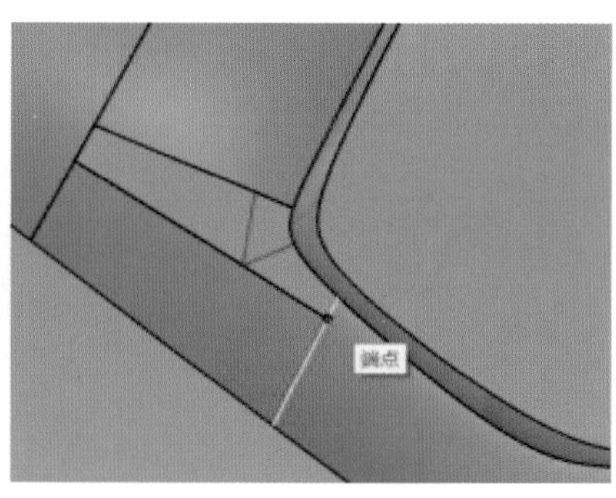

图 5.115　分割边缘 5

选择“衔接曲面”命令将这三个小曲面互相进行曲面衔接（见图 5.119 和图 5.120），并将其衔接至之前生成的曲面，如图 5.121 所示。衔接处为图 5.119 和图 5.121 中箭头所指位置。

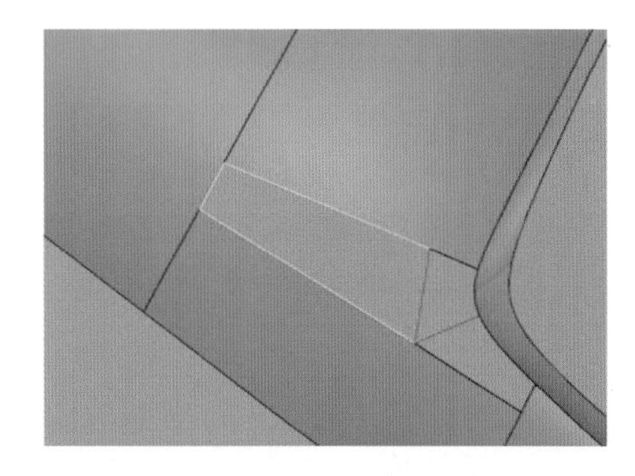

图 5.116　以边缘曲线生成曲面 1

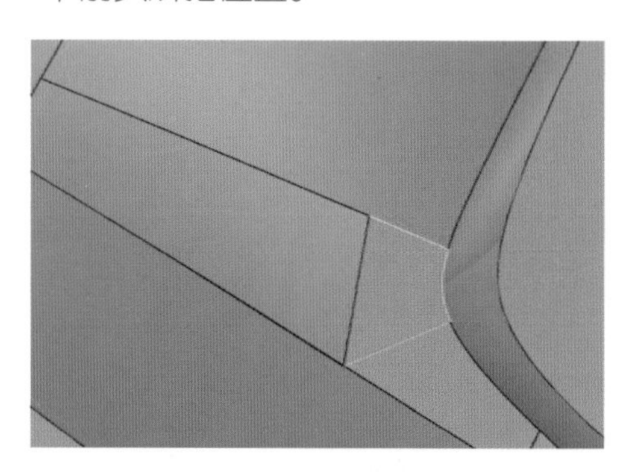

图 5.117　以边缘曲线生成曲面 2

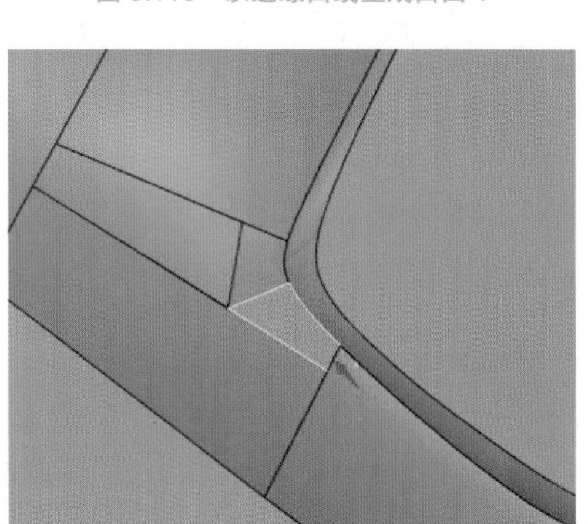

图 5.118　以边缘曲线生成曲面 3

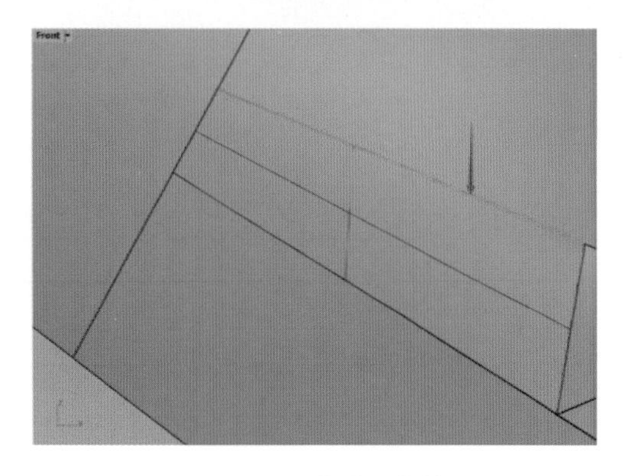

图 5.119　小曲面衔接

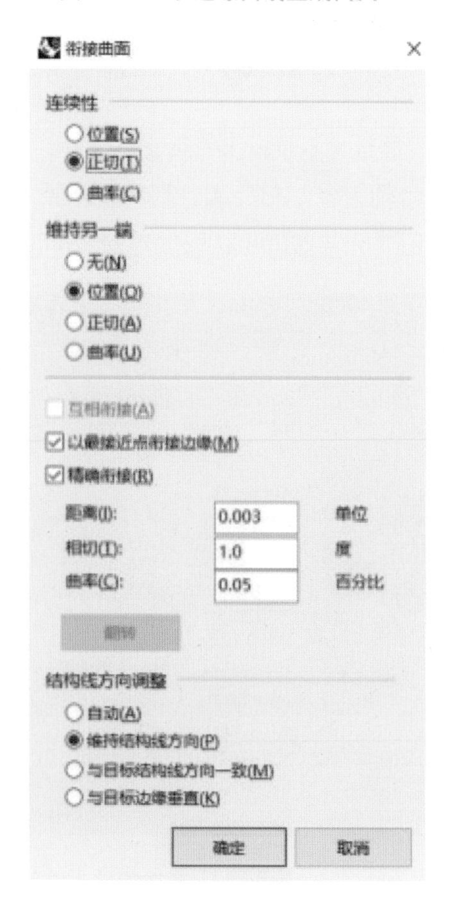

图 5.120　衔接设置

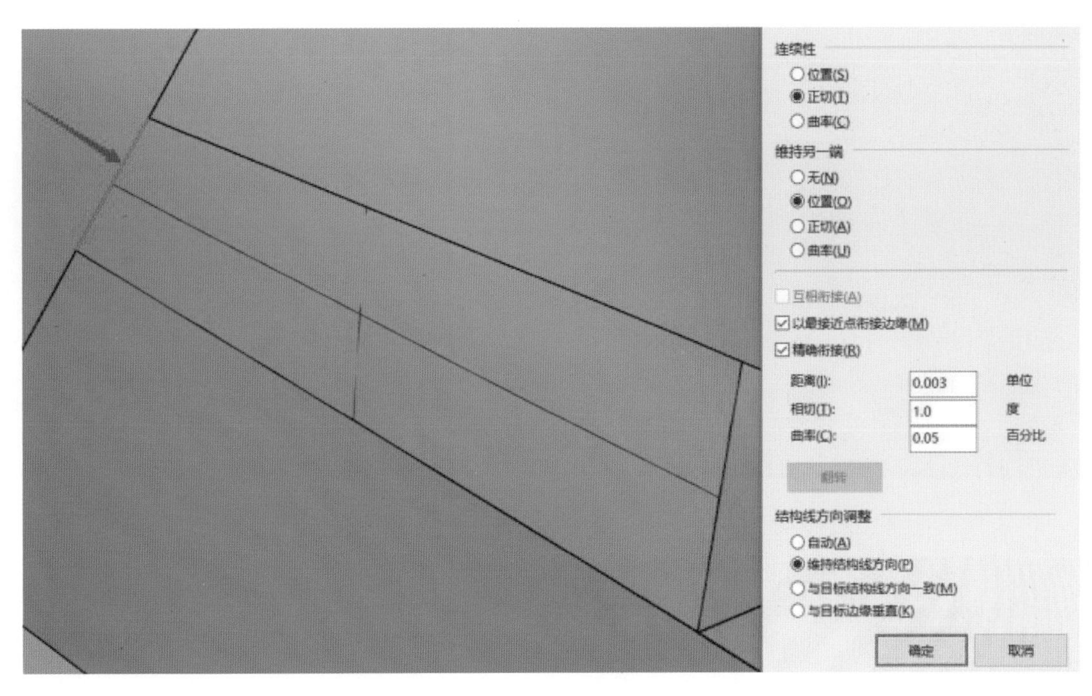

图 5.121 曲面衔接

用“斑马纹分析”命令检测曲面衔接质量，如图 5.122 所示，如斑马纹可连接在一起，没有错位，已经满足渲染要求，可继续进行其他曲面的衔接，如图 5.123 和图 5.124 所示。这一步因衔接的曲面较多，要多试几次才可以达到最终所需斑马纹连续过渡效果。

最终衔接完成后，选择“斑马纹分析”命令进行曲面衔接检测，如图 5.125 所示为满足渲染要求。将完成的电动车车尾曲面全部选中并镜像，效果如图 5.126 所示。

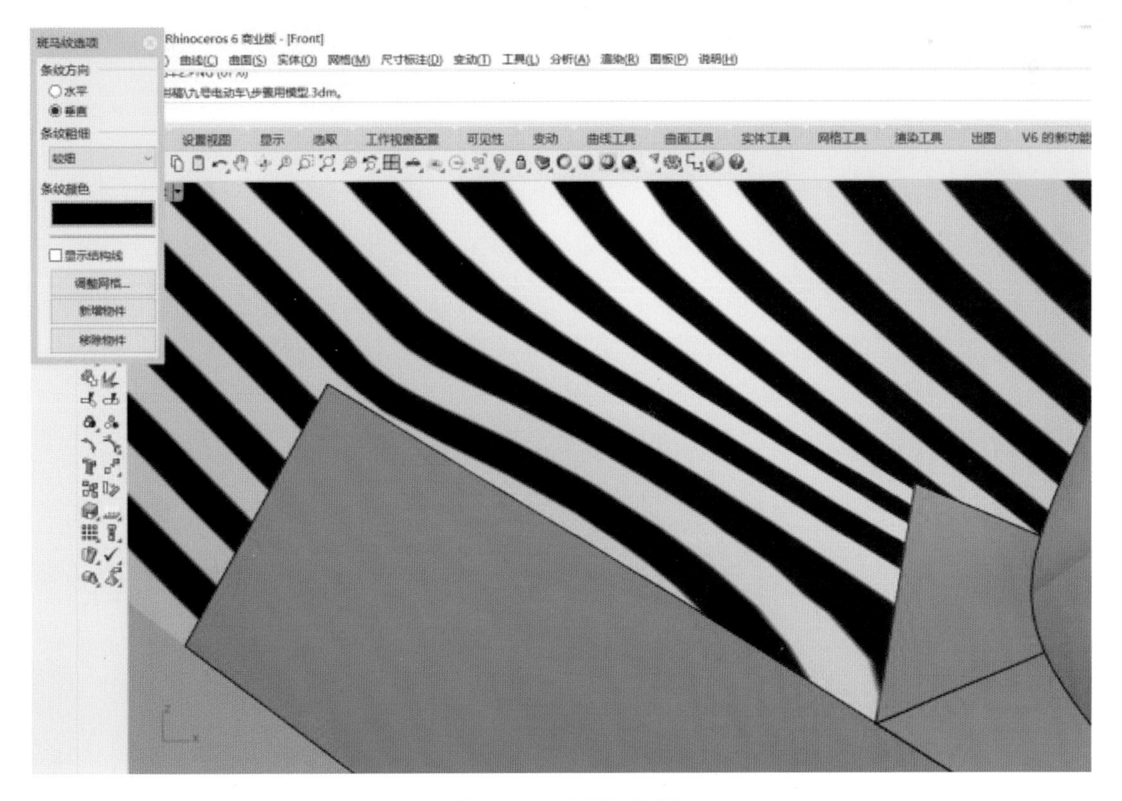

图 5.122 斑马纹检测

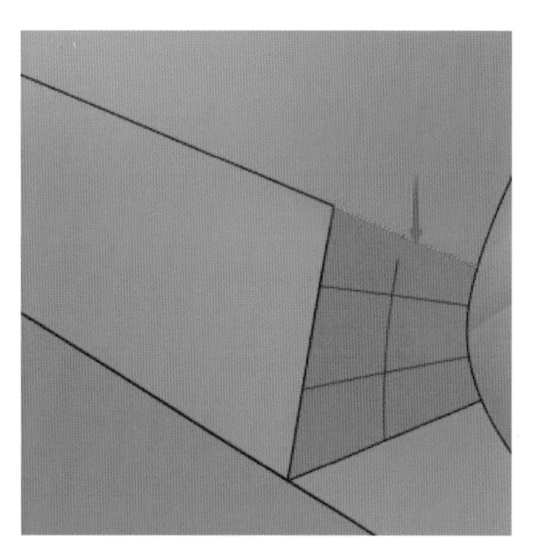

图 5.123　其他曲面衔接 1

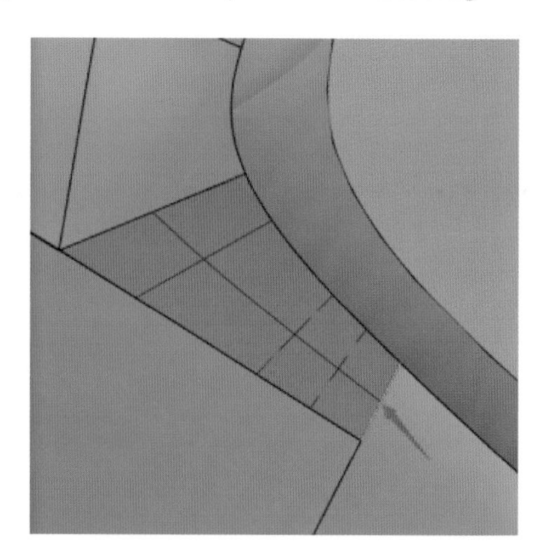

图 5.124　其他曲面衔接 2

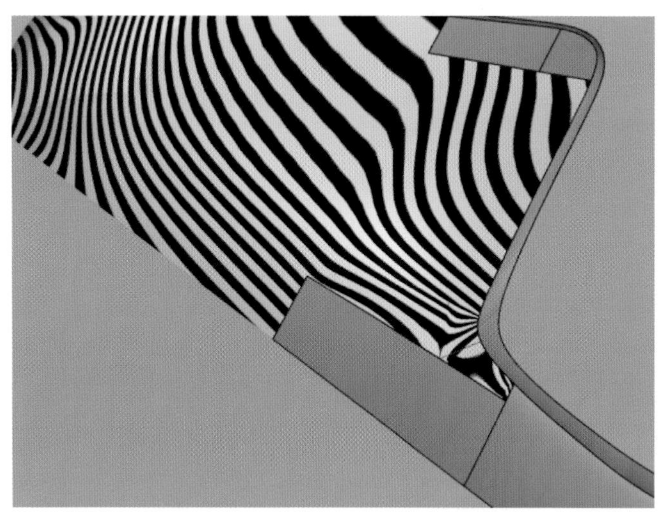

图 5.125　斑马纹检测（符合要求）

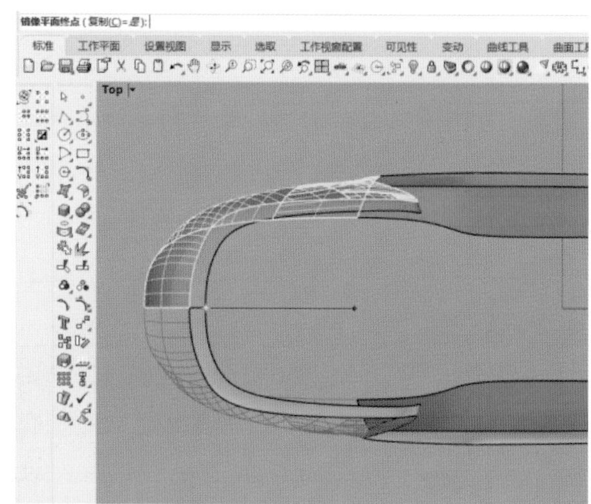

图 5.126　镜像车尾曲面

5.2.4　车座建模

绘制车座底部曲线，如图 5.127 所示，可先绘制一半然后镜像。完成后底部曲线从“Front”视图看是处于水平状态的，与建模参考图片中的倾斜状态不一致。

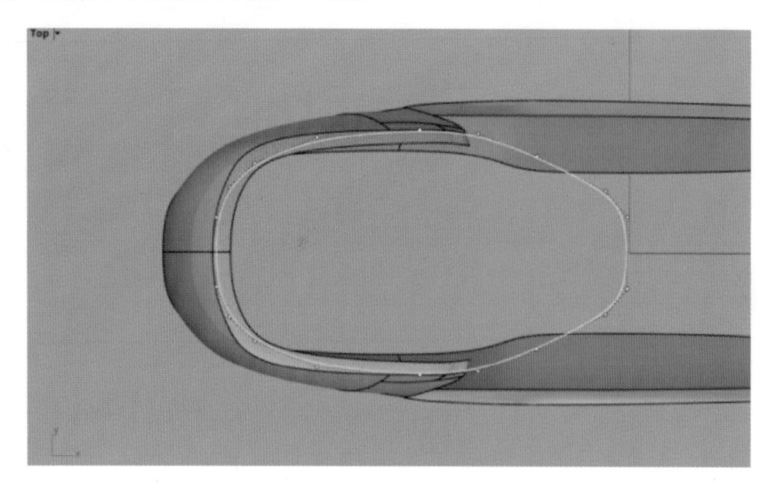

图 5.127　绘制车座底部曲线

如图 5.128 所示，选择“旋转”命令将曲线往下转一个角度，使其符合建模参考图中车座位置要求。

在“Front”视图中绘制车座轮廓线。轮廓线如图 5.129 所示，一共有 7 个曲线控制点。

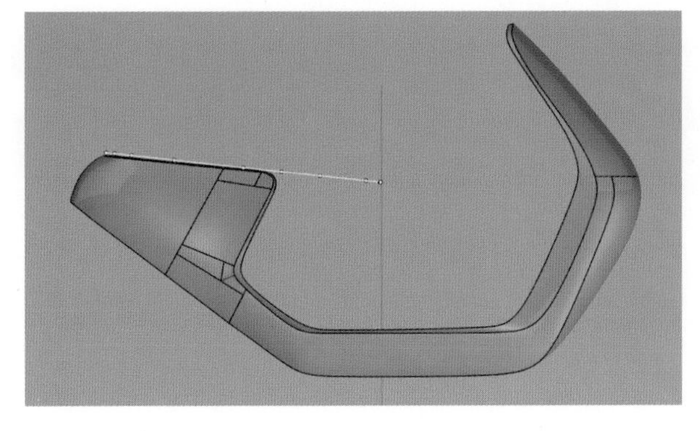

图 5.128 旋转曲线

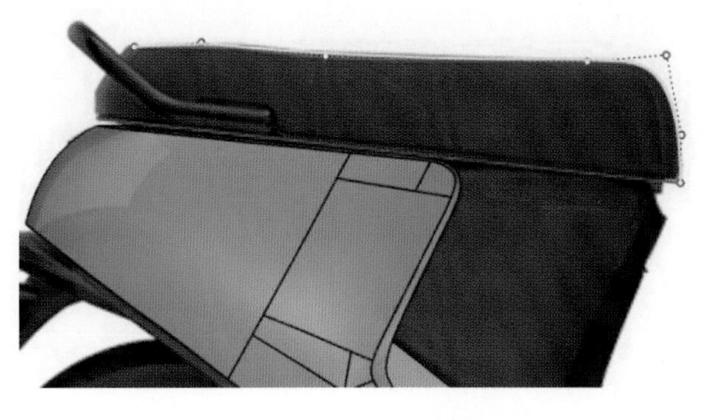

图 5.129 车座轮廓线

轮廓线绘制完成后，绘制车座上部轮廓曲线，如图 5.130 所示。座椅上部也是对称造型，只需绘制一半，然后镜像曲线即可。在绘制时，注意图 5.131 圆圈中第 1 个和第 2 个控制点务必绘制在一条垂直辅助线上。该轮廓线也是空间曲线，因此需要在两个视图中绘制。首先在“Top”视图中绘制第 1 ~ 3 个控制点，然后切换到“Front”视图绘制剩余曲线点。绘制最后一个控制点，需打开“最近点”捕捉，将终点绘制于座椅底部轮廓曲线上。

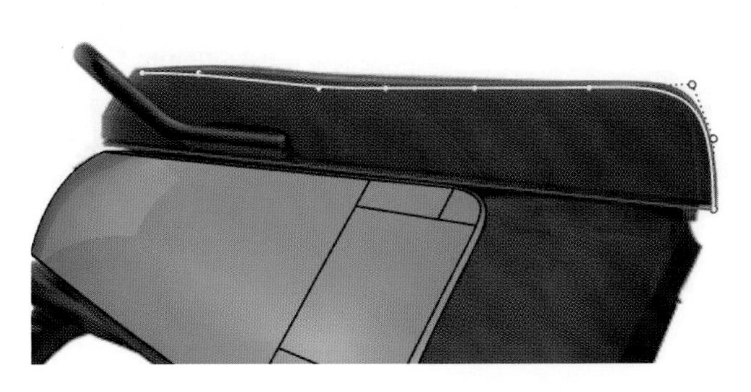

图 5.130 绘制车座上部轮廓曲线

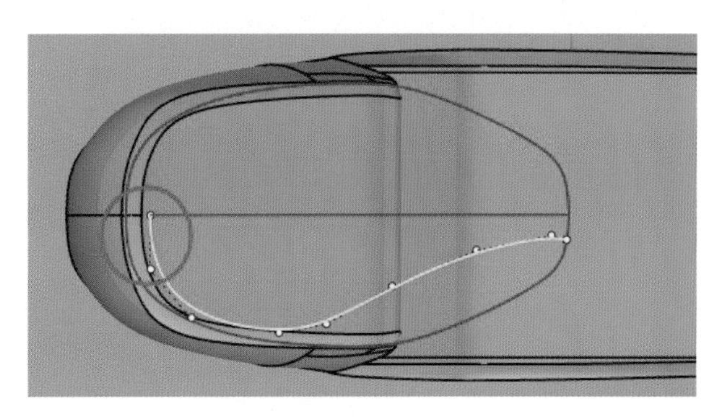

图 5.131 轮廓曲线控制点

绘制完成后，打开曲线控制点，移动曲线控制点，完成曲线造型调整。尤其注意图 5.131 和图 5.132 圆圈中两个控制点务必处于同一水平辅助线或者垂直辅助线上。最后将调整完的曲线镜像，完成整个座椅上部轮廓曲线的绘制。

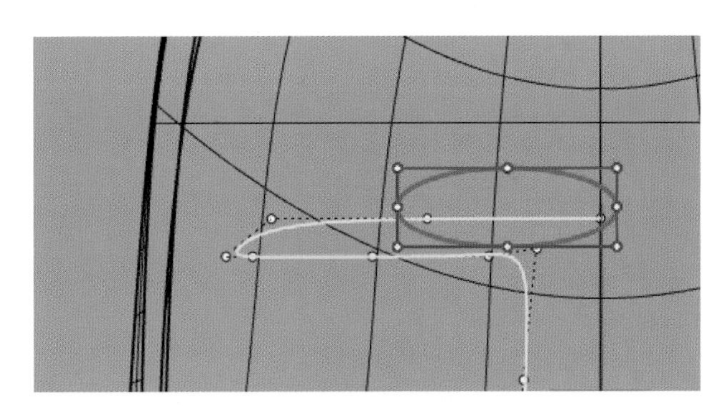

图 5.132 调整曲线形状

选择底部轮廓曲线，点击“分割”命令按钮，打开“端点”捕捉，再点击上一步镜像完成的座椅上部轮廓曲线，捕捉到上部轮廓曲线的端点，即图 5.133 中的圆圈位置，将底部轮廓曲线分割成两段。选择车座轮廓线、上部轮廓曲线以及分割完成后的底部轮廓曲线中的一段，选择“从网线建立曲面”命令生成曲面，注意，先把线都选中（见图 5.134），再选择“从网线建立曲面”命令，完成曲面构建，结果如图 5.135 所示。

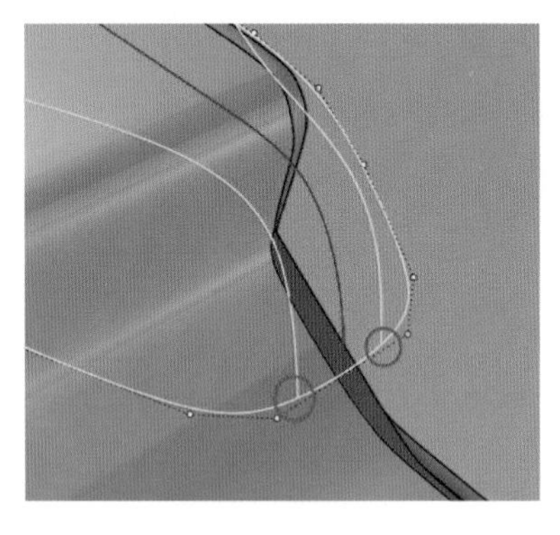

图 5.133 分割曲线

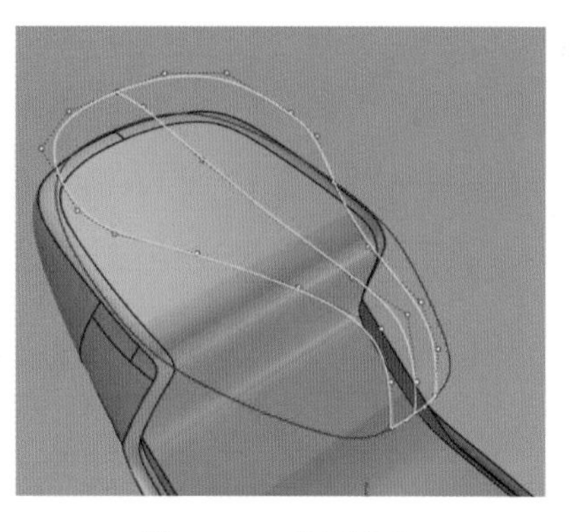

图 5.134 选择曲线

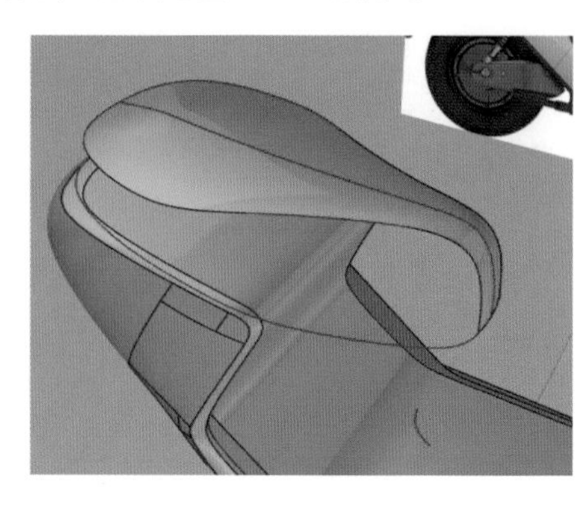

图 5.135 从网线建立曲面

绘制座椅后部截面曲线（见图 5.136），曲线为三阶四点曲线。注意，在绘制此类截面曲线时，三阶四点曲线最合适。按参考视图绘制车座侧面处截面曲线并调整形状（见图 5.137 和图 5.138），曲线同样为三阶四点曲线。

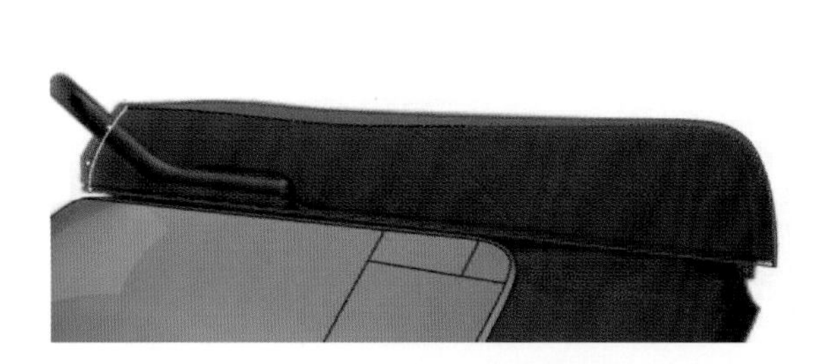

图 5.136 绘制座椅后部截面曲线

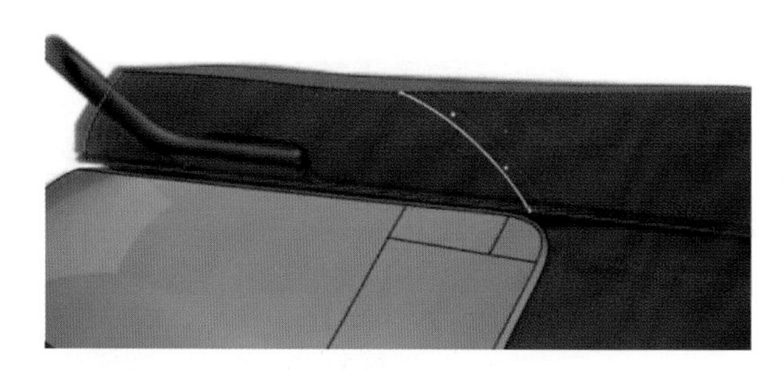

图 5.137 绘制座椅侧面截面曲线

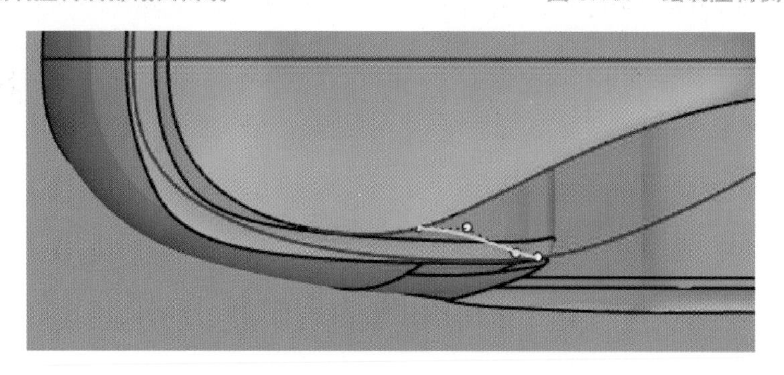

图 5.138 调整座椅侧面截面曲线形状

对于此截面曲线，建模者可以依据参考图进行曲线形状调整。此截面曲线虽然简单，但其形状决定了整个座椅侧面的造型，需多花时间进行调整。从上至下第二个点和第三个点分别位于曲线两侧，这样可以构建图 5.139 所示曲线形状，同时注意第三个控制点和最后一个控制点在垂直方向上的位置关系，第三个点在最后一个点的稍右侧。同时注意绘制第一个点和最后一个点时，必须打开“最近点”捕捉，将这两个点分别捕捉到座椅上部轮廓曲线以及底部轮廓曲线上。

完成截面曲线绘制后，有上部和底部两条轮廓曲线作为双轨扫掠的路径曲线，我们就可以选择“双轨扫掠”命令完成车座侧面曲面的构建。先选择图 5.140 中的曲线 1、2，再点击“双轨扫掠”按钮，接下来选择箭头所指截面曲线 3，按此步骤，可以尽可能减少因初学 Rhino、命令选择生疏带来的建模问题。这里注意事项为，1、2 两处皆应选择“曲线”，不是选择“曲面 边缘”。

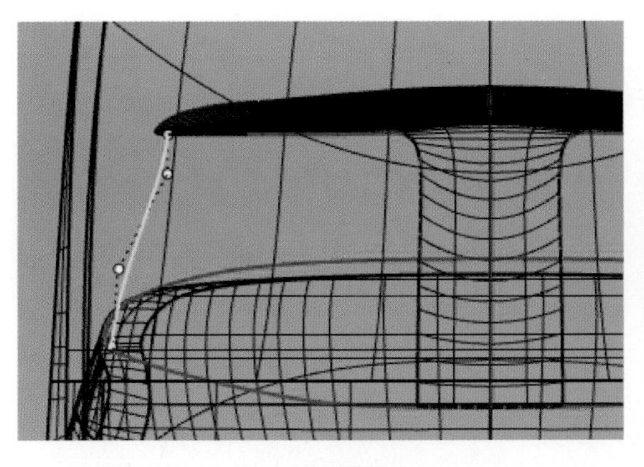

图 5.139　座椅侧面截面曲线形状参考

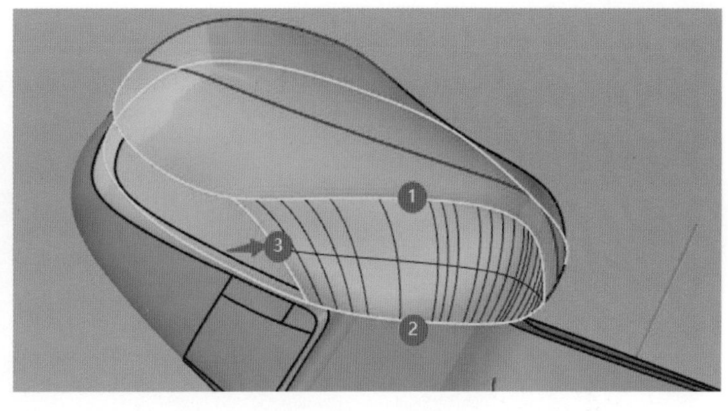

图 5.140　双轨扫掠

完成曲面构建后，将该曲面在“Top”视图中镜像，如图 5.141 所示。

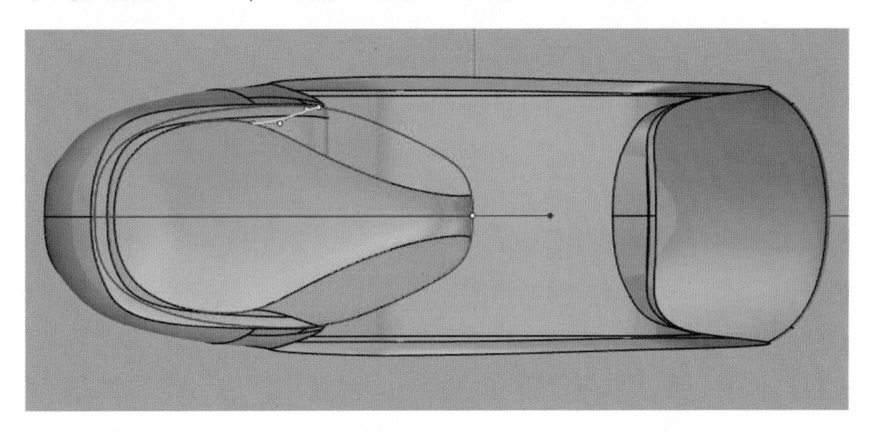

图 5.141　镜像曲面

继续双轨扫掠，完成后部曲面绘制。选择图 5.142 中的曲线 1、2，再选择“双轨扫掠”命令，根据命令行提示选择截面曲线 3、4，曲线 4 处可以选择“曲线”也可以选择上一步生成的曲面边缘。

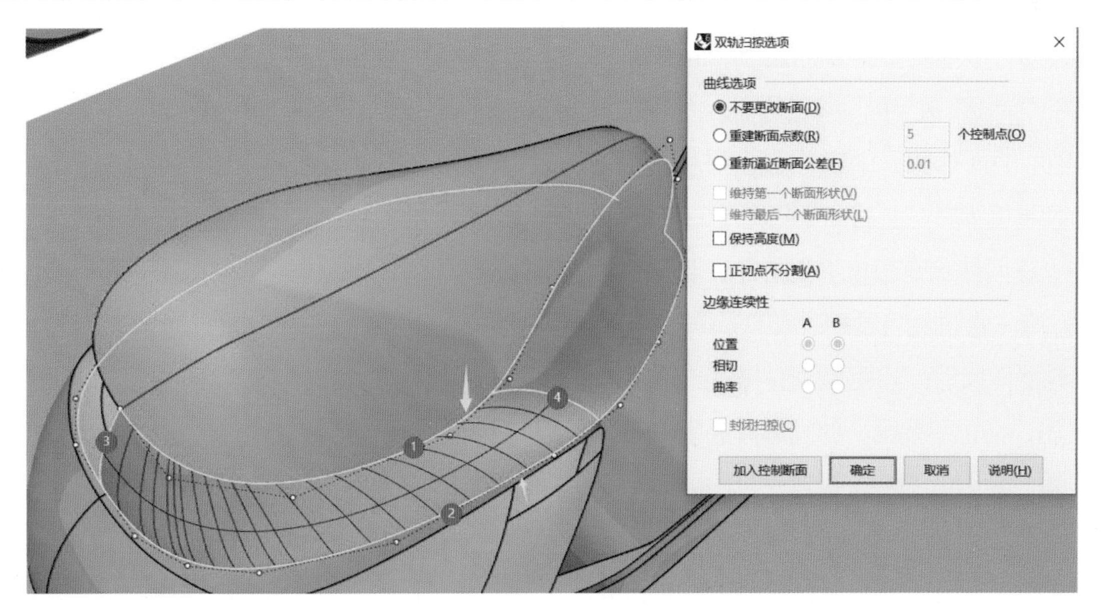

图 5.142　双轨扫掠

完成曲面构建后，在“Top”视图中镜像曲面，如图 5.143 所示。车座基本曲面绘制完成，接下来对车座进行曲面的完善。

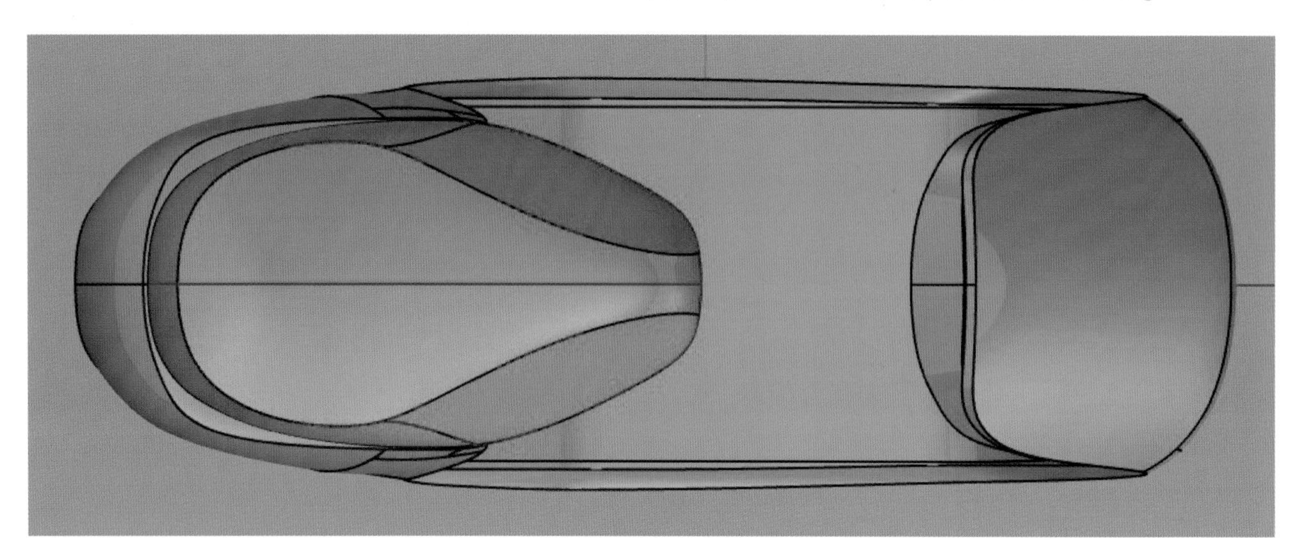

图 5.143　镜像曲面

首先完善车尾侧面曲面。车尾曲面现在为两个分开的单一曲面，选择“衔接曲面”命令，将车尾曲面进行曲面连续性顺接操作。参数设置如图 5.144 所示。连续性设置为“曲率”连接，维持另一端为“位置”，这里勾选“互相衔接”。勾选“互相衔接”的作用是保证这两个曲面衔接后，两个曲面产生相同的曲面形变，这样可保证左右完全对称，如果不勾选，左右曲面将不对称。另外，点选“维持结构线方向”。

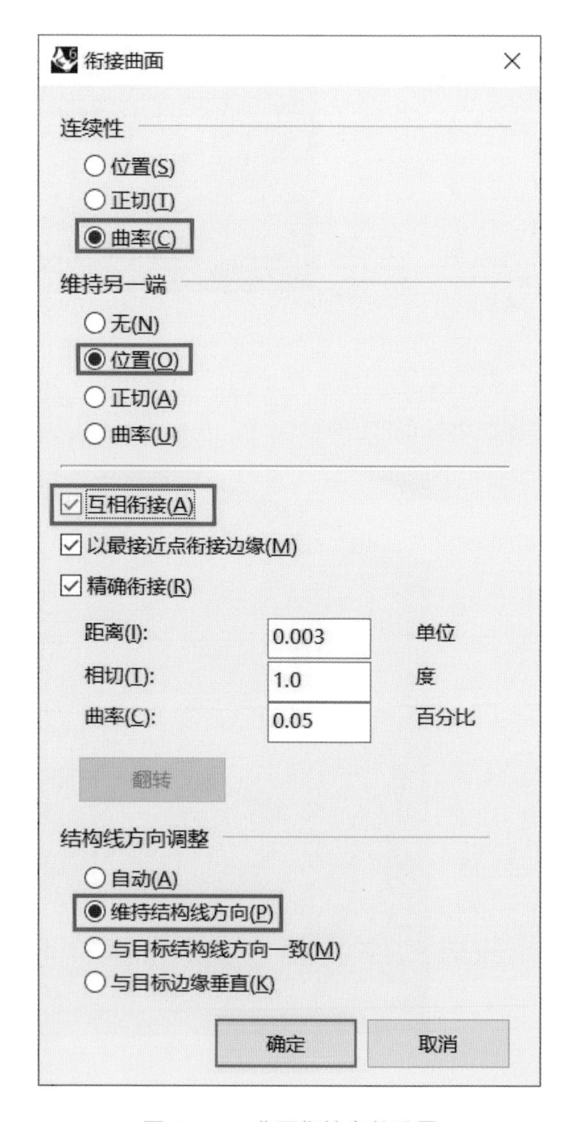

图 5.144　曲面衔接参数设置

曲面衔接完成之后，选择两个曲面，选择“斑马纹分析”命令，观察曲面衔接质量，如图 5.145 所示。

如果斑马纹不够顺畅，需重新绘制截面曲线，重新进行双轨扫掠和曲面衔接，直至斑马纹流畅。检测效果比较好之后，选择“合并曲面”命令将两个单一曲面合并成一个单一曲面。很多初学者会直接选择“组合”命令将两个曲面组合在一起。在 Rhino 中，这两种命令有着本质区别。单一曲面合并后还是单一曲面，单一曲面组合后就会成为多重曲面。

曲面合并操作技巧：先点击“合并曲面”命令按钮（点击命令按钮后，切记不要第一时间选择要合并的曲面），在命令行中设置“平滑 = 否”，设置完之后再选择要合并的两个曲面。

合并后曲面如图 5.146 所示，两个镜像曲面融合成一个曲面，中间的黑色加粗边缘线也消失不见了。在“Front”视图中绘制直线，如图 5.147 所示，直线两端超出车座侧面曲面。

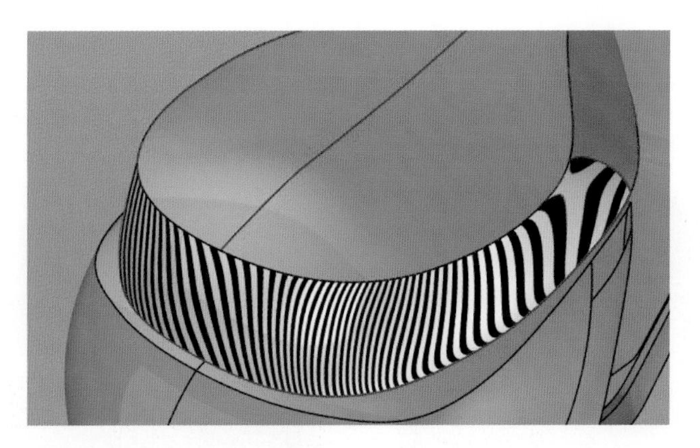

图 5.145　斑马纹检测

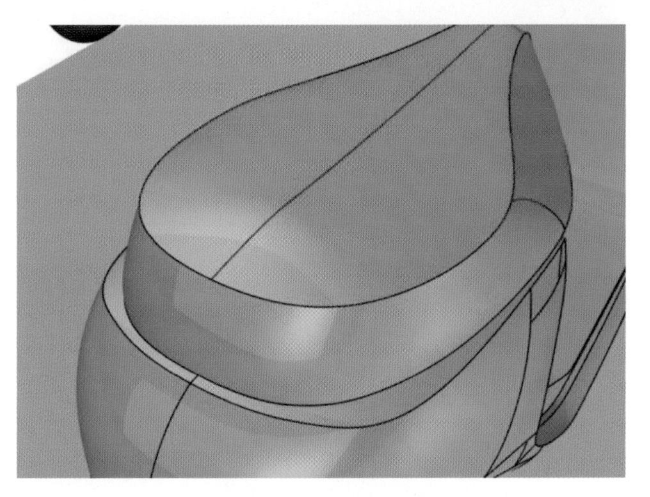

图 5.146　合并曲面

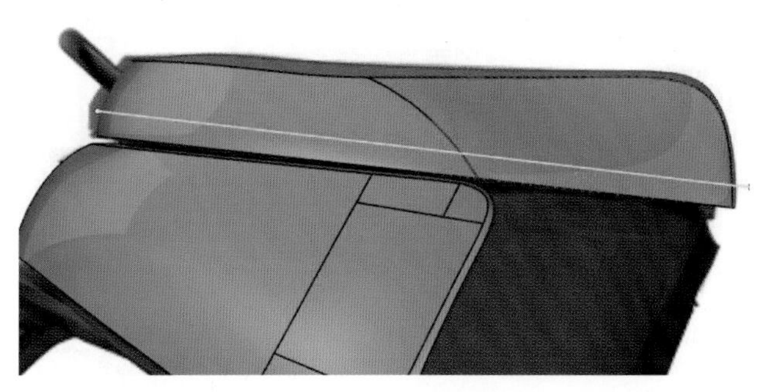

图 5.147　绘制直线

在“Front”视图中，将直线投影至车座侧面曲面上。选择曲面，选择“分割”命令，再点击投影曲线，分割曲面。注意曲面分割操作顺序，先选曲面，再选择“分割”命令，最后选择投影曲线。选择图 5.148 所示分割后的小曲面，按键盘上的“Del”键删除。选择底部轮廓线，选择“分割”命令，选择图 5.149 中箭头所指曲线，分割曲线。

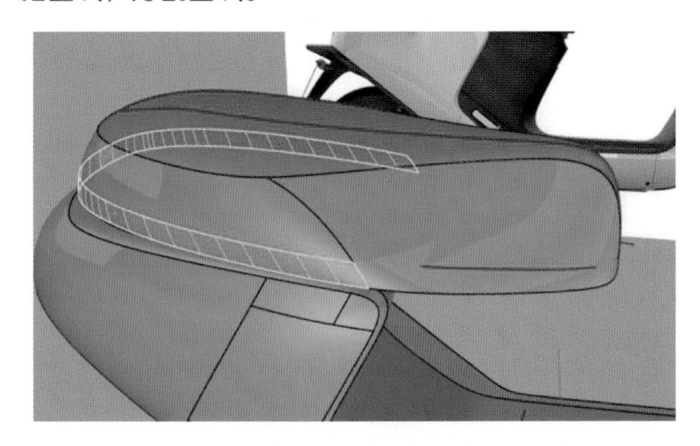

图 5.148　分割曲面

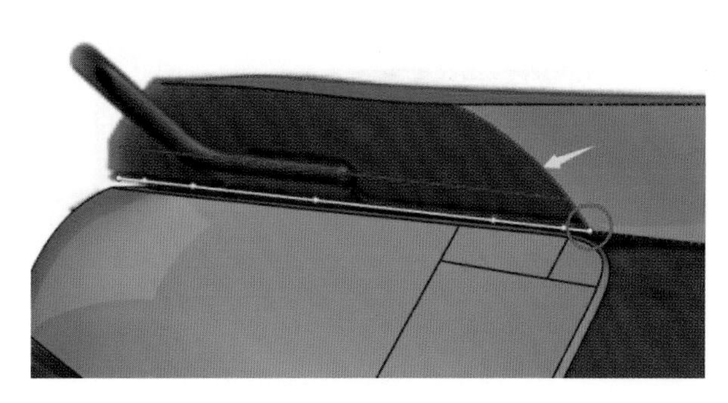

图 5.149　分割曲线

打开“端点”捕捉，捕捉图 5.150 圆圈中所示分割好的底部轮廓曲线两端，绘制一条直线。

选择分割后的轮廓曲线，选择“单轴缩放”命令，打开“中点”捕捉和“四分点”捕捉，将缩放轴起点放置于上一步绘制的直线中点，将缩放轴终点放置于分割好的轮廓曲线中点，在“Front”视图中缩放底部轮廓曲线，如图 5.151 和图 5.152 所示。注意，这里单轴缩放的缩放轴起点和终点必须如上文所述放置（图 5.151 中箭头所指为缩放轴）。打开“中点”捕捉和“四分点”捕捉，绘制截面曲线，如图 5.153 所示，一端捕捉投影线中点或者四分点，另一端捕捉单轴缩放得到的底部轮廓曲线中点或者四分点。

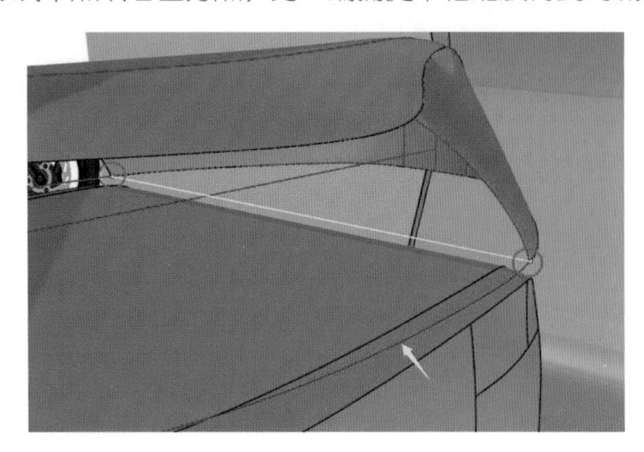

图 5.150　绘制直线

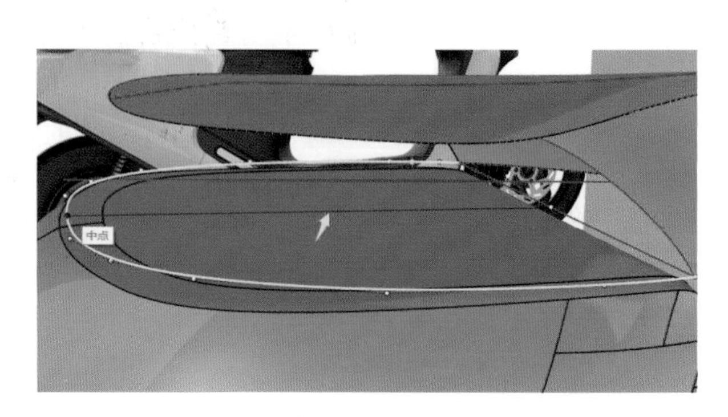

图 5.151　缩放底部轮廓曲线 1

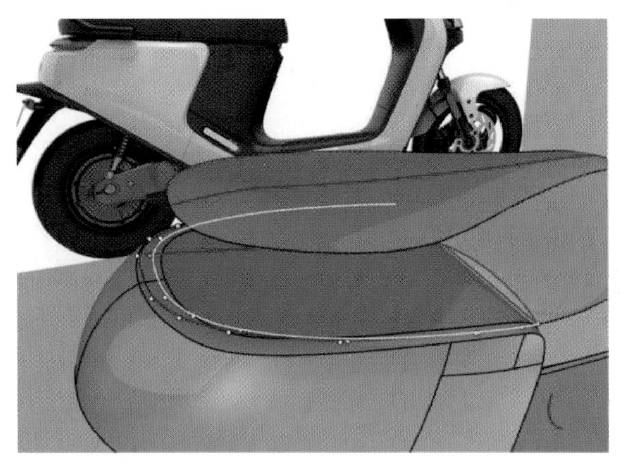

图 5.152　缩放底部轮廓曲线 2

图 5.153　绘制截面曲线

选择“分割边缘”命令，分割车座前部侧面曲面边缘，打开“端点”捕捉，捕捉图 5.154 所示端点位置进行边缘分割。左右两个侧面曲面边缘都要分割。先选车座后部的投影线和底部轮廓曲线，再选择“双轨扫掠”命令，最后选择分割好的左右两侧前部曲面的边缘，如图 5.155 所示。

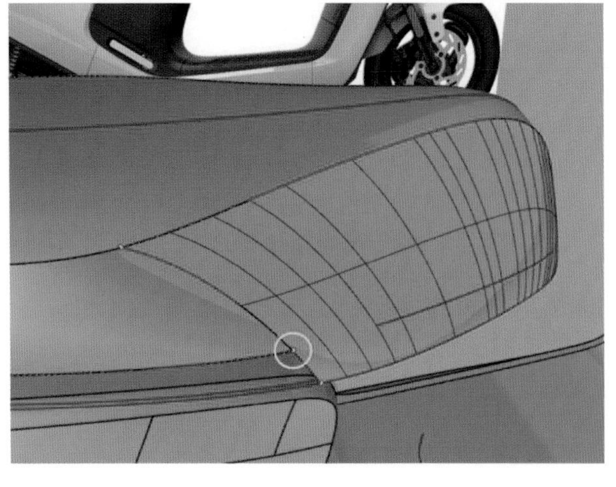

图 5.154　分割边缘

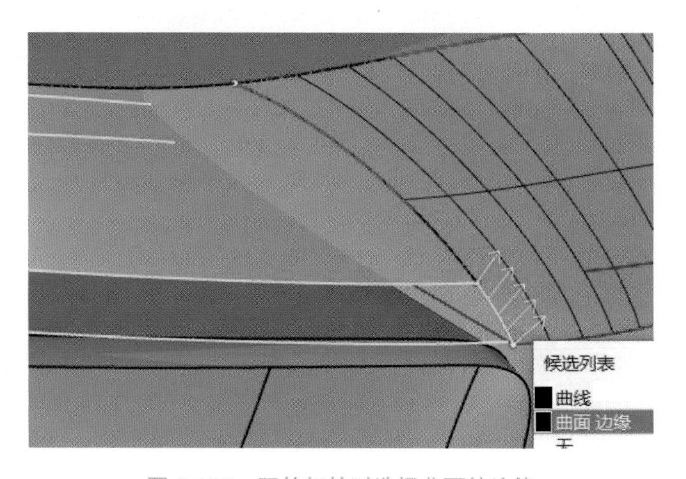

图 5.155　双轨扫掠时选择曲面的边缘

完成车座后部渐消曲面建模，如图 5.156 和图 5.157 所示。

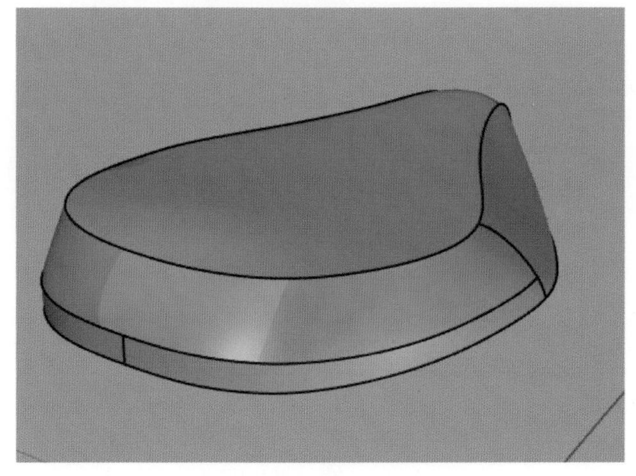

图 5.156 渐消面效果 1

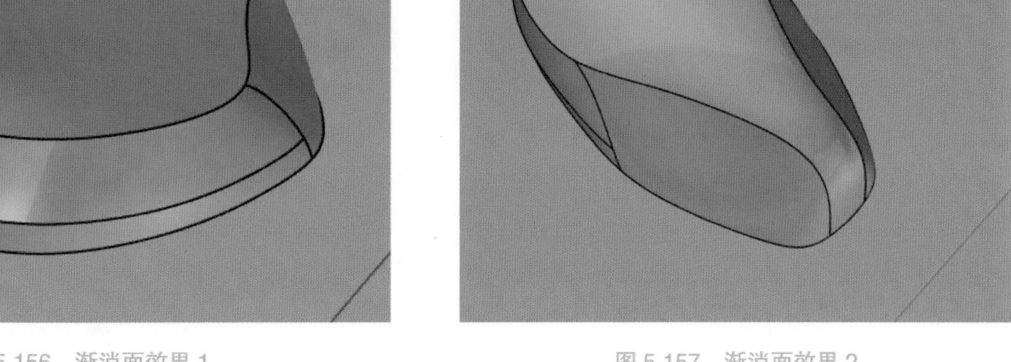

图 5.157 渐消面效果 2

选中所有车座曲面，组合成一个多重曲面，如图 5.158 所示。

在“Front”视图绘制一条直线，直线稍稍高于车座底部边缘，如图 5.159 和图 5.160 所示。

选择绘制好的直线，选择“修剪”命令，然后点击车座底部多出曲线的部分，完成修剪。这一步是将车座底部修整为一个平面，方便后面进行车座实体化建模。

选择“偏移曲面”命令，偏移曲面，如图 5.161 所示。鼠标左键点击曲面即可反向。在命令行中直接输入适当数值即可设置偏移距离。

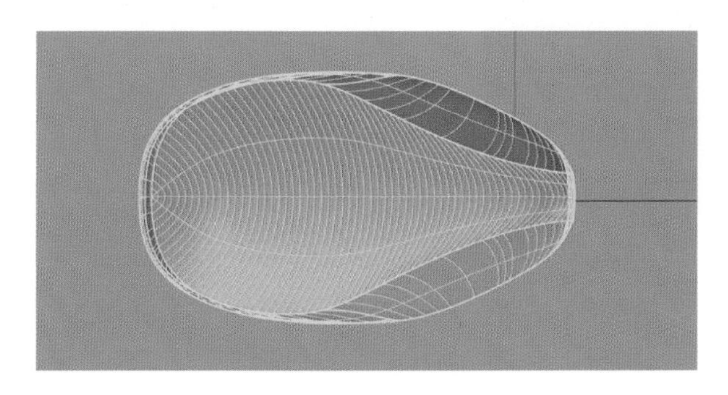

图 5.158 组合曲面

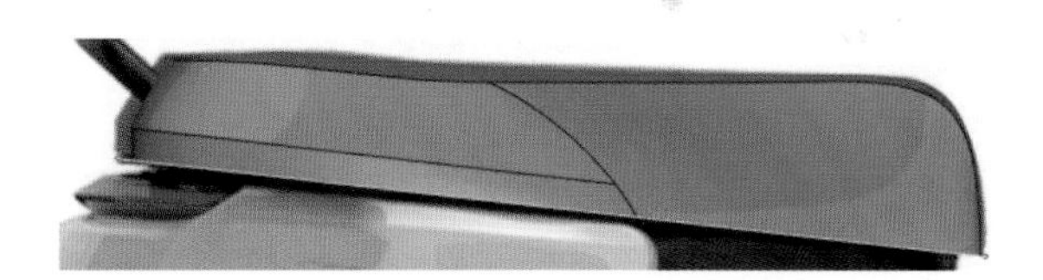

图 5.159 绘制直线 1

图 5.160 绘制直线 2

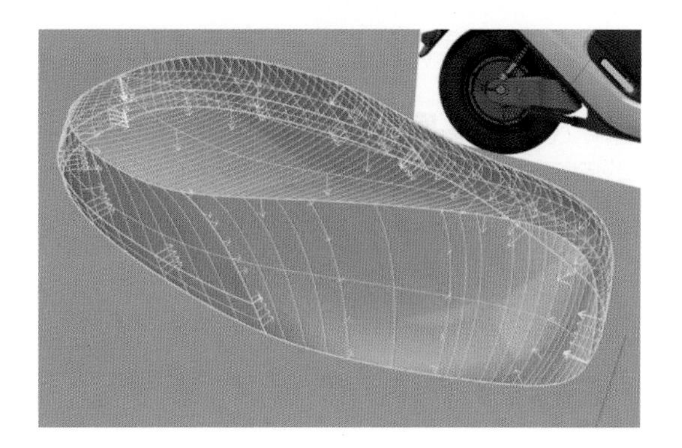

图 5.161 曲面偏移

偏移完成后，先隐藏原来的曲面，再手动优化偏移后的曲面形态。如图 5.162 所示删除曲面，打开“端点”捕捉，捕捉端点绘制一条曲线。选择“复制边缘”命令，将最下方小曲面底部曲面边缘提取出来，如图 5.163 所示。

图 5.162 手动优化曲面后删除部分曲面

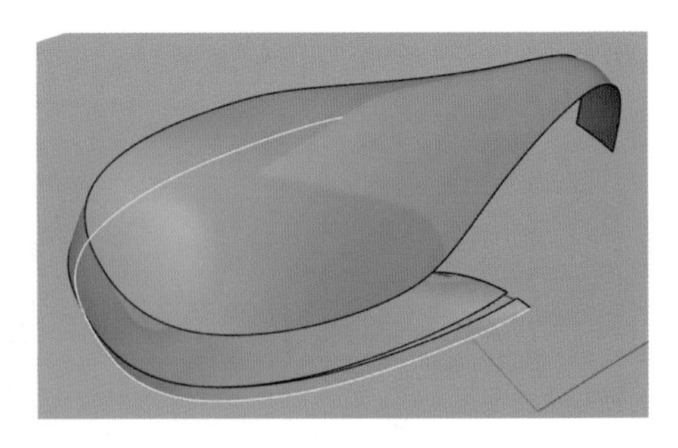

图 5.163 复制边缘

选择“可调式混接曲线”命令，混接曲线，如图 5.164 所示。注意要混接的两条曲线选择位置为相邻两端，连续性选择“曲率”（见图 5.165）。

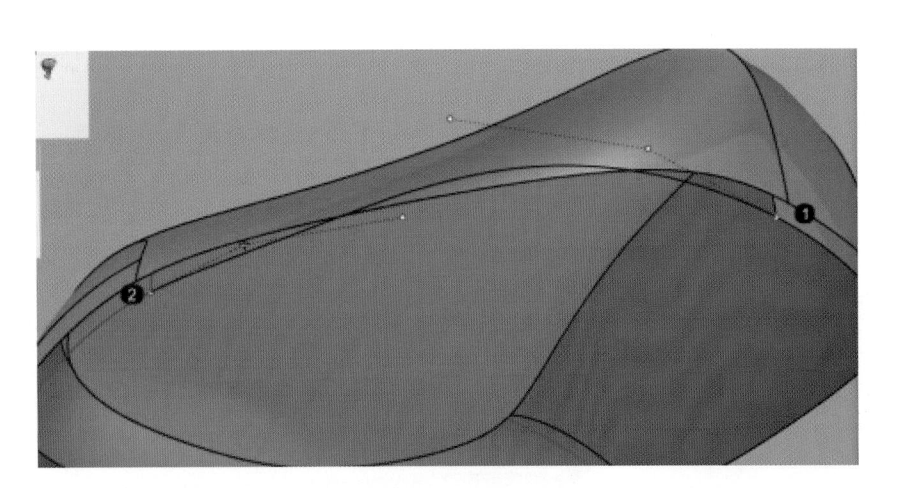

图 5.164 混接曲线

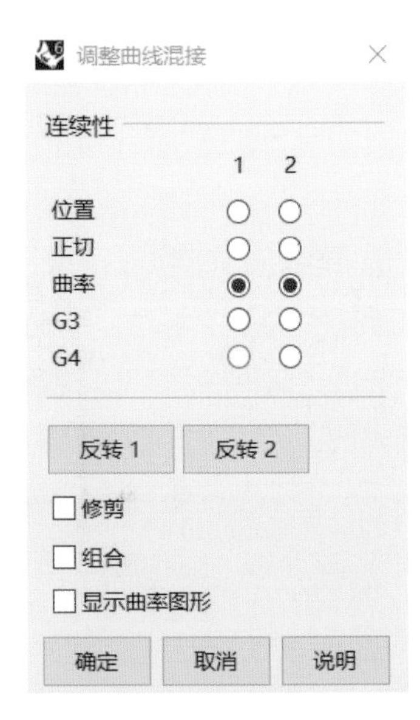

图 5.165 连续性设置

混接选项设置后，不要点击“确定”按钮，按住“Shift”键，先用鼠标左键点击图 5.166 红圈中的混接曲线控制点调整混接曲线形状，调整完成之后（见图 5.167）再点击“确定”按钮。

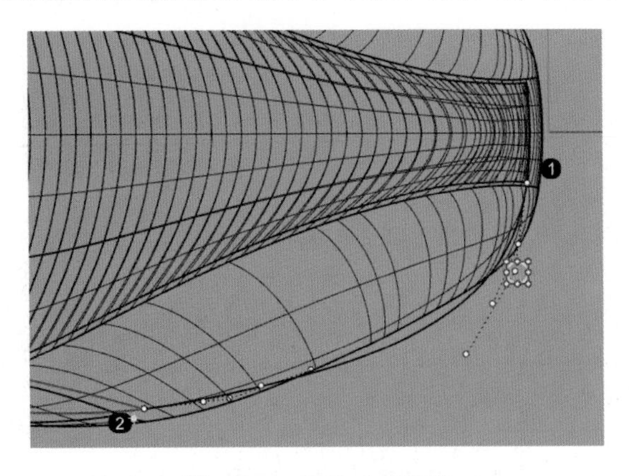

图 5.166 混接曲线调整

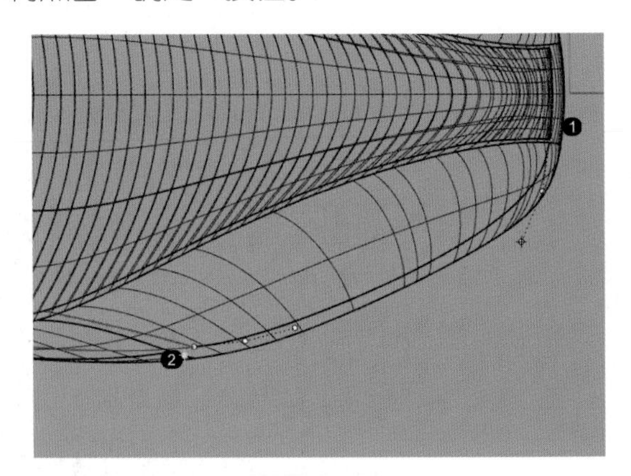

图 5.167 混接曲线调整完成

重新选择双轨扫掠完成曲面构建。选择“放样”命令，如图 5.168 所示对车座原始曲面及偏移手动优化之后的曲面间的缝隙进行补面。注意：需一段一段地放样。至此，车座的基本形态已经构建完成，如图 5.169 所示。

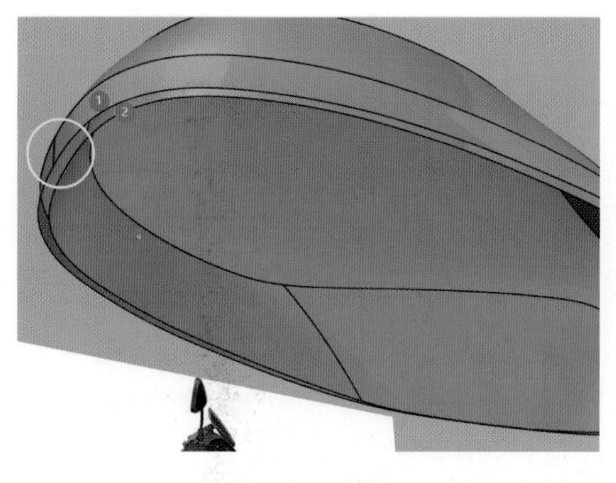

图 5.168 放样

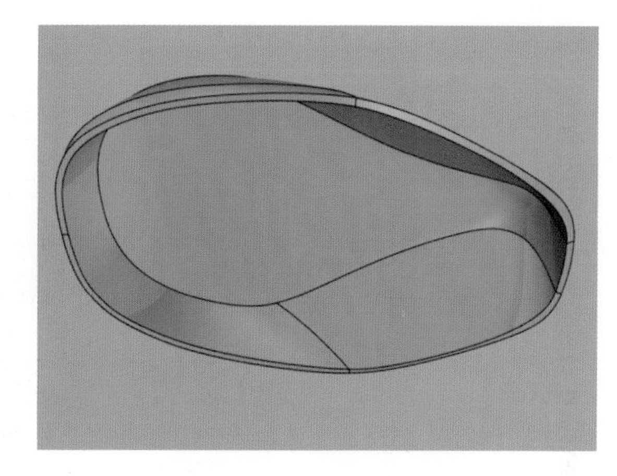

图 5.169 车座建模效果

5.2.5 电动车踏板及内壳建模

在“Front”视图中绘制曲线，如图 5.170 所示，该曲线为空间曲线，需在“Front”视图及“Right”视图（见图 5.171）中绘制。

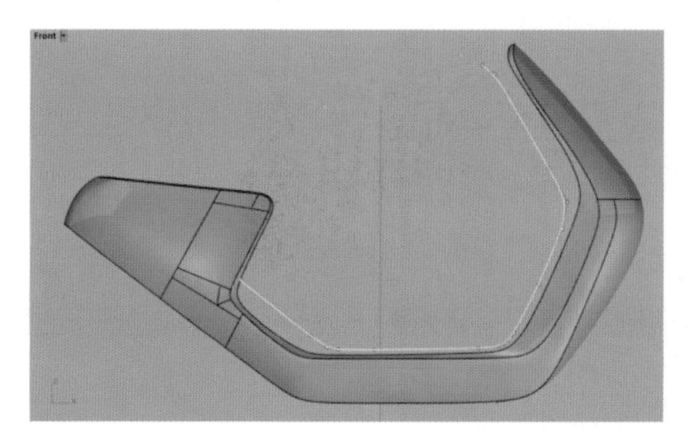

图 5.170 绘制曲线 1

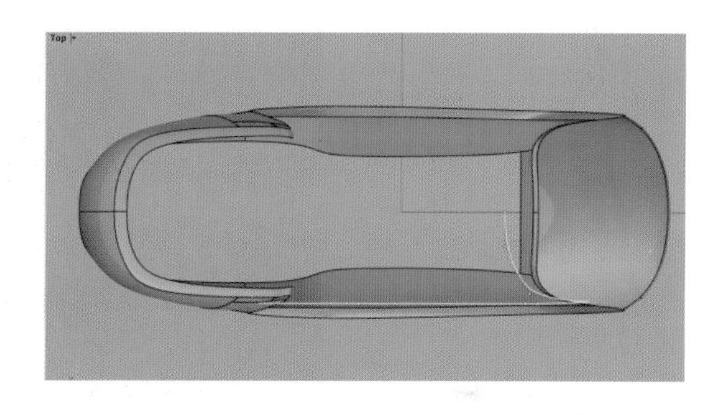

图 5.171 绘制曲线 2

打开“最近点”捕捉，将曲线左端点捕捉放置于之前生成的曲面边缘上。注意图 5.172 圆圈中的曲线控制点需在整个车身的水平中心位置，相邻点和该点保持在同一水平方向上，调整曲线形状结果如图 5.172 至图 5.174 所示。

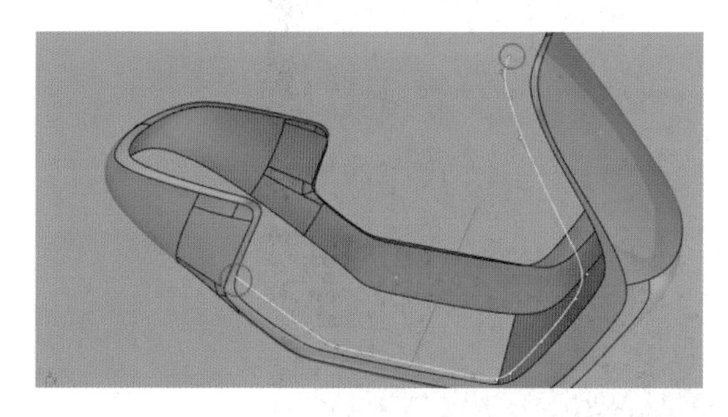

图 5.172 调整曲线形状 1

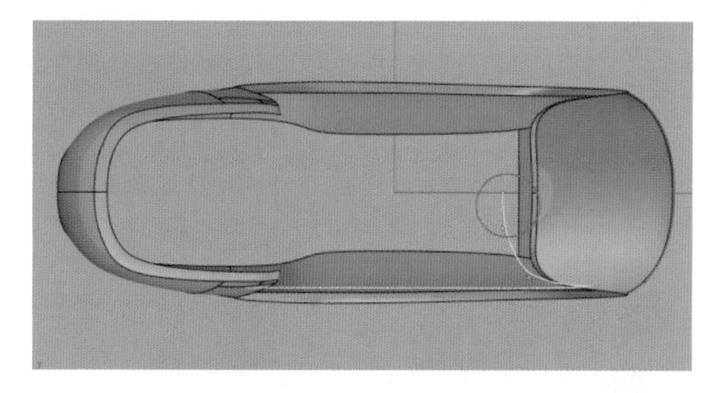

图 5.173 调整曲线形状 2

打开曲线控制点，选择图 5.175 所示曲线控制点，选择“向上（下）对齐”命令，在“Top”视图中对齐所选控制点，如图 5.176 所示。

绘制电动车车身内壳轮廓线。需打开“四分点”及“中点”捕捉，将该轮廓线左侧端点捕捉放置于车座底部轮廓线上，即图 5.177 中箭头所指底部轮廓曲线；打开“端点”捕捉放置右端端点于上一步绘制的曲线端点处。绘制的轮廓线如图 5.177 所示。

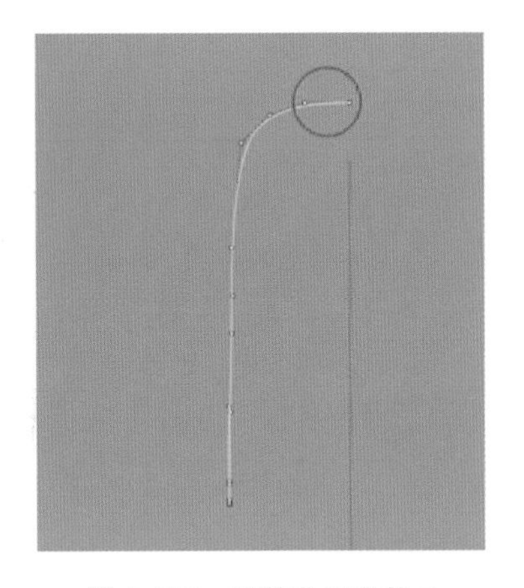

图 5.174　调整曲线形状 3

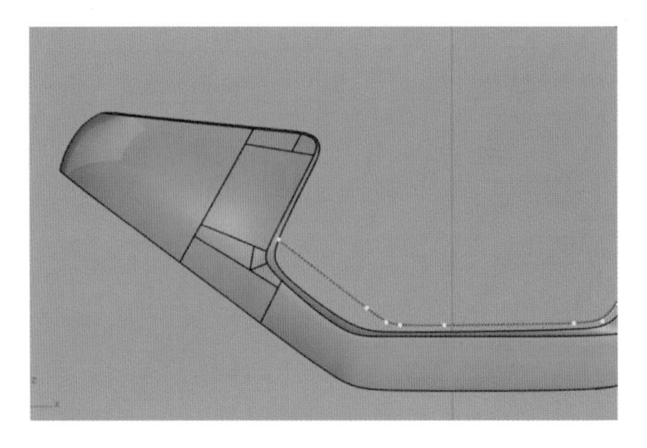

图 5.175　选择曲线控制点

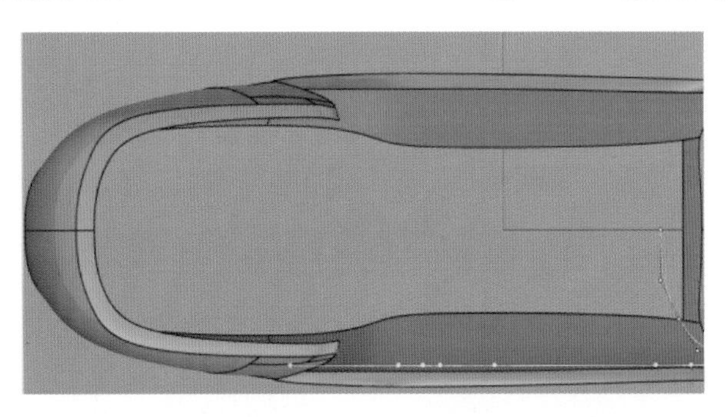

图 5.176　对齐控制点

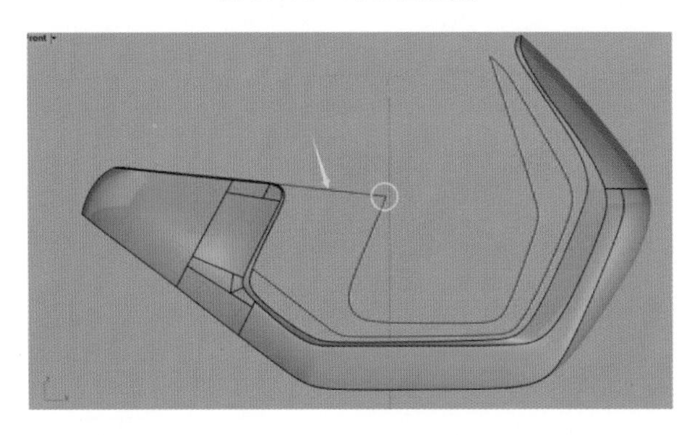

图 5.177　绘制轮廓线

按建模参考图所示位置，打开“最近点”捕捉，绘制直线，直线一端位于图 5.178 所示曲线上，另一端超出上一步绘制的轮廓线。选择“分割”命令分割曲线，如图 5.179 所示，这里轮廓线也要同时分割。

图 5.178　绘制直线

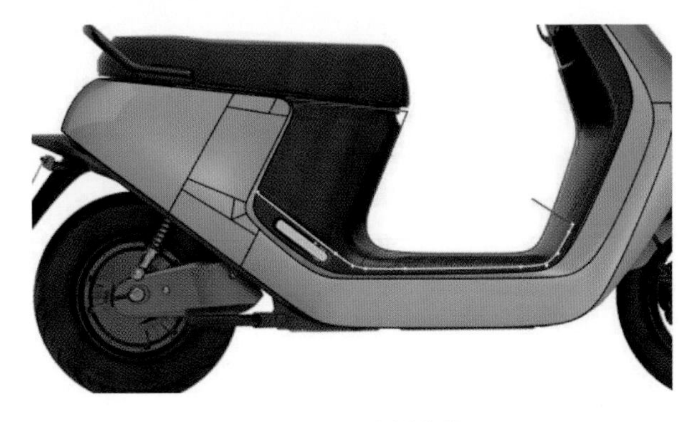

图 5.179　分割曲线

选择分割后的曲线（见图 5.180），选择“彩带”命令，命令行中点击“通过点”，通过鼠标左键移动完成彩带的大小设置。生成的彩带如图 5.181 所示。

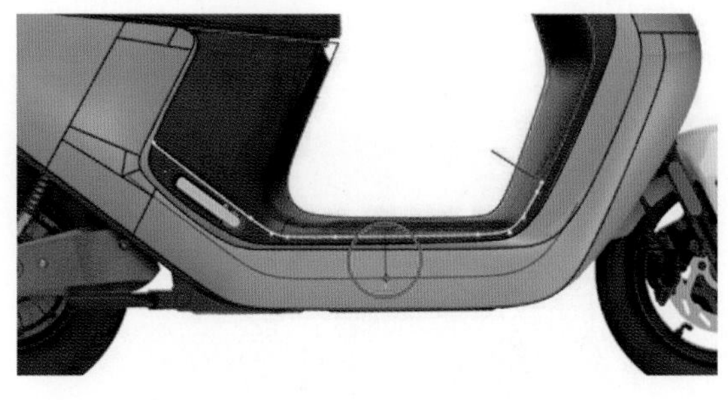
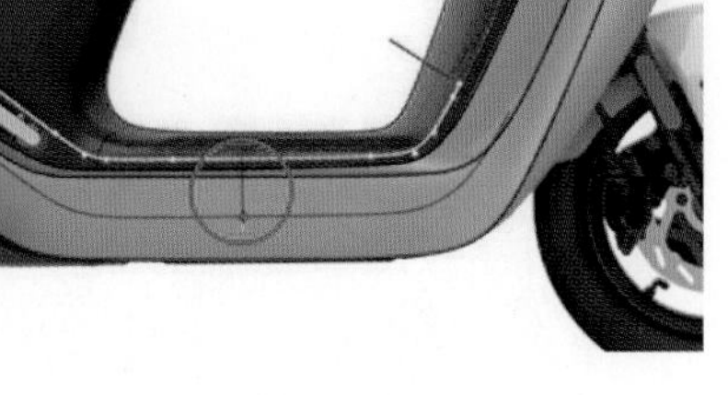

图 5.180　选择曲线　　　图 5.181　生成彩带

选择之前绘制的曲线，选择“修剪”命令，再点击彩带下部，修剪上一步生成的彩带，如图 5.182 所示。

选择用来修剪的这条曲线，点击“镜像”命令按钮，将其镜像（见图 5.183）。点击“放样”命令按钮，选择这两条曲线进行放样（见图 5.184），样式设置为“标准”，点选“不要简化”，如图 5.185 所示。

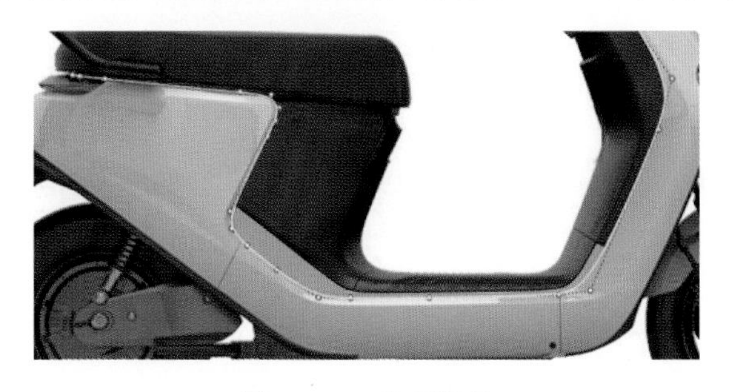

图 5.182　修剪彩带

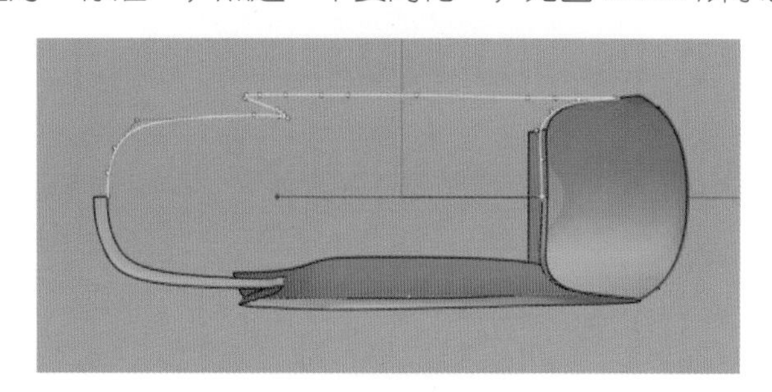

图 5.183　镜像曲线

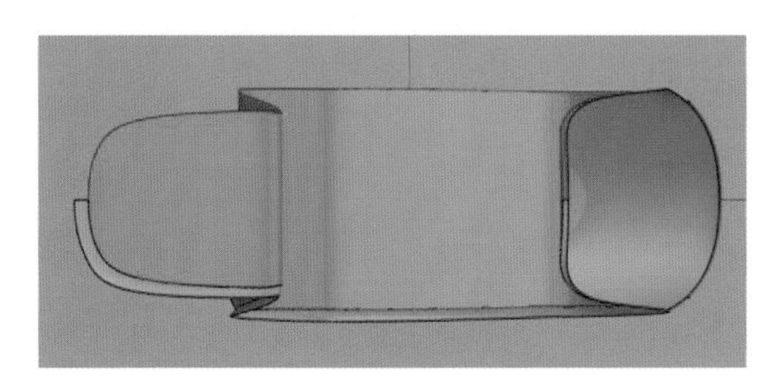

图 5.184　放样

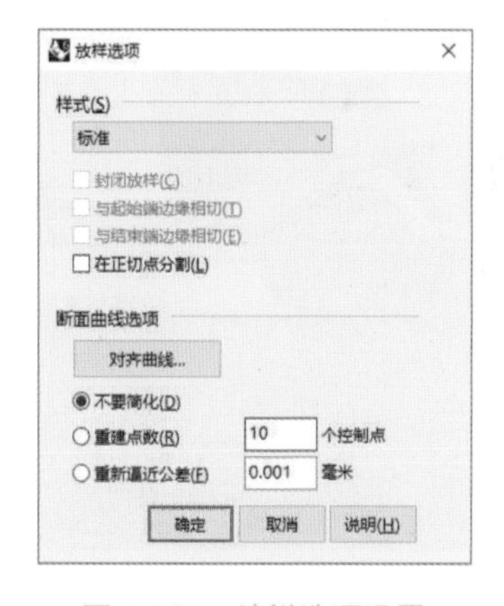

图 5.185　放样选项设置

绘制直线，如图 5.186 和图 5.187 所示，注意打开“端点”捕捉绘制。

图 5.186　绘制直线 1

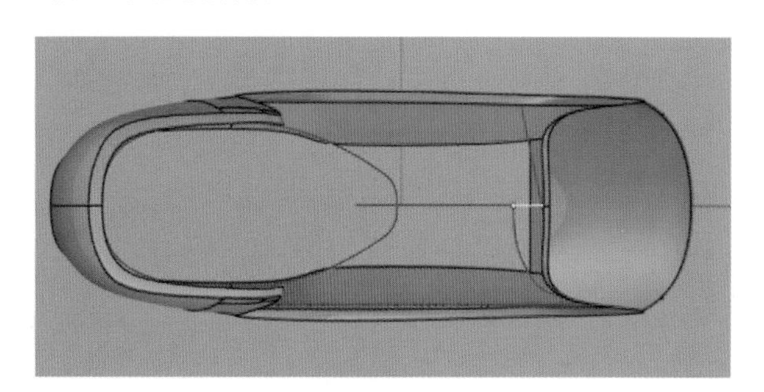

图 5.187　绘制直线 2

选择另一半分割后的曲线，点击“单轨扫掠”命令按钮，选择上一步绘制的直线，完成单轨扫掠生成曲面。单轨扫掠后，如图 5.188 中圆圈所示，发现该曲面与上一步完成的放样曲面之间有空隙，需将其延伸，以使两个曲面完全相交，才可以进行后期曲面互相修剪操作。点击“延伸曲面”命令按钮，选择单轨扫掠曲面边缘，按图 5.189 中箭头方向向外拖移。

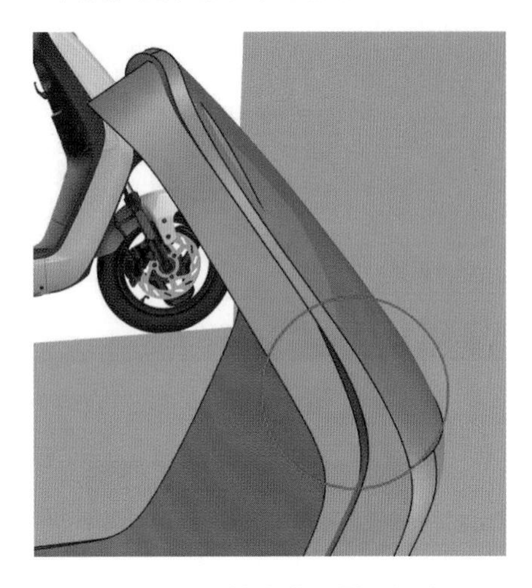

图 5.188 检查曲面是否相交

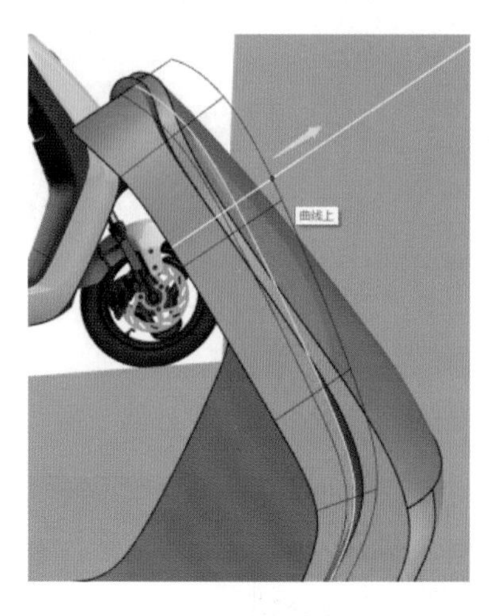

图 5.189 延伸曲面

选择放样曲面，点击“修剪”命令按钮，在图 5.190 中箭头所指位置点击完成曲面延伸后单轨扫掠面，完成曲面修剪，效果如图 5.191 所示。

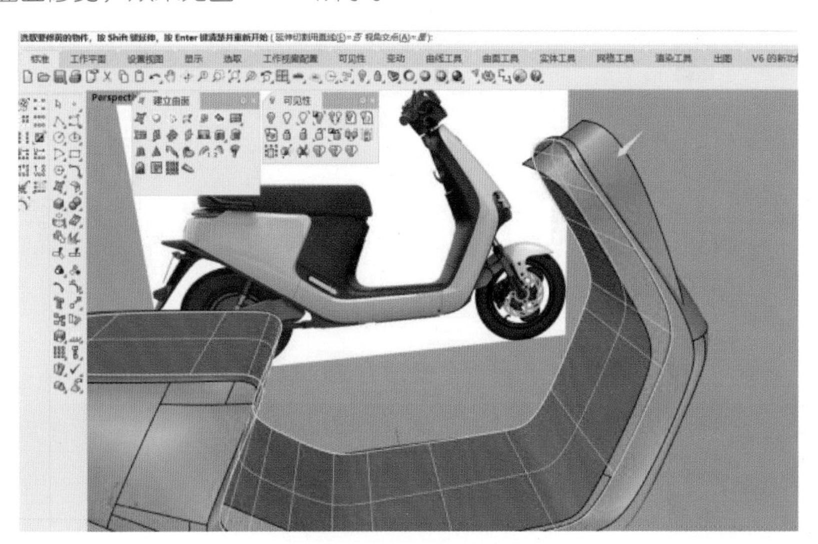

图 5.190 修剪曲面

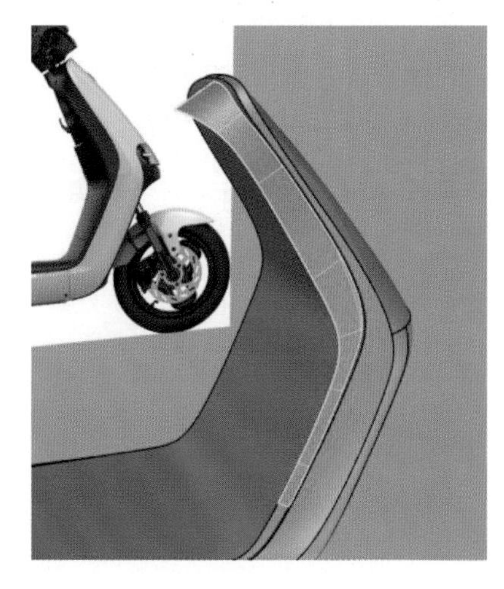

图 5.191 修剪效果

将修剪好的延伸曲面以及彩带曲面镜像（见图 5.192），完成模型，如图 5.193 和图 5.194 所示。

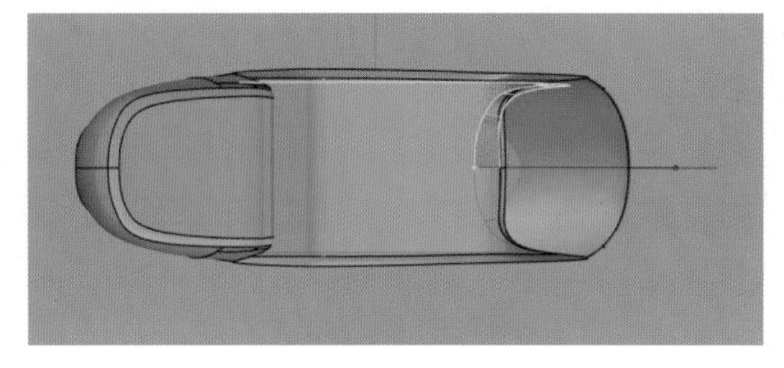

图 5.192 镜像曲面

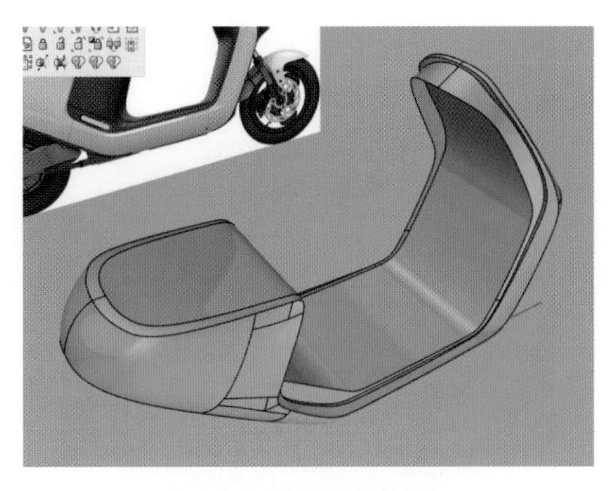

图 5.193 模型完成效果 1

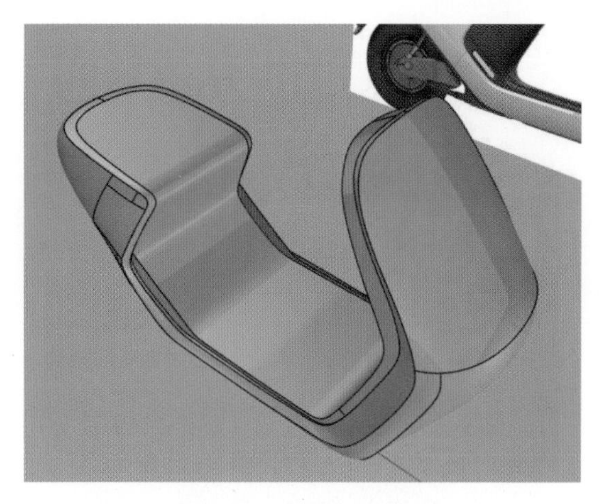

图 5.194 模型完成效果 2

选择“内插点曲线”命令，打开“端点”捕捉，捕捉图 5.195 所示三条曲线端点，绘制曲线，如图 5.196 所示。

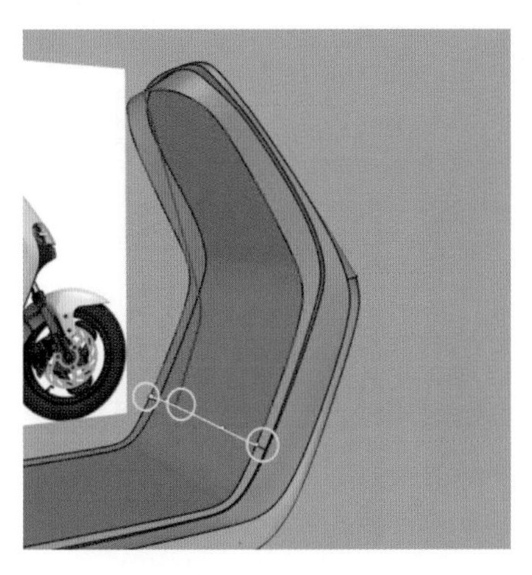

图 5.195 捕捉端点

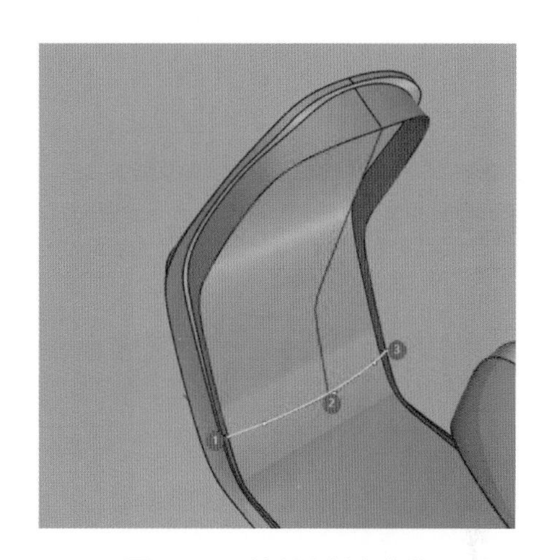

图 5.196 绘制内插点曲线

选择绘制完的四条曲线（见图 5.197），点击“从网线建立曲面”命令按钮，生成曲面，如图 5.198 所示。

图 5.197 选择绘制完的曲线

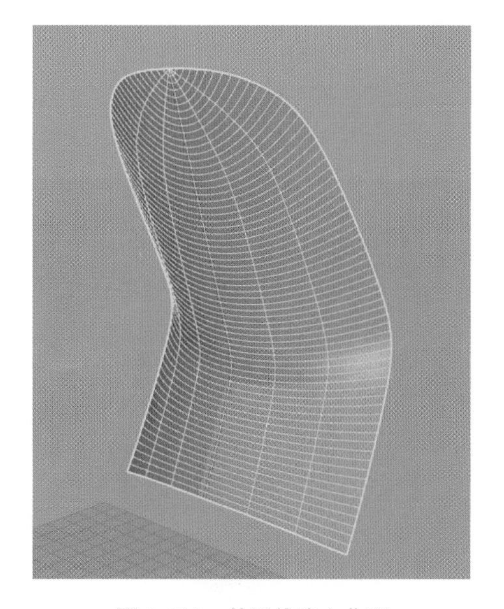

图 5.198 从网线建立曲面

通过观察发现，利用“从网线建立曲面”命令生成的曲面，结构线过多，需手动优化曲面。选择“移除节点”命令，点击曲面，在 U、V 两个方向上进行曲面优化，如图 5.199 和图 5.200 所示。

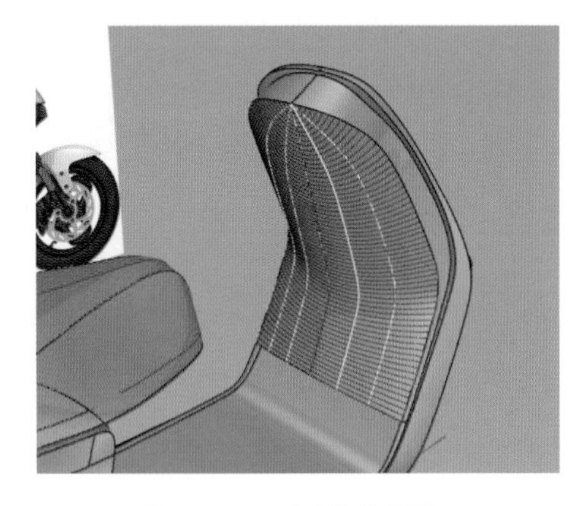
图 5.199　手动优化曲面 1

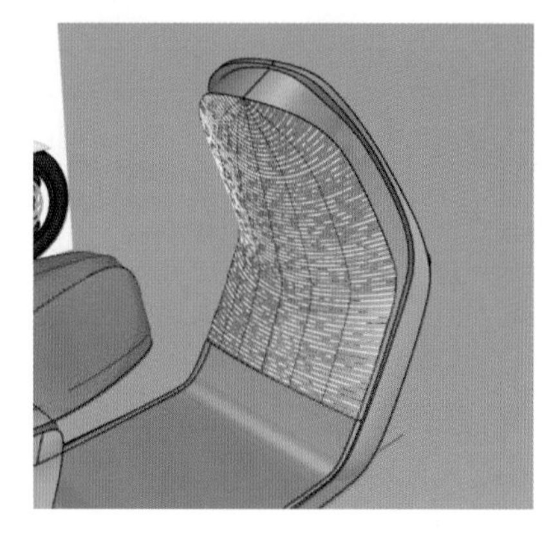
图 5.200　手动优化曲面 2

注意，切换 U、V 方向需在命令行中点击“切换”。曲面优化完成效果如图 5.201 所示。观察发现，手动优化可以大幅减少曲面结构线，让曲面显示更漂亮。在图 5.202 所示位置绘制一条直线，选择轮廓线，点击“分割”命令按钮。

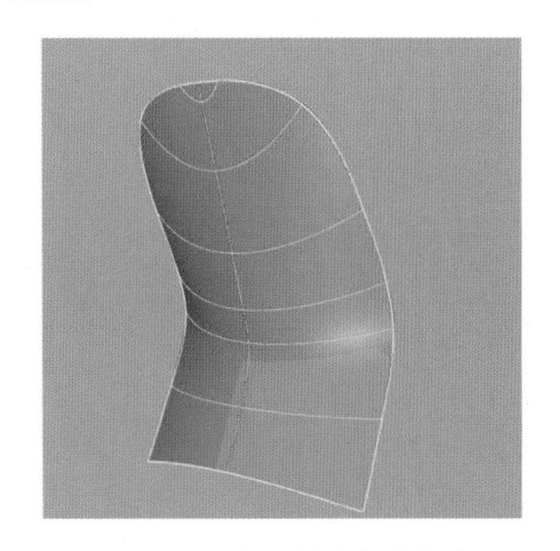
图 5.201　曲面优化完成效果

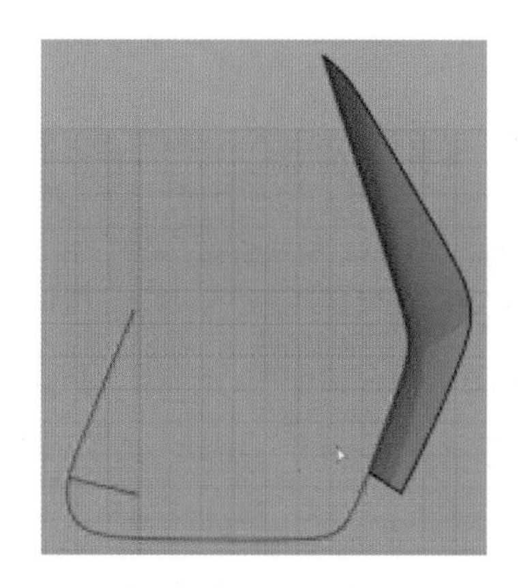
图 5.202　绘制直线

绘制曲线，调整形状并镜像，如图 5.203 所示。

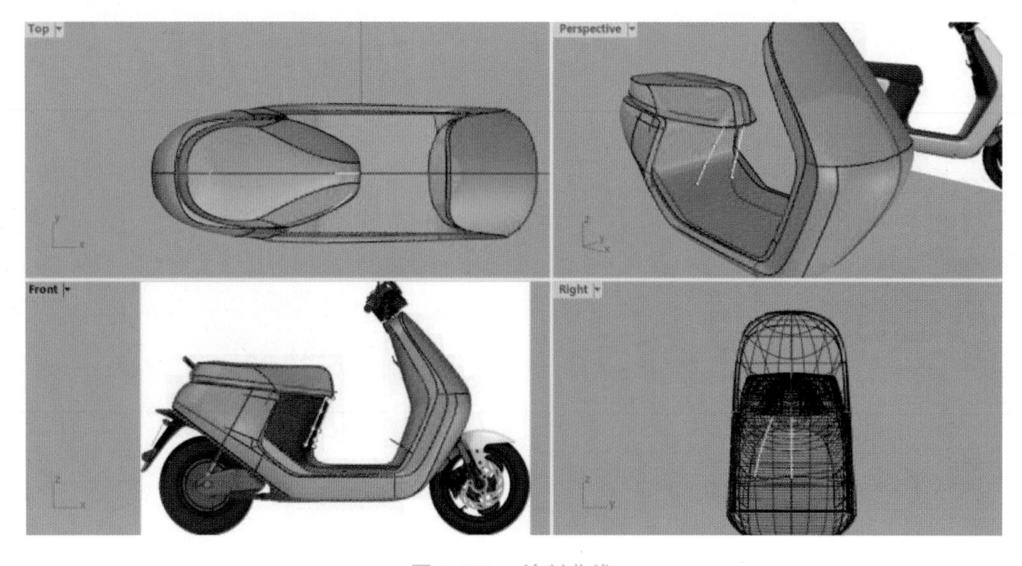

图 5.203　绘制曲线

打开“端点”捕捉，选择“内插点曲线”命令，捕捉三条曲线下端点，绘制曲线，如图 5.204 所示。选择这三条曲线，进行放样。通过观察发现，放样出来的曲面和内插点命令生成的曲线之间存在空隙，如图 5.205 中箭头所指。

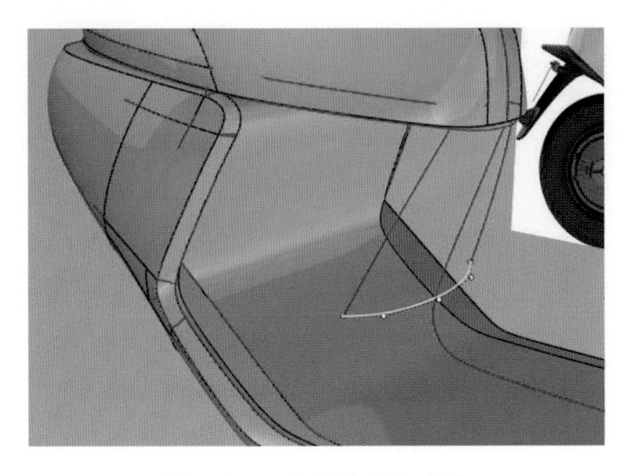

图 5.204 绘制内插点曲线

图 5.205 曲面与曲线有缝隙

选择“衔接曲面”命令，对放样曲面的上、下曲面边缘分别进行衔接。这一步是用曲面边缘去衔接内插点曲线，如图 5.206 所示。

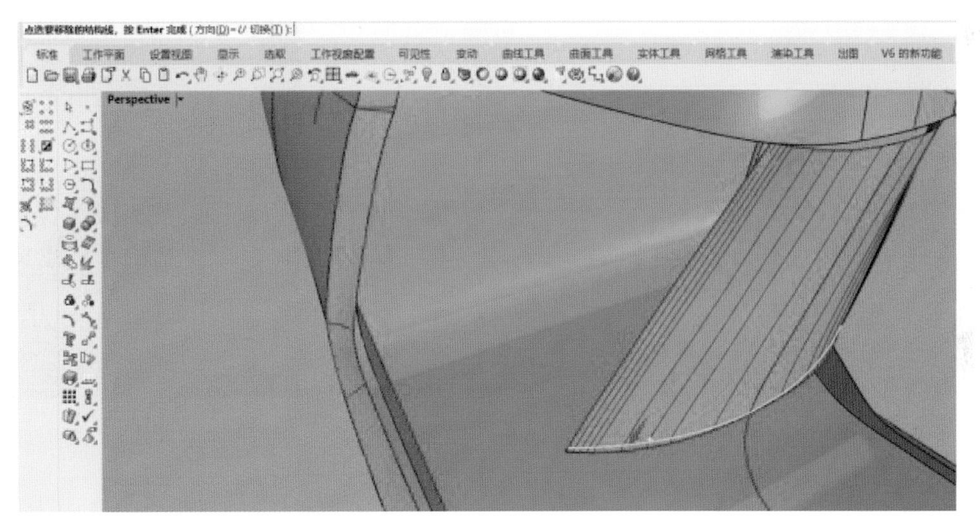

图 5.206 曲面衔接

绘制曲线（见图 5.207 和图 5.208）并镜像曲线。

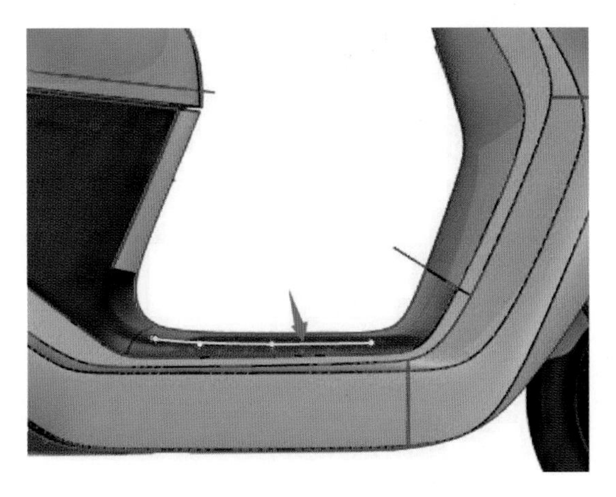

图 5.207 绘制曲线 1

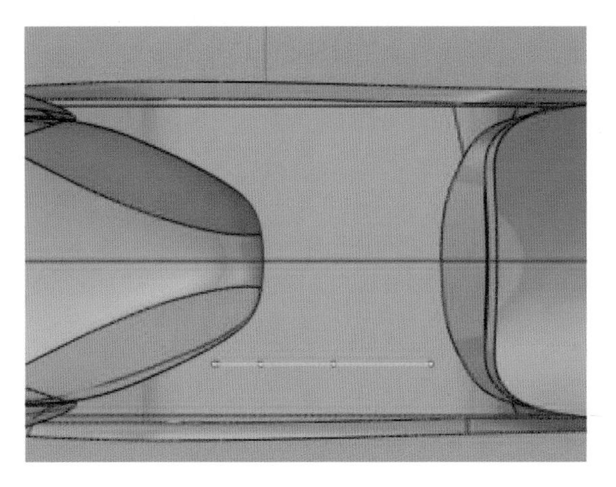

图 5.208 绘制曲线 2

继续绘制辅助直线，选择“直线：从中点”命令，打开“最近点”及“端点”捕捉，绘制直线，如图 5.209 所示。注意：这里中心点放置于内壳轮廓线上，端点捕捉于上一步绘制并镜像完成的曲线两端。分割曲线，如图 5.210 所示。

图 5.209　绘制直线

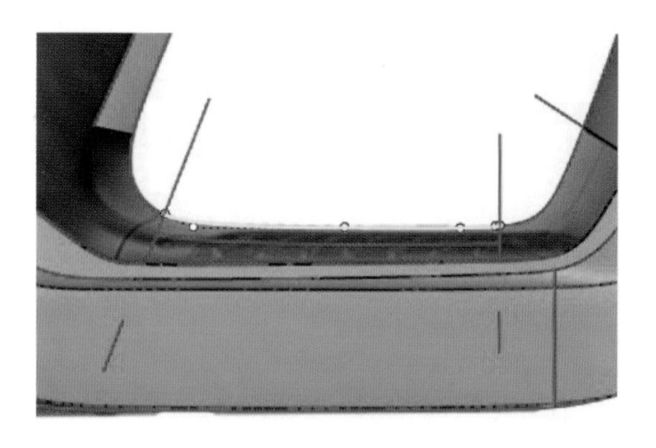

图 5.210　分割曲线

选择“抽离结构线”命令，打开“端点”捕捉，提取曲面结构线，如图 5.211 所示。鼠标光标移动至上一步绘制并镜像的曲线一端，当出现端点提示时，点击鼠标左键提取结构线。

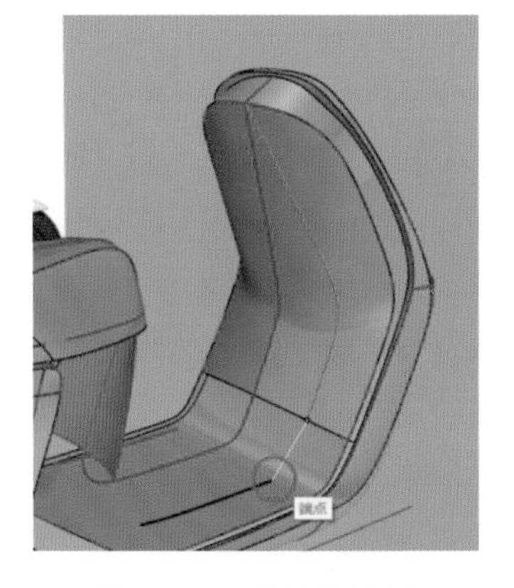

图 5.211　提取结构线

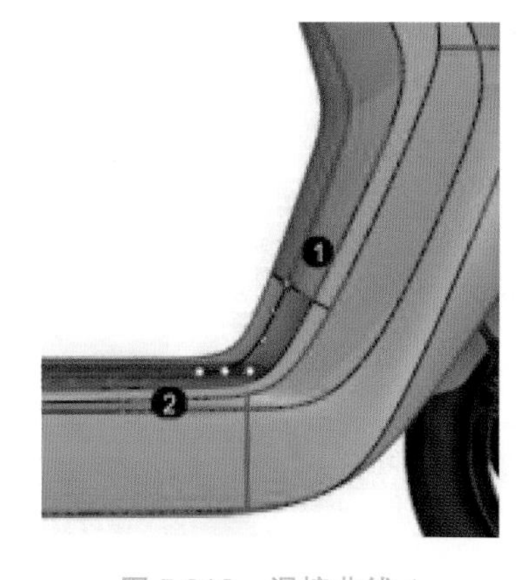

图 5.212　混接曲线 1

图 5.213　混接曲线 2

选择“可调式混接曲线”命令，生成混接曲线（见图 5.212 和图 5.213），并镜像。

选择“内插点曲线”命令绘制曲线，如图 5.214 所示。依次选择图 5.214 所示的三条曲线进行放样，放样设置如图 5.215 所示。

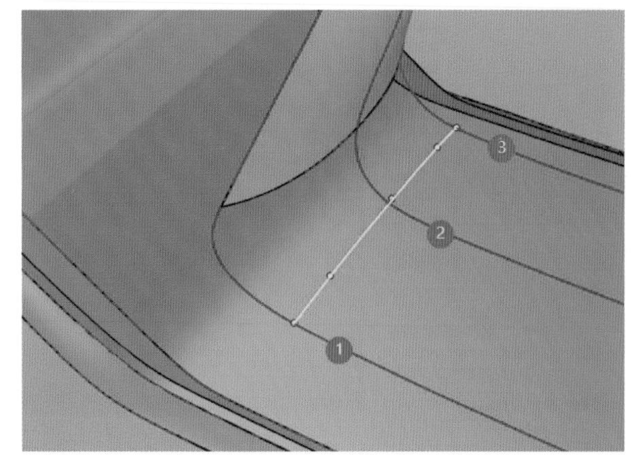

图 5.214　绘制内插点曲线

图 5.215　放样

选择“双轨扫掠”命令，选择图5.216和图5.217所示曲面边缘。注意：这里选择的是“曲面 边缘”，不是“曲线”。

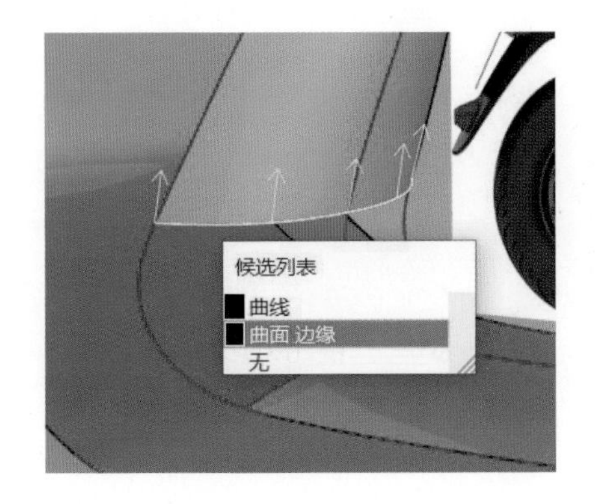

图 5.216　双轨扫掠（选择曲面边缘）1

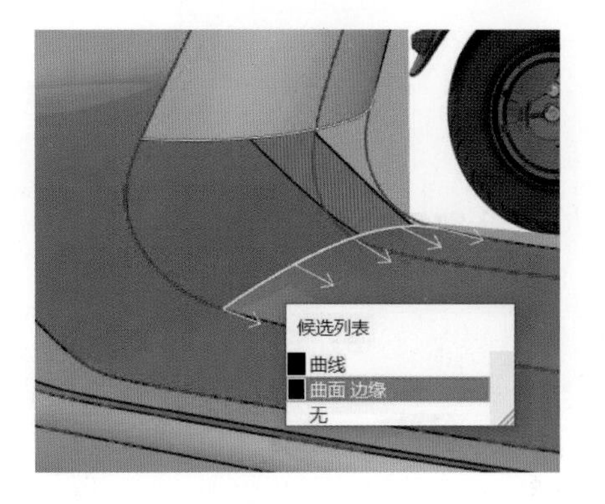

图 5.217　双轨扫掠（选择曲面边缘）2

选择两条轨道后依次选取截面曲线，弹出“双轨扫掠选项”对话框，边缘连续性都点选“曲率”连接，生成曲面，如图 5.218 所示。再次进行双轨扫掠生成曲面，如图 5.219 所示。

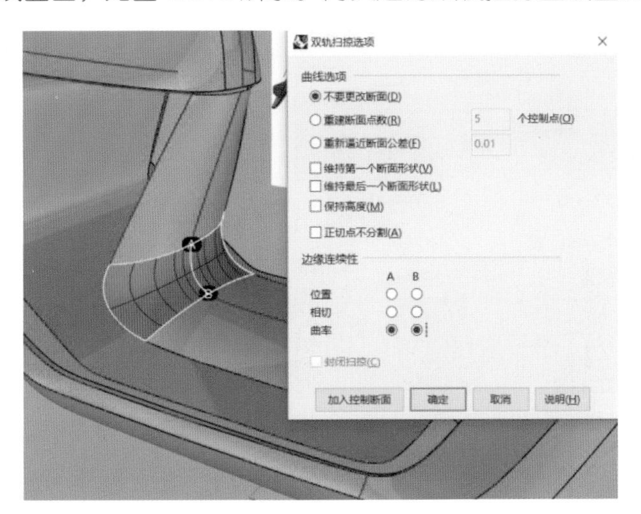

图 5.218　双轨扫掠 1

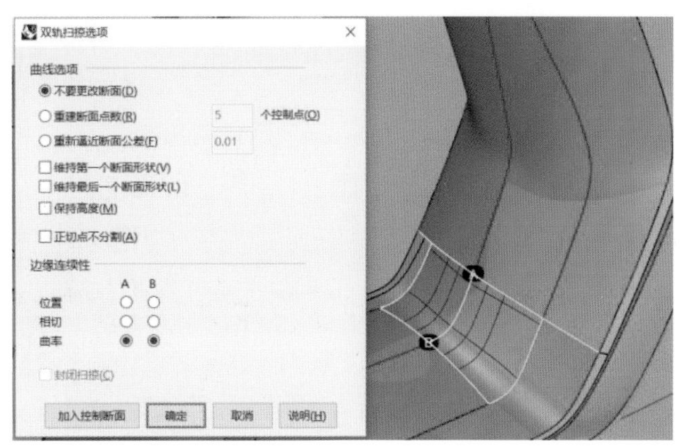

图 5.219　双轨扫掠 2

选择之前绘制的两条直线，将其投影至车身上，如图 5.220 所示。

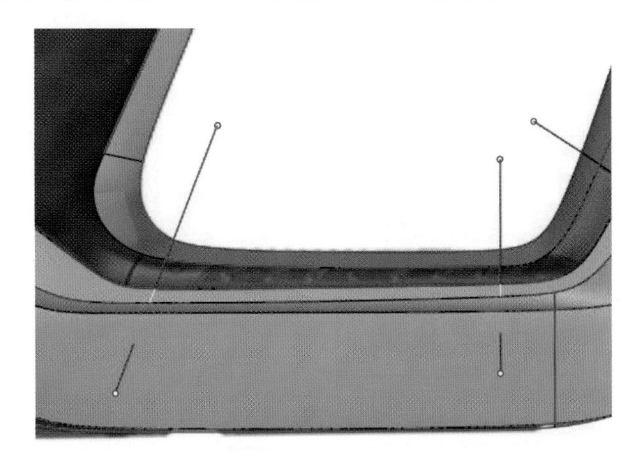

图 5.220　投影直线

选择“可调式混接曲线”命令，生成混接曲线，连续性一端设置为“曲率”，另一端设置为“位置”，如图 5.221 所示。再次进行曲线混接，如图 5.222 所示。

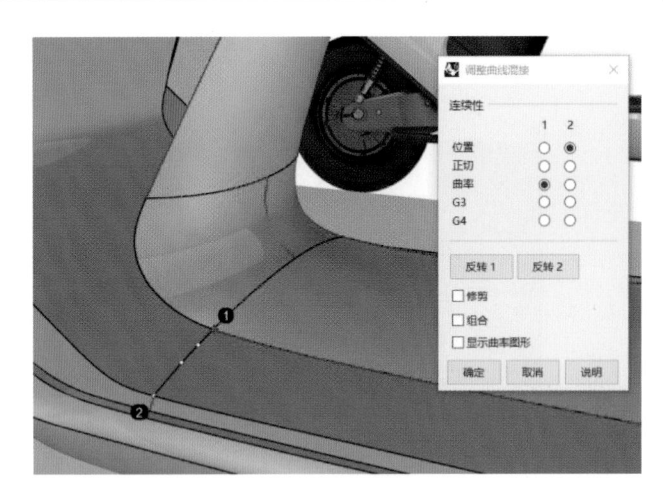

图 5.221　混接曲线 1

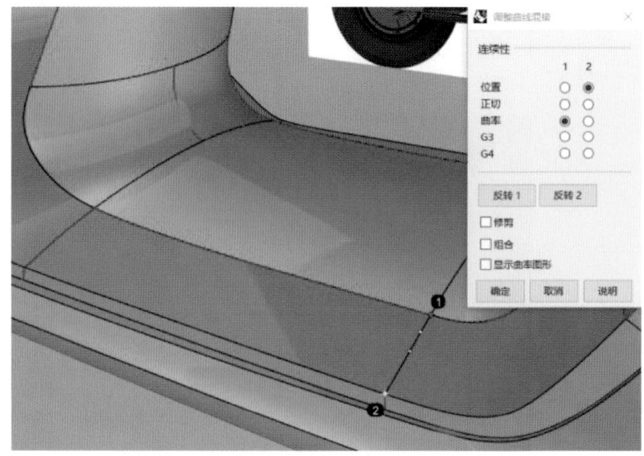

图 5.222　混接曲线 2

选择“双轨扫掠”命令，完成曲面构建，如图 5.223 所示，边缘连续性设置为“位置”。

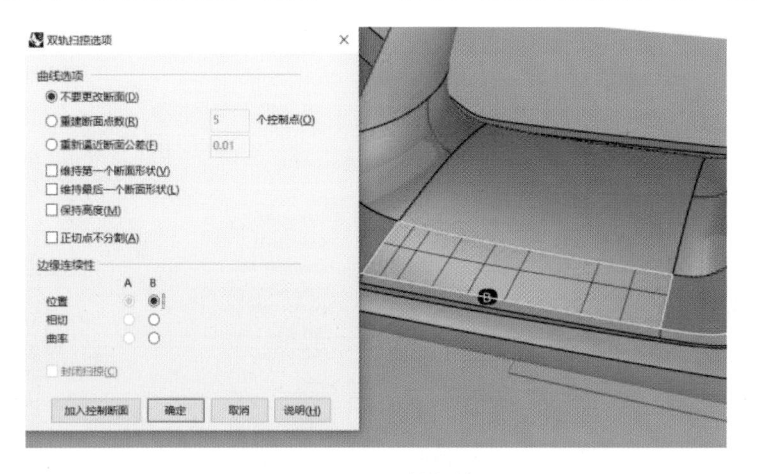

图 5.223　双轨扫掠

选择“显示边缘”命令，显示曲面边缘为完整边缘，需要对其（图 5.224 中箭头所指）进行边缘分割。选择“分割边缘”命令，分割边缘，如图 5.225 所示。

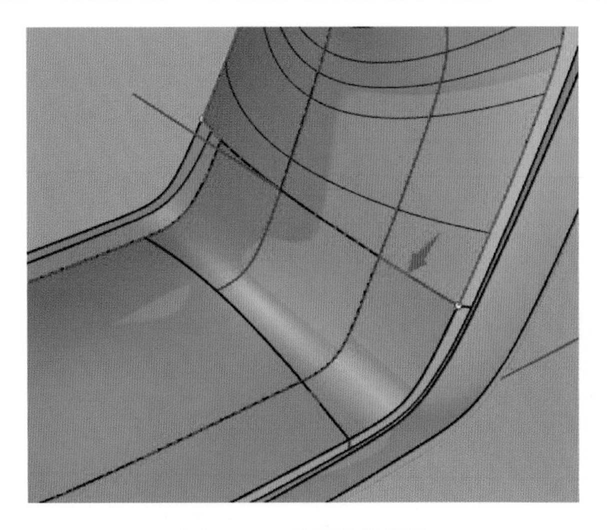

图 5.224　曲面边缘分析

图 5.225　分割边缘

选择“双轨扫掠”命令，将该处小曲面构建完成（见图 5.226），并在“Top”视图中镜像至另一侧。

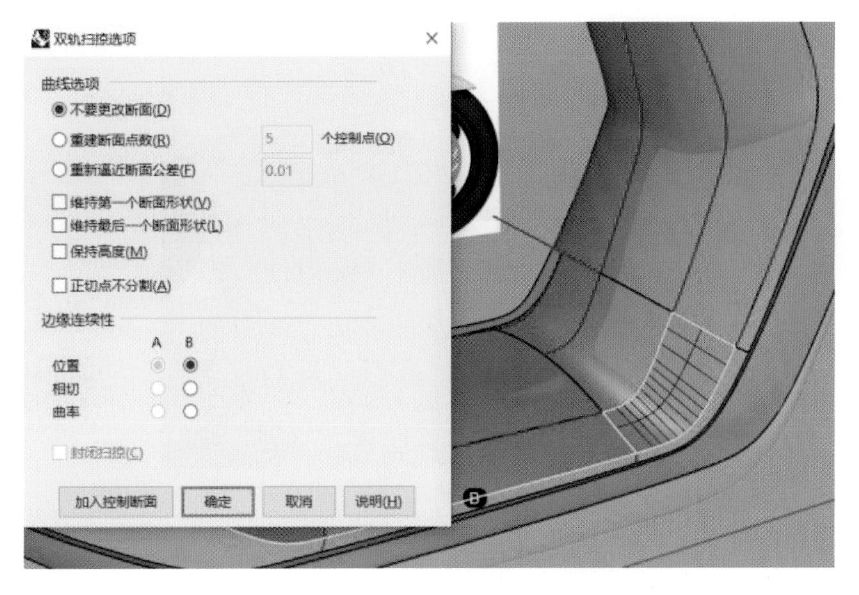

图 5.226　双轨扫掠生成小曲面

打开“最近点”捕捉，按建模参考图绘制一条三阶四点曲线，如图 5.227 所示。该曲线在各个视图中都需调整曲线控制点，以使其形态较为符合电动车内壳造型，如图 5.228 和图 5.229 所示。

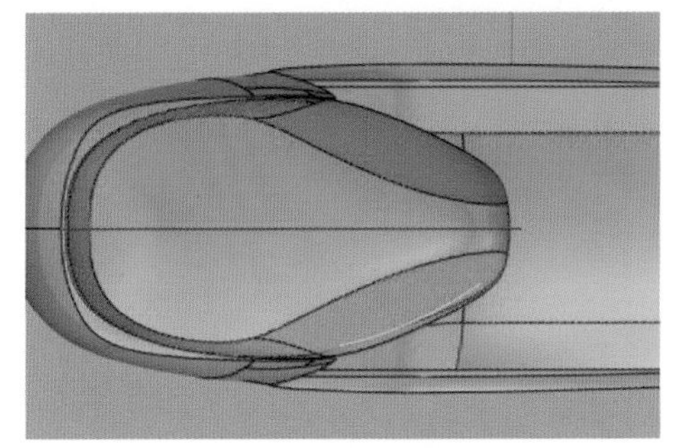

图 5.227　绘制曲线

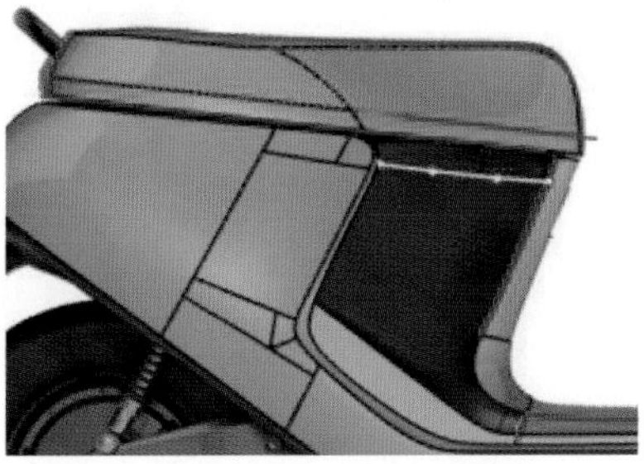

图 5.228　调整曲线控制点 1

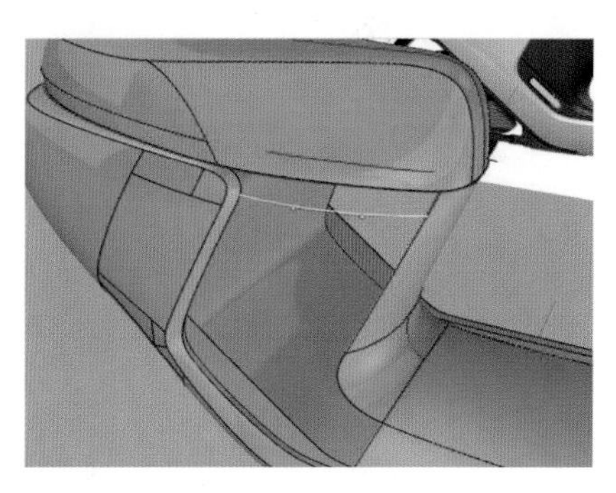

图 5.229　调整曲线控制点 2

继续绘制曲线，曲线形状和位置均按图 5.230 所示调整。注意：曲线左侧端点必须位于车身内部，注意图 5.231 中圆圈处端点位置。

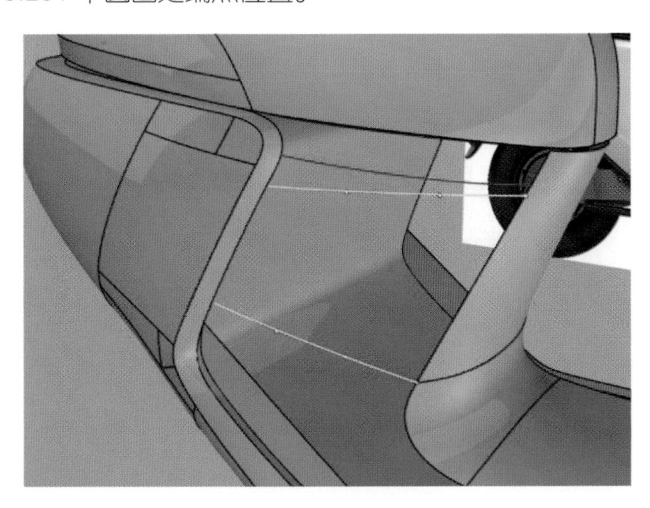

图 5.230　绘制曲线

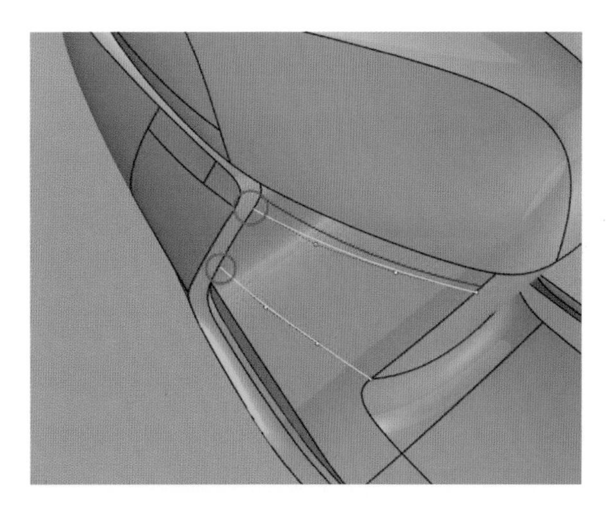

图 5.231　曲线端点

选择“分割边缘”命令，打开“端点”捕捉，将曲面边缘分割，如图 5.232 所示。

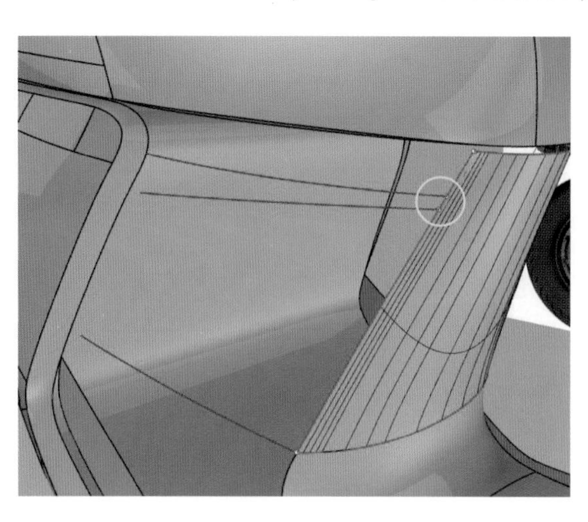

图 5.232　分割边缘

Tips：分割边缘时，打开曲面边缘显示，可有效防止分割边缘产生误操作。

选择“双轨扫掠”命令，生成车座内壳支撑曲面，如图 5.233 所示；选择“单轨扫掠”命令，生成曲面，进行曲面衔接，如图 5.234 所示。

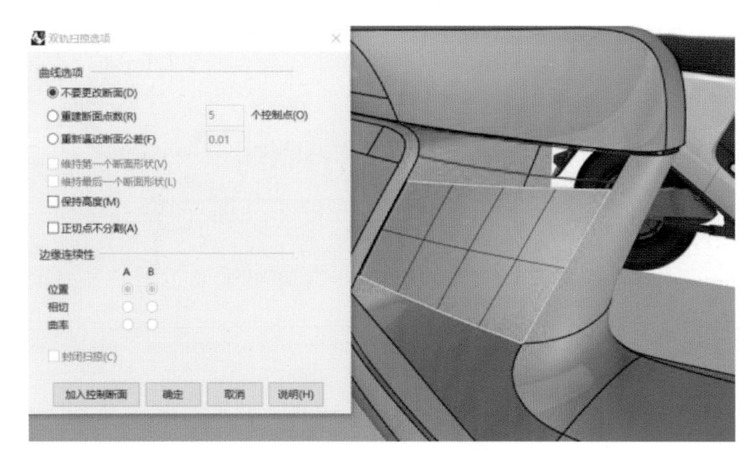

图 5.233　双轨扫掠

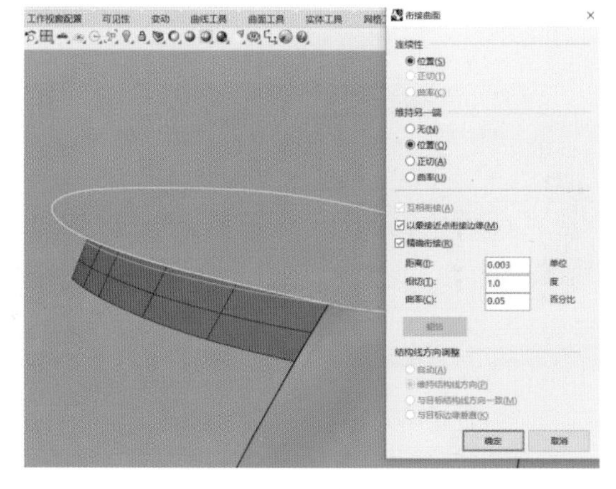

图 5.234　单轨扫掠并衔接曲面

观察单轨扫掠生成的曲面，发现它和车身曲面未能完全相交（见图 5.235），选择“延伸曲面”命令将其延伸一定距离，如图 5.236 所示。

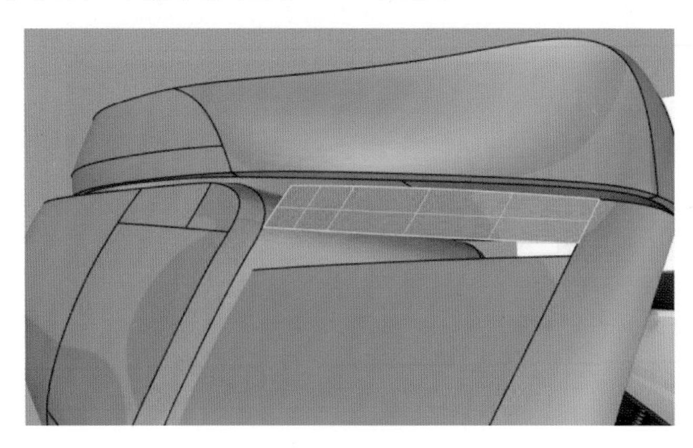

图 5.235　曲面未能完全相交

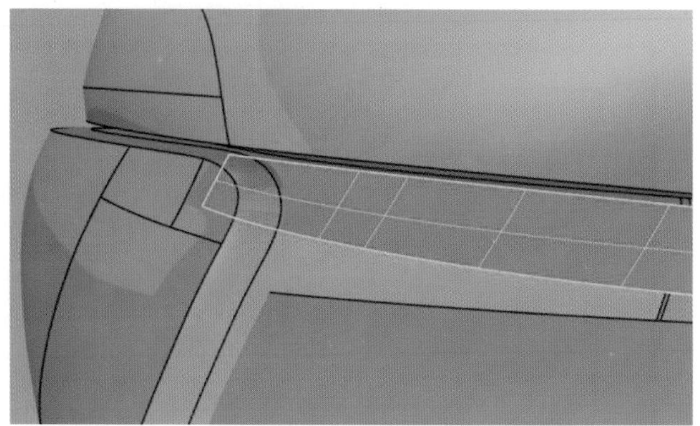

图 5.236　延伸曲面

选择图 5.237 所示的两个曲面，选择“物体相交”命令，生成相交曲线，如图 5.238 所示。

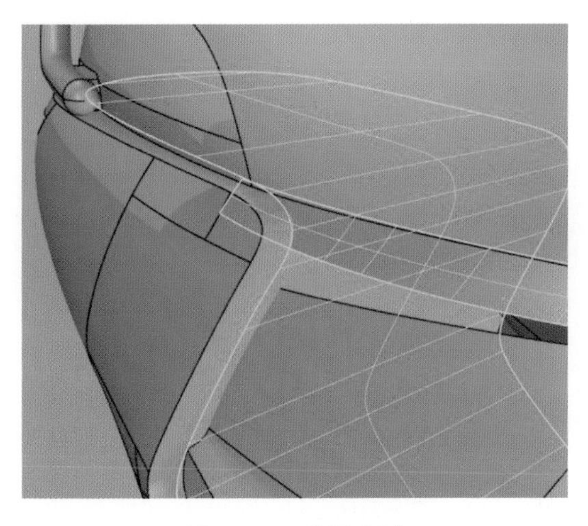

图 5.237 选择曲面

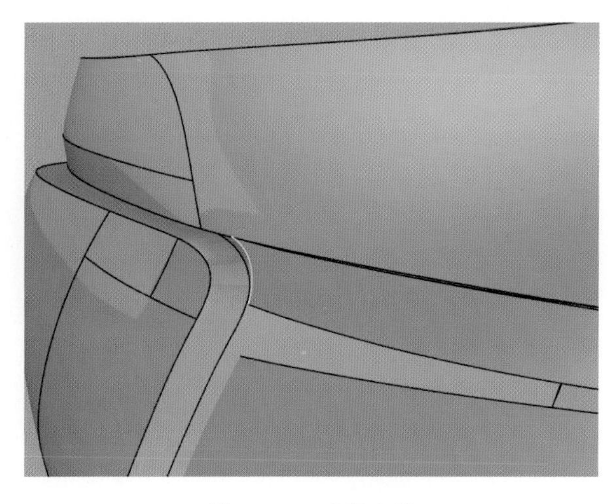

图 5.238 求相交线

选择延伸后的曲面，点击“分割”命令按钮，选择相交线，将该曲面分割为两部分（见图 5.239），选择小曲面将其删除。

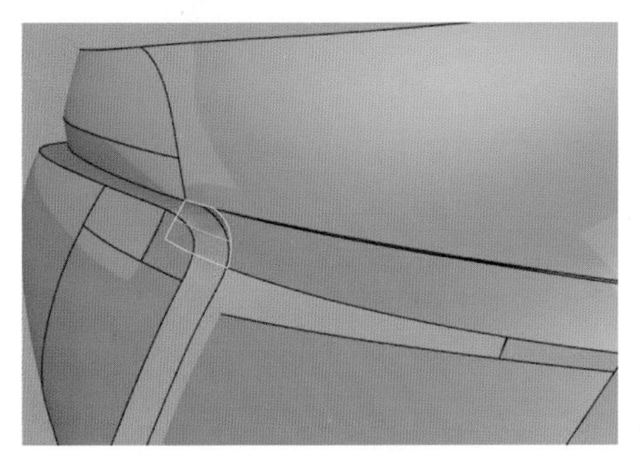

图 5.239 分割曲面

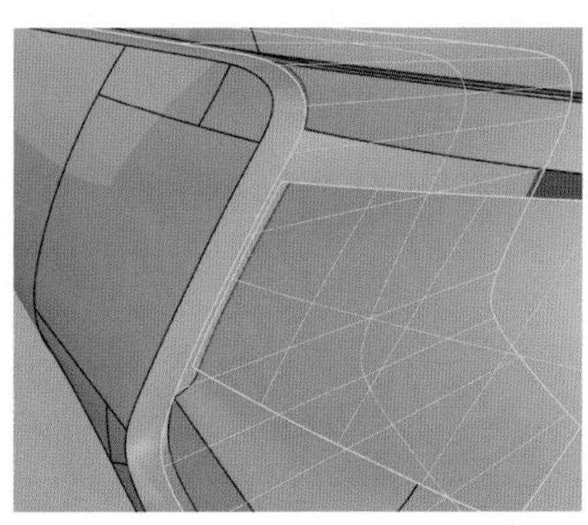

图 5.240 求相交线

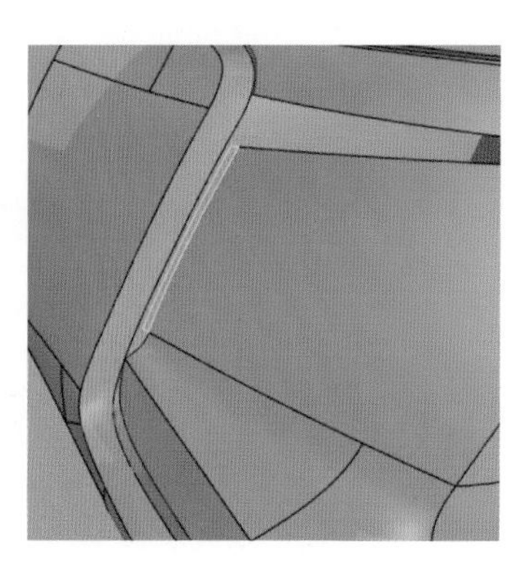

图 5.241 分隔曲面

继续求相交线（见图 5.240），分割曲面（见图 5.241）。

选择“可调式混接曲线”命令，生成两条截面曲线（见图 5.242 和图 5.243），注意 1、2 处连续性设置（见图 5.244）。

选择“双轨扫掠”命令生成混接曲面，如图 5.245 所示。

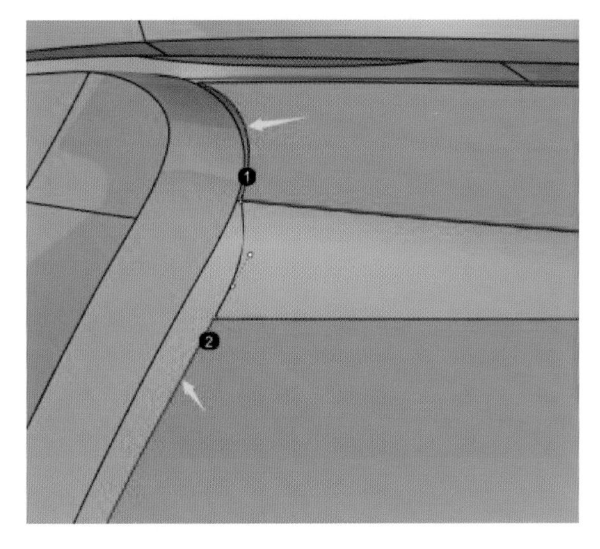

图 5.242 混接曲线 1

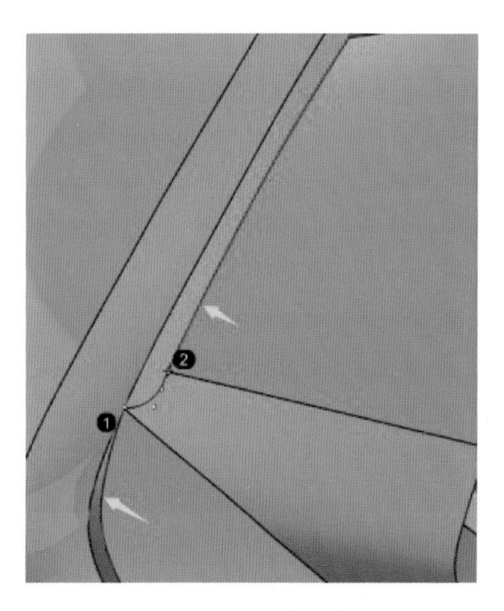

图 5.243 混接曲线 2

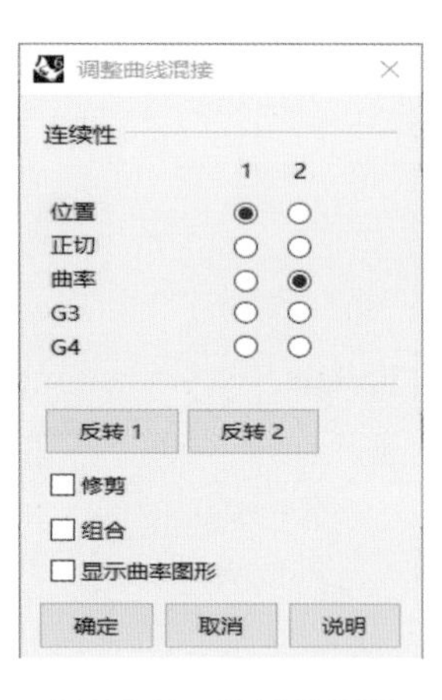

图 5.244　连续性设置

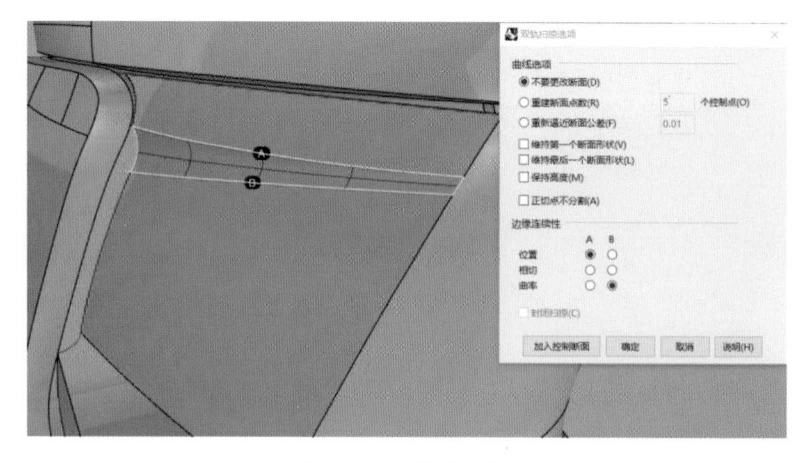

图 5.245　混接曲面

如图 5.246 所示提取曲面结构线。继续如图 5.247 所示提取曲面结构线，注意打开“端点”捕捉，捕捉上一步提取的结构线下端点。

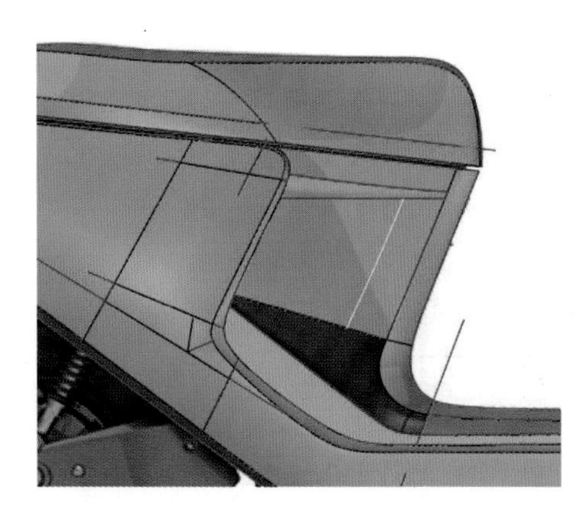

图 5.246　提取曲面结构线 1

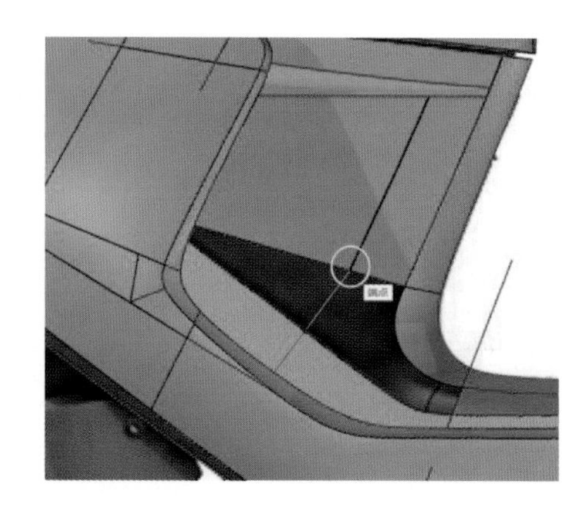

图 5.247　提取曲面结构线 2

选择“可调式混接曲线”命令生成截面曲线，如图 5.248 所示，注意 1、2 处连续性设置。选择“双轨扫掠”命令生成混接曲面，如图 5.249 所示，注意 A、B 处连续性设置。

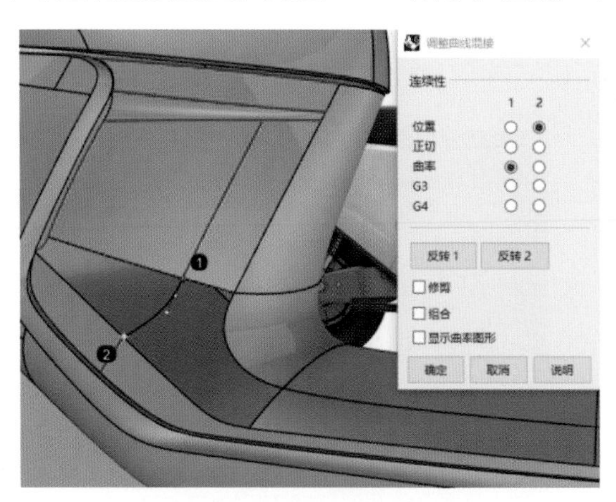

图 5.248　混接曲线

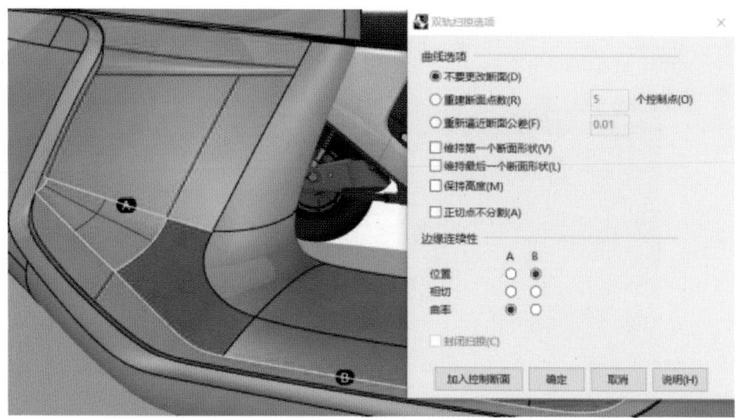

图 5.249　混接曲面

选择“直线：从中点”命令在“Front”视图中绘制辅助建模参考直线，如图 5.250 所示。直线起点为图 5.250 中圆圈处，需打开“端点”捕捉，捕捉上一步生成的混接曲线端点，直线终点需超出右侧内壳曲面。在“Front”视图中将该直线投影至曲面 1、2 上，如图 5.251 所示。

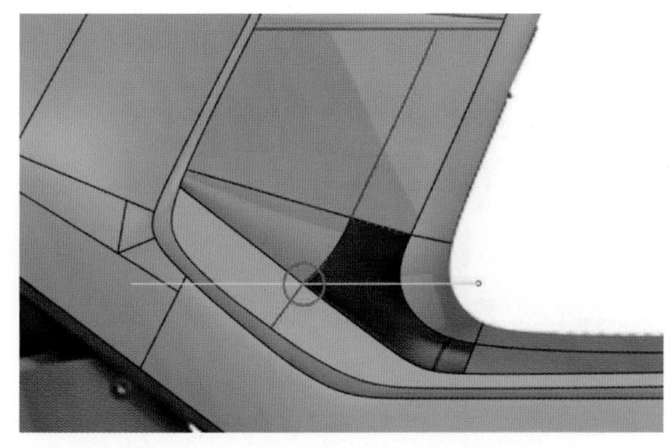

图 5.250 绘制直线

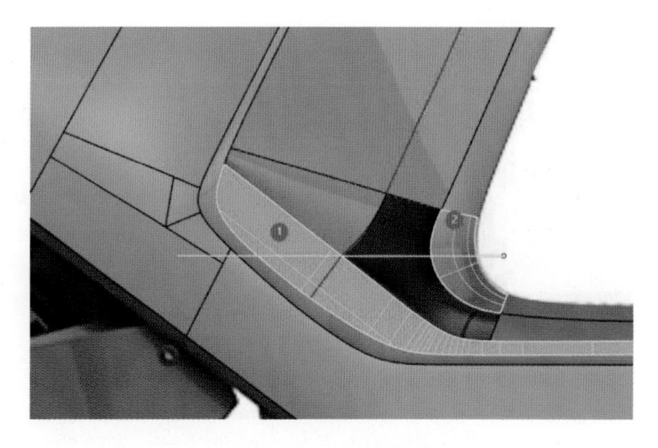

图 5.251 投影直线

投影线如图 5.252 所示。选择“可调式混接曲线”命令，生成混接曲线，如图 5.253 所示。注意 1、2 处连续性设置分别为“曲率”和“位置”。

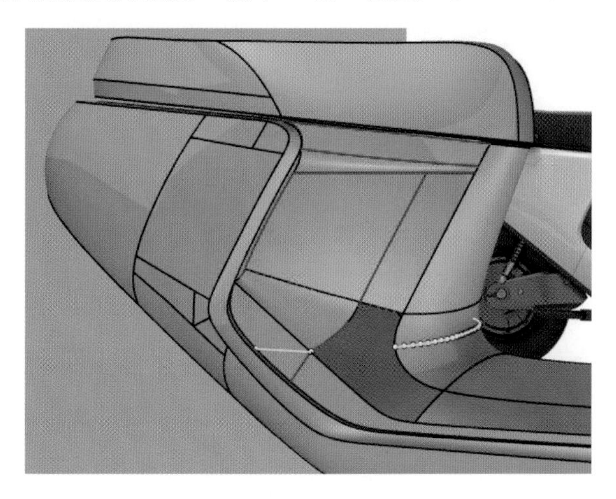

图 5.252 投影线

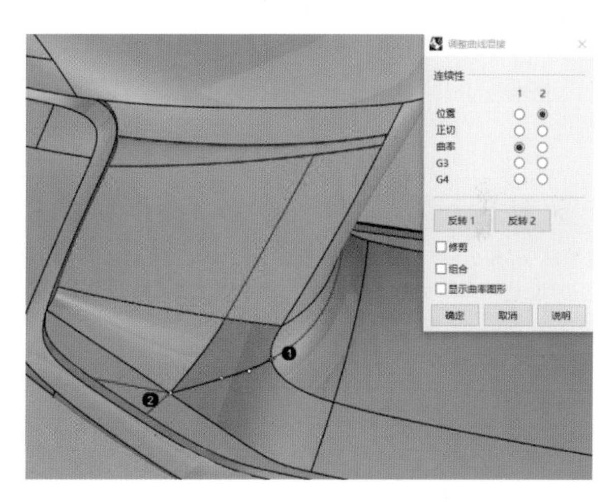

图 5.253 混接曲线

打开“端点”捕捉，捕捉投影线端点。选择“分割边缘”命令，分割边缘，如图 5.254 和图 5.255 圆圈处所示。

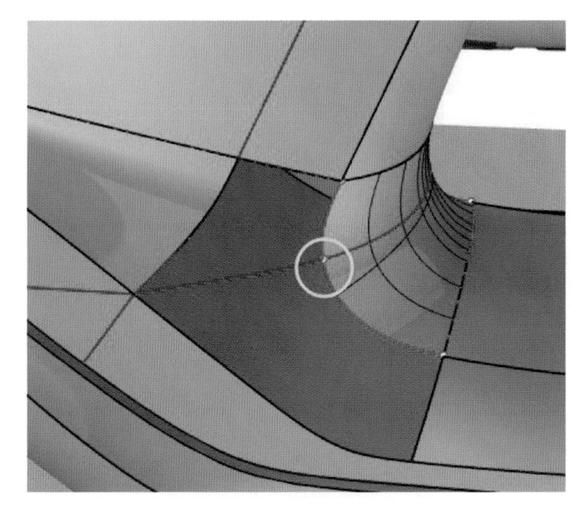

图 5.254 分割边缘 1

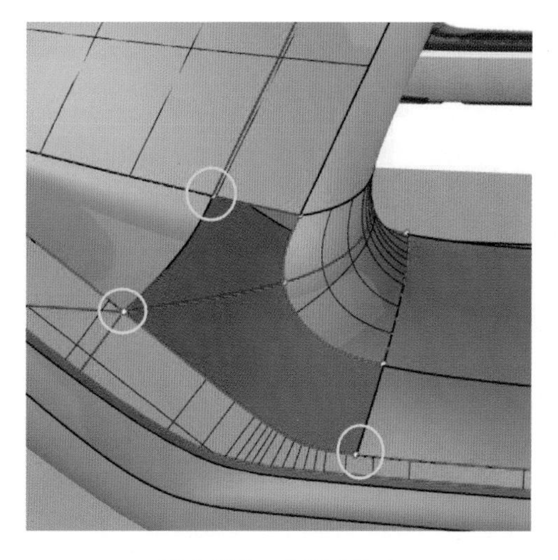

图 5.255 分割边缘 2

选择“以二、三或四个边缘曲线建立曲面”命令，构建两个小曲面，如图 5.256 所示。曲面构建完成之后，两个小曲面与相邻曲面连续性为“位置”（G0 连接），不能满足效果图渲染要求，要对齐并进行曲面衔接操作。

此处衔接时需将连续性设置为“正切”。完成衔接后，选择“斑马纹分析”命令检测曲面连续性，如图5.257所示。

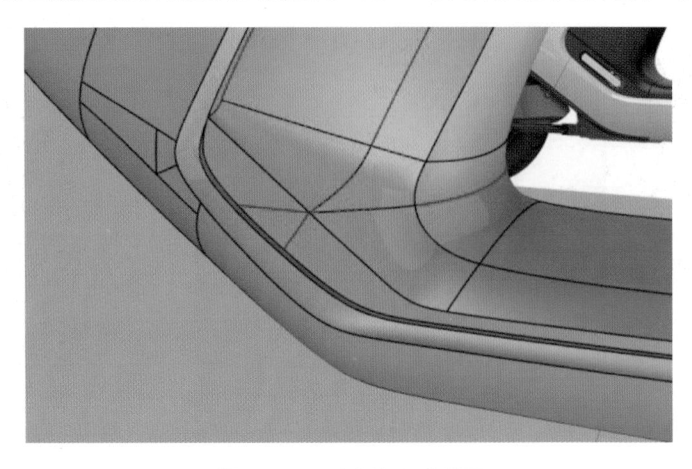

图 5.256　以边缘生成曲面

图 5.257　斑马纹检测

继续进行曲面衔接，注意衔接顺序。用曲面 1 衔接曲面 2（见图 5.258）。选择“斑马纹分析”命令，检测曲面连续性，如图 5.259 所示。

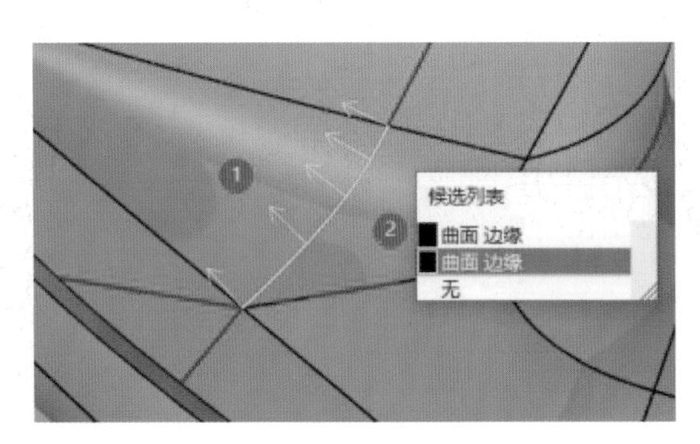

图 5.258　曲面衔接

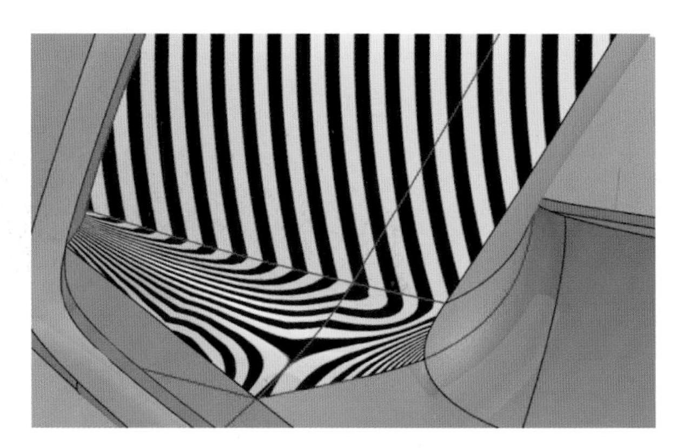

图 5.259　斑马纹检测

再次进行曲面衔接，用曲面1衔接曲面2（见图5.260）。选择“斑马纹分析”命令，检测曲面连续性，如图5.261所示。

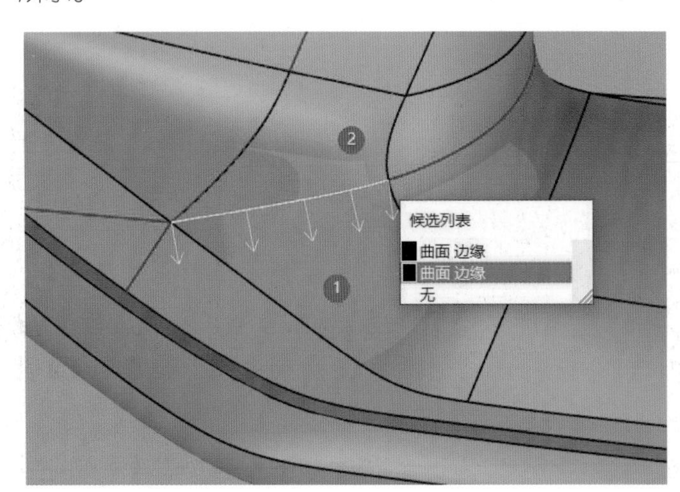

图 5.260　曲面衔接

图 5.261　斑马纹检测

曲面衔接会造成曲面变形，此处因曲面较多，需放大仔细检查，防止出现图 5.262 所示（箭头处）边缘有空隙的情况。如果有空隙出现，就再用图 5.263 所示的曲面 1 衔接曲面 2。这里连续性需设置为“位置”。

图 5.262　检查曲面

图 5.263　曲面衔接

衔接完成后，选择“斑马纹分析”命令，检查曲面连续性，如图 5.264 所示。斑马纹处于连续顺畅状态，即满足渲染要求。完成后，将曲面镜像至另一侧，完成内壳建模。

图 5.264　斑马纹检测

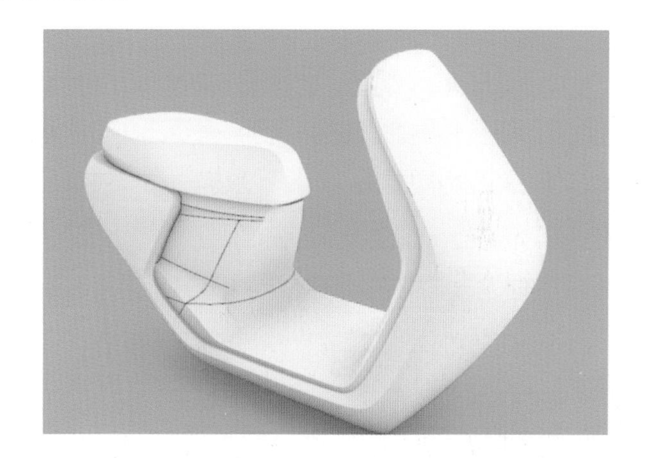

图 5.265　当前模型效果

至此电动车主要曲面基本全部构建完成，如图 5.265 所示。

5.2.6　外壳细节建模

在“Right”视图中绘制三阶四点曲线和圆角矩形，如图 5.266 所示。选择“可调式混接曲线”命令，混接曲线并组合（见图 5.267），将 16 条曲线组合为 2 条封闭的曲线。

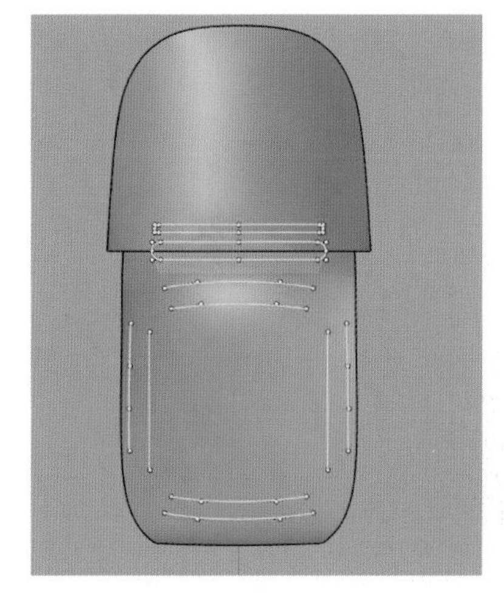

图 5.266　绘制曲线

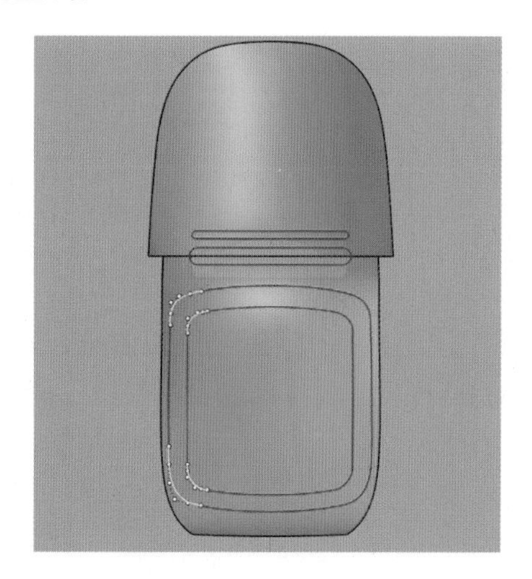

图 5.267　混接曲线并组合

在“Right”视图中将图5.268所示的3条曲线投影至车身曲面上，选择“分割”命令分割曲面并删除图5.269所示选中曲面。

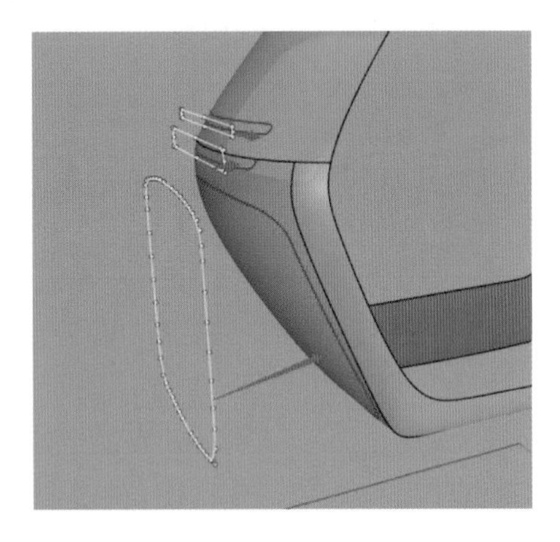

图 5.268　投影

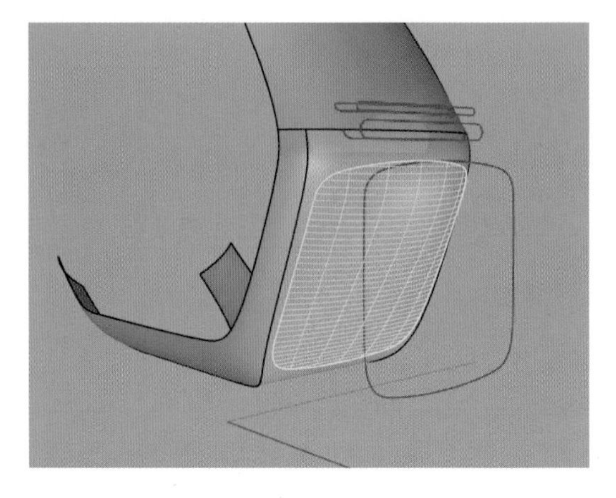

图 5.269　分割曲面并删除曲面

切换至“Front”视图，选择图5.270所示分割后的小曲面，向车身内部移动一个固定数值。因为后面还要将此投影线往相同方向复制一份，需要记住本次移动的数值，下次复制时复制相同的距离。将投影线往小曲面移动方向复制相同距离，选择“放样”命令生成放样曲面。放样样式为“标准”，其他设置默认即可，如图5.271所示。

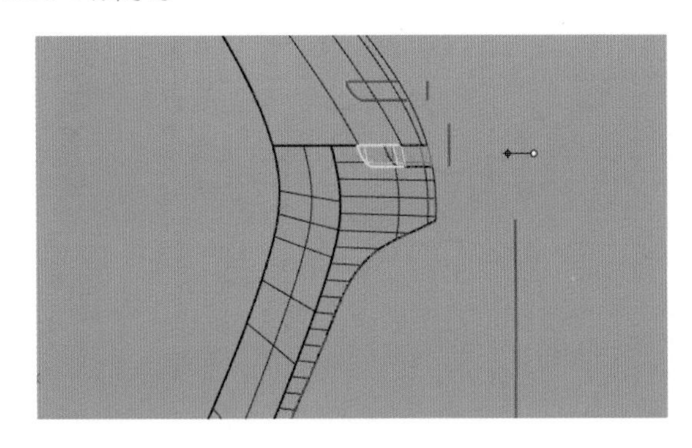

图 5.270　移动曲面

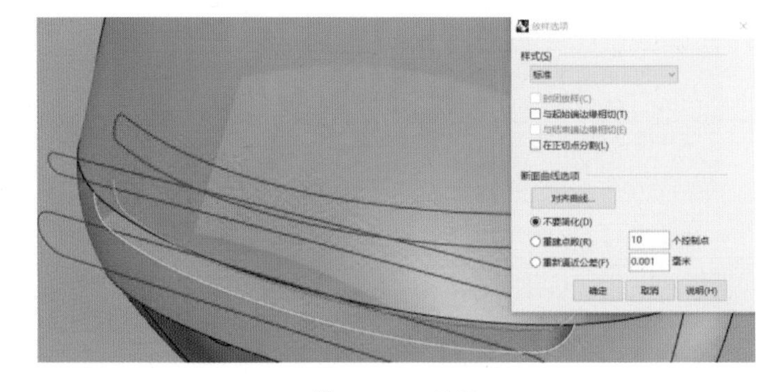

图 5.271　放样

分割出灯罩装饰条（见图5.272），选择装饰条投影线，点击“直线挤出”命令按钮。这时候，因为投影线是空间曲线，所以会在默认方向挤出而不是水平方向挤出，如图5.273所示。

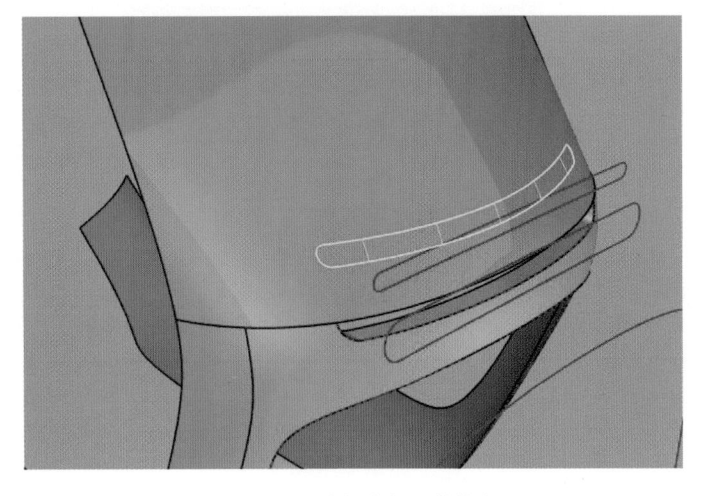

图 5.272　分割出灯罩装饰条

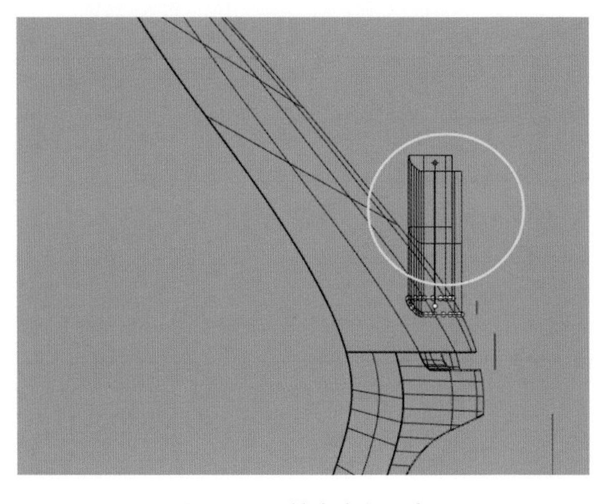

图 5.273　挤出方向示意

选择“直线挤出”命令，在命令行点击“方向”，将挤出方向自定义设置为水平方向，效果如图 5.274 所示。

选择直线挤出的曲面，按“Ctrl+C”键复制一份，复制完成后，先不要粘贴。把基础面与大曲面先进行组合，如图 5.275 所示。组合完成之后再按“Ctrl+V”键粘贴挤出面，与装饰条曲面组合，如图 5.276 所示。

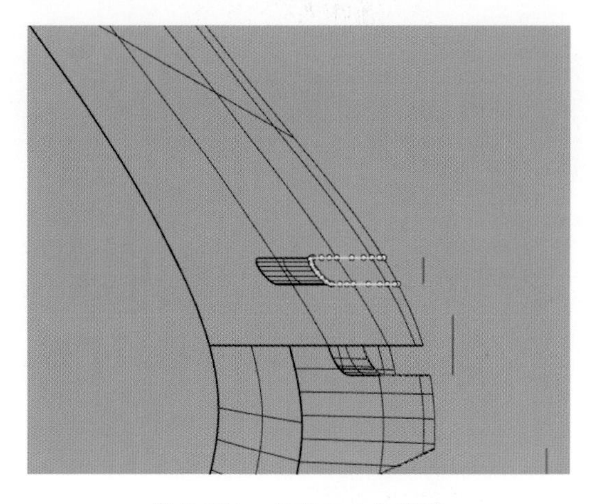

图 5.274　自定义方向挤出

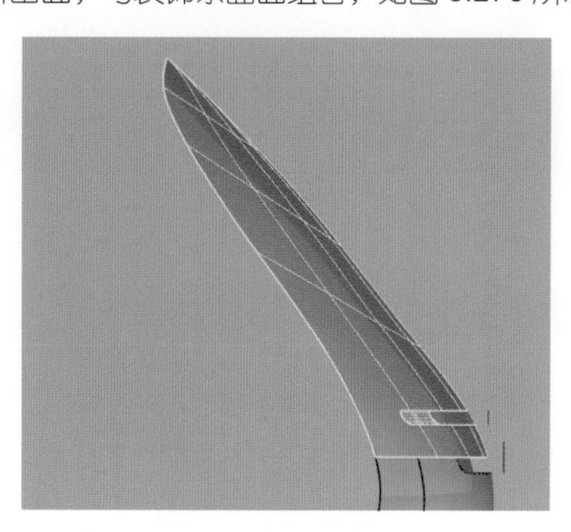

图 5.275　组合曲面 1

这样就可以得到两个多重曲面，如图 5.277 所示。

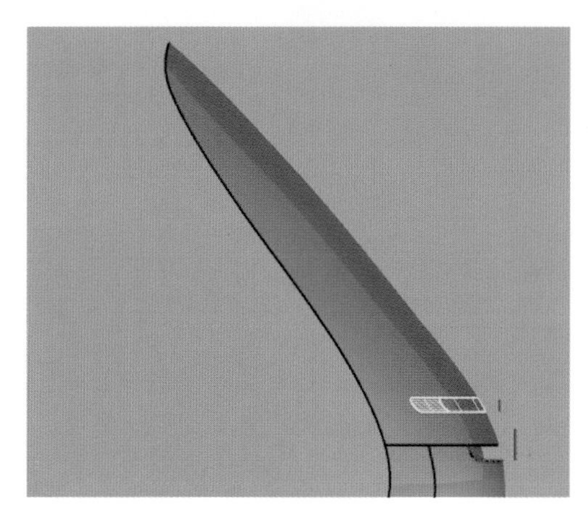

图 5.276　组合曲面 2

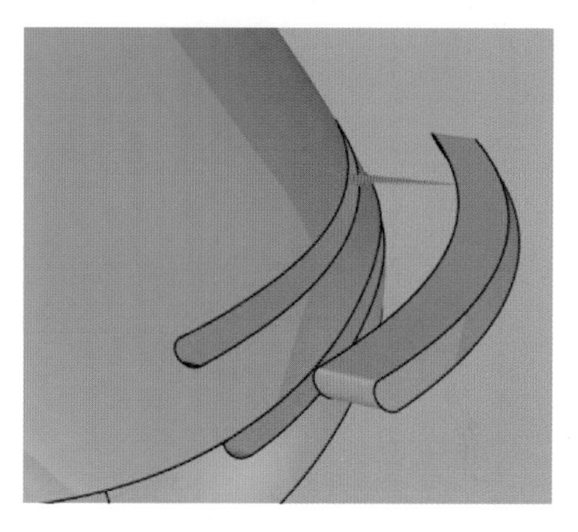

图 5.277　模型示意

选择“边缘圆角”命令对这两个组合出来的多重曲面实体倒圆角，直接在命令行输入适当数值设置圆角半径，以得到最佳造型，完成接缝线建模（见图 5.278）。如果倒圆角失败，一般是半径设置过大造成，可将半径设置小一些。

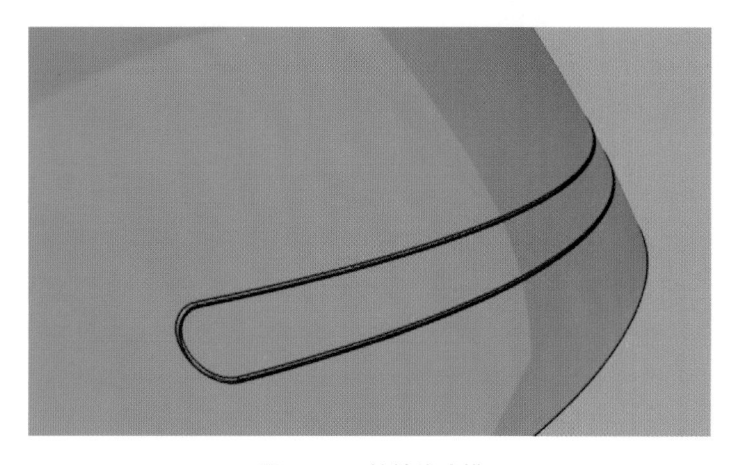

图 5.278　接缝线建模

绘制一条曲线，并在“Front”视图中将其移动复制一份，如图 5.279 至图 5.281 所示。

选择“放样”命令生成曲面，样式设为“标准”，其他设置默认，如图 5.282 所示。

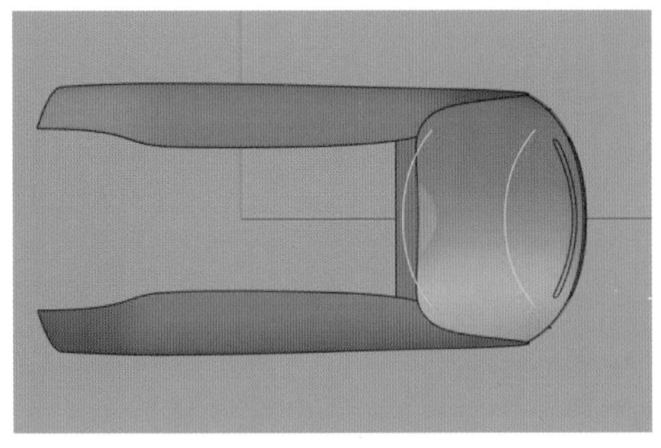

图 5.279　绘制曲线

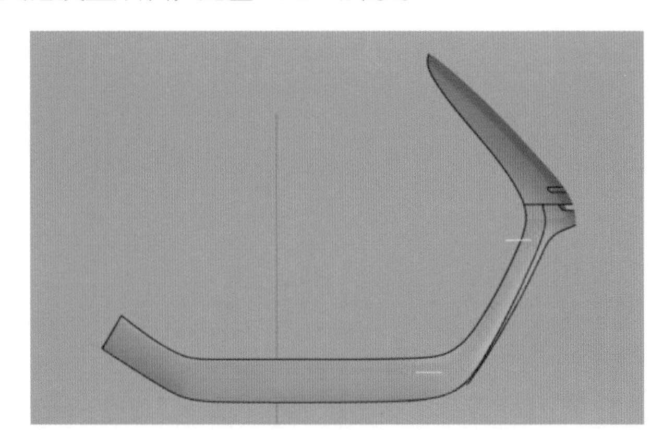

图 5.280　复制曲线 1

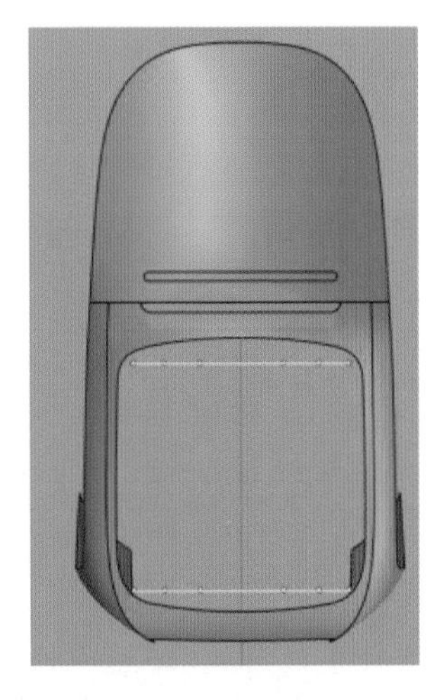

图 5.281　复制曲线 2

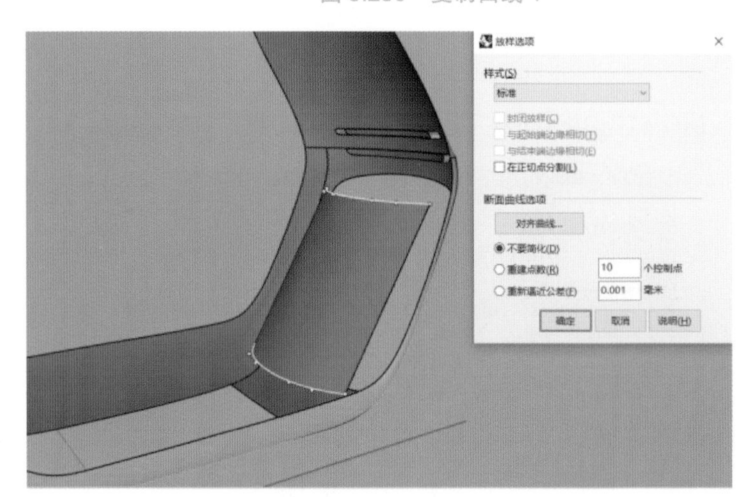

图 5.282　放样

在“Right”视图中，选择之前绘制的曲线（见图 5.283），选择“修剪”命令修剪放样曲面，如图 5.284 所示。放样曲面一定要比用来修剪的曲线大。

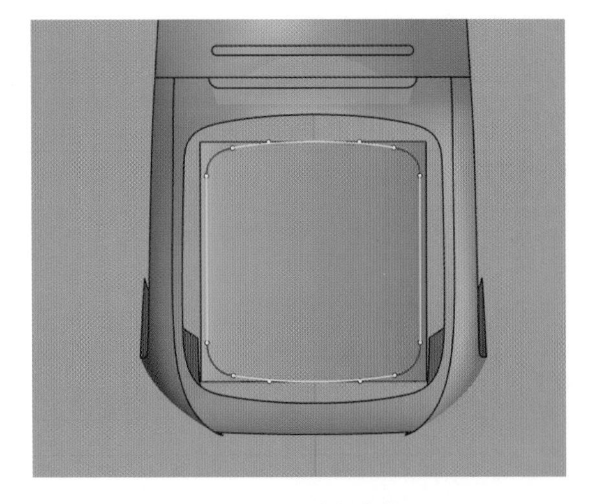

图 5.283　选择曲线

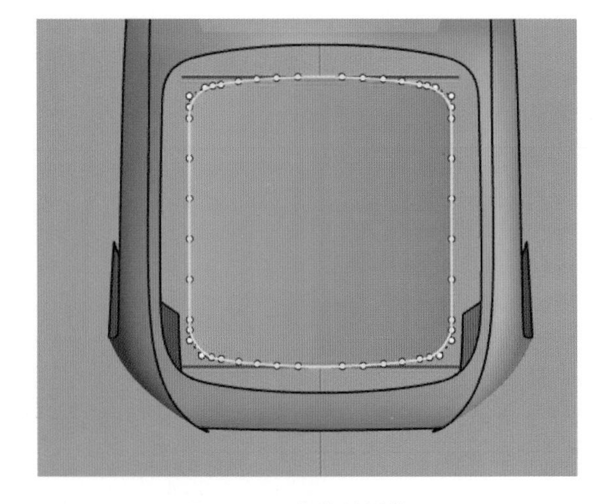

图 5.284　修剪放样曲面

选择“显示边缘”命令检测修剪曲面边缘，发现边缘为断开状（见图 5.285），鼠标右键单击“分割边缘”命令按钮选择“合并边缘”命令，将边缘全部合并，如图 5.286 所示。

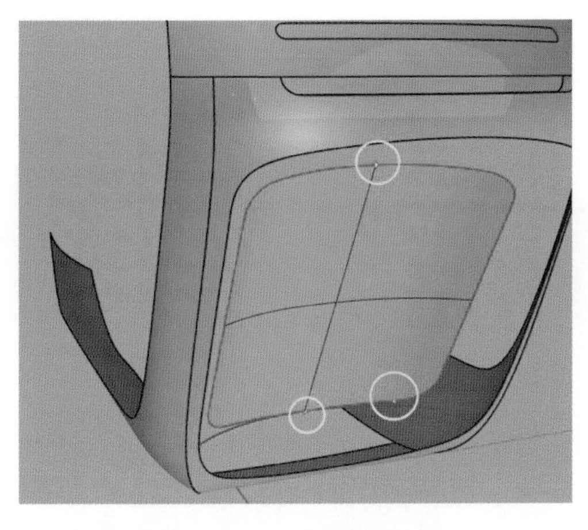

图 5.285　检测曲面边缘

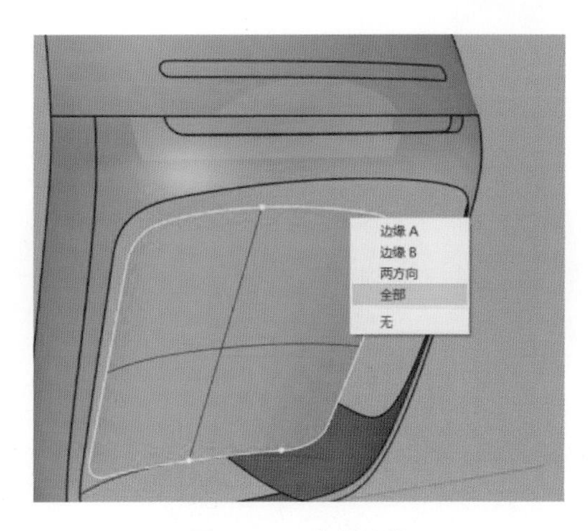

图 5.286　合并边缘

边缘合并后的曲面边缘检测如图 5.287 所示。

点击“放样”命令按钮，选择两个曲面的边缘进行放样。注意两条边缘曲线放样的起始点在相对相同位置（见图 5.288），此处如果不在相对相同位置，打开“端点”或“中点”捕捉，确定一个边缘的放样起始点时，用鼠标左键捕捉另一个曲面边缘的端点或者中点就可以设置为相同位置。连续性选择“位置”，完成放样，效果如图 5.289 所示。

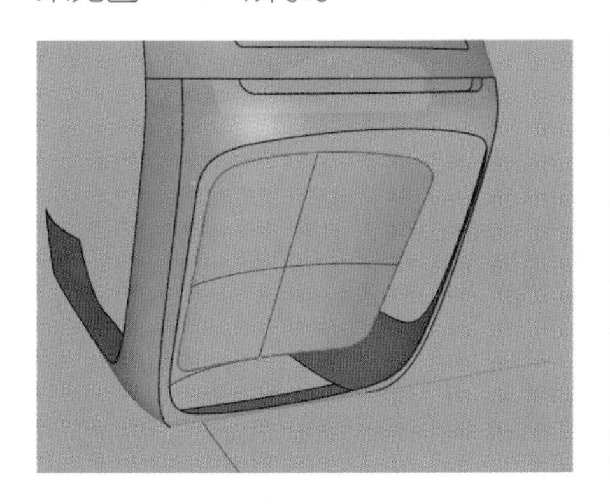

图 5.287　检测曲面边缘

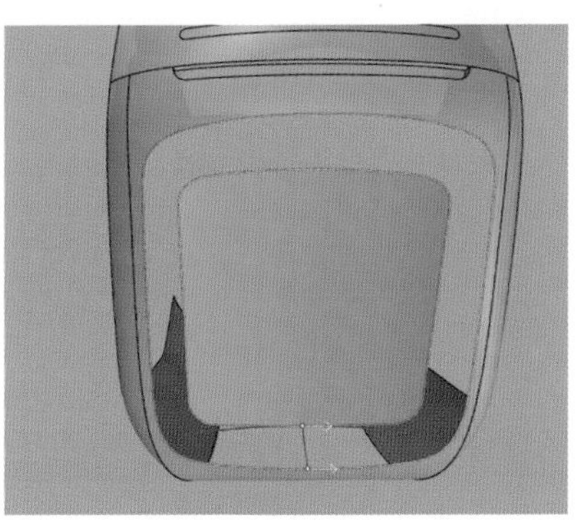

图 5.288　放样

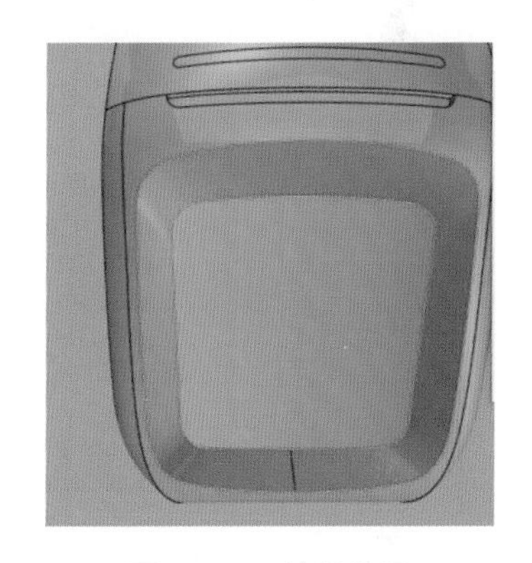

图 5.289　放样效果

选择“圆管”命令，选择曲面边缘生成圆管，如图 5.290 所示。在“Front”视图中拖移鼠标即可调整圆管半径。选择圆管及与圆管相邻的两个曲面，点击“物体相交”命令按钮，求出圆管与两个曲面的相交线（见图 5.291）。

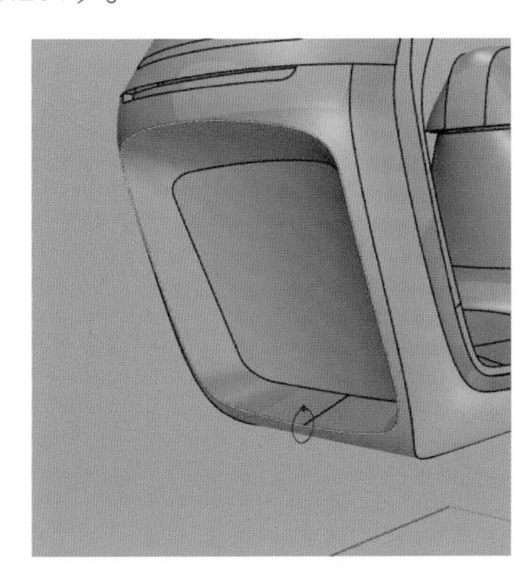

图 5.290　生成圆管

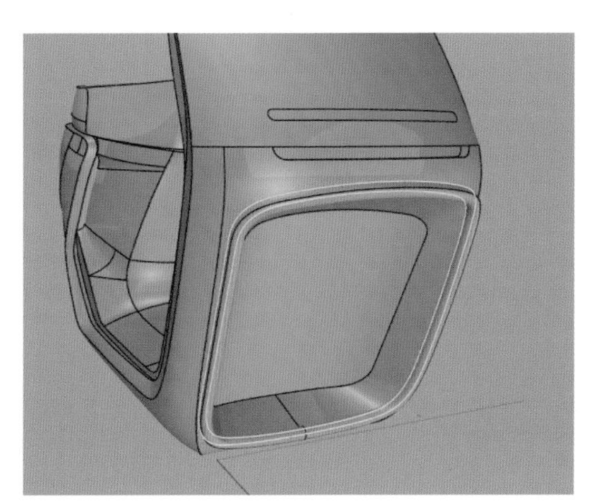

图 5.291　求出圆管与两个曲面的相交线

在两个曲面点击“分割”命令按钮，选择相交线，完成曲面分割。选择分割出来的小曲面，将其删除（见图 5.292）。点击“混接曲面”命令按钮，选中需要混接的两个曲面的曲面边缘，生成顺接曲面，如图 5.293 所示。

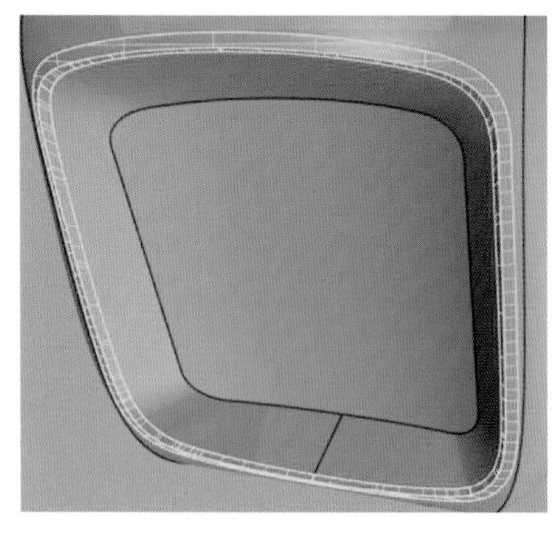

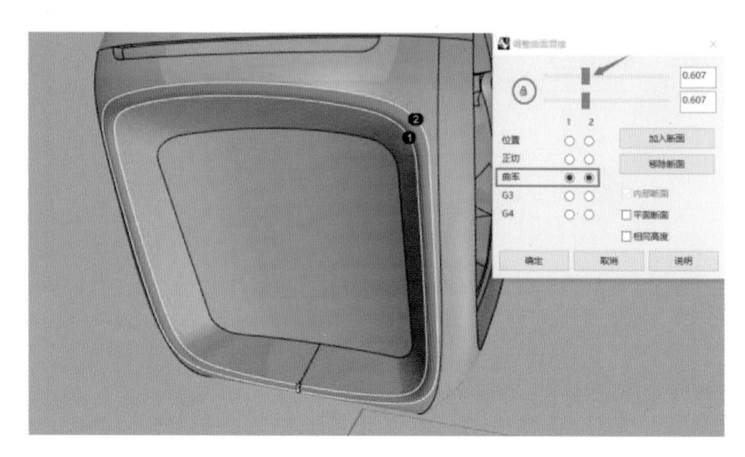

图 5.292　分割曲面并删除多余曲面

图 5.293　混接曲面

将这部分曲面与上一步修剪后的放样曲面组合在一起，选择“边缘圆角”命令，对边缘进行圆角操作。圆角半径可以在命令行中直接输入调整。完成后如图 5.294 所示。

在“Right”视图中绘制曲线，如图 5.295 所示，绘制完成后点击“可调式混接曲线”命令按钮生成混接曲线（见图 5.296）。

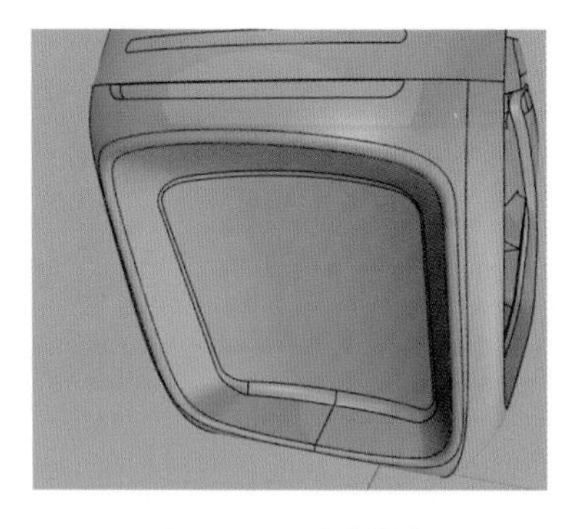

图 5.294　边缘圆角

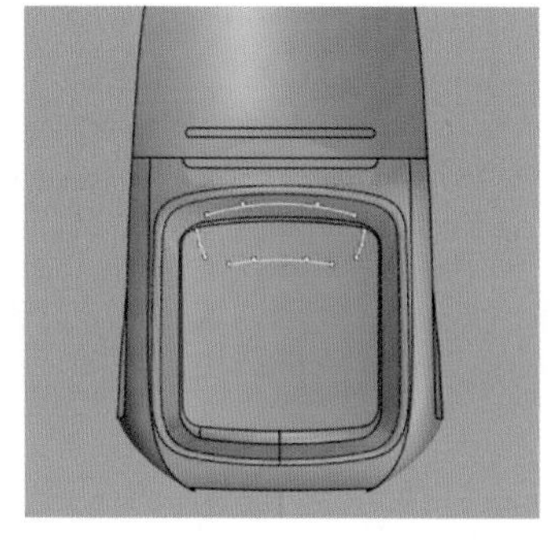

图 5.295　绘制曲线

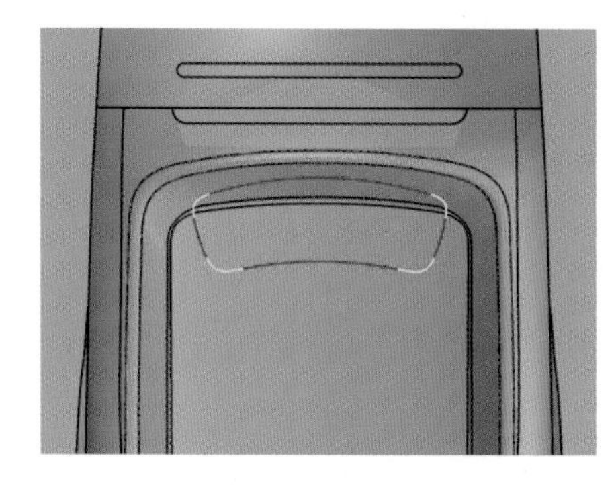

图 5.296　混接曲线

选择上一步绘制完成的曲线并组合，点击“直线挤出”命令按钮，在命令行中设置“实体 = 是”，结果如图 5.297 所示。选择“布尔运算分割”命令完成曲面的互相修剪，如图 5.298 所示。

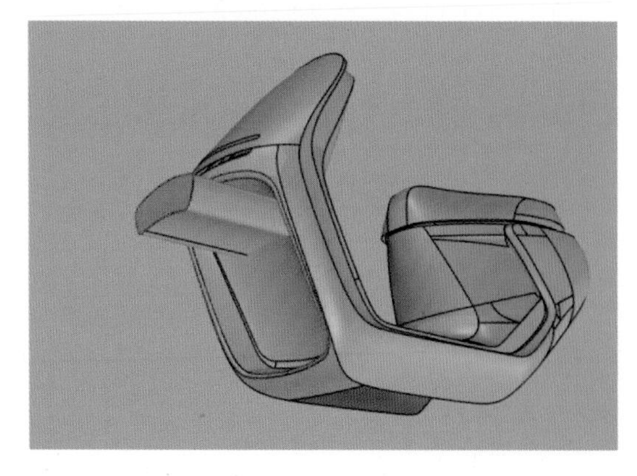

图 5.297　直线挤出

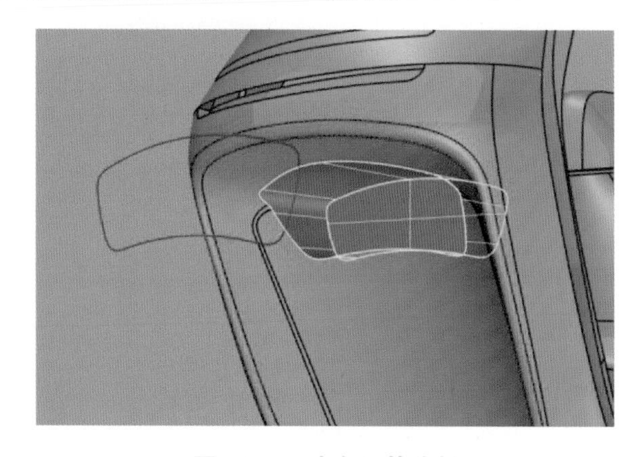

图 5.298　布尔运算分割

选择图 5.299 所示曲面，右键点击“分割”命令按钮，选择“以结构线分割曲面”命令。如果出现结构线方向不理想的情况，点击命令行中“切换”选项（见图 5.299），即可切换 U、V 方向。

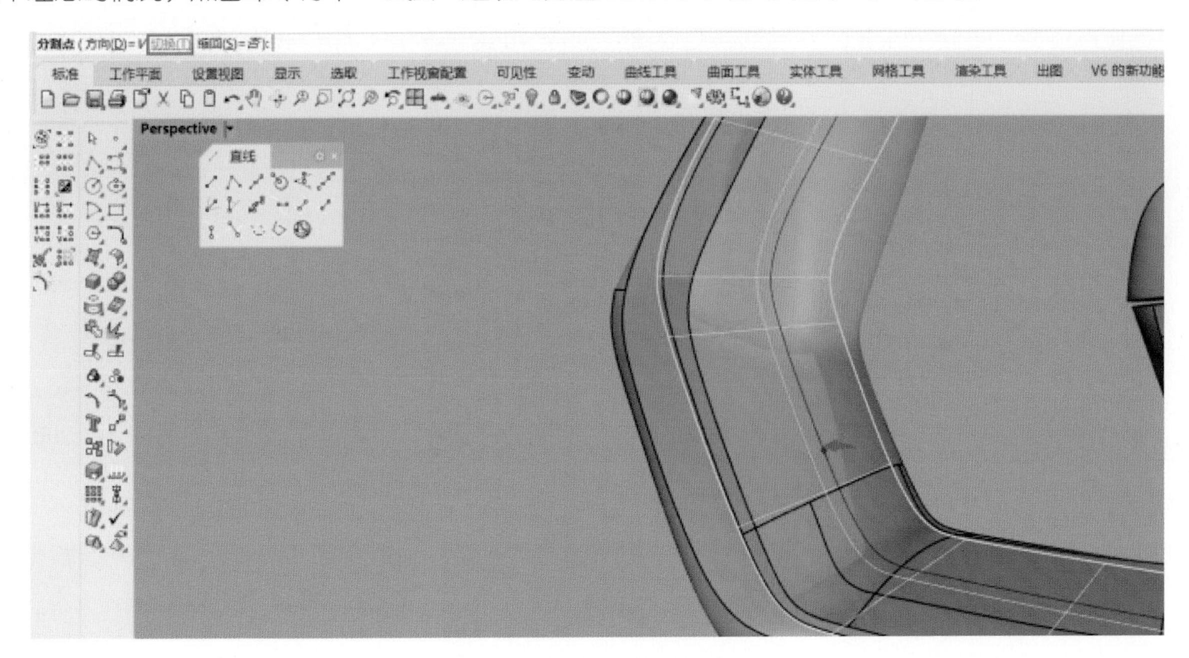

图 5.299　以结构线分割曲面

分割完成如图 5.300 所示，箭头所指处该分割曲面挡住了上一步修剪出来的曲面造型，需要将其处理掉。选择这两个曲面求出相交曲线，如图 5.301 所示。

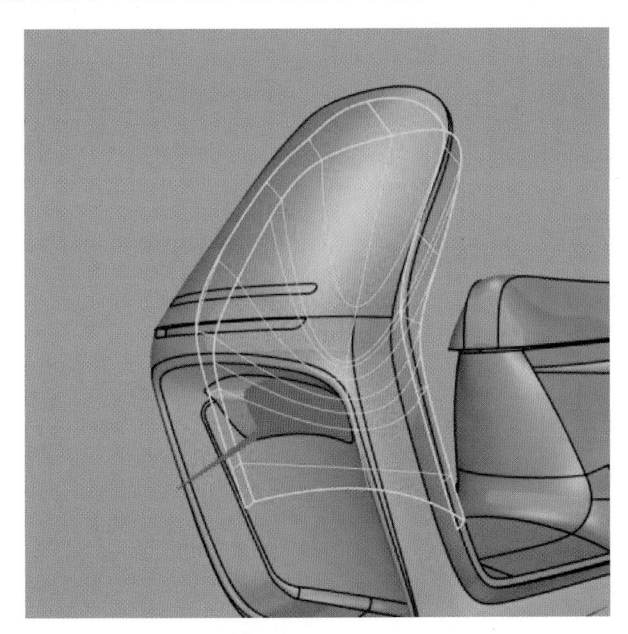

图 5.300　分割完成

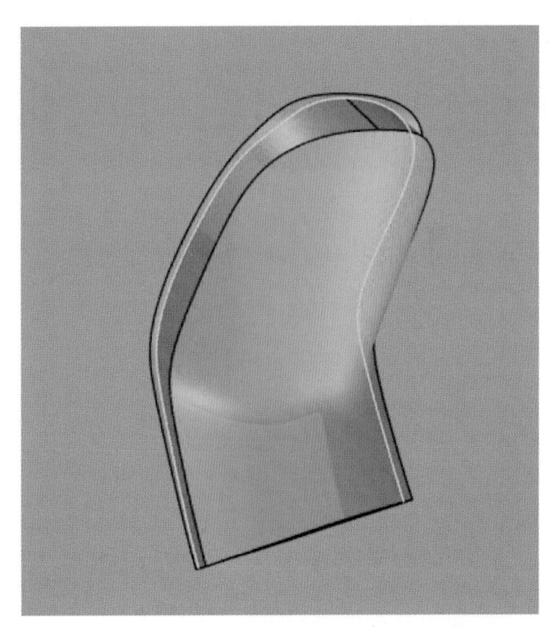

图 5.301　求出相交曲线

选择相交线，点击“延伸曲面上的曲线”命令按钮，再点击图 5.302 箭头所指曲面，使相交线与曲面完全相交，如图 5.303 所示。

然后选择以结构线分割后的曲面，点击“分割”命令按钮，选择相交线，再一次完成曲面的分割。删除里面的曲面，完成效果如图 5.304 和图 5.305 所示。

接下来进行车尾细节建模。在“Front”视图中绘制曲线（见图 5.306），注意曲线两端端点在车尾曲面外。观察车尾曲面，发现镜像后的车尾曲面还是处于分开状态（见图 5.307）。

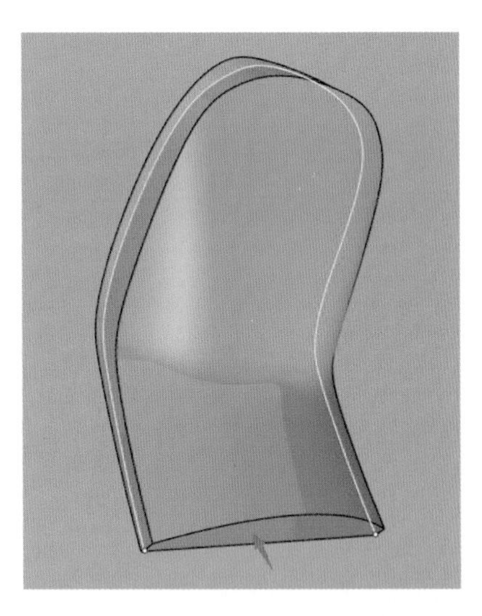

图 5.302　在曲面上延伸曲线

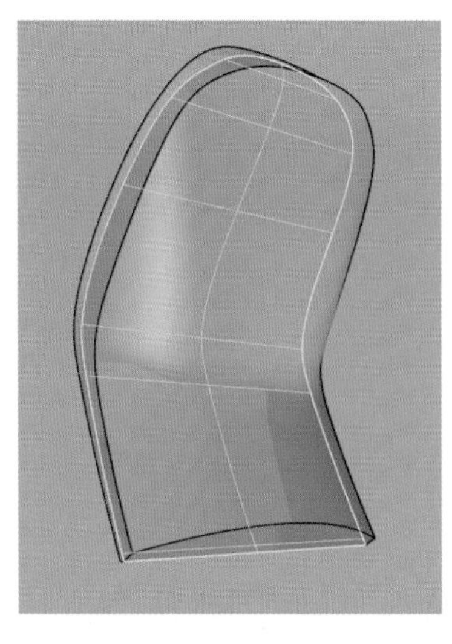

图 5.303　延伸曲线

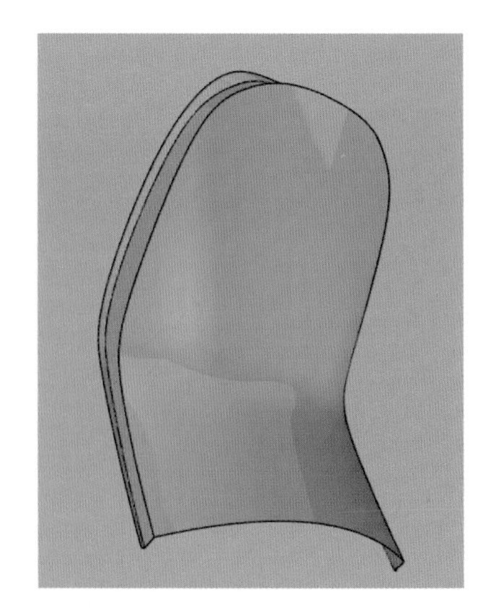

图 5.304　建模效果 1

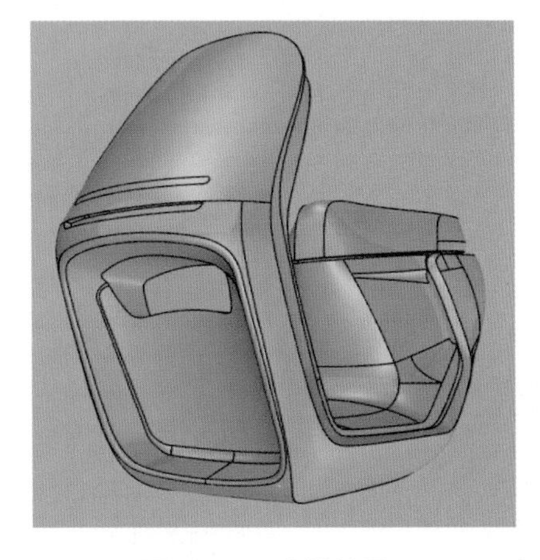

图 5.305　建模效果 2

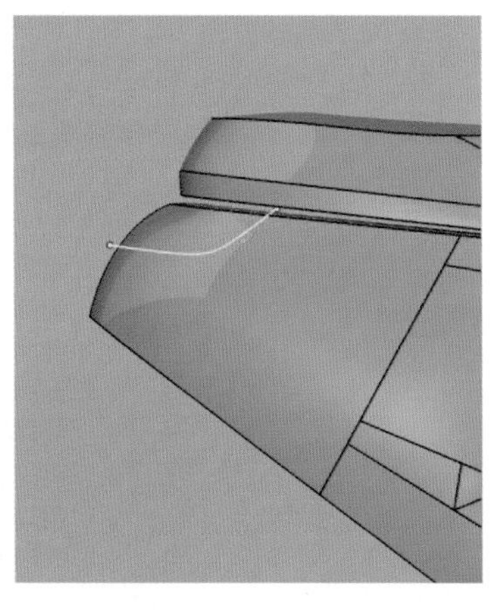

图 5.306　绘制曲线

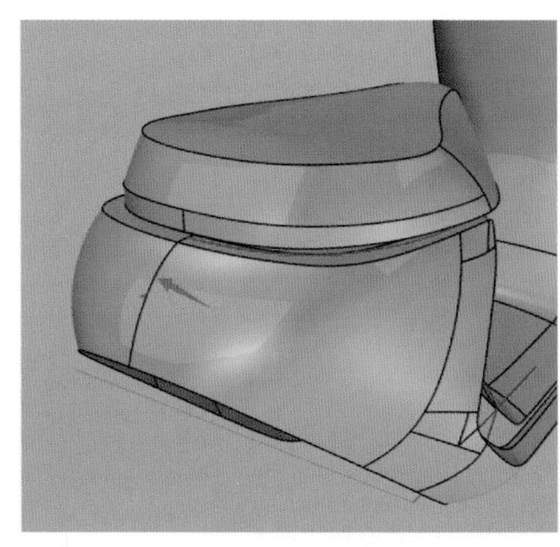

图 5.307　模型效果

对车尾曲面进行衔接匹配，如图 5.308 所示，连续性设置为“曲率”，注意选择“互相衔接”，保证曲面衔接匹配后发生的形变一致，不影响对称性。衔接完成后选择“合并曲面”命令合并车尾曲面，如图 5.309 所示。

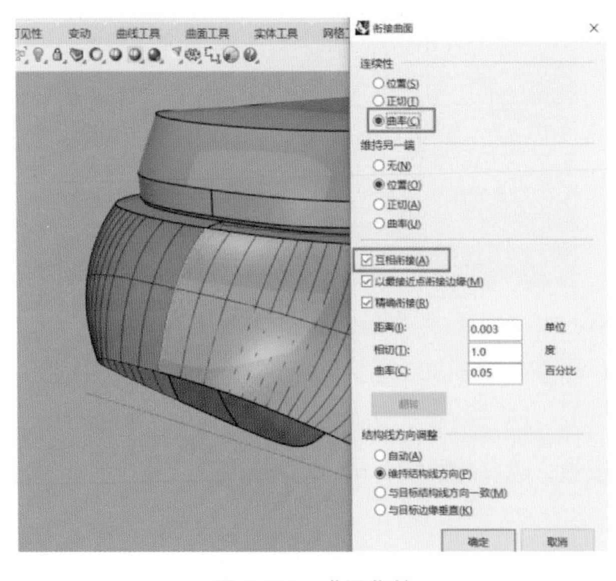

图 5.308　曲面衔接

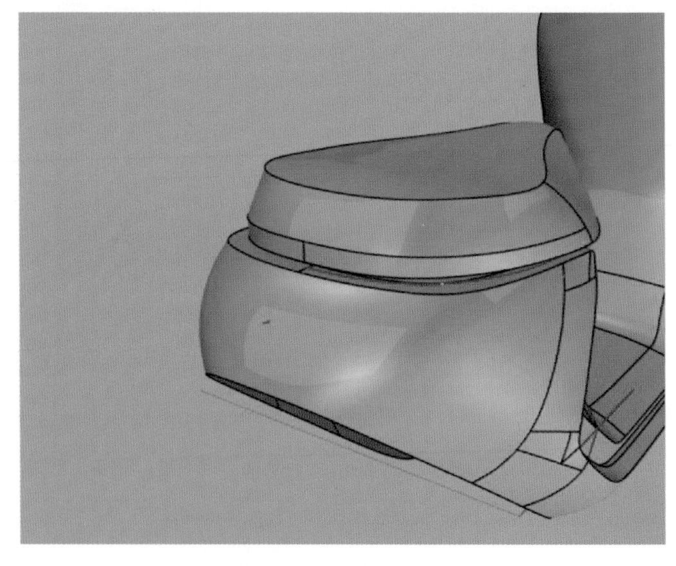

图 5.309　合并曲面

将上一步绘制的曲线在“Front”视图中投影至合并后的车尾曲面上，如图 5.310 所示。

选择车尾曲面，点击“分割”命令按钮，选择投影线，完成车尾灯曲面的分割（见图5.311）。然后绘制直线，如图5.312所示。

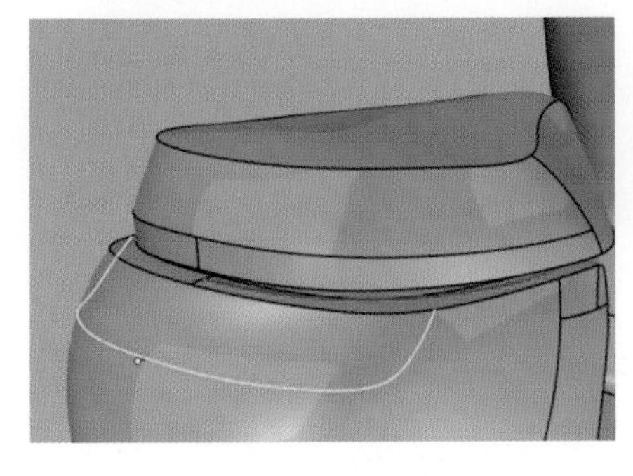
图5.310 投影曲线

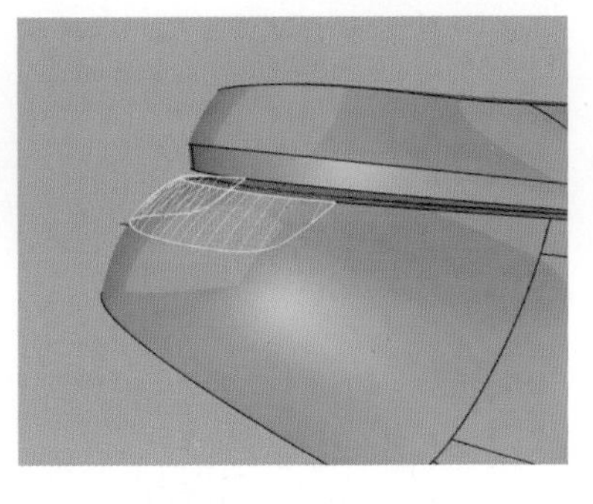
图5.311 分割曲面

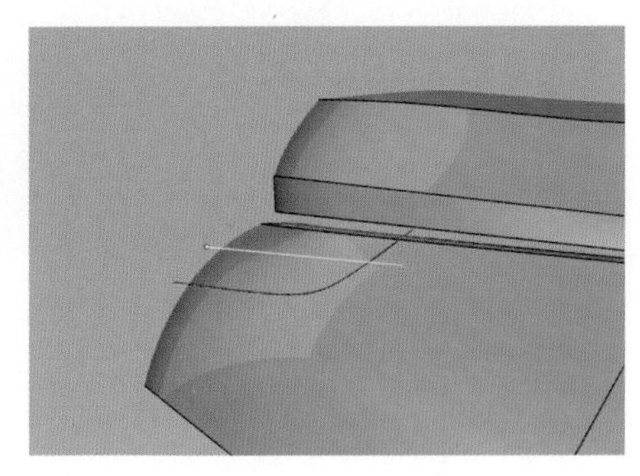
图5.312 绘制直线

在“Front”视图中将绘制的直线投影至分割出来的尾灯曲面上。选择尾灯曲面，点击“分割”命令按钮，选择投影出来的线，进行分割，如图5.313所示。删掉下面一部分，在“Front”视图中绘制截面曲线，如图5.314所示。

进行两次单轨扫掠生成两个曲面，如图5.315和图5.316所示。

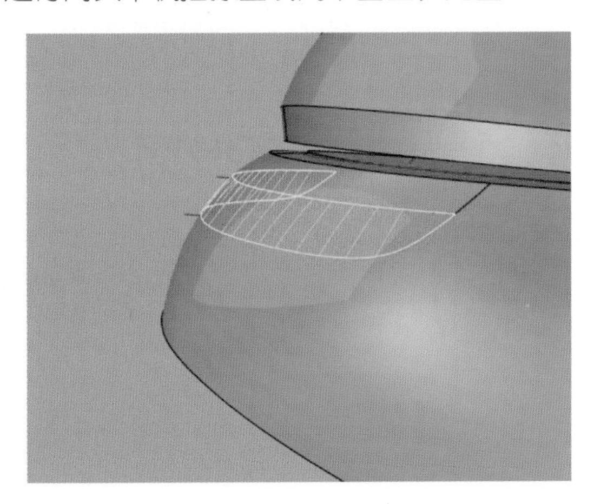
图5.313 分割曲面

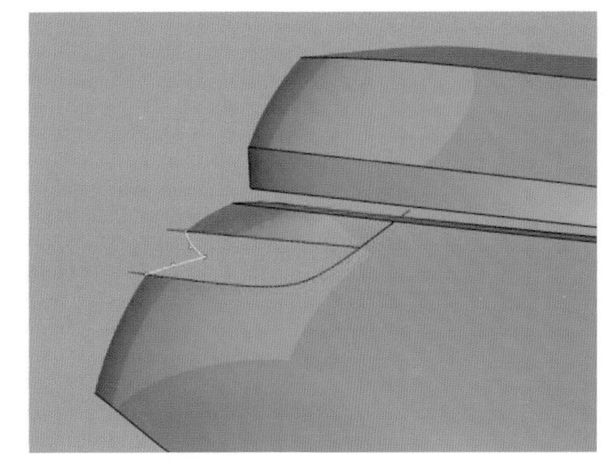
图5.314 绘制截面曲线

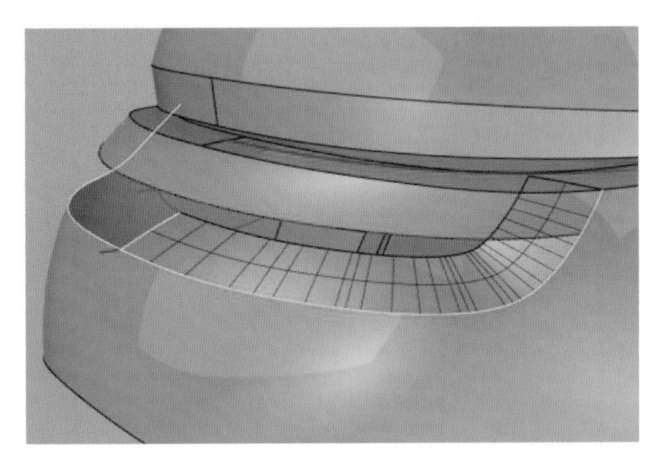
图5.315 单轨扫掠生成曲面1

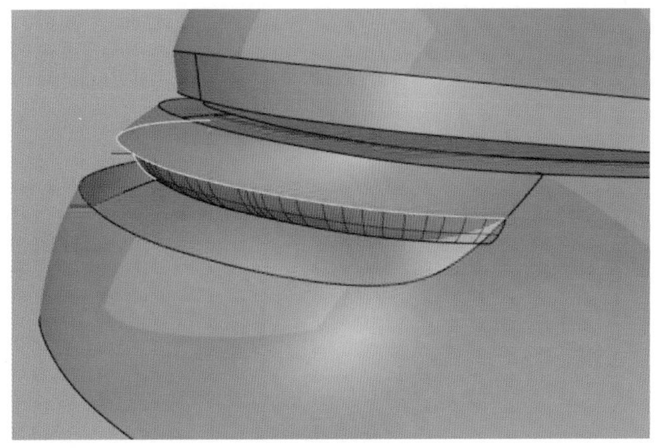
图5.316 单轨扫掠生成曲面2

将单轨扫掠生成的曲面镜像，进行曲面衔接，连续性设置为“曲率”，选择“互相衔接”，衔接完成之后合并曲面，效果如图5.317所示。观察两个合并好的单一曲面，图5.318箭头所指处存在空隙。需进行进一步操作使其完全相交。

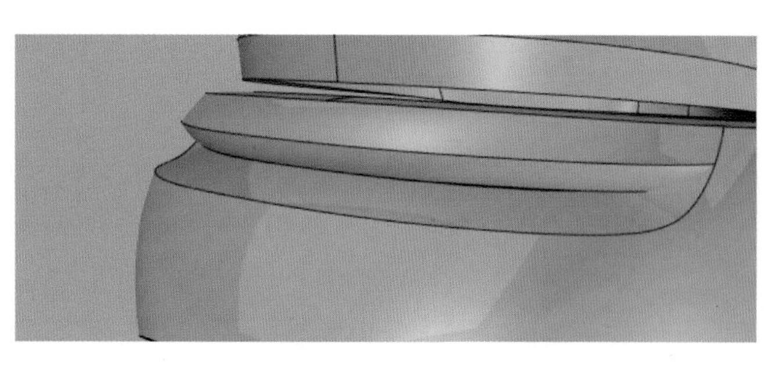

图 5.317　曲面衔接及合并效果

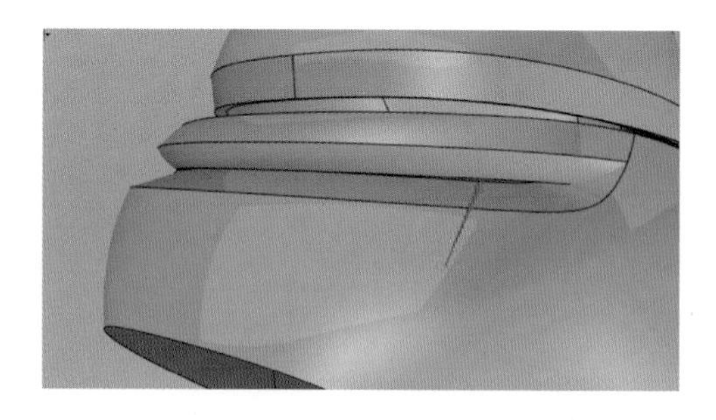

图 5.318　检查曲面

选择“延伸曲面”命令，将两个合并曲面的边缘各延伸一定距离，效果如图 5.319 所示。求出两个曲面的相交线（见图 5.320）。

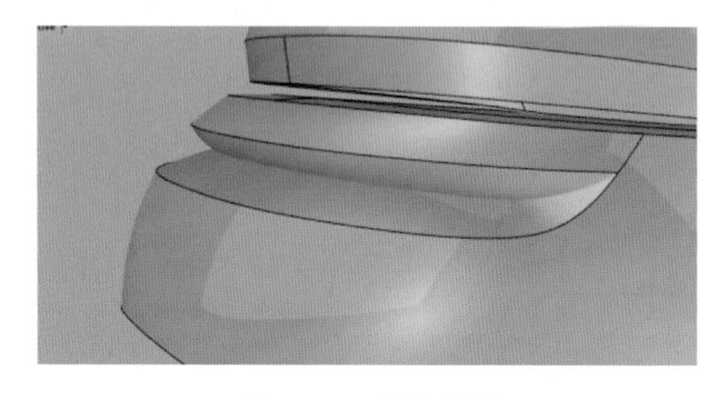

图 5.319　延伸曲面

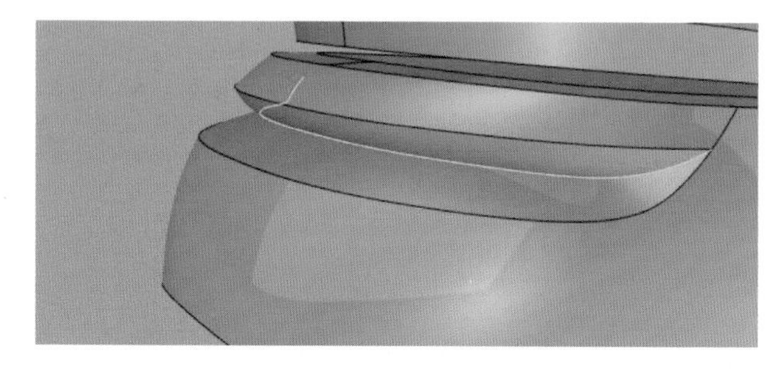

图 5.320　求相交线

分割两个曲面，并删除内部看不见的多余曲面（见图 5.321）。模型完成效果如图 5.322 所示。

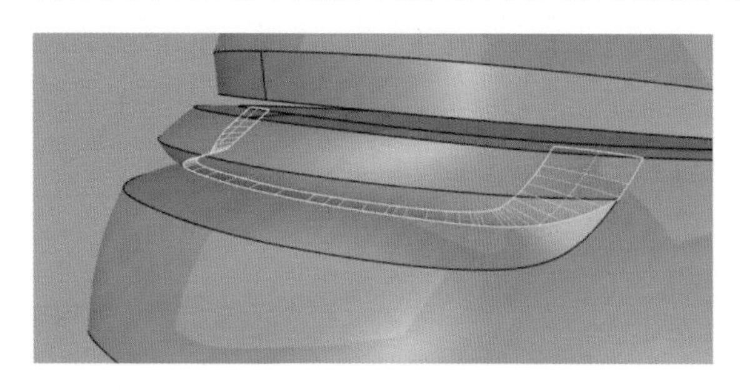

图 5.321　删除多余曲面

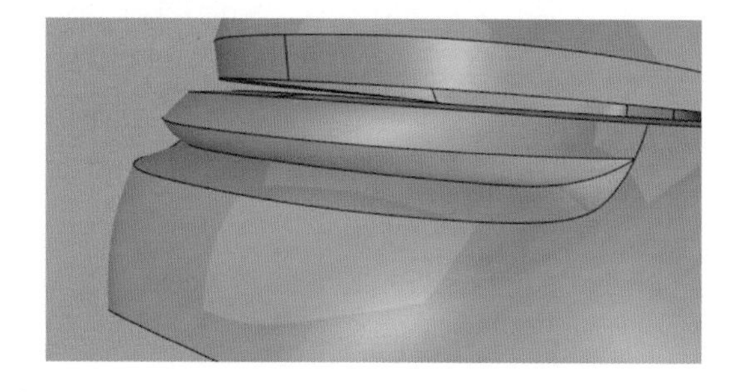

图 5.322　模型完成效果

打开“端点”捕捉，对曲面边缘进行分割。选择“放样”命令对两个分割好的边缘曲线进行放样，样式选择“标准”，如图 5.323 所示。

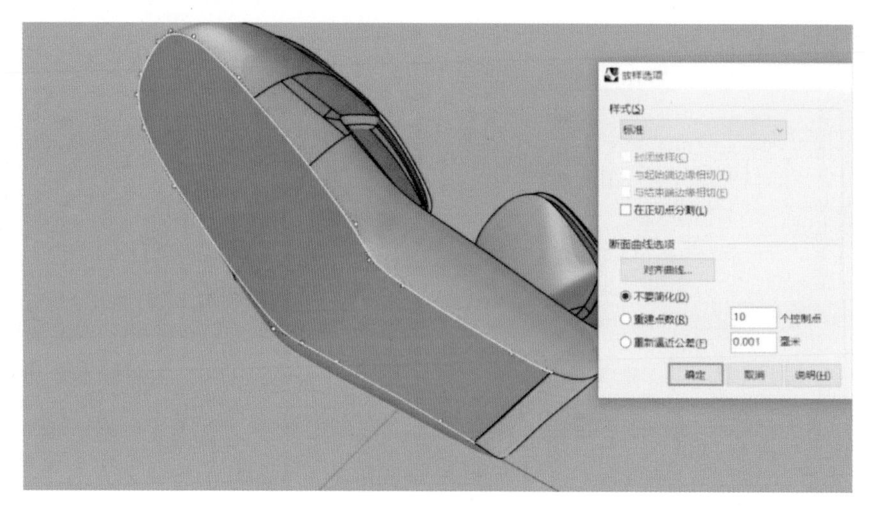

图 5.323　放样

放样完成后，放大观察底部曲面（见图 5.324），发现放样好的曲面与之前的曲面之间存在缝隙，选择“衔接曲面”命令，将两者衔接在一起，如图 5.325 所示。

图 5.324　底部曲面

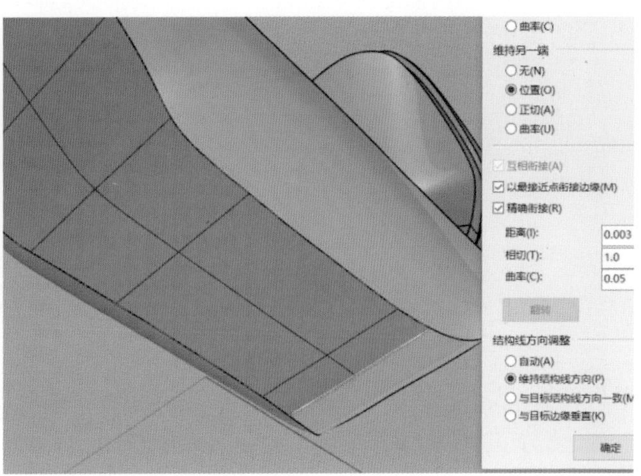

图 5.325　曲面衔接

完成效果如图 5.326 和图 5.327 所示。

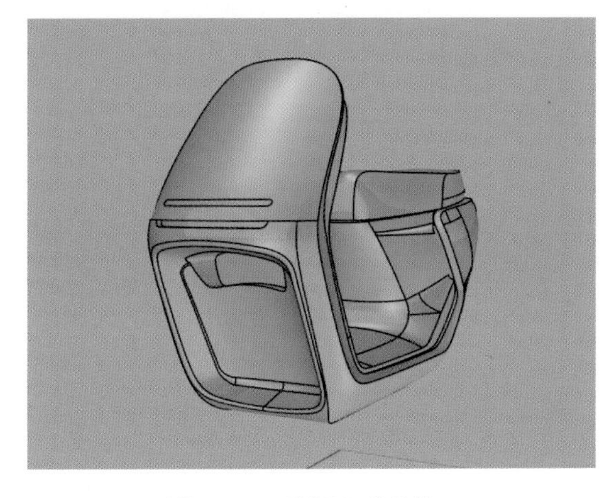

图 5.326　模型完成效果 1

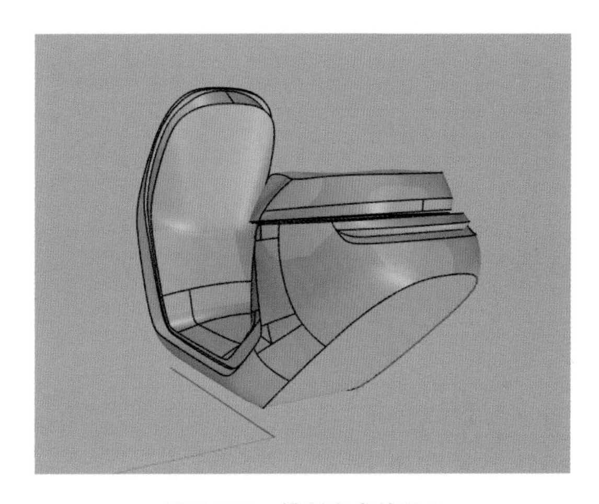

图 5.327　模型完成效果 2

在“Front”视图中绘制圆角矩形（见图 5.328），选择大的圆角矩形直线挤出，在命令行中选择“两侧 = 是”，“实体 = 是”，结果如图 5.329 所示。

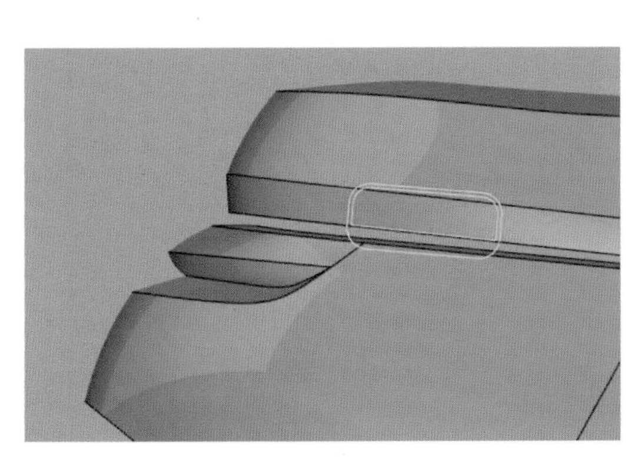

图 5.328　绘制圆角矩形

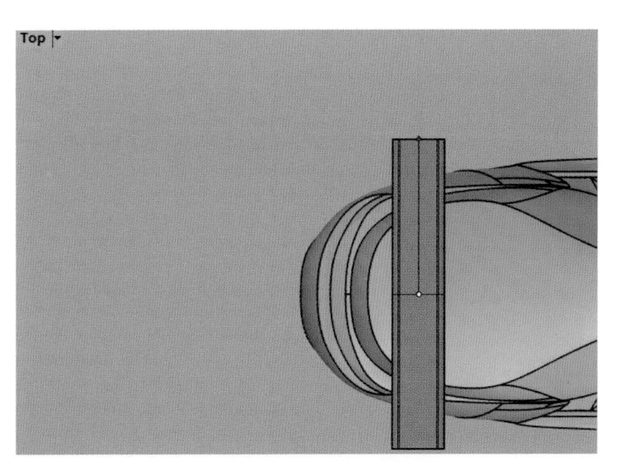

图 5.329　向两侧直线挤出

选择车座曲面（见图 5.330），预先复制一份。选择车座曲面 1（见图 5.331），点击“布尔运算差集”命令按钮，再选择直线挤出的曲面 2（见图 5.331），完成布尔运算差集操作。

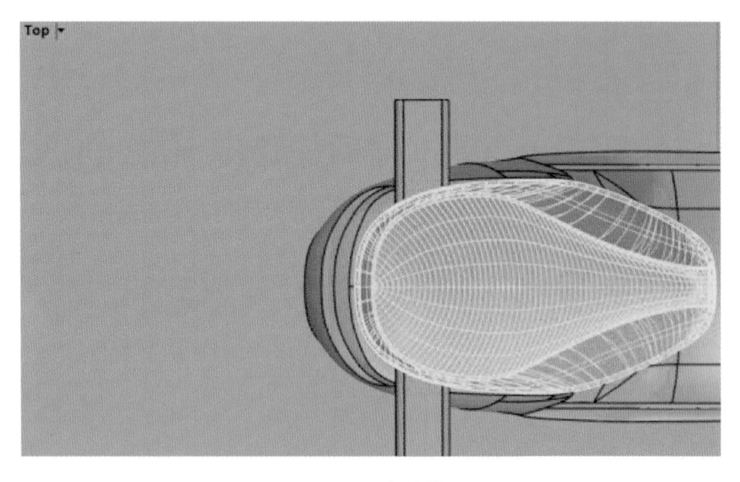

图 5.330　车座曲面

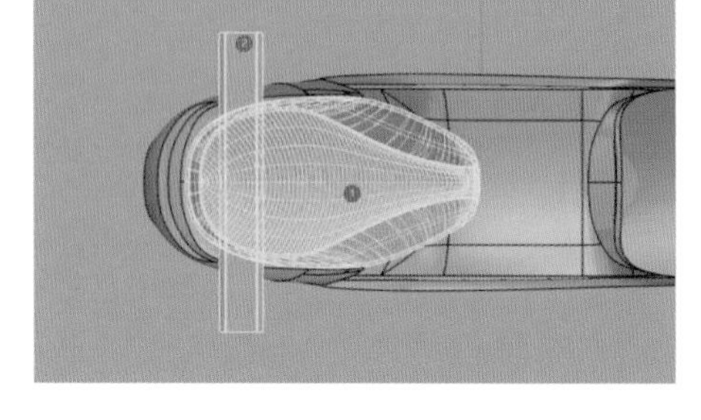

图 5.331　对曲面进行布尔运算差集操作

选择图 5.328 中围合形状较小的曲线，直线挤出。将车座粘贴回来。先选择直线挤出曲面 1（见图 5.332），点击“布尔运算差集”命令按钮，再选择粘贴回来的车座曲面 2（见图 5.332），完成布尔运算差集操作，结果如图 5.333 所示。也可以选择“布尔运算分割”命令完成此步骤建模。

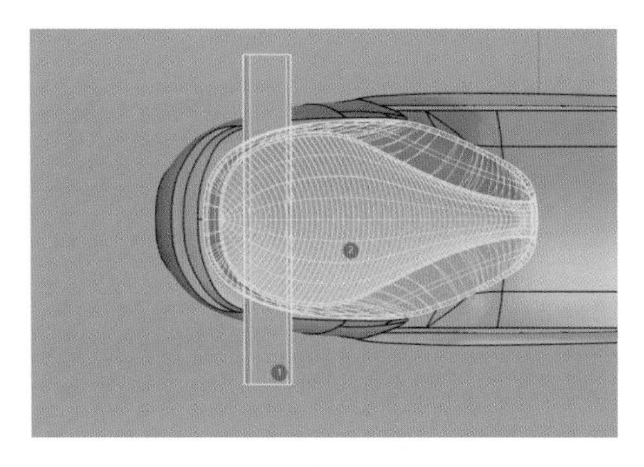

图 5.332　布尔运算差集操作中的曲面

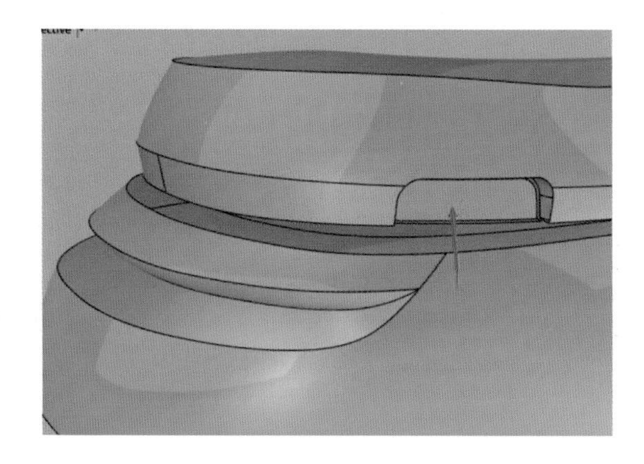

图 5.333　布尔运算差集结果

在“Front”及“Right”视图中绘制曲线（见图 5.334 和图 5.335），注意左侧曲线与右侧曲线应有差不多的弧线走向。

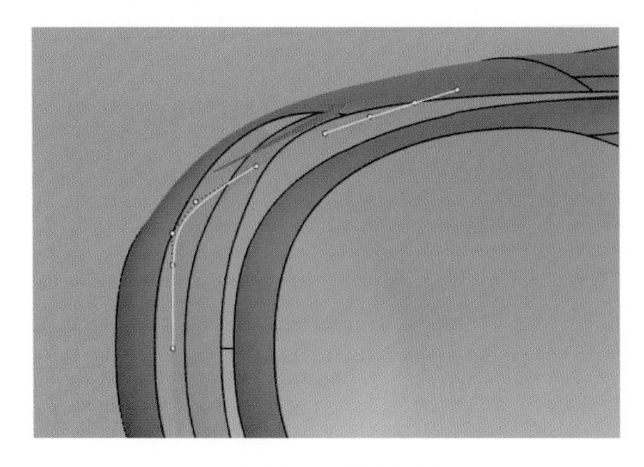

图 5.334　绘制曲线 1

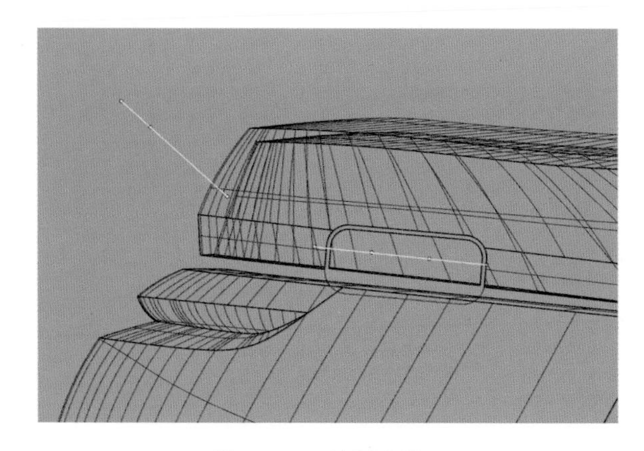

图 5.335　绘制曲线 2

镜像绘制好的曲线，进行可调式曲线混接，并将所有曲线组合在一起，如图 5.336 所示。选择组合好的曲线，点击“圆管”命令按钮，圆管半径通过移动鼠标来调整。命令行中将圆管加盖形式设置成“圆头”，结果如图 5.337 所示。

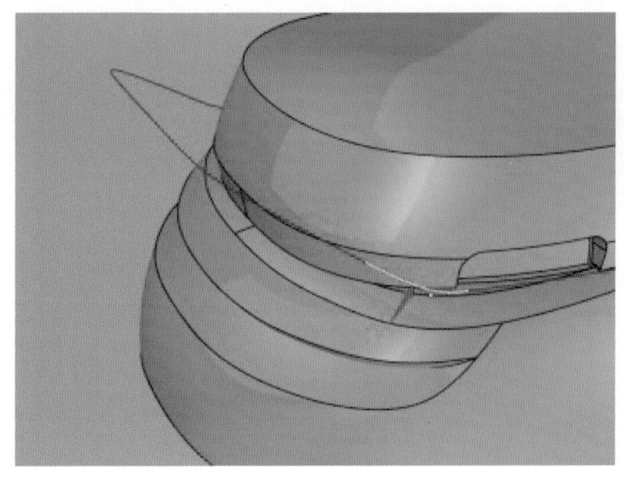

图 5.336 混接曲线并组合

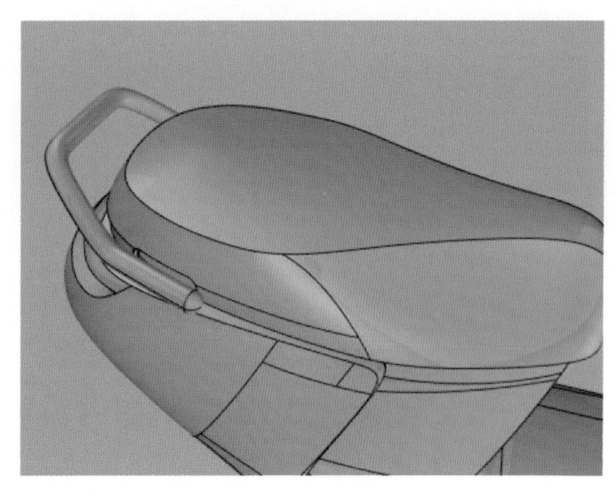

图 5.337 生成圆头圆管

将布尔运算差集得出的曲面在“Top”视图中进行单轴缩放，效果如图 5.338 所示，放大至与上一步生成的圆管相交即可。

在“Right”视图中绘制圆（见图 5.339），在命令行中点击“可塑形的”，圆的阶数设置为“5”，点数为“12”。直线挤出生成圆柱，如图 5.340 所示。

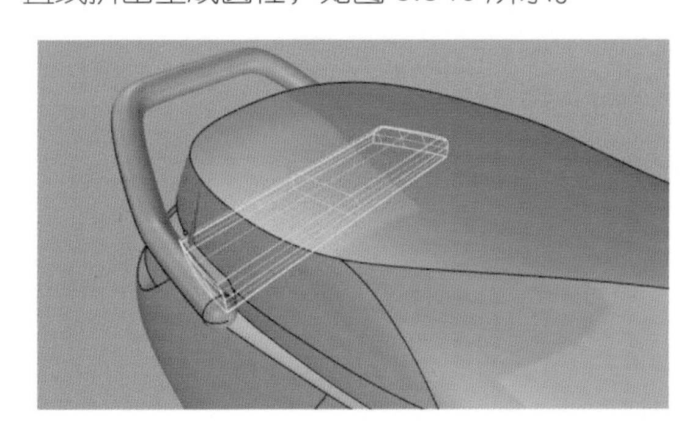

图 5.338 单轴缩放

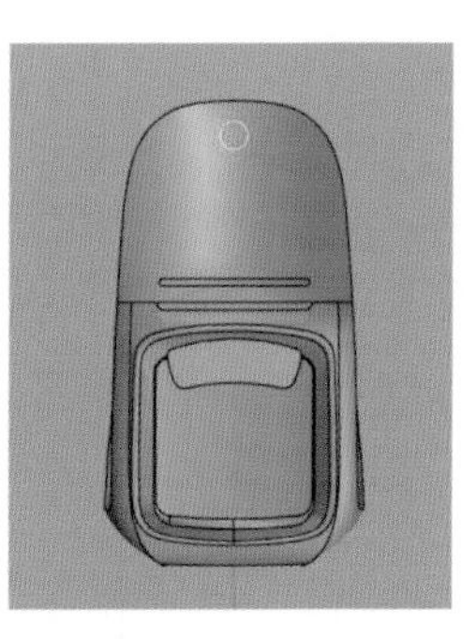

图 5.339 绘制圆

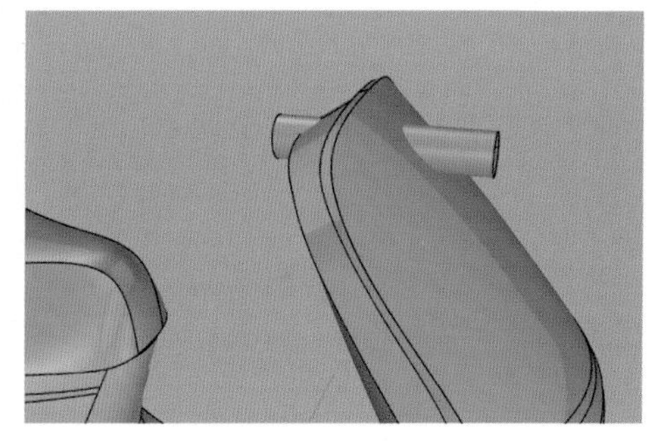

图 5.340 直线挤出

在“Front”视图中选择直线挤出的圆柱（见图 5.341），选择“旋转”命令，旋转圆柱，如图 5.342 所示。

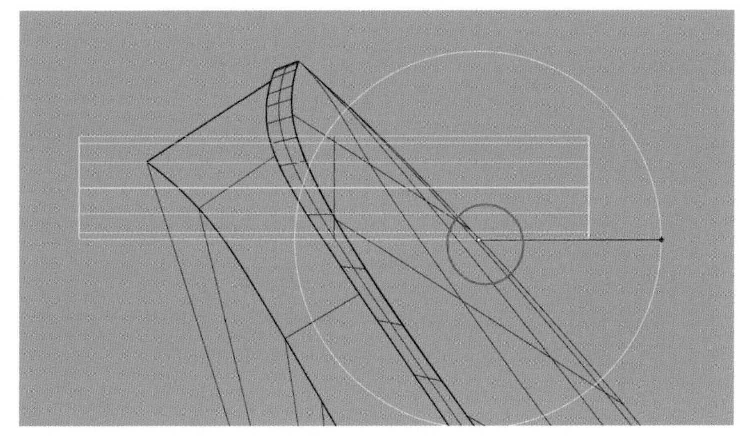

图 5.341 选择圆柱

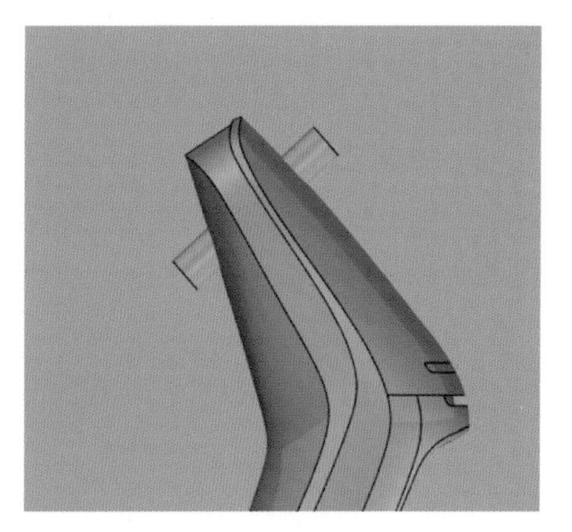

图 5.342 旋转圆柱

选择车前壳 1 和圆柱 2，求两者相交线（见图 5.343），并将车前壳曲面用相交线进行分割（见图 5.344）。

图 5.343 求曲面相交线

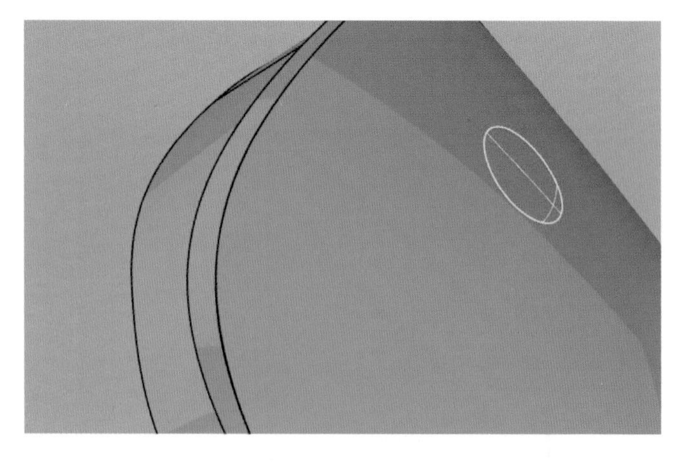

图 5.344 分割曲面

选择“以结构线分割曲面”命令分割圆柱（见图 5.345），复制一份备用。选择分割后的车前壳与圆柱，选择“组合”命令组合，如图 5.346 所示。

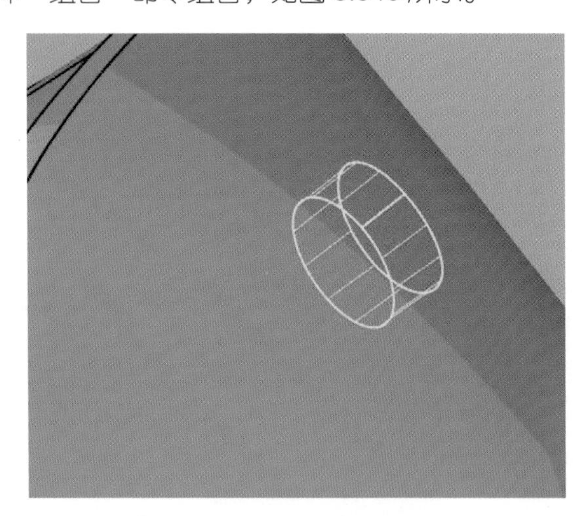

图 5.345 以结构线分割圆柱

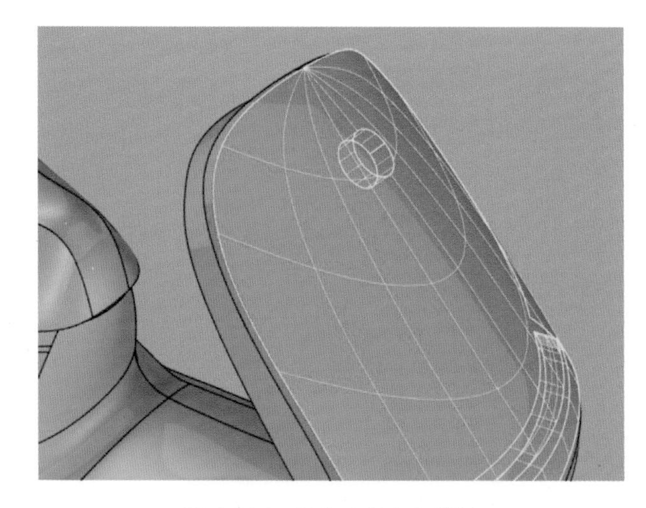

图 5.346 组合车前壳与圆柱

将以结构线分割后的圆柱粘贴回来，同时选择车前壳分割后的小曲面和圆柱，组合两个曲面（见图 5.347）。选择“边缘圆角”命令完成接缝线建模，如图 5.348 所示。

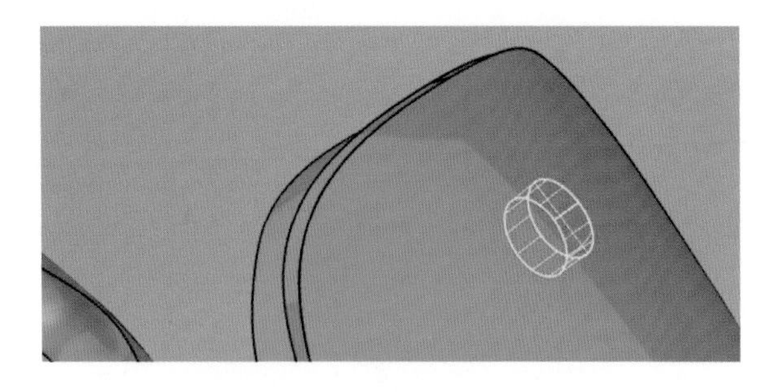

图 5.347 组合小曲面与圆柱

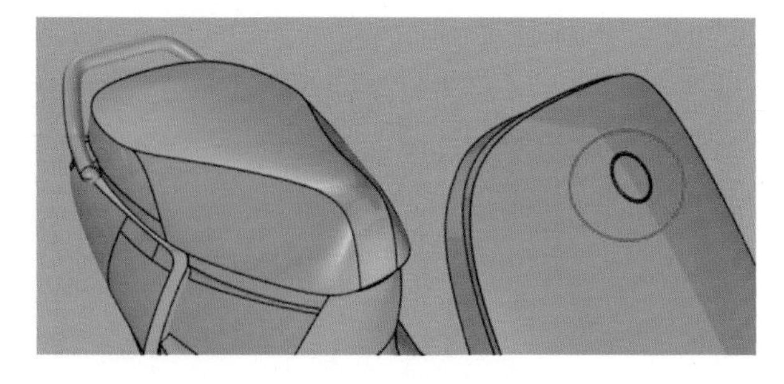

图 5.348 接缝线建模

在“Right”视图中绘制曲线（见图 5.349），投影至车前内壳曲面上，并分割车前内壳曲面，如图 5.350 所示。

在“Front”视图中将分割好的小曲面往右复制一份（见图 5.351），打开“四分点”捕捉，以结构线分割原始曲面（见图 5.352）。

选择“放样”命令，选择投影曲线及复制得到的小曲面的边缘，放样生成曲面，如图 5.353 所示。

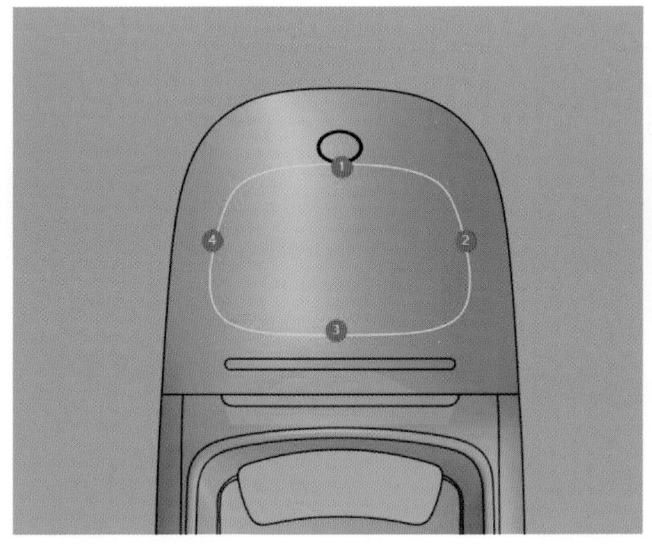

图 5.349　绘制曲线

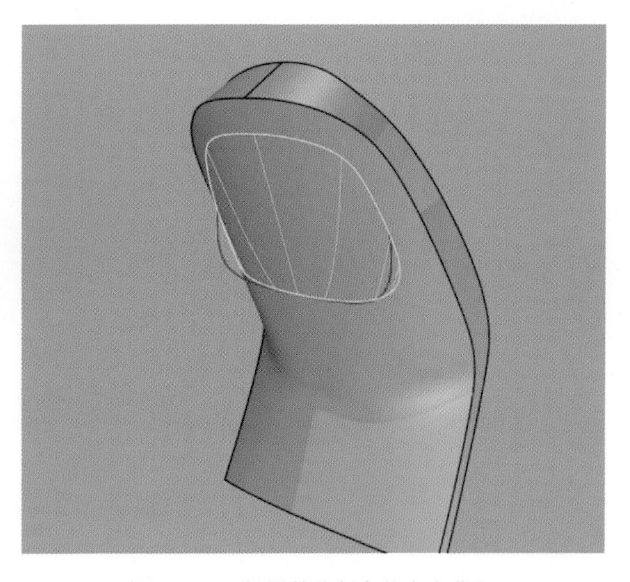

图 5.350　投影并分割车前内壳曲面

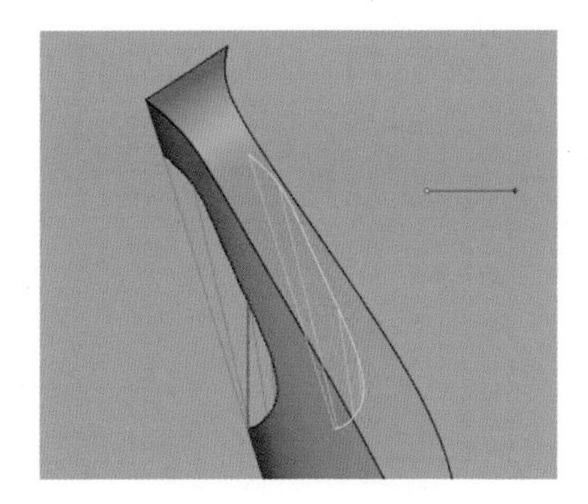

图 5.351　复制小曲面

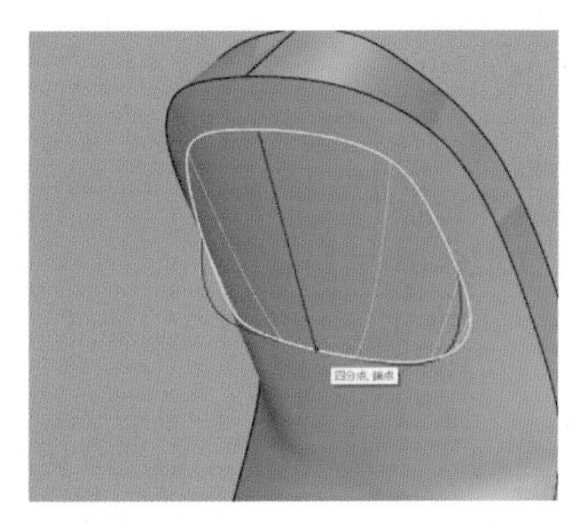

图 5.352　以结构线分割曲面

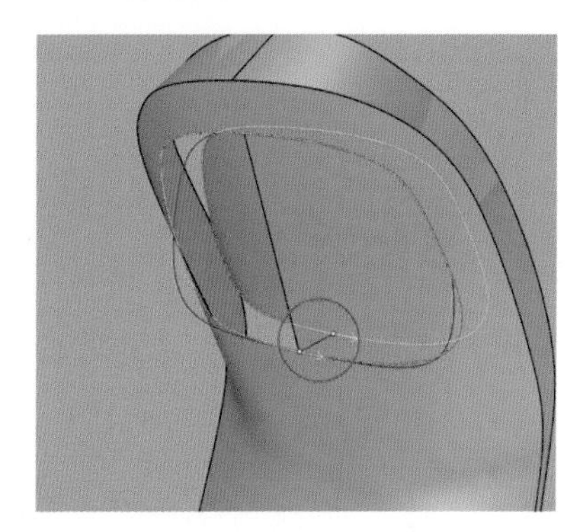

图 5.353　放样

选择投影曲线，点击“圆管”命令按钮，生成圆管（见图 5.354）。按之前做混接曲面的方式，先求相交线，再分割曲面并删除小曲面，如图 5.355 所示。

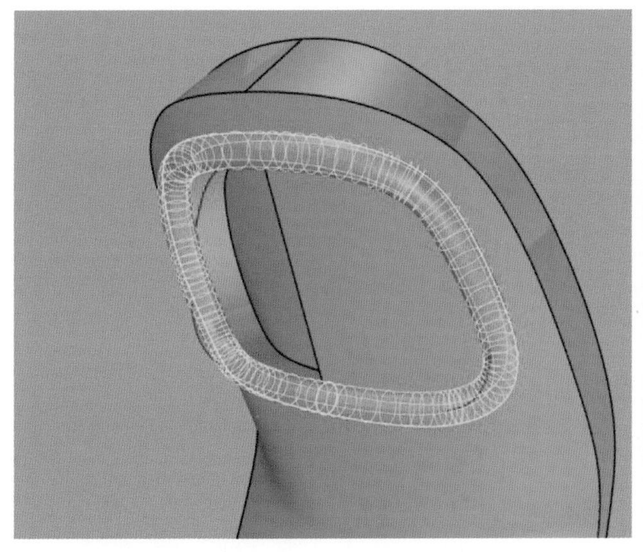

图 5.354　生成圆管

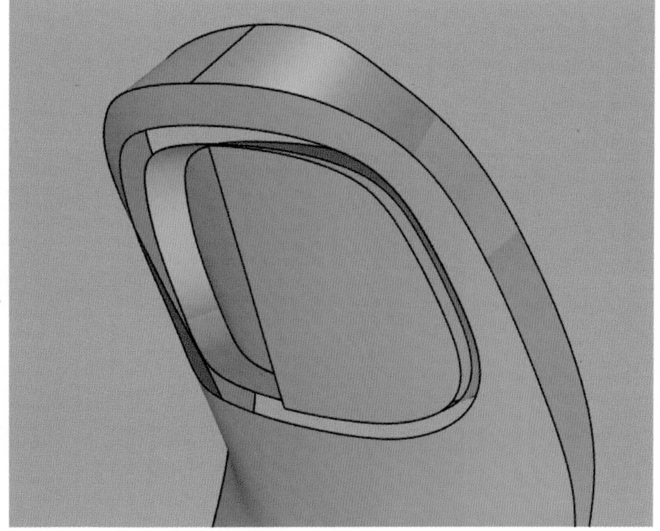

图 5.355　删除小曲面

生成混接曲面，1、2 连续性设置为“曲率”，如图 5.356 所示。

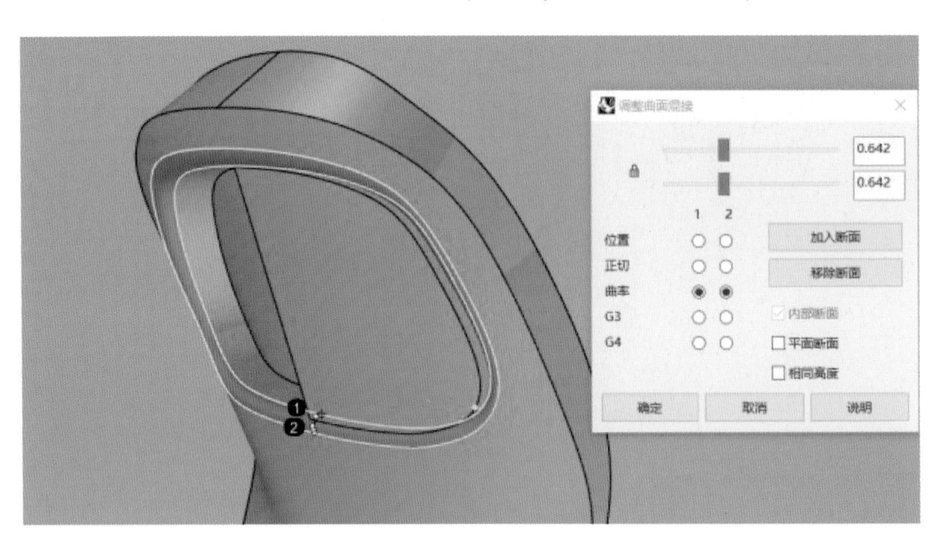

图 5.356　混接曲面

将以结构线分割的曲面往右复制一份（见图 5.357），将边缘用“放样”命令生成连接曲面，如图 5.358 所示。

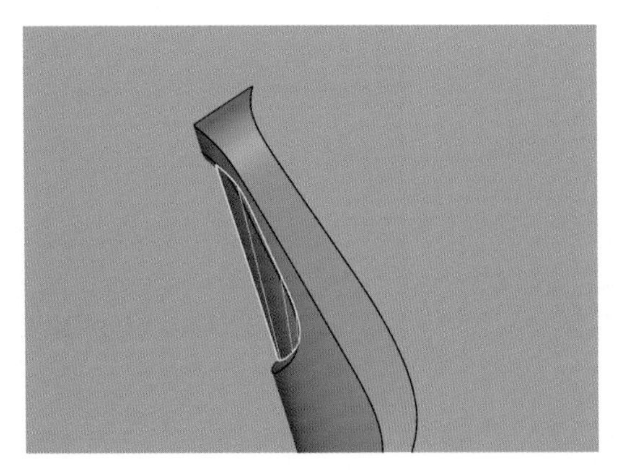

图 5.357　复制曲面

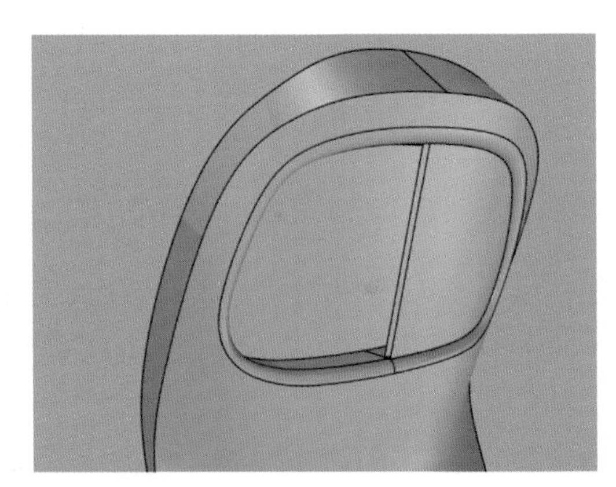

图 5.358　放样

选择“边缘圆角”命令，先将竖着的两条边缘进行圆角处理（见图 5.359）。再对其他边缘进行圆角处理（见图 5.360）。第二次的圆角半径一定要小于第一次的圆角半径。举个例子，第一次圆角半径为“1”，第二次圆角半径可设置为小于“0.5”（第一次半径的二分之一）。

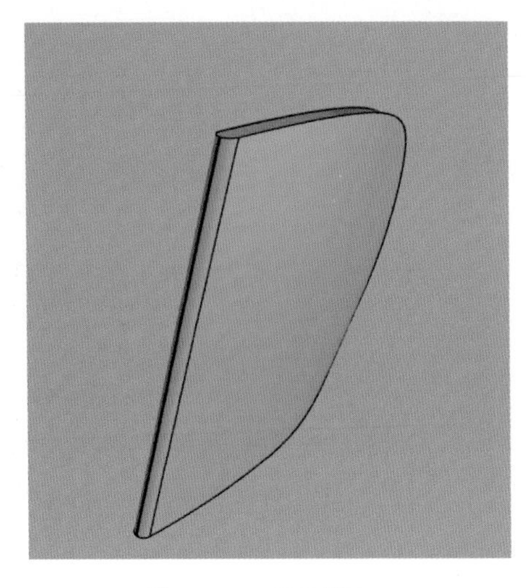

图 5.359　边缘圆角 1

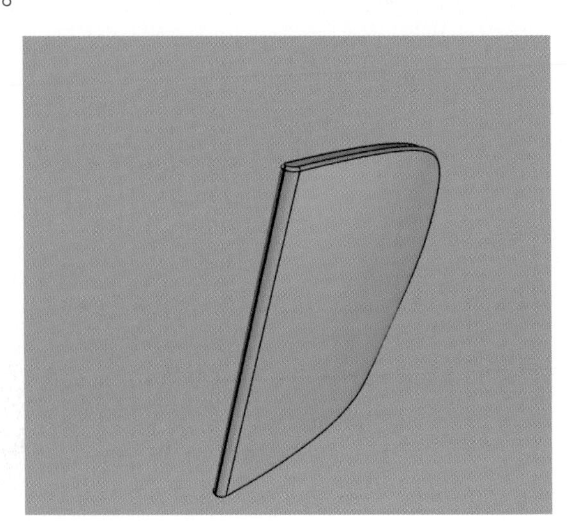

图 5.360　边缘圆角 2

在“Front”视图中绘制图 5.361 所示的四条曲线，注意图 5.362 中方框内曲线控制点必须处于同一水平线上。

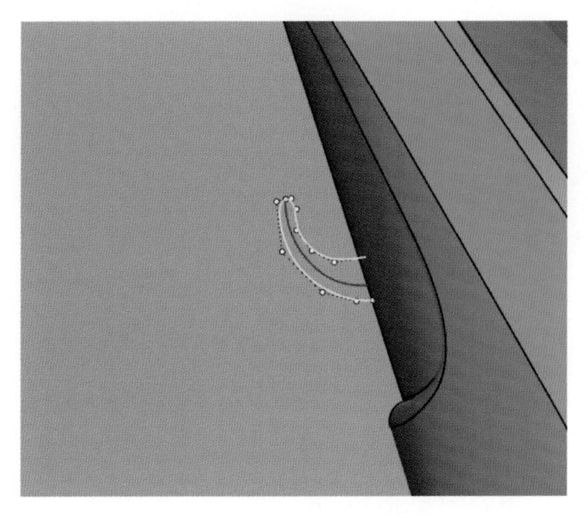

图 5.361 绘制四条曲线

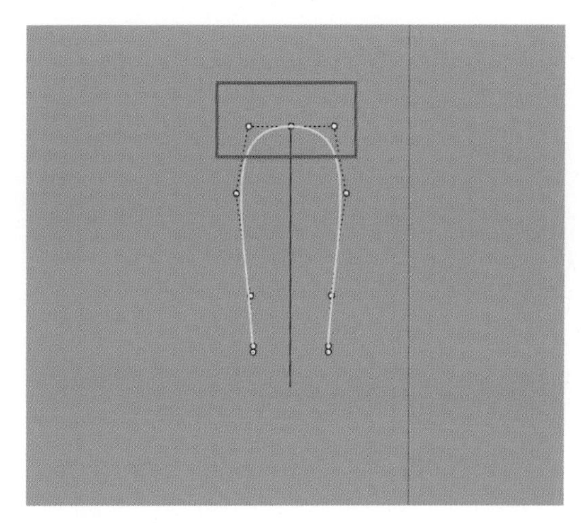

图 5.362 曲线控制点处于同一水平线上

选择“放样”命令，依次选择绘制的曲线，生成曲面，如图 5.363 所示。

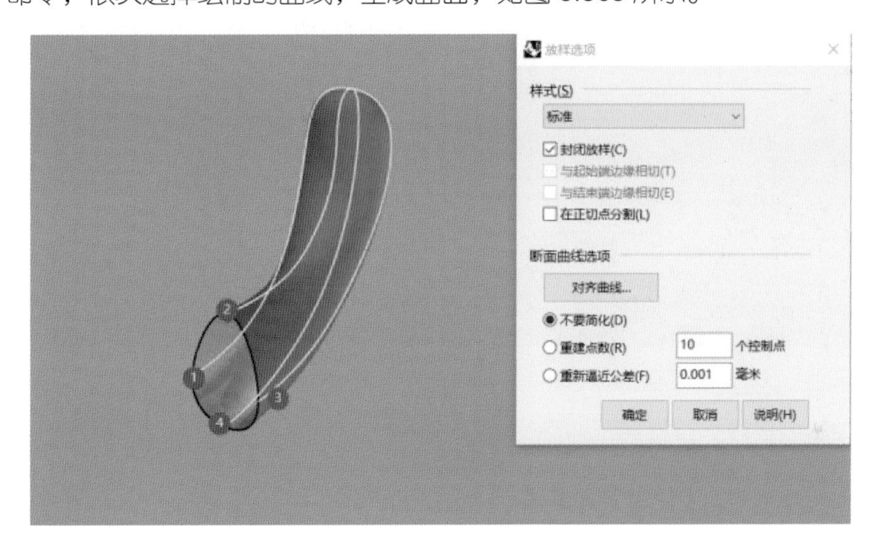

图 5.363 放样

在图 5.364 所示位置，绘制球体，并进行布尔运算差集操作，效果如图 5.365 所示。

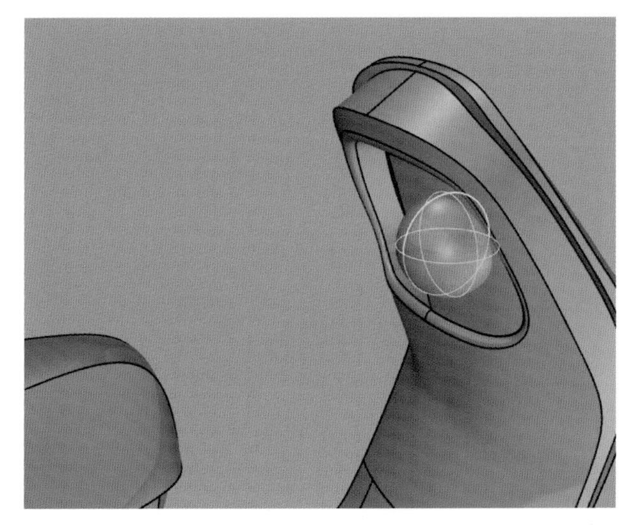

图 5.364 绘制球体

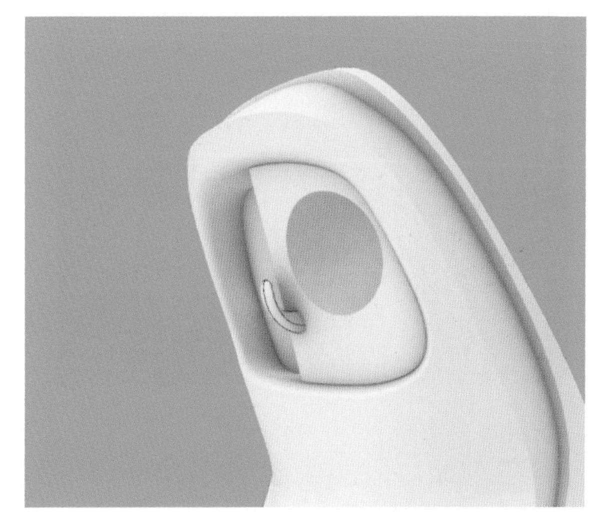

图 5.365 布尔运算差集效果

在“Front”视图中绘制两个圆角矩形，并旋转一定角度，如图 5.366 所示。

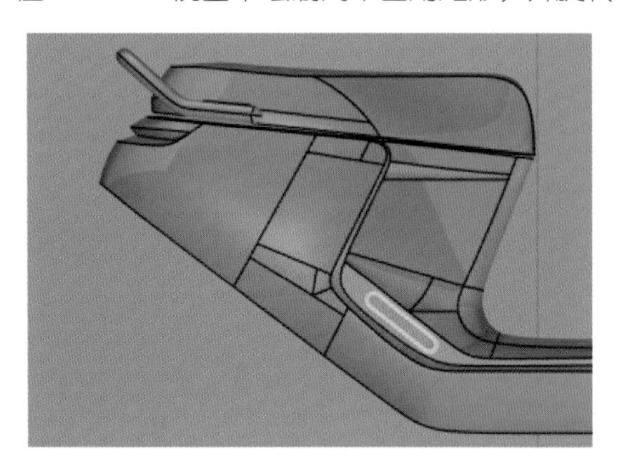

图 5.366 绘制两个圆角矩形并旋转

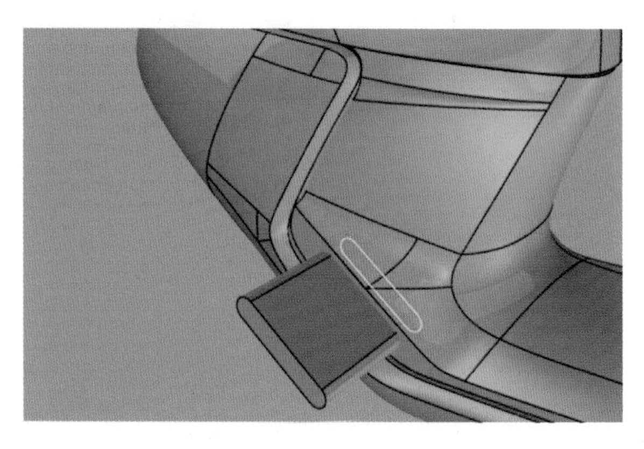

图 5.367 布尔运算差集结果

选择外圈稍大的圆角矩形，直线挤出，做布尔运算差集，结果如图 5.367 所示。然后选择内圈稍小的圆角矩形直线挤出，完成脚蹬建模，如图 5.368 所示。

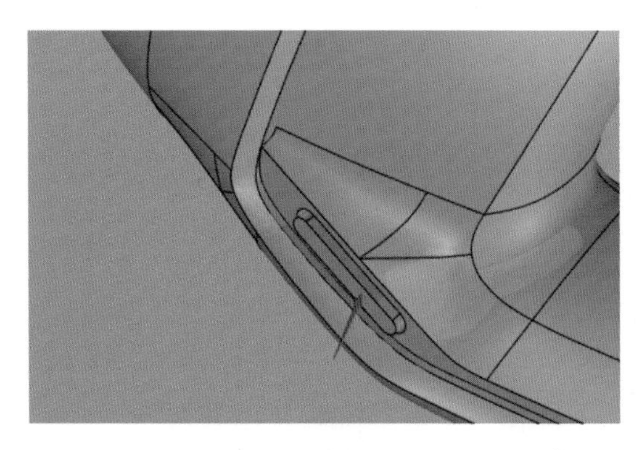

图 5.368 完成脚蹬建模

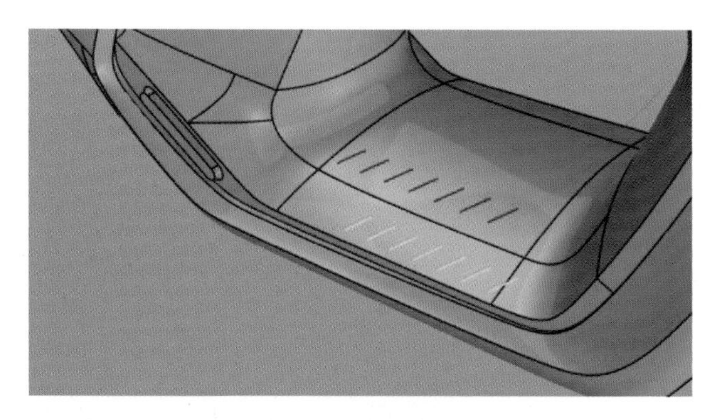

图 5.369 将直线投影至曲面

在“Top”视图中绘制直线，并投影至曲面，如图 5.369 所示。

Tips：此处绘制完直线后，可以将其群组在一起，同时投影，投影得到的曲线也可以群组在一起，方便选择。

将投影线生成圆管（见图 5.370），并做布尔运算差集，效果如图 5.371 所示。

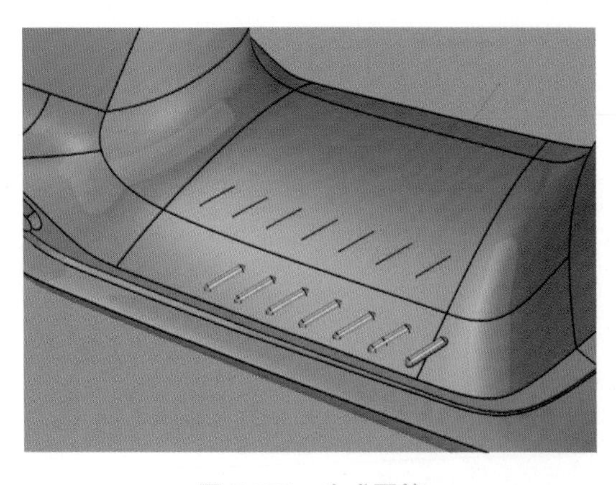

图 5.370 生成圆管

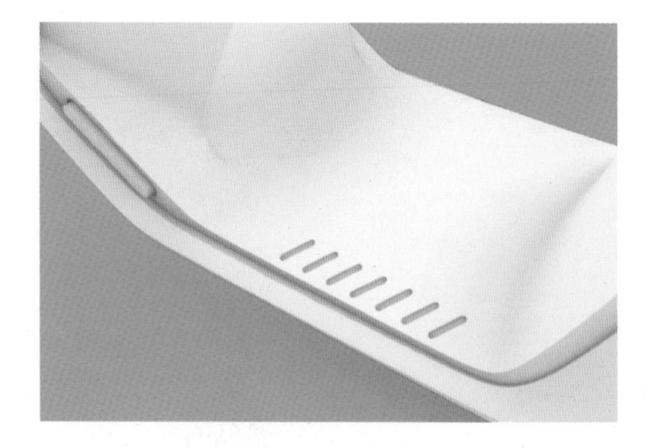

图 5.371 布尔运算差集效果

继续在“Top”视图中绘制一排圆角矩形并直线挤出一定距离（见图 5.372），然后用图 5.373 中的曲面 2 与直线挤出的曲面 1 进行布尔运算差集，结果如图 5.373 所示。

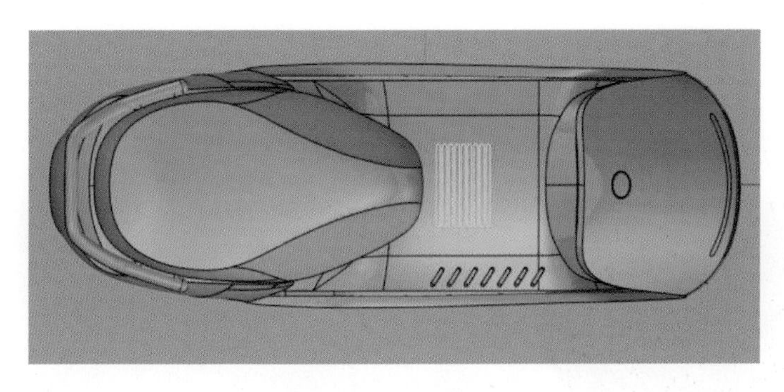

图 5.372 直线挤出

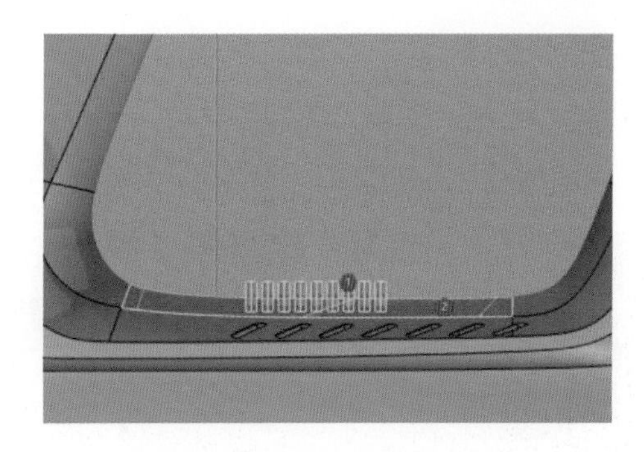

图 5.373 布尔运算差集结果

5.2.7 车龙头建模

通过最开始的建模分面分析可知，看似复杂的车龙头实际上为两个基本大曲面构成。只需将两个大曲面生成，再对两者进行曲面顺接即可完成车龙头建模。

在“Front”视图中绘制圆和一条辅助直线（见图 5.374）。绘制圆时，先在命令行点“可塑形的”，设置阶数为“5”，点数为“12”。根据建模参考图，在“Right”视图（见图 5.375）和“Top”视图（图 5.376）中将圆旋转至合适位置。

图 5.374 绘制圆和辅助直线

图 5.375 旋转（“Right”视图）

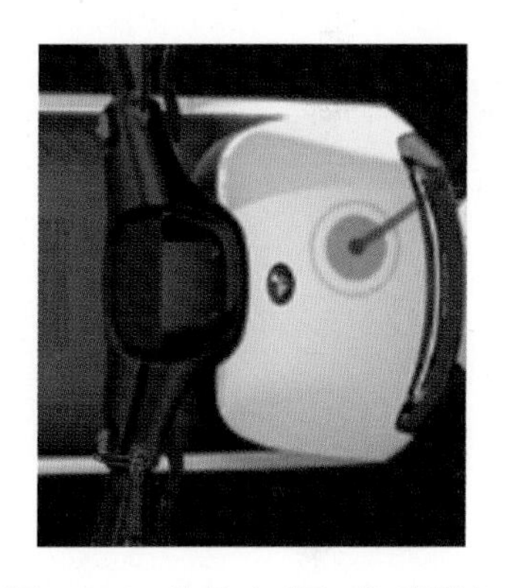

图 5.376 旋转（“Top”视图）

将旋转好的圆对称镜像，打开“四分点”捕捉和“中点”捕捉在“Top”视图和“Right”视图中绘制四条曲线（见图 5.377）。

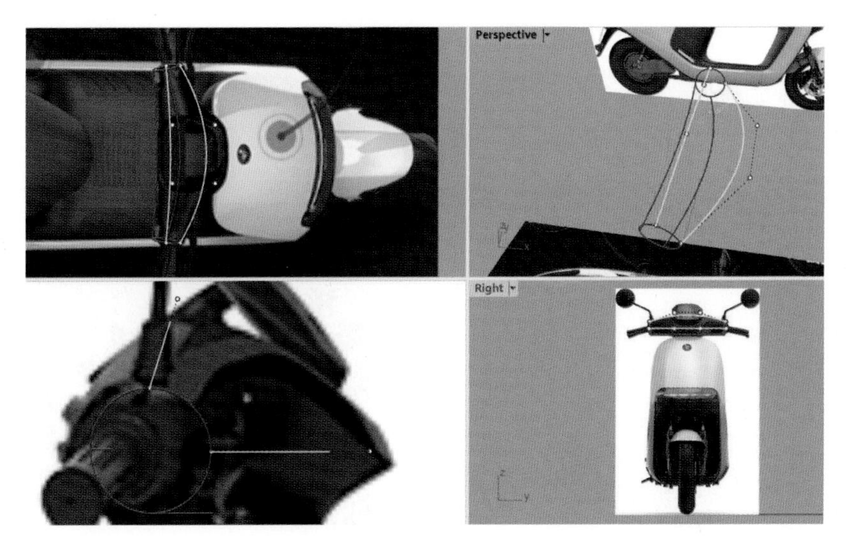

图 5.377 绘制四条曲线

先选择两个圆，点击“双轨扫掠”命令按钮，再依次选取上一步绘制的四条曲线，完成车龙头的一个基础大曲面的构建，如图 5.378 所示。

绘制两条空间曲线，并绘制两条截面曲线，形状、位置如图 5.379 所示。

图 5.378　双轨扫掠完成一个基础大曲面

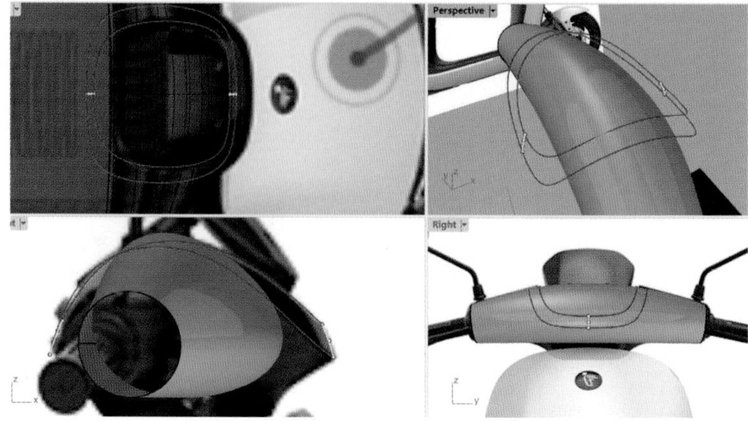

图 5.379　绘制四条曲线

选择两条空间曲线，点击“双轨扫掠”命令按钮，再选择两条截面曲线，双轨扫掠生成曲面，如图 5.380 和图 5.381 所示。

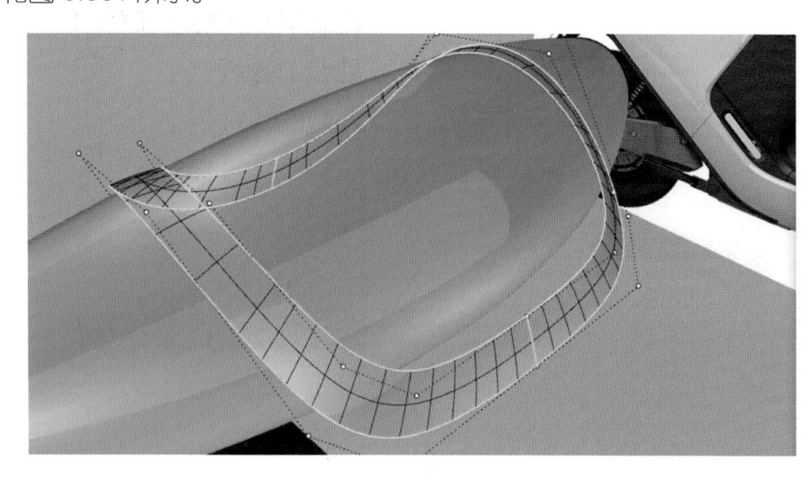

图 5.380　双轨扫掠

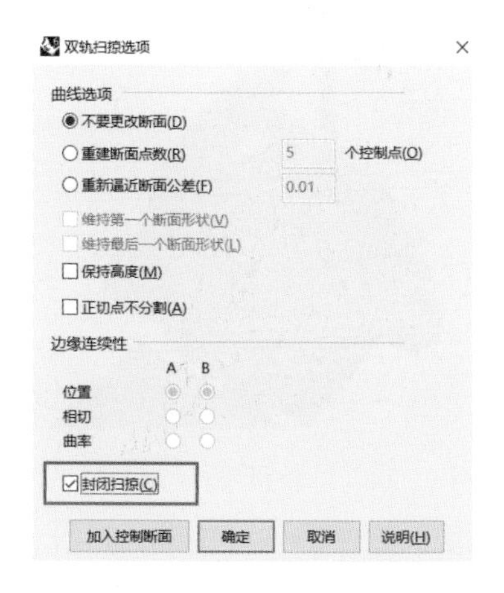

图 5.381　双轨扫掠选项

接下来进行车龙头底部轮廓线的绘制。首先绘制一个圆，命令行中设置为“可塑形的”。阶数设置为“5”，点数设置为“12”。选择图 5.382 所示的三个曲线控制点，点击“设置 XYZ 坐标”命令按钮，设置为 X 轴对齐（见图 5.382）。用同样操作，对齐右侧三个曲线控制点（见图 5.383）。

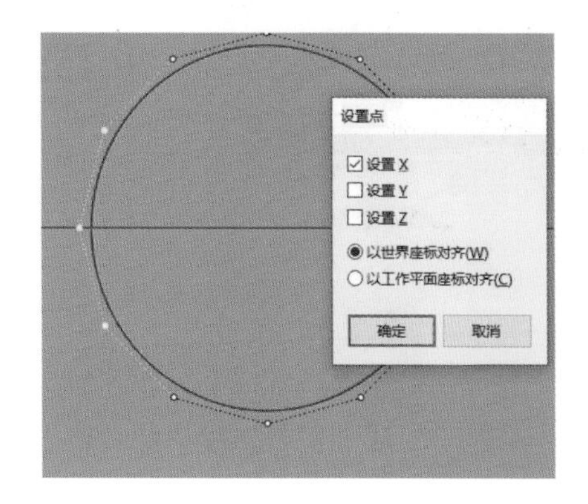

图 5.382　对齐左侧控制点

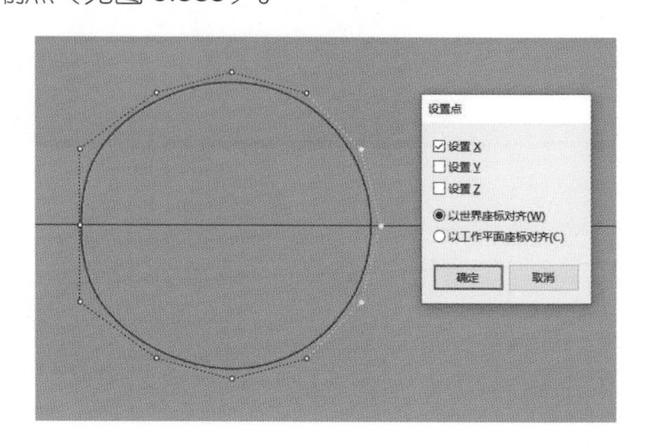

图 5.383　对齐右侧控制点

选择左右两侧对齐好的控制点，点击“单轴缩放”命令按钮，进行整体上下缩放，如图 5.384 和图 5.385 所示。

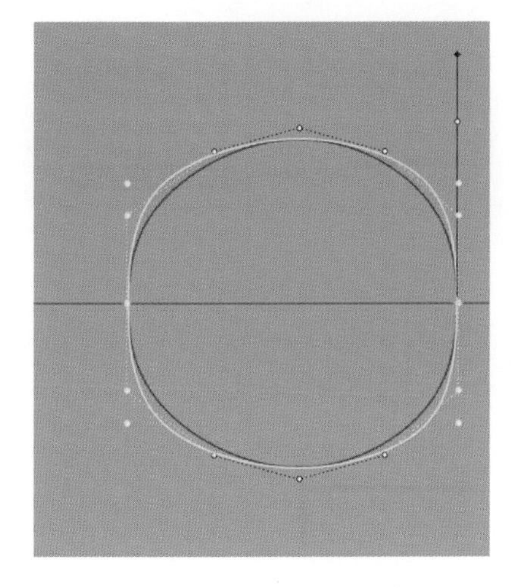

图 5.384 单轴缩放控制点 1

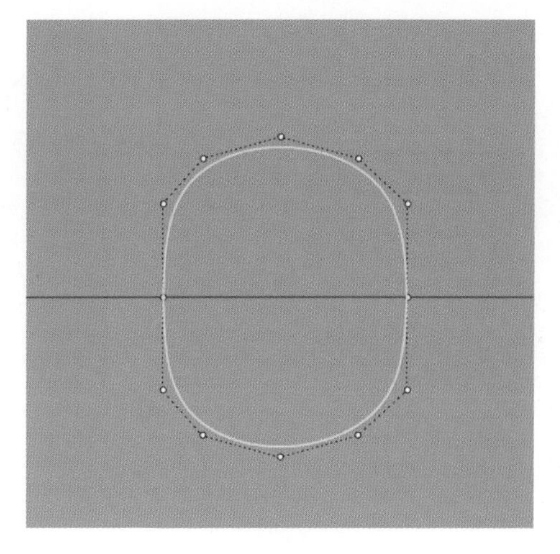

图 5.385 单轴缩放控制点 2

绘制完成后，按参考图进行旋转（见图 5.386）。打开“四分点”及“中点”捕捉，绘制两条截面曲线（见图 5.387）。

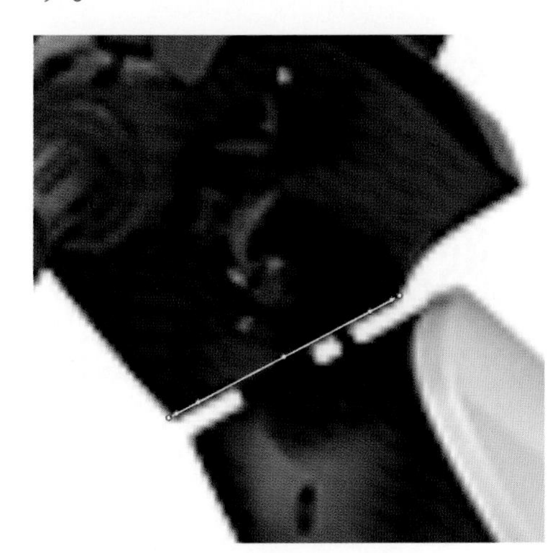

图 5.386 旋转

图 5.387 绘制两条截面曲线

双轨扫掠完成车龙头的第二个基础大曲面的构建，如图 5.388 所示。

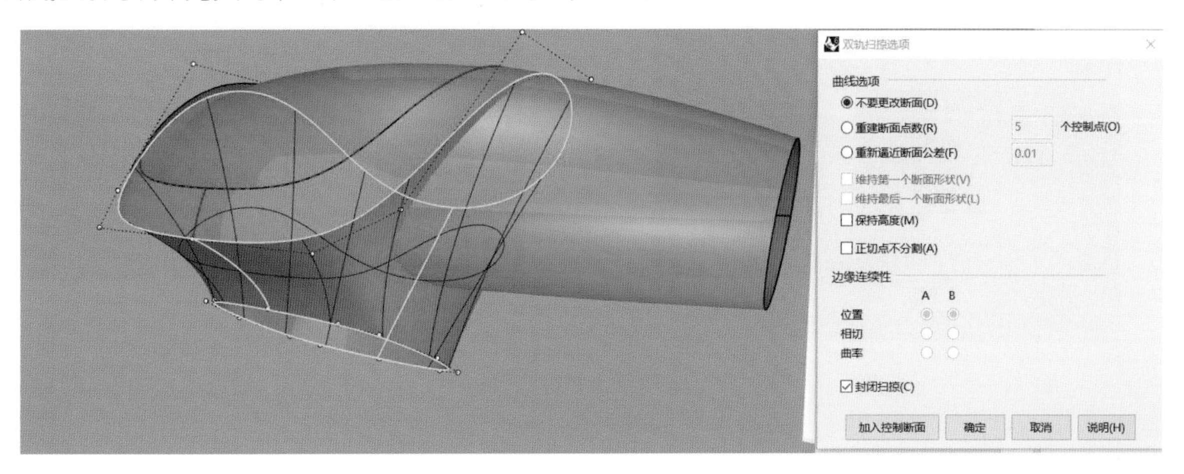

图 5.388 双轨扫掠完成第二个基础大曲面

绘制两条截面曲线，如图 5.389 所示，并进行单轨扫掠（见图 5.390）。

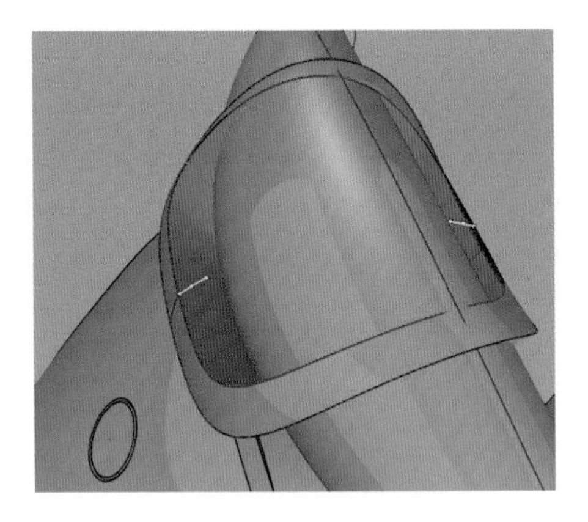

图 5.389　绘制两条截面曲线

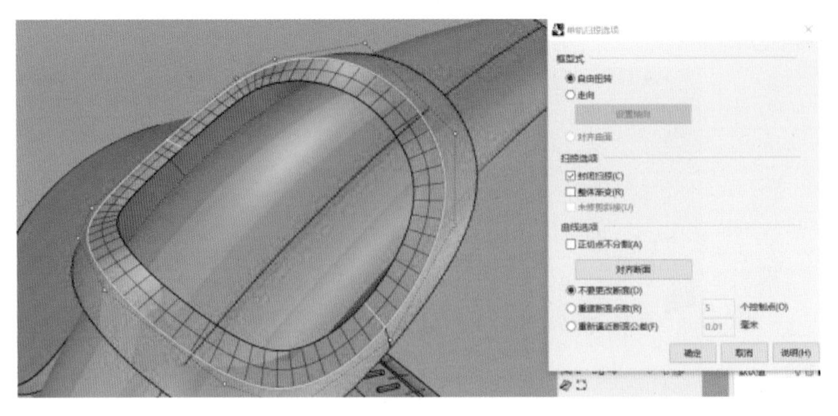

图 5.390　单轨扫掠

打开“端点”捕捉，在透视图中捕捉上一步绘制的截面曲线，绘制一条直线（见图 5.391）。在图 5.392 所示圆圈位置，对单轨扫掠面进行边缘分割。

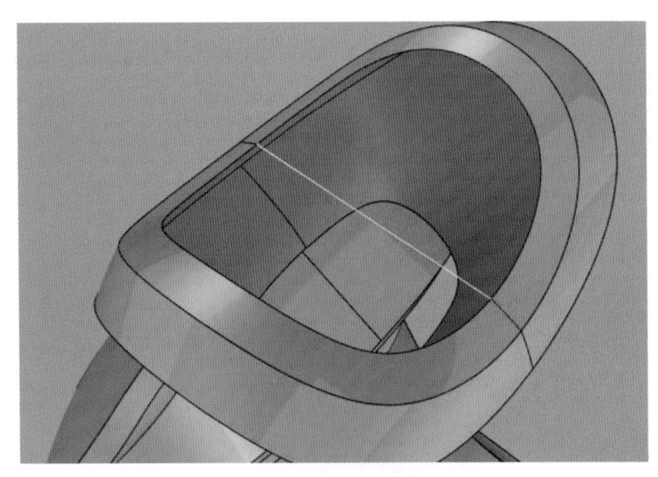

图 5.391　绘制直线

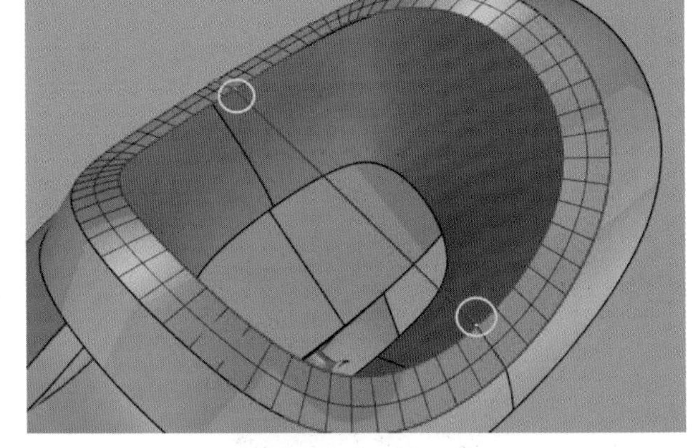

图 5.392　分割边缘

依次选取分割后的边缘和绘制的截面曲线，进行放样，如图 5.393 所示。

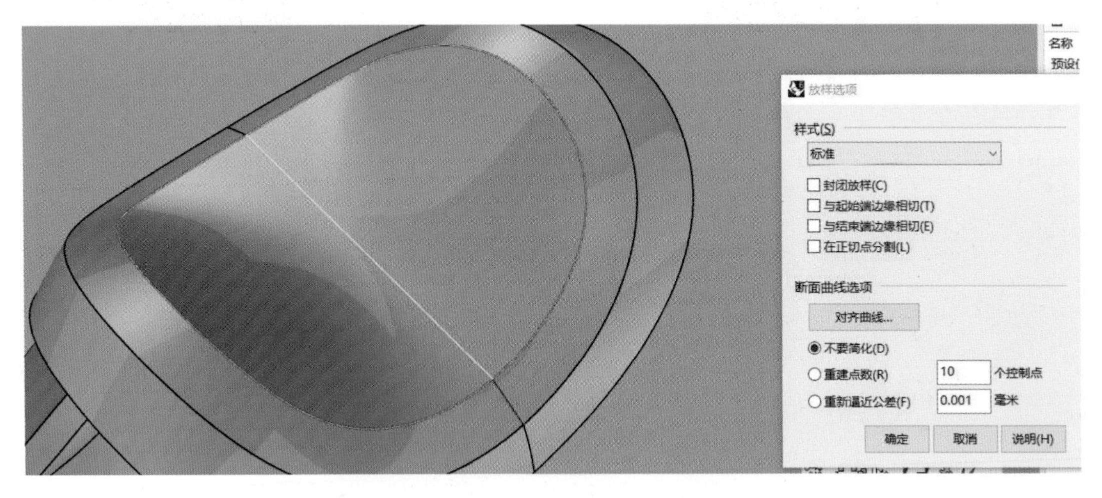

图 5.393　放样曲面

完成两个基础大曲面构建，进行互相修剪，效果如图 5.394 和图 5.395 所示。

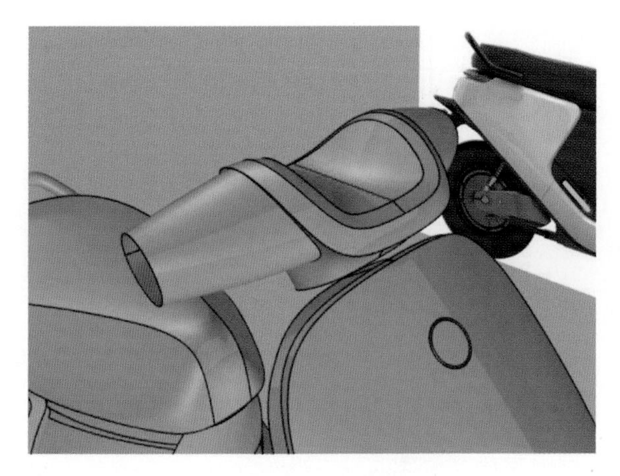

图 5.394　互相修剪 1

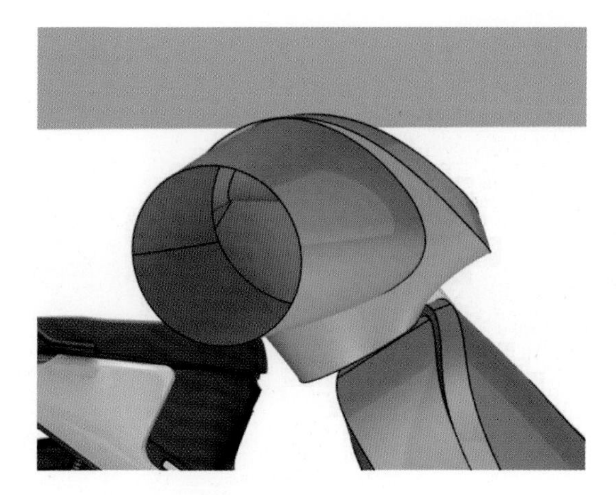

图 5.395　互相修剪 2

以结构线分割曲面（见图 5.396），并将一部分曲面删除，如图 5.397 所示。

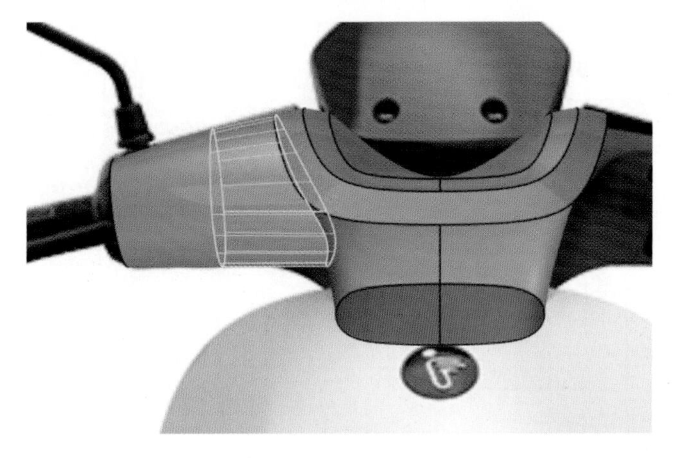

图 5.396　以结构线分割曲面

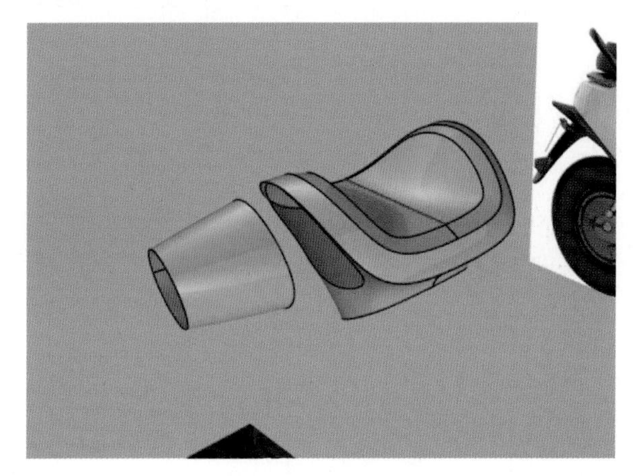

图 5.397　删除曲面

在分割后的曲面上提取结构线，并再一次对另一个基础形态曲面进行以结构线分割操作（见图 5.398）。在“Top”视图中将最初绘制的曲线投影至分割后的曲面和第二个基础形态曲面上，操作完成效果如图 5.399 所示。

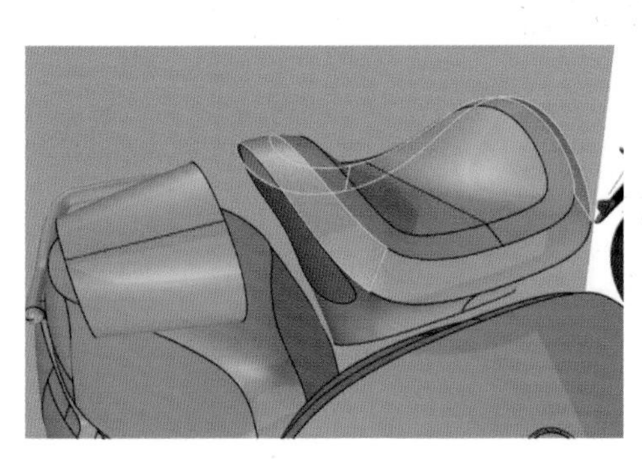

图 5.398　以结构线分割曲面

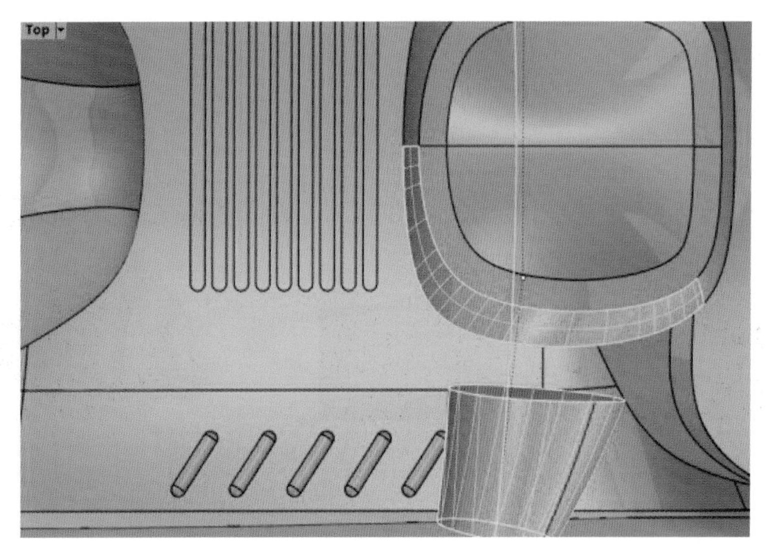

图 5.399　投影曲线

继续以结构线分割第二个形态曲面（见图 5.400）。混接曲线，连续性都设置为“曲率”连接，如图 5.401 所示。

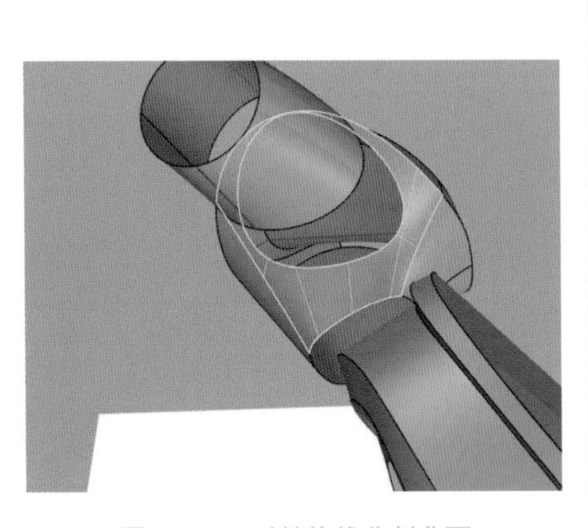

图 5.400　以结构线分割曲面

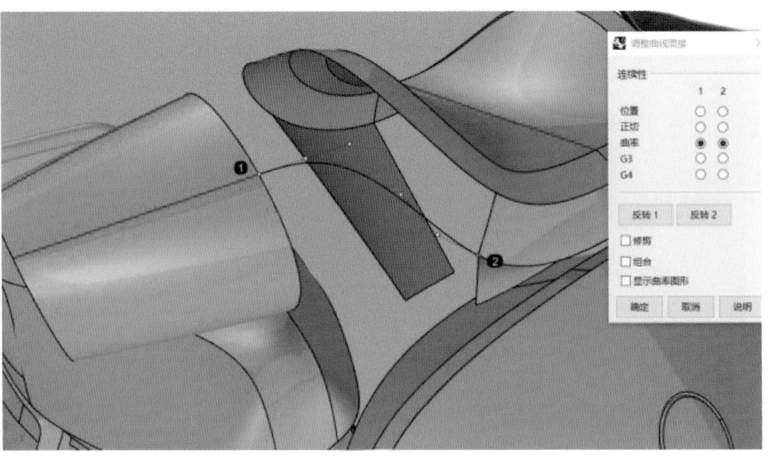

图 5.401　混接曲线

绘制曲线，如图 5.402 至图 5.405 所示。

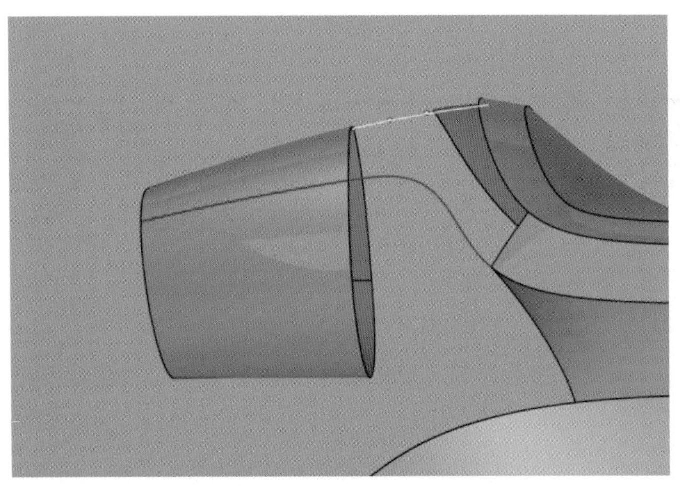

图 5.402　绘制曲线 1

图 5.403　绘制曲线 2

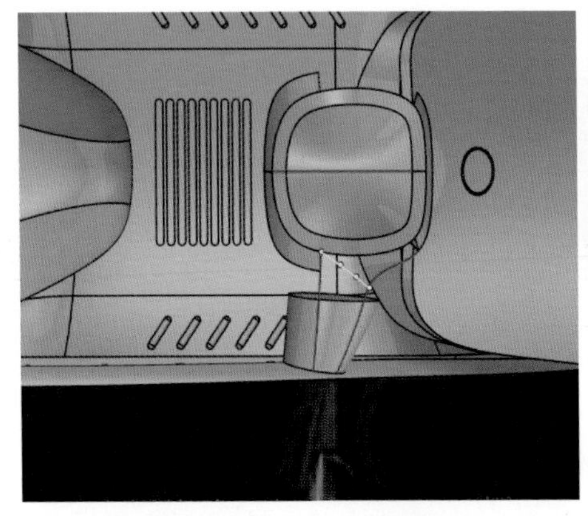

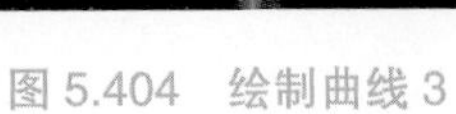

图 5.404　绘制曲线 3

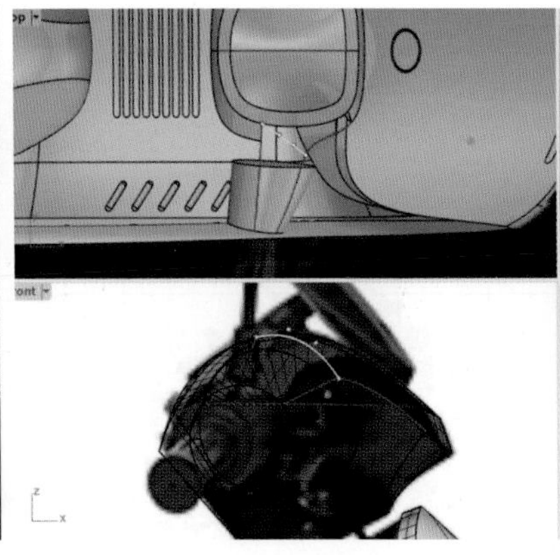

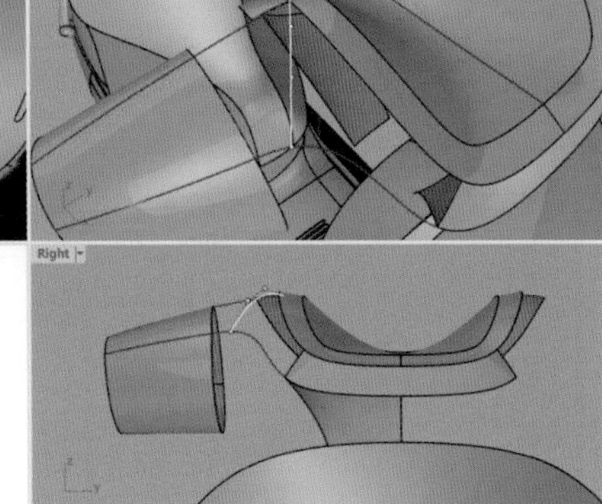

图 5.405　绘制曲线 4

打开“端点”捕捉，分割边缘（见图 5.406）。以边缘曲线建立曲面，并进行曲面衔接（见图 5.407）。选择底部轮廓线，直线挤出，生成一个辅助面（见图 5.408）。如图 5.409 所示，提取结构线并混接曲线。

打开“端点”捕捉，分割边缘，选择曲线和分割好的边缘，选择“嵌面”命令生成曲面（见图 5.410）。这里也可以选择插件 XNurbs 进行补面操作。U、V 方向数值设为“10”，勾选“自动修剪”和“调整切线”，如图 5.411 所示。

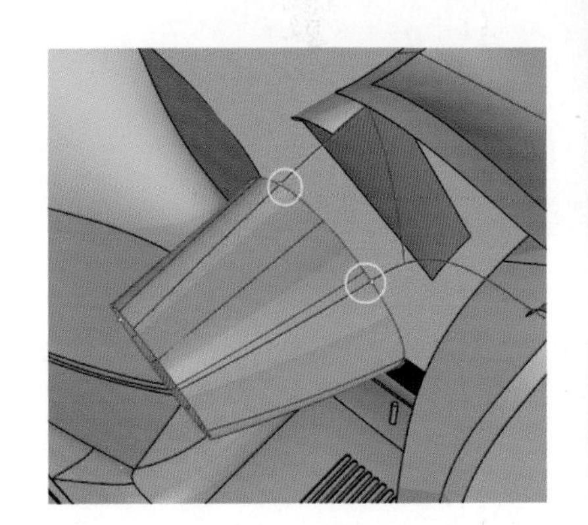

图 5.406　分割边缘

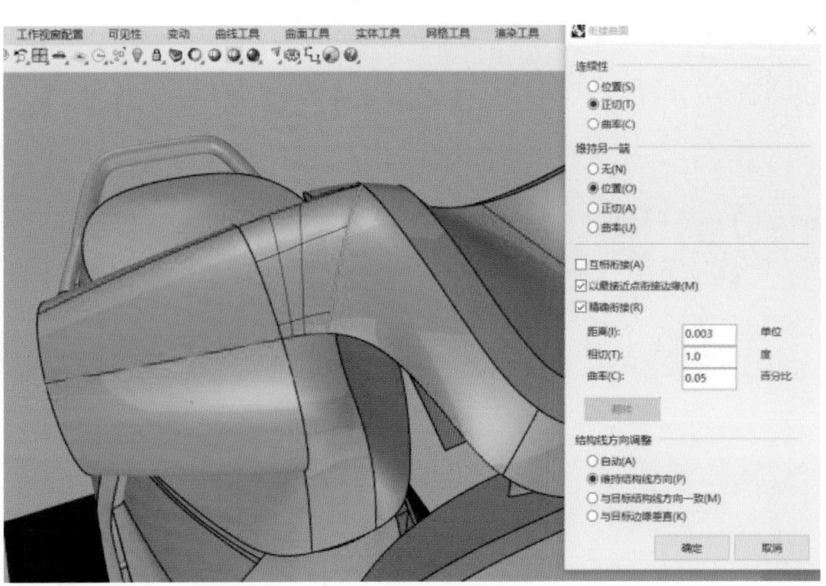

图 5.407　曲面衔接

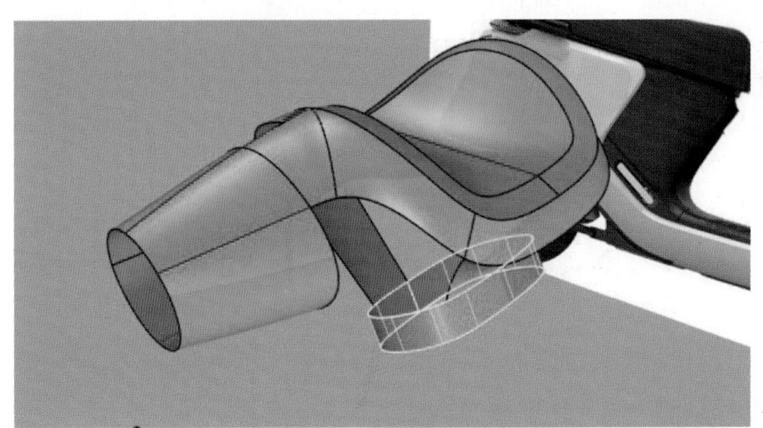

图 5.408　直线挤出辅助面

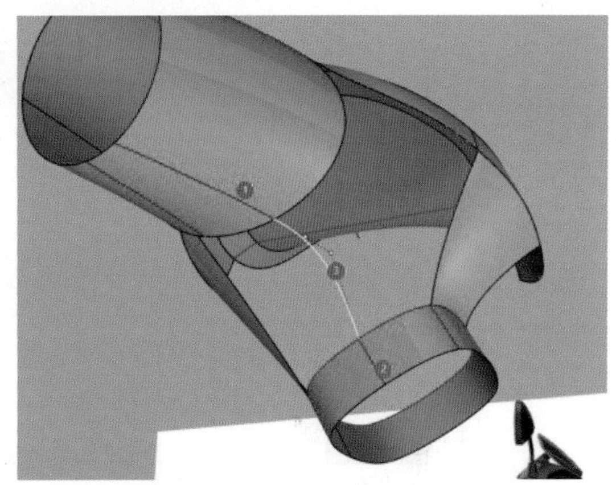

图 5.409　提取结构线并混接曲线

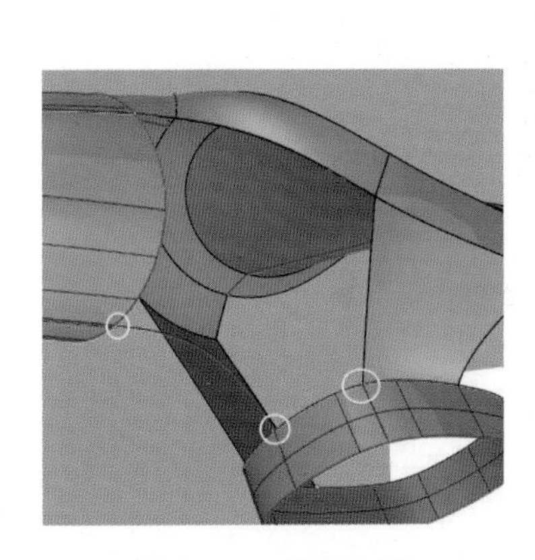

图 5.410　嵌面补面

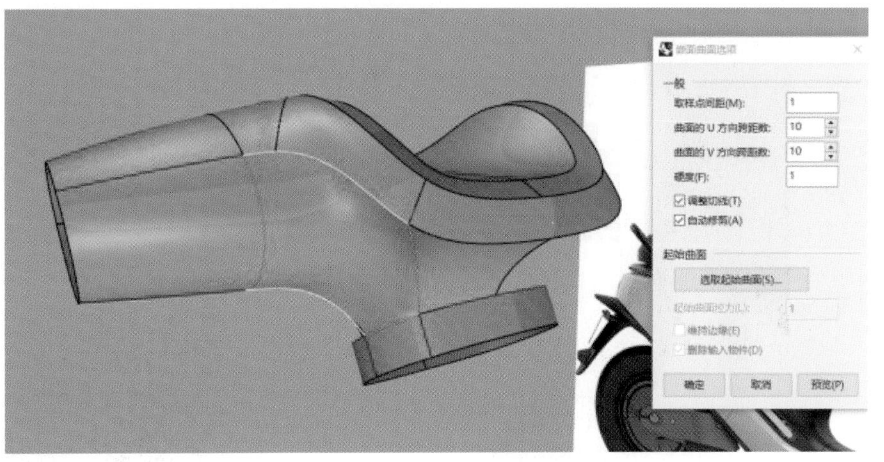

图 5.411　嵌面补面设置

继续进行补面建模，如图 5.412 和图 5.413 所示。

电动车屏幕建模比较简单，先绘制曲线，然后直线挤出，最后边缘倒圆角即可构建出电动车液晶屏幕，如

图 5.414 和图 5.415 所示。

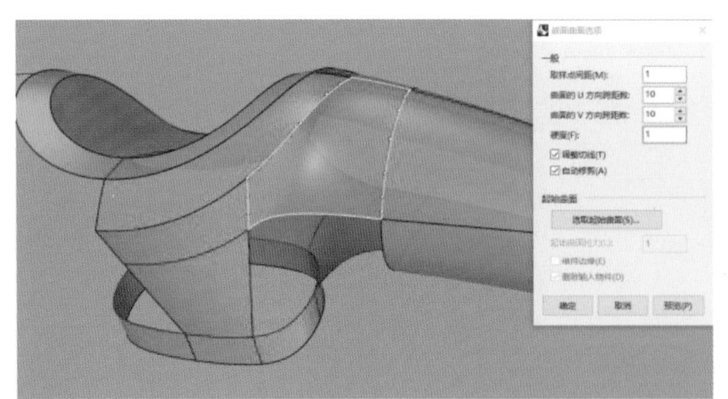

图 5.412　补面 1

图 5.413　补面 2

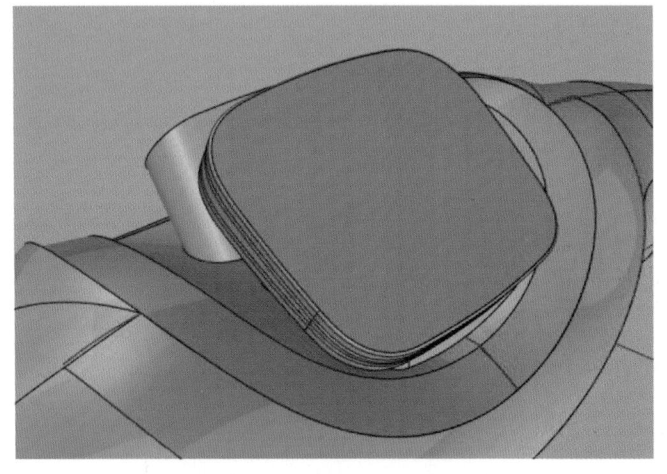

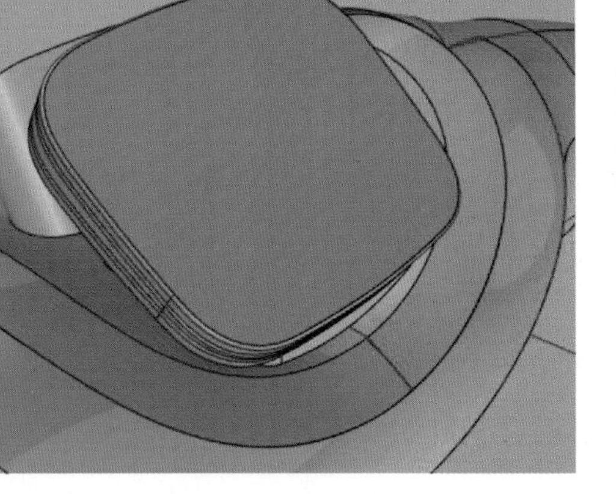

图 5.414　液晶屏幕建模 1

图 5.415　液晶屏幕建模 2

绘制车挡风玻璃曲线，如图 5.416 所示。因要绘制的线比较多，可以先绘制一半，再镜像。

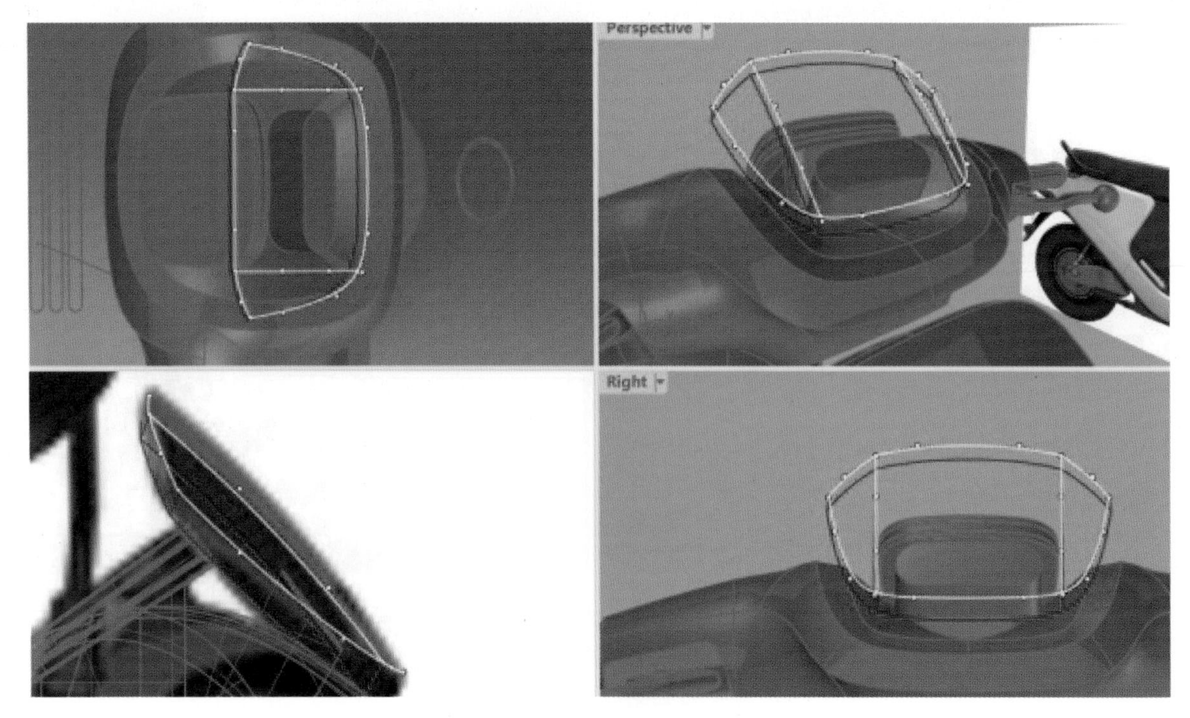

图 5.416　绘制车挡风玻璃曲线

选择两条长的曲线作为双轨扫掠的路径，短的为截面曲线，生成双轨扫掠曲面，完成车挡风玻璃建模，如图 5.417 和图 5.418 所示。

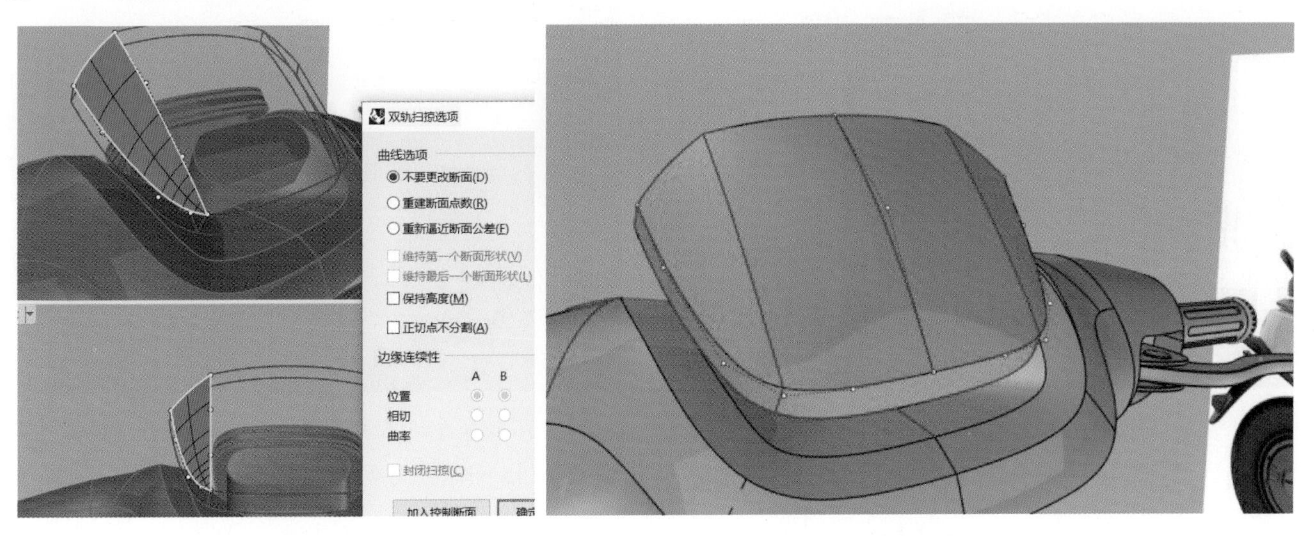

图 5.417　双轨扫掠　　　　图 5.418　完成车挡风玻璃建模

选择曲线，生成圆管，并将圆管的两端用“延伸曲面”命令延伸（见图 5.419）。求圆管与挡风玻璃外曲面的相交线（见图 5.420）。挡风玻璃内曲面按照挡风玻璃外曲面做相同处理。

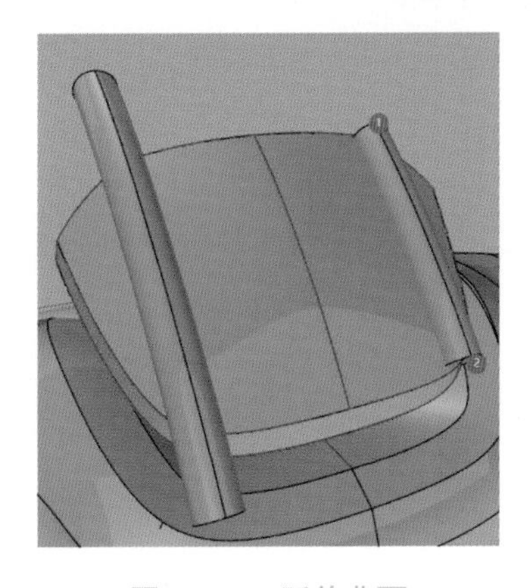

图 5.419　延伸曲面

图 5.420　求相交线

用相交线分割挡风玻璃外曲面，删除分割后的小曲面，选择“可调式混接曲线”命令生成顺接曲线，如图 5.421 和图 5.422 所示。

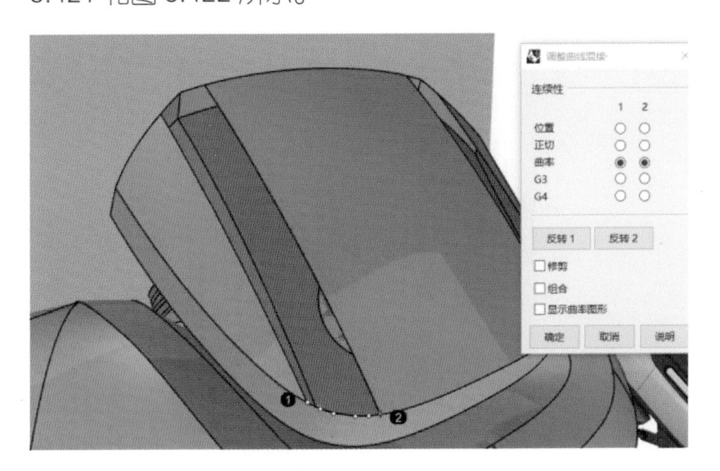

图 5.421　混接曲线

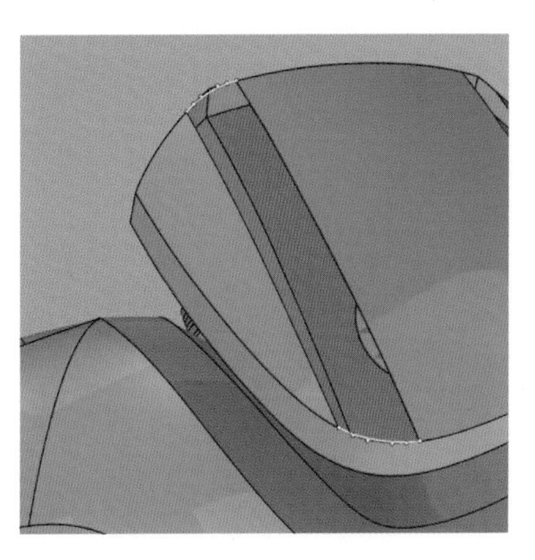

图 5.422　混接曲线效果

双轨扫掠生成顺接曲面，连续性都设置为“曲率”连接（见图 5.423）。

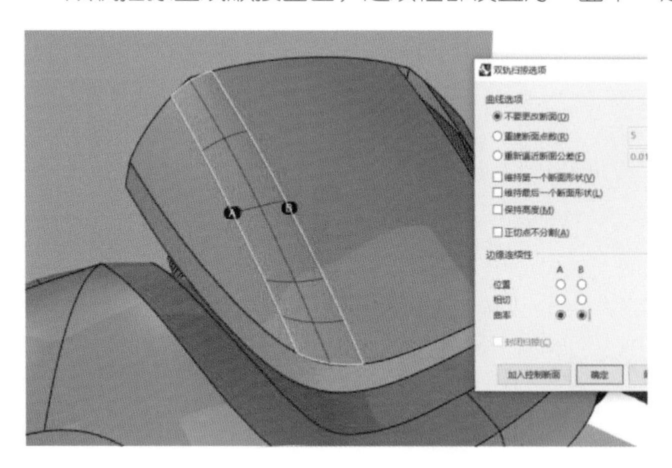

图 5.423　双轨扫掠生成顺接曲面

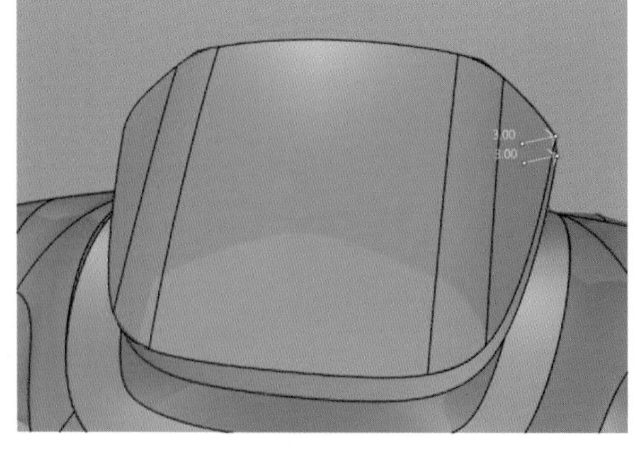

图 5.424　挡风玻璃边缘圆角处理

选择“边缘圆角”命令，将挡风玻璃进行圆角处理，如图 5.424 所示。圆角处理后，将挡风玻璃侧边面删除（见图 5.425）。利用“边缘圆角”命令倒圆角后，有可能两端会出现曲面效果不佳的状况，一般会删除效果不佳的曲面，重新选择“混接曲面”命令做顺接曲面。

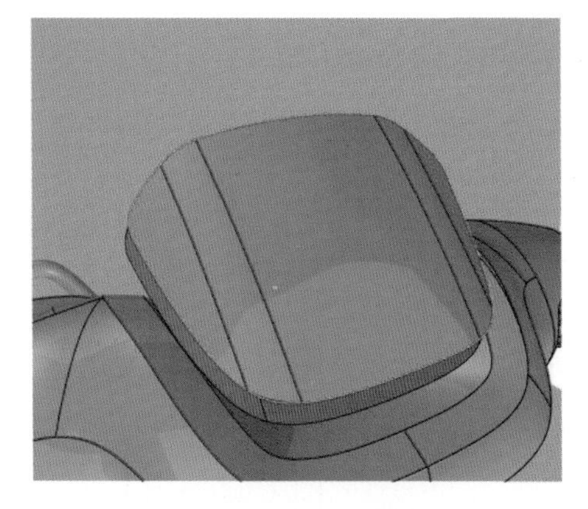

图 5.425　删除侧边面

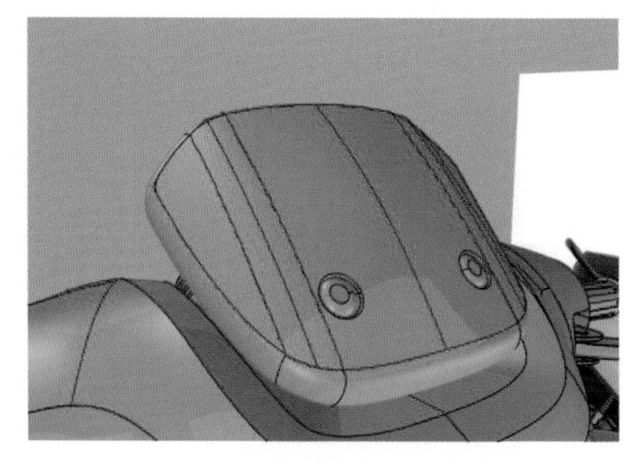

图 5.426　挡风玻璃及其细节建模

选择“混接曲面”命令，在命令行中设置“自动连锁边缘 = 是”，第一个边缘选择侧边面边缘，第二个边缘选择挡风玻璃内曲面边缘。完成混接曲面，并将挡风玻璃细节构建出来，如图 5.426 所示。

至此，电动车车身模型构建完成，接下来进行车轮、挡泥板、车把、刹车建模，比较简单，部分效果图如图 5.427 至图 5.431 所示。

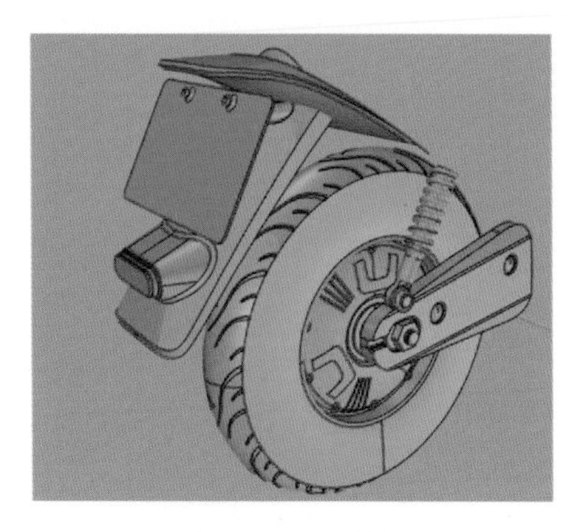

图 5.427　后轮组

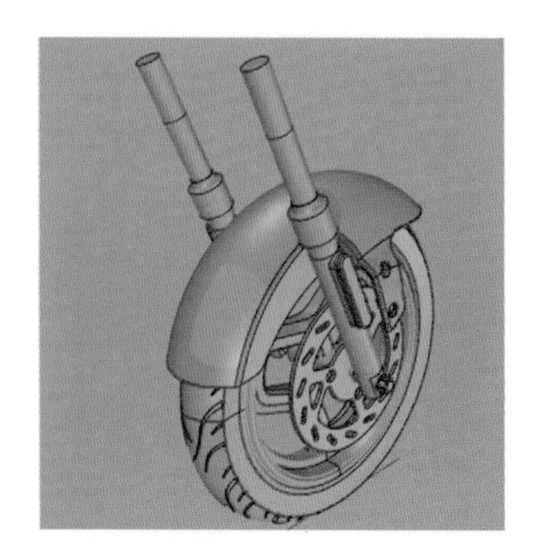

图 5.428　前轮组透视图

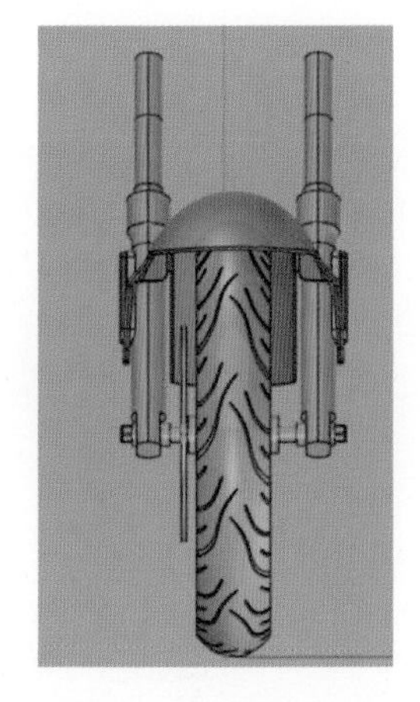

图 5.429 前轮组前视图

图 5.430 前轮组侧视图

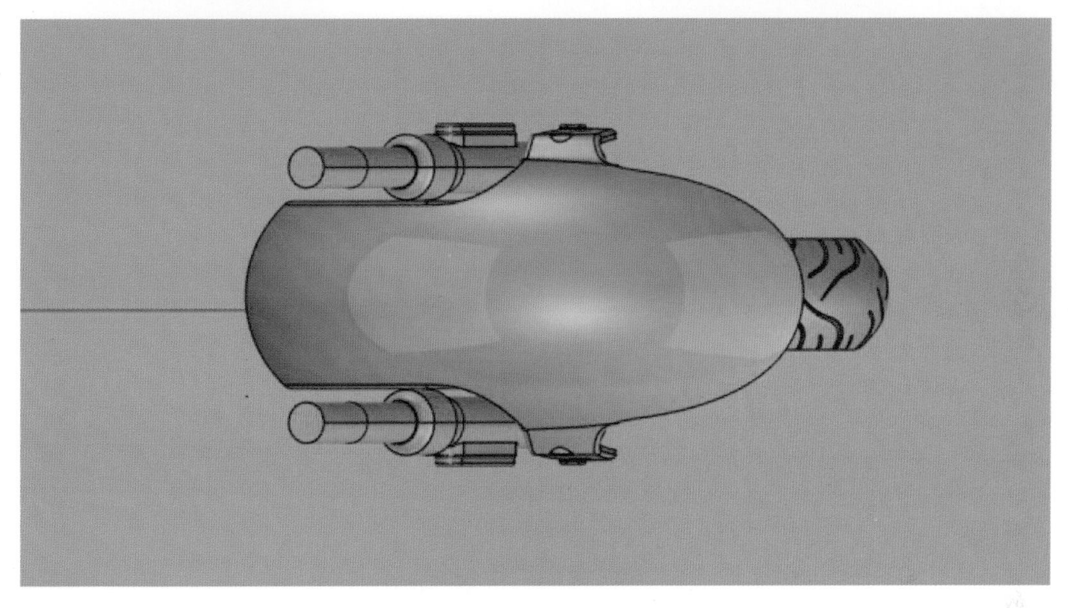

图 5.431 前轮组俯视图

Chanpin Sheji Rhino 3D Jianmo yu Xuanran Jiaocheng

第六章

KeyShot 渲染

【本章重点】

KeyShot 基本操作，模型材质贴图，产品布光。

【本章难点】

材质贴图原理，模拟真实环境布光。

KeyShot 是一款非常适合新手使用的独立渲染器，相对于其他渲染器来说，KeyShot 上手非常容易，因为其强大的 HDRI 和材质库可以让初学者在极短的时间模拟出真实光照和丰富的材质效果，掌握 KeyShot 的关键不在于掌握 KeyShot 所有的参数，而在于掌握利用其实现材质贴图和布光。本章围绕材质贴图和布光进行入门讲解。

6.1 KeyShot 基本操作介绍

6.1.1 界面介绍及基础操作

第一次运行 KeyShot 打开的是默认界面，工作布局及界面如图 6.1 所示，界面非常简洁。打开 KeyShot 后需要先设置“CPU 使用量”（见图 6.2），默认是 100%，如果保持默认参数，使用 KeyShot 进行渲染时，电脑容易处于假死机状态，因此我们通常需要修改此参数。比如，若电脑配置为 7 核 CPU，可以选择“88%-7 核”（见图 6.3）。

图 6.1 默认界面

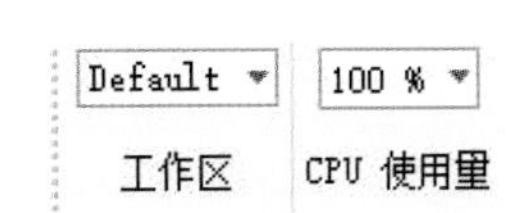

图 6.2 设置“CPU 使用量”

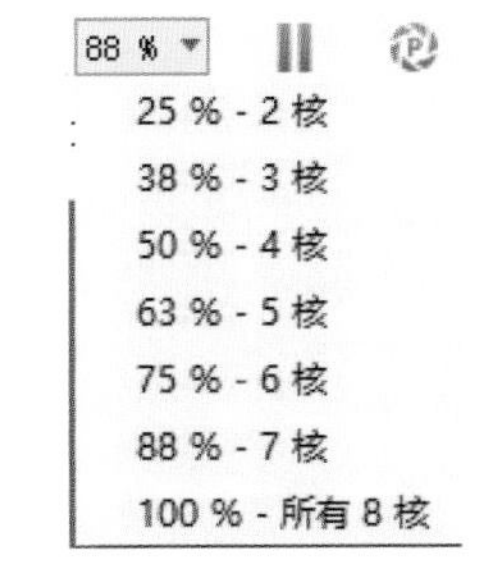

图 6.3 “CPU 使用量”选择

按键盘上的空格键，右侧界面会出现“项目”选项集（见图 6.4），利用它可以对场景中的一些材质进行编辑加工，需要的一些参数可以在“项目”选项集的“场景”“材质”“相机”“环境”“照明”“图像”选项中对应编辑。按“M”键左侧界面会出现“库”集合（见图 6.5）。“库”集合就相当于一个仓库，存储各种模型所需要的工具、材料、设备等，这些工具、材料、设备等打包放在“库”里面，需要用时，直接在“库”里面调用就可以了。按“Ctrl+P”键会出现“渲染”对话框（见图 6.6），在窗口实时显示的产品效果满足要求后，就可以点击“渲染”按钮进行输出。

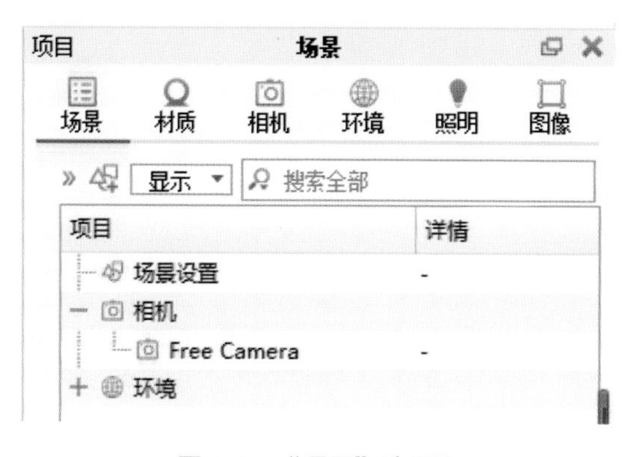

图 6.4 “项目”选项集

图 6.5 “库”集合

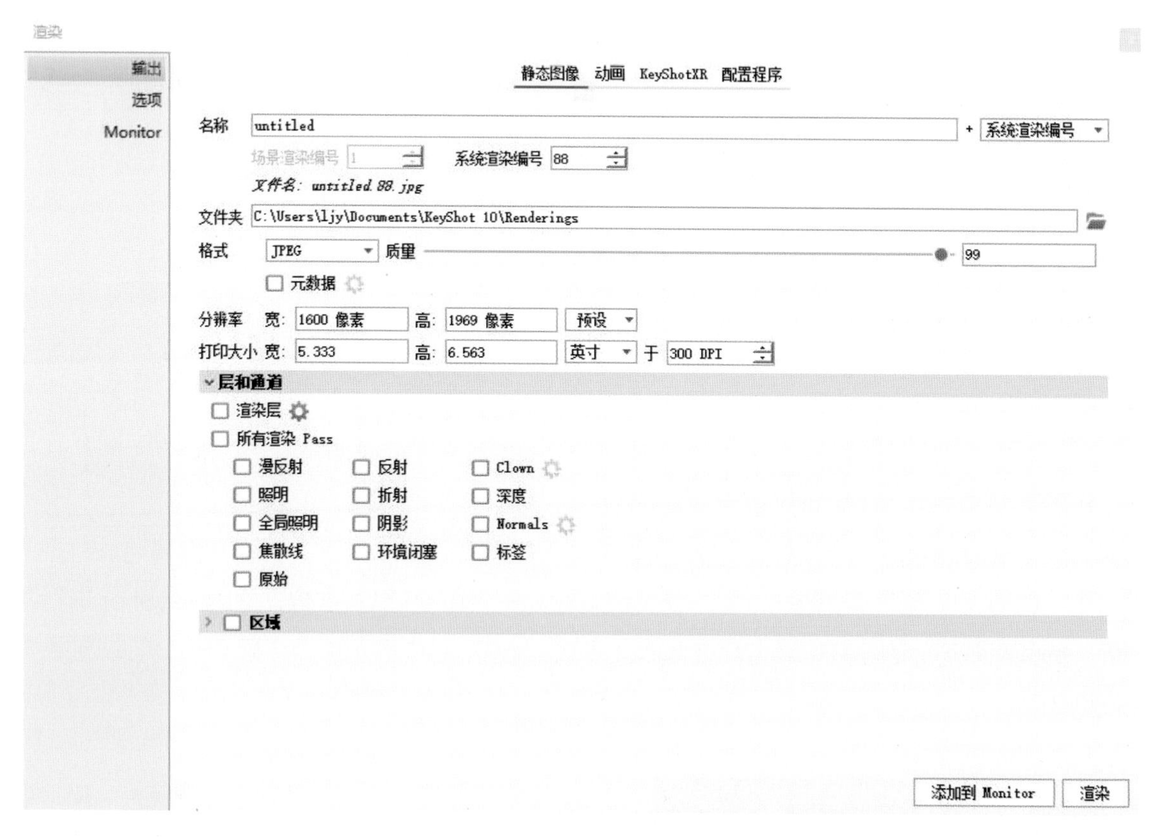

图 6.6 “渲染”对话框

视窗操作：单击并按住鼠标左键拖曳可以旋转视窗；按住鼠标中键可以移动视窗；滚动鼠标滚轮可以缩放视窗。

6.1.2 模型导入及注意事项

在 KeyShot 中导入模型前，最好在 Rhino 中将模型按材质分好图层（见图 6.7）。本书使用的是 KeyShot 10.0 版本，在导入用 Rhino 建好的模型时，需保证不高于 Rhino 6.0 版本。若建模用的是 Rhino 7.0，则需要在保存时点击“另存为”按钮将模型保存为 Rhino 6.0 版本（见图 6.8）。在 KeyShot “文件”菜单中点击“导入”（见图 6.9）或“打开”，选择 Rhino 中需要渲染的模型即可导入模型。此处要导入第五章用 Rhino 建好的模型，导入设置如图 6.10 所示，注意，在“位置”选项中设置“向上”为“Z”，“几何图形”选项中勾选“导入 NURBS 数据”，点击“导入”按钮即可完成模型导入（见图 6.11）。

图 6.7 按材质分图层

Rhino 7 3D 模型 (*.3dm)
Rhino 6 3D 模型 (*.3dm)
Rhino 5 3D 模型 (*.3dm)
Rhino 4 3D 模型 (*.3dm)
Rhino 3 3D 模型 (*.3dm)
Rhino 2 3D 模型 (*.3dm)
3D Studio (*.3ds)
3MF (*.3mf)

图 6.8 将模型保存为 Rhino 6.0 版本

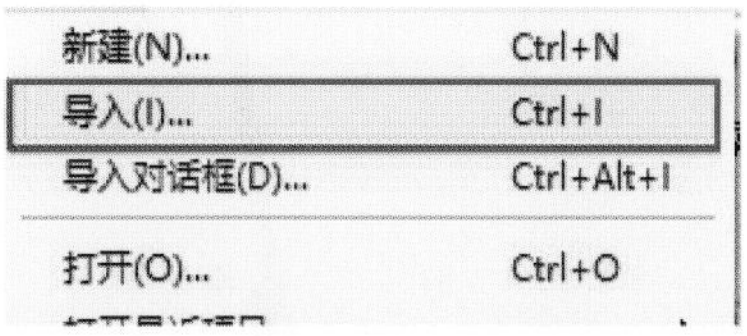

新建(N)... Ctrl+N
导入(I)... Ctrl+I
导入对话框(D)... Ctrl+Alt+I
打开(O)... Ctrl+O

图 6.9 “导入”选项

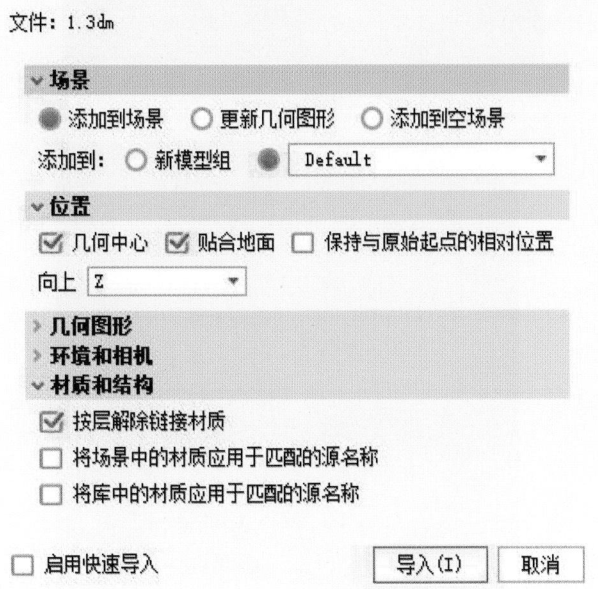

文件：1.3dm
场景
添加到场景 更新几何图形 添加到空场景
添加到： 新模型组 Default
位置
几何中心 贴合地面 保持与原始起点的相对位置
向上 Z
几何图形
环境和相机
材质和结构
按层解除链接材质
将场景中的材质应用于匹配的源名称
将库中的材质应用于匹配的源名称
启用快速导入 导入(I) 取消

图 6.10 导入设置

图 6.11 完成模型导入

6.2 KeyShot 渲染前期分析

6.2.1 分析同类产品场景

要渲染出一张效果比较好的图片，首先需要了解同类型产品宣传图的构图和灯光特点。图 6.12 是一张构图简单的透视图，整张图片非常简单，采用了纯白色背景，只表现了简单的产品阴影。白色背景、黑色背景（见图 6.13）以及其他纯色背景（见图 6.14）渲染在产品渲染中非常实用，灯光布置也比较简单，一般只需模拟一个简单的摄影棚，布置一个主光源、一个辅光源即可，适合快速渲染表达。如果想在众多同类型产品渲染图中吸引观者眼球，也可以选择合适场景进行渲染，如图 6.15 所示。

图 6.12　同类型产品白色背景渲染图

图 6.13　同类型产品黑色背景渲染图

图 6.14　同类型产品纯色背景渲染图

图 6.15　场景渲染

图 6.16 是一款电动车的场景渲染，搭配了与电动车颜色同色系的背景，采用很简单的圆球场景，通过镜头的景深效果来突显产品，整体给人一种活泼灵动的感觉。同色系场景渲染在各大电商网站上都可以看到，非常常见。下文将用 KeyShot 实现此前创建的电动车模型的同色系场景渲染。

图 6.16　同色系场景渲染

6.2.2 产品场景搭建及布光

构建一个足够大的“地面”以及“背景墙”，并调整产品空间位置，如图 6.17 所示。在 Rhino 中生成圆球并使用复制、放大工具进行场景搭建，如图 6.18 所示。

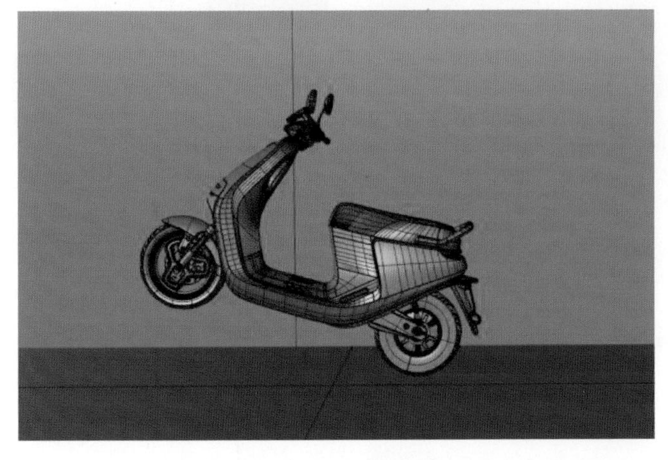

图 6.17 构建“地面”及“背景墙”并调整产品位置

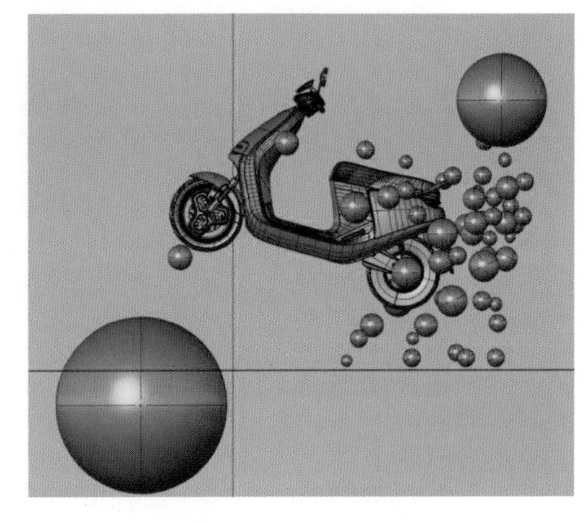

图 6.18 场景搭建

打开 KeyShot，导入模型（见图 6.19），导入后是一个默认 HDR 环境，模型整体为素模状态，阴影比较柔和。新建一个环境（点击按钮），在 HDRI 编辑器里设置颜色为黑色（见图 6.20），为布光搭建基础环境。

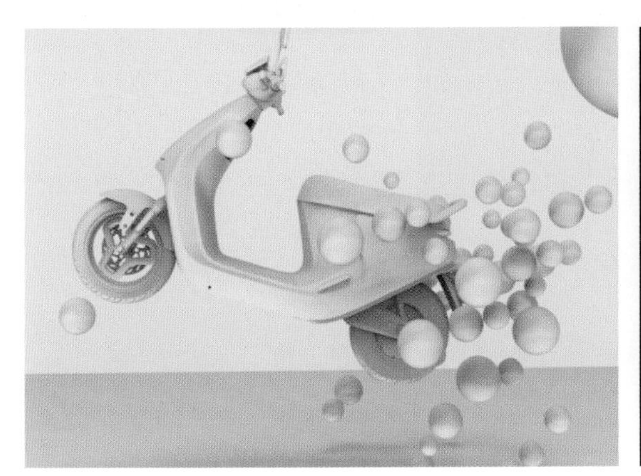

图 6.19 导入模型（默认环境）

图 6.20 设置环境颜色为黑色

点击“添加针”按钮，设置主光源（见图 6.21）将场景照亮。选择“设置高亮显示”，移动鼠标，将第一个光源放置在电动车上方（见图 6.22）。产品的主光源使产品底面向产品顶面产生亮度衰减的效果，可以调整下方位角和仰角实现。点击“添加针”按钮，继续添加光源，调整场景灯光效果。

添加一个光源，作为太阳，以方便调整阴影，因为太阳离我们非常远，亮度又非常大，因此将该光源半径设置为“1”，亮度设置为“1000”，如图 6.23 所示。这时可以看到右侧出现了非常明显的投影。调整太阳光源位置，使阴影处于电动车下方，如图 6.24 所示。

Tips：作为投影用的光源，“半径”值越大、“亮度”值越小，阴影越柔和；“半径”值越小、“亮度”值越大，阴影越生硬。

光源基本确定后，调整背景色。一般背景色不采用纯黑，因为纯黑背景中物体的阴影会让人感觉很沉闷。将背景设置为“色度”（见图 6.25），右侧节点设置为 40% 灰度，调节位置。这样，产品的阴影就比较生动、有层次。

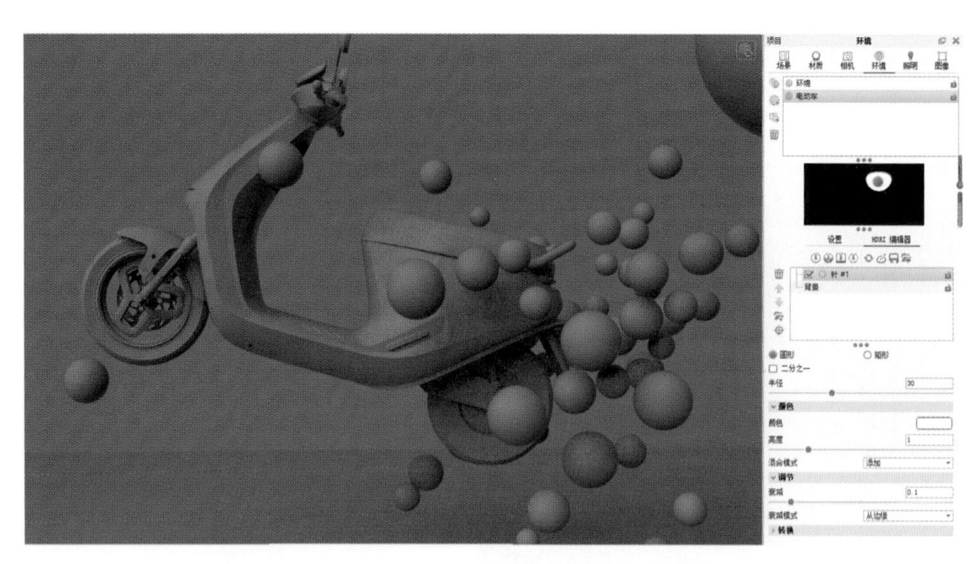

图 6.21　设置主光源

图 6.22　放置第一个光源

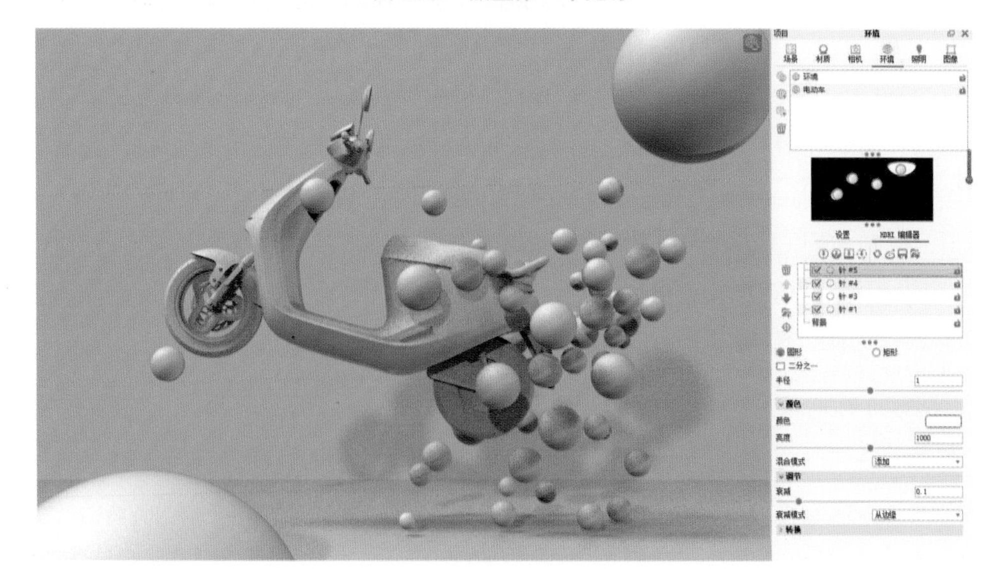

图 6.23　设置太阳光源

图 6.24　调整太阳光源位置

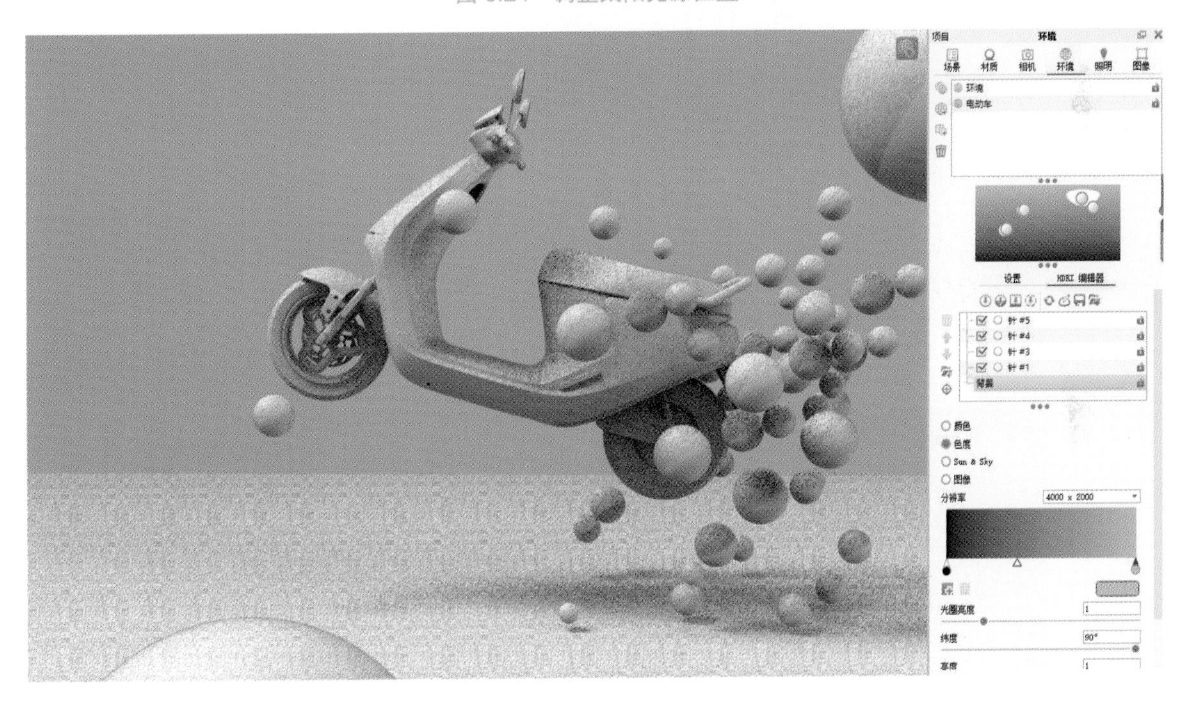

图 6.25　背景设置为“色度”

6.2.3　场景色度调整

设置光源后进行调色，在“项目”窗口中点击“图像”，在“图像”选项中选择“摄影”模式，画面会显得暗一些。调整“色调映射”选项中的“曝光”“白平衡”“对比度”，渲染窗口显示会有一些小变化，画面会显得更清爽。勾选“曲线”调整直方图（这里可以按自己需要调整参数），画面也会略有不同。参数调整如图 6.26 所示，调整前后渲染显示对比如图 6.27 和图 6.28 所示。

勾选“景深”（见图 6.29），给产品赋上材质，效果如图 6.30 所示。

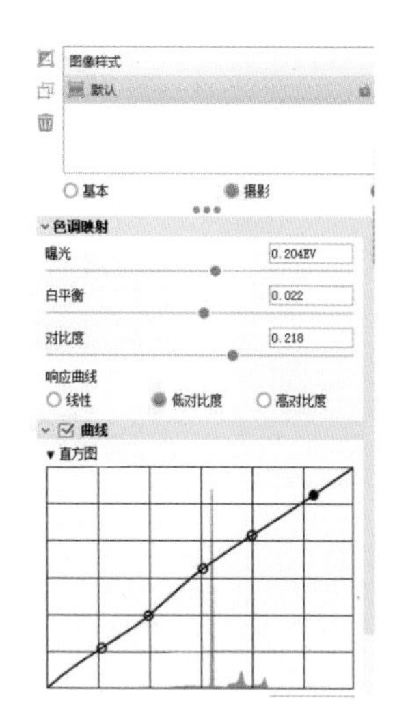

图 6.26　参数调整

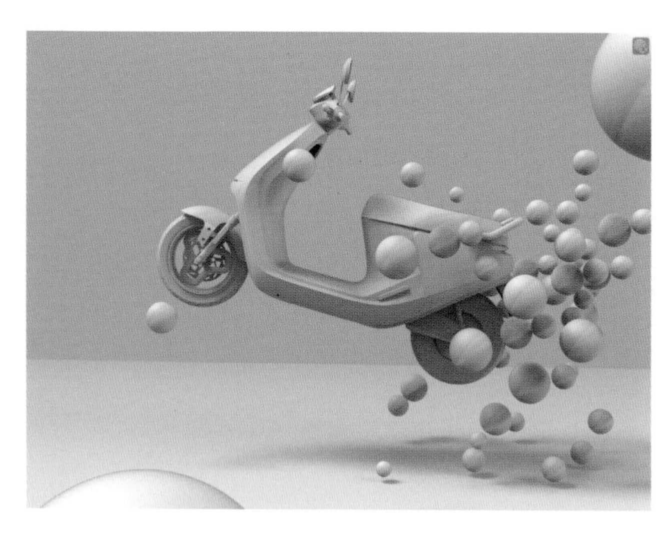

图 6.27　原始参数下的渲染显示

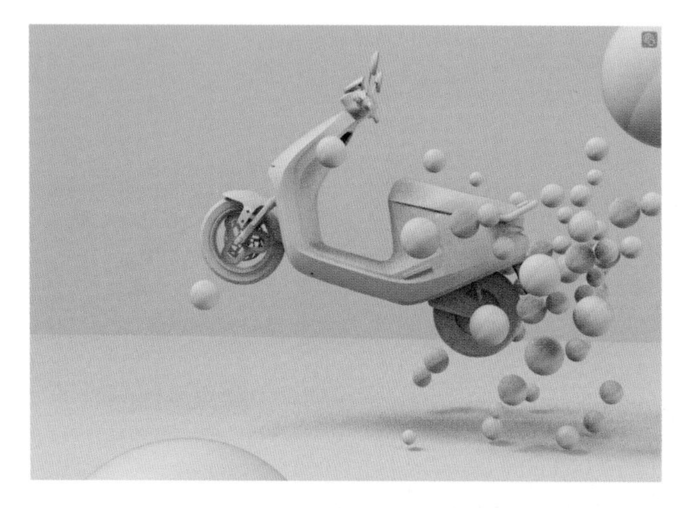

图 6.28　参数调整后的渲染显示

图 6.29　勾选“景深”

图 6.30　材质效果

6.2.4 材质及灯光调整

现在“地面”的材质略显平淡，可以将其上很小的纹理呈现出来用作背景。双击“地面”，调出“地面”材质选项。点击“材质图”按钮，调出材质调节窗口。选择两张粗糙纹理贴图，直接用鼠标拖进调节窗。为了实现“地面”的凹凸效果，右键点击调节窗空白处选择“凹凸添加”。鼠标左键点击连接材质节点。材质节点图如图 6.31 所示。

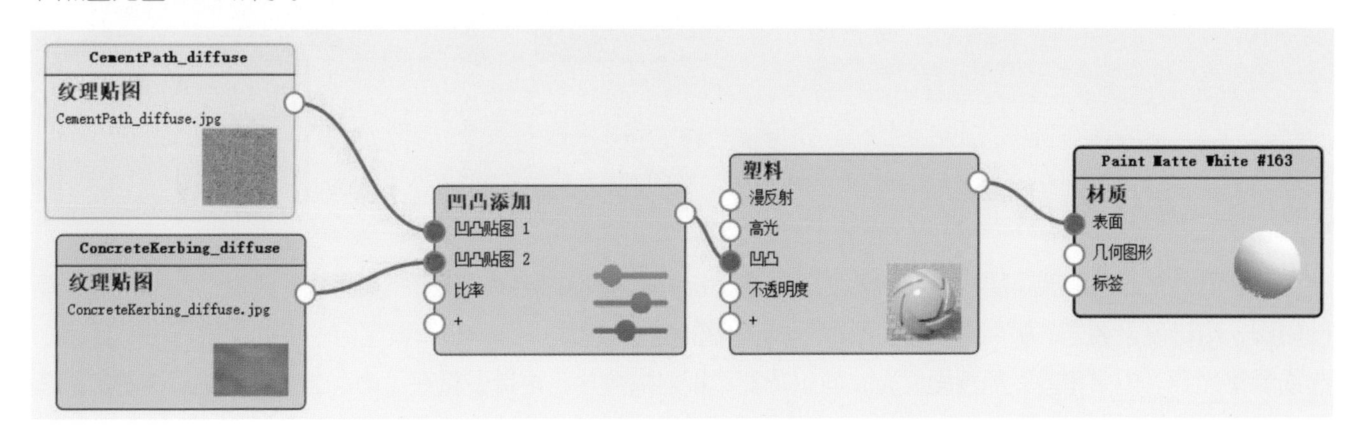

图 6.31 材质节点图

分别双击两个纹理贴图，将映射类型改为“节点”，右键为其添加“2D 映射”，连接节点，这样可以通过“2D 映射”一个节点同时控制两个纹理贴图节点的编辑。修改后的材质节点图如图 6.32 所示。

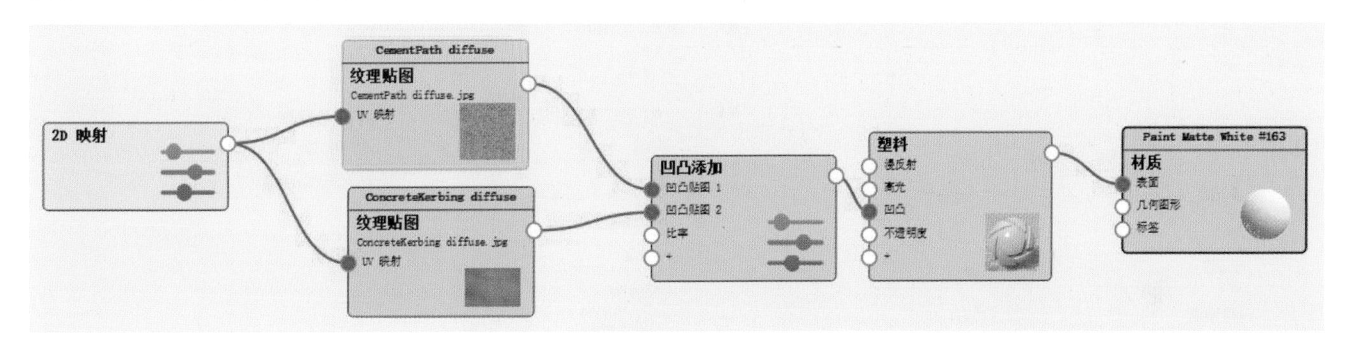

图 6.32 修改后的材质节点图

双击“2D 映射”节点，可以调整纹理大小。如果觉得凹凸效果不合适，可以双击纹理贴图，通过调整凹凸参数进行调节。将“地面”材质复制粘贴给“背景墙”，调整得到比较适合的纹理效果，如图 6.33 所示。之前拖进去的纹理贴图是彩色的，添加“要计数的颜色”，连接其中一个纹理贴图节点。在“要计数的颜色”节点上右键选择“预览颜色”，窗口显示该节点样式。调整数值，窗口显示随之变化。这里需要注意，黑色越多，该材质就越光滑；反之就越粗糙。鼠标左键将“要计数的颜色”连接至“塑料”节点的“+”处，选择“粗糙度”，给塑料材质加一个粗糙效果。此时材质节点图如图 6.34 所示。

图 6.33 “背景墙”纹理

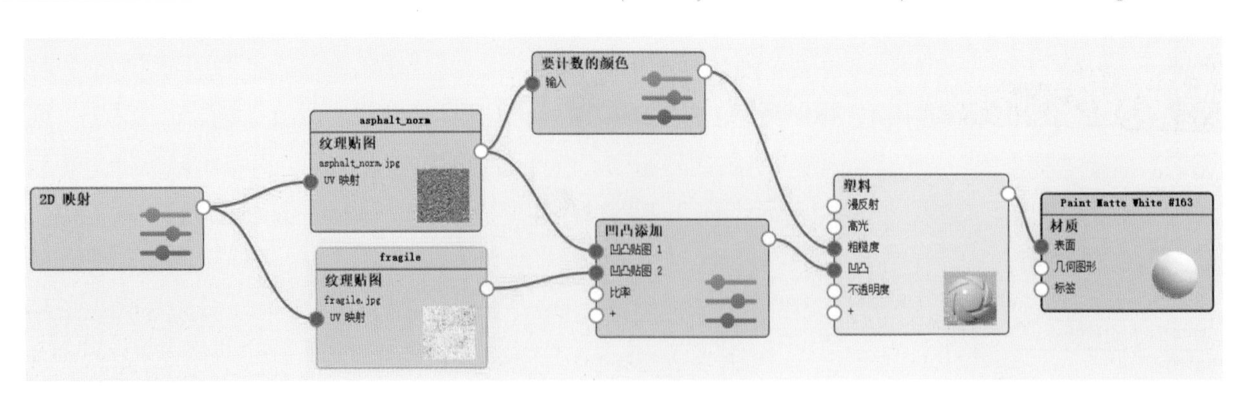

图 6.34　当前材质节点图

6.2.5　电动车材质调节

电动车外壳通常为硬质塑料。选中电动车外壳，右键解除材质链接。在材质类型里，选择“塑料”作为基础材质，粗糙度设置为“0”，方便后面调节。产品颜色稍微调深一点，和背景区分一下，然后回到“环境”选项调整光源。如果希望外壳表面反光，可以调整“折射指数”，将其设置在 1.4 ~ 2 之间。如果希望产品表面反光为柔光，可以加大粗糙度，将其设置为 0.09，柔化反光边缘。外壳材质调节可参考图 6.35。

完成调节后，渲染输出，分辨率和输出选项可以根据电脑配置进行设置。此处设置如图 6.36 所示，输出最终效果如图 6.37 所示。

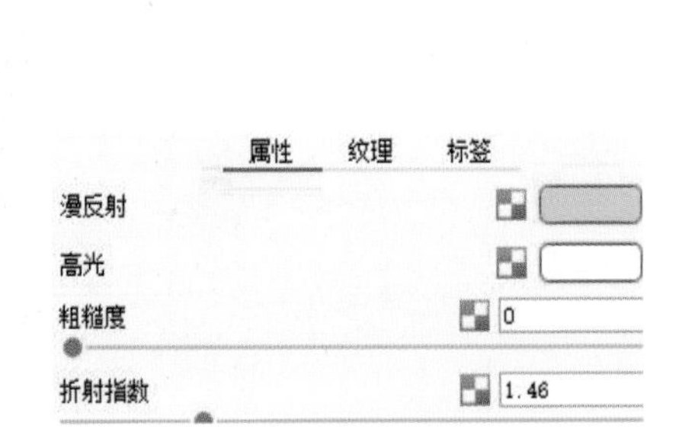

图 6.35　外壳材质调节

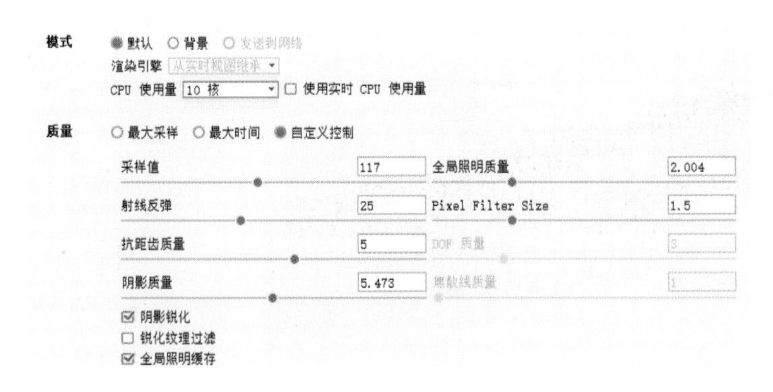

图 6.36　输出设置

图 6.37　最终效果